# 理工系
# 物理学講義

## 改訂版

加藤 潔 著

培風館

本書の無断複写は，著作権法上での例外を除き，禁じられています。
本書を複写される場合は，その都度当社の許諾を得てください。

# はじめに

　物理学は自然界の構造と法則を明らかにする学問です．あなたがこれから理工系の勉強をしていこうとするなら，その基礎的な理解は不可欠といえるでしょう．物理学の十分な習得なしに先へ進むことは，あたかも，地図をもたずに深山に踏み込み，あるいは，羅針盤なしに大洋に出帆するようなものです．

　本書は，理工系の大学初年級での物理学の学習のために編まれたものです．あまた良書のあるこの分野で，浅学菲才をも省みず，ここに新たに一書を著すに至った所以を少し述べたいと思います．

　近年，高校教育内容の多様化と18歳人口の減少により，大学は従来と比べて，さまざまな学習経歴をもつ学生を迎えるようになりました．しかし，高校の指導内容が変化したからといって，それに合わせて，自動車を製造する過程や，建物を作る技術が急激に変化したわけではありません．卒業の時点における学生の質を維持することが大学の社会的責務としますと，こういった事情は大学における教育，とりわけ基礎教育に，以前にも増した負担をかけることになりました．このため，高校レベルの数学や物理学の知識の有無にかかわらず，一定水準の学習を可能とする教材が必要となってきました．

　また，高校で物理学を学んできた学生であっても，大学で物理学を学ぶのに十分な準備ができているとは，必ずしも言えません．昨今の受験界では，物理学は暗記科目と位置づけられ，公式のごった煮のような状態になっているからです．若い諸君が社会での活躍のために，これから必要とするものは，1時間かそこらで，誰にも質問せず，何も見ないで，確実に答えのある問題を解く能力ではなく，プロジェクトの予算や納期の範囲内で，仲間や専門家と議論し，必要に応じて資料を調べ，直面している問題の解決法を探る能力をもつことです．このため，暗記と反射神経で固まっている頭脳をときほぐし，自分の頭で考えることができるようになってもらうことが大事です．

　以上の点に対応するような物理学の教科書として本書は企画されました．このため，基礎的なレベルから始めて，上級の専門科目へスムーズに学習が接続するように配慮しました．そして，物理学における問題の取り上げ方と方法論を明らかにし，論理の流れが自力で追えるように記述しました．また，各種の事項が互いに関連し結合していることを明らかにしようとしました．やや説明がくどいと感じられるところもありますが，これは私の教室での講義口調がそのまま出ているからです．

　本書を読まれる方に2つお願いがあります．法則や公式は天から降ってくるものではありません．解説を一歩ずつ読んで，その論理展開を咀嚼してください．記述や式はできるだけ飛躍がないように努めましたので，丁寧に読めばストーリーの面白さがわかってもらえると思います．また，～節，式～と引用があれば，そちらを見てください．残念ながら，これは普通の本ですから，そこをクリックしても何も起きません．おっくうがらずに対応するペー

ジを開いて目を通してください．物理学がガラクタの入ったおもちゃ箱ではなく，相互に関連した論理体系であることがわかると思います．

　物理学では理論と実験はともに欠かすことができません．しかし，紙の上の記述では，後者については限界があります．機会があれば実験的なことにもぜひ興味をもってください．また，本書に書いてあることは単なるお話ではなく，私たちの現実世界のできごとや技術の基礎的理解を助ける道具です．あなたのまわりを物理的な視点から折に触れて眺めまわしてください．きっと新しい視野や発見があります．

　内容についてはバランスをとって題材を取り上げたつもりですが，限られた紙数のなかで基礎的なレベルから始める方針により，ある程度の取捨選択は避けられません．従来，連続体の力学としては弾性体と流体を解説する場合が多かったのですが，本書では後者のみを残しました．一方，電気回路を物理学で教える必要はないという意見もありますが，本書ではひととおりの記述を加えました．高校でオームの法則も学ばずに入学する学生がいる状況では，電気系の学科などを除き，物理学でその基礎に触れておかないと上級の科目への接続が難しい場合が多いからです．20世紀を量子力学の世紀と位置づけているにもかかわらず，それについては踏み込み不足の感があります．それもあって，相と相転移に関する議論はほとんどありません．これらについては諸賢のご意見を待って，他日を期したいと思います．

　ところどころにある「寄り道」は，関連するトピックスをとりあげていますので，気分転換に目を通してください．リラックスしてもらうために，少し議論が粗い場合もありますがご容赦を願います．

　本書を準備するにあたって，工学院大学物理学教室の諸先生方からは，多くの有益なご助言をいただきました．また，出版にあたっては，培風館の村山高志氏のご助力をいただきました．記して，感謝の意を申し上げます．

　　1999年11月

著者しるす

## 改訂版はしがき

　本書の初版が出版されたのは20世紀も残りわずかという時期でした．その以後，中等教育の内容や大学をとりまく環境も大きく変化してきました．初版の方針を維持しつつ，よりわかりやすく基本的なところから記述するよう改訂を行いましたが，基本的な骨格は変えていませんので中規模改訂というところです．法則や原理の理解の定着を図って例題と類題のペアを組み入れるなどスタイルも少し改良したつもりです．

　本文の中の細かい文字の部分や★印のついた節は，省略しても差し支えない部分を表しています．

　なかなか改訂の筆を執ろうとしない著者を繰り返し激励してくれた培風館の村山高志氏に感謝いたします．

　　2007年10月

著者しるす

# 目 次

**1. 基本的なことがら** ———————————————— *1*
    1.1 物理量と単位　1
    1.2 座 標 系　4
    1.3 物理量の符号，スカラーとベクトル　6
    1.4 物質の性質を表現する量　8
    1.5 微分の考え方　9
    1.6 積分の考え方　14
    演習問題 1　19

**2. 質点の力学** ———————————————————— *21*
    2.1 質点とモデル　21
    2.2 質量と重さ，重力　22
    2.3 力と力のつりあい　23
    2.4 運動の法則　25
    2.5 運動方程式の解　28
    2.6 運動と座標系　42
    2.7 カ オ ス*　47
    演習問題 2　49

**3. 力学の保存量** ——————————————————— *50*
    3.1 仕　事　50
    3.2 力学的エネルギー　54
    3.3 運動量と角運動量　60
    3.4 衝　突　65
    演習問題 3　69

**4. 万 有 引 力** ———————————————————— *71*
    4.1 ケプラーの法則　72
    4.2 万有引力の発見　73
    4.3 万 有 引 力　75
    4.4 慣性質量と重力質量　78
    演習問題 4　80

**5. 剛体の力学** ———————————————————— *81*
    5.1 剛体の力学の概要　81
    5.2 重　心　82
    5.3 剛体の静力学　83
    5.4 慣性モーメント　88
    5.5 剛体の動力学　94
    演習問題 5　96

## 6. 流体力学 — 98

- 6.1 静止流体　98
- 6.2 流体の運動　100
- 6.3 粘性流体　101
- 6.4 流体力学の基礎方程式*　103
- 演習問題6　106

## 7. 波動 — 107

- 7.1 波動現象　107
- 7.2 正弦波　108
- 7.3 波動の性質　110
- 7.4 ドップラー効果　113
- 7.5 波動方程式　114
- 7.6 音波*　116
- 演習問題7　117

## 8. 熱力学 — 118

- 8.1 マクロな物体の性質　118
- 8.2 理想気体　121
- 8.3 状態量と熱力学　128
- 8.4 熱力学第1法則　130
- 8.5 熱力学第2法則　136
- 8.6 エントロピー　141
- 8.7 統計力学の初歩　147
- 演習問題8　153

## 9. 電磁気学 — 155

- 9.1 クーロンの法則　155
- 9.2 電場　157
- 9.3 ガウスの法則　160
- 9.4 ガウスの法則の応用　165
- 9.5 電位　167
- 9.6 コンデンサーと電場のエネルギー　171
- 9.7 磁場と磁場のガウスの法則　173
- 9.8 アンペールの法則　175
- 9.9 時間的に変化する場　180
- 9.10 マクスウェルの方程式　186
- 9.11 電磁波　189
- 9.12 荷電粒子に働く力　191
- 9.13 物質の電磁気的性質　196
- 9.14 電流　200
- 9.15 回路　201
- 演習問題9　209

## 10. 20世紀から現代へ — 211

- 10.1 相対性理論*　212
- 10.2 量子論*　218
- 10.3 ミクロの世界*　226
- 10.4 宇宙論*　232

演習問題 10　235

## 付　録 — 237

A.1　文　字　237
A.2　SI (国際単位系)　238
A.3　円 と 球　239
A.4　諸 公 式　240
A.5　ベクトル　241
A.6　複 素 数　242
A.7　微積分公式　243
A.8　初等関数の級数表示　244
A.9　ベクトル解析の記法　245
A.10　線積分，面積分，体積積分　246
A.11　線 形 性　247
A.12　定　数　249

## 類題・演習問題の略解 — 251

## 索　引 — 259

# 1
# 基本的なことがら

　この章では，本書で物理学を学ぶ前に必要となる，いくつかの基本的な概念の説明を行う。そのあるものは，初歩的な内容の確認であり，あるいは，物理学を展開していく上で不可欠な数学であったりする。よくわかっていると思われる箇所はさっと目を通すだけでよいが，初めて出合う概念についてはここでその考え方を把握しておいてほしい。

## 1.1　物理量と単位

　物理学で扱うさまざまな量を**物理量**という。物理量は測定することにより，その値を決めることができる。原子の質量や銀河系の大きさといった直接人間の五感で測定できないものでも，適切な手段で値を測ることができるので，これらも物理量である。

### 1.1.1　単位系

　物理量を測る単位がばらばらでは不便なので標準化が必要である。よく知られているメートル法は，18 世紀末の革命のさなかのフランスを中心として制定の努力がなされた。このとき，地球の大きさを測量し，北極から赤道までの距離を 1 万 km にするように定めたが，それが今日の長さの単位である m (メートル) の始まりである。物理学の進化とともに単位の決め方も変わり，今日では光の伝播から m (メートル) が定められている。

　現在の標準的な単位系は **SI** (International System of Units, 国際単位系) である[1]。SI では基本的な単位として，表 1.1 の，7 つの基本単位を使用する。これらの単位の定義は付録の A.2 節にある。本書の前半の力学では最初の 3 つ (長さ，質量，時間) が使用される。このうち，「質量」という言葉になじみのない人は，しばらくの間，重さのことだと思っていてもらいたい。詳しい説明は 2.2 節で行う。温度と物質量は「熱力学」のところで，電流は「電磁気学」のところで登場する。本書では，光度 (カンデラ) は使用しない。大きい量や小さい量を表現するために，表 1.2 の SI 接頭語が定義されている[2]。

　**単位の組み立て**　すべての物理量は表 1.1 の基本単位の組み合せでその単位を表すことができる。たとえば，面積は $m^2$，体積は $m^3$ という単位をもつ。

---

[1]　エスアイと読む。この単位系は以前から使われてきた MKSA 単位系から発展して生まれたものである。国際度量衡総会が 1960 年に採用を決定し，1971 年さらに増補された。まだ，慣行による単位も SI の単位と併用されているが，徐々に SI の単位に移行することが推奨されている。この流れに沿って，たとえば，1992 年に気象関係で気圧を表す単位が mb (ミリバール) から Pa (hPa，ヘクトパスカル) に移行した。

[2]　欧米風に 3 桁刻みなので，4 桁刻みであるアジアでは少し使いにくい。

表 1.1 SI の基本単位

| 名前 (読み) | 記号 | 量 |
|---|---|---|
| メートル | m | 長さ |
| キログラム | kg | 質量 |
| 秒 | s | 時間 |
| アンペア | A | 電流 |
| ケルビン | K | 温度 |
| モル | mol | 物質量 |
| カンデラ | cd | 光度 |

表 1.2 SI の接頭語

| 接頭語 | 記号 | 倍数 | 接頭語 | 記号 | 倍数 |
|---|---|---|---|---|---|
| キロ | k | $10^3$ | ミリ | m | $10^{-3}$ |
| メガ | M | $10^6$ | マイクロ | $\mu$ | $10^{-6}$ |
| ギガ | G | $10^9$ | ナノ | n | $10^{-9}$ |
| テラ | T | $10^{12}$ | ピコ | p | $10^{-12}$ |
| ペタ | P | $10^{15}$ | フェムト | f | $10^{-15}$ |
| エクサ | E | $10^{18}$ | アト | a | $10^{-18}$ |
| ゼタ | Z | $10^{21}$ | ゼプト | z | $10^{-21}$ |
| ヨタ | Y | $10^{24}$ | ヨクト | y | $10^{-24}$ |
| ロナ | R | $10^{27}$ | ロント | r | $10^{-27}$ |
| クエタ | Q | $10^{30}$ | クエクト | q | $10^{-30}$ |
| デカ | da | $10^1$ | デシ | d | $10^{-1}$ |
| ヘクト | h | $10^2$ | センチ | c | $10^{-2}$ |

　重要な概念である速度と加速度について，それらの単位を考えよう (その定義はあとで詳しく議論する．1.5 節参照)．速度とは 1 秒間にどれだけ位置が変化したかを表す量である．次の定義から考えれば単位が決まる．

$$\text{速度} = \frac{\text{動いた距離}}{\text{動いた時間}} \quad \Rightarrow \quad \text{速度の単位}\cdots \text{m/s} \tag{1.1}$$

加速度とは 1 秒間にどれだけ速度が変化したかを表す量である．次の定義から考えれば単位が決まる．

$$\text{加速度} = \frac{\text{速度の変化}}{\text{動いた時間}} \quad \Rightarrow \quad \text{加速度の単位}\cdots \text{m/s}^2 \tag{1.2}$$

速度が一定のとき，加速度は 0 である．加速度が正のときは速度は増加し，加速度が負のときは速度は減少する．

　このように，すべての物理量は，基本単位の組み合せで，その単位を定めることができる．注意しておくが，単位は暗記するものではなく，上の速度や加速度でわかるように，それぞれの物理量の意味から導き出されるものである．

　基本単位の組み合せによる表現は，しばしば複雑なものとなる．たとえば，力は基本単位では $\text{kg·m/s}^2$ の単位となるが，力は重要な量なので，これを N (ニュートン) という単位で表す．このように，重要な量には特別の名前をもつ単位が定められている．これらについては，順次，本書の中で説明していく．また，主要なものを A.2 節にまとめてある．

**無次元量**　すべての物理量が単位をもつかのような説明をしてきたが，単位をもたない量もある．たとえば，次のようなものを考えてみよう．

$$R = \frac{\text{A 君の質量}}{\text{B 君の質量}} \tag{1.3}$$

A 君と B 君の質量は 60 kg と 50 kg であるとしよう．この質量の数値は，表記する単位を変えれば変わる．A 君と B 君の質量は 60000 g と 50000 g であると表現してもよい．しかし，どちらの単位でも，この $R$ の値は 1.2 と同じ値となる．これは分子と分母で単位が打ち消し合うからである．この量 $R$ のように単位をもたない量を**無次元量**と呼ぶ．無次元量の単位は SI では 1 となるが，単位としてはこれを表記しない．例えば上の例で $R = 1.2\ 1$ とは書かない．無次元量は使用している単位系には依存しない値をもつ．

### 1.1.2 単位と次元

物理学では**次元**という言葉を 2 つの意味で使う。

1. **数学的次元** 本書では特に空間の数学的次元について使う。たとえば，直線上の運動を考えるとき 1 次元 (空間での) 運動と呼ぶ。同じように面について 2 次元，空間について 3 次元と呼ぶ (1.2 節を参照)。
2. **物理学的次元** 任意の物理量と基本的な物理量の組との関係を表すときに使う。基本的な物理量としては，通常，長さ (次元 $L$)，質量 (次元 $M$)，時間 (次元 $T$) が使われる。たとえば，面積の次元は $L^2$，速度の次元は $LT^{-1}$ である。次元をもたない量は次元を 1 と表記し，無次元量と呼ぶ。

前の節で無次元量という用語を説明した。それに関連して角度の単位について説明する。

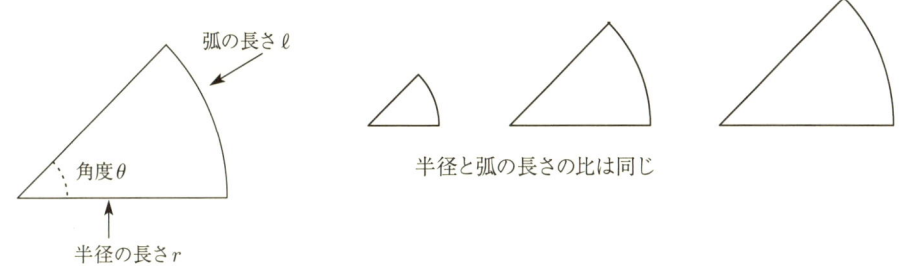

図 1.1　角度

角度の表記では，直角が 90 度，正三角形の内角が 60 度などのように，「度」という単位を使う場合もあるが，次のように角度の値を定義しよう。図 1.1 の扇形で，弧の長さ $\ell$ と半径 $r$ の比は，扇形の大小によらず一定である。そして，この比の大きさが角度 $\theta$ に比例していることもわかる。このことを利用して，式 (1.4) の比で角度 $\theta$ を定義する方法を**弧度法**という。

$$\theta = \frac{\ell}{r} \tag{1.4}$$

式 (1.4) をみてみると，これは長さと長さの比であるから，角度 $\theta$ は無次元量であり，SI での単位は 1 である。このように，角度は無次元量であるが，ラジアンという名前をもち，記号 rad で表す。微積分で出てくる $(\sin x)' = \cos x$ といった各種の公式は角度がラジアンで表されているときにのみ成り立ち，角度の単位が度であれば余計な係数がかかる。これが数学や物理学で弧度法を使う理由である。

円の場合で考えれば，360 度が $2\pi$ ラジアンに対応する。弧度法に関連した各種の図形に関する公式は A.3 節にある。

### 1.1.3 物理量の表記

物理量を一般的に表す際，数学で変数を $x, y$ などで表すように，英字あるいはギリシャ文字を使う。このとき，それぞれの物理量に対して使う文字には一定の慣例がある。たとえば，時間なら $t$，質量なら $m$ を使うのが普通である。これらの例は英語 time, mass の頭文字として理解できるが，常にそうとは限らない。本書ではできるだけ慣例に沿った文字を使用している。(特別の理由もなく慣例をむやみに破るのは混乱が生じ好ましくない。)

同一の種類の量が複数ある場合は，適当な方法で区別する．たとえば質量がいくつかあるとき，添え字をつけて $m_1, m_2, \ldots$，としたり，大文字 $M$ を使ったり，あるいは $m$ に対応するギリシャ文字である $\mu$ で質量を表したりする．文字の書き方やギリシャ文字については A.1 節を参照のこと．

**微小量** 本書では $\Delta t$, $\Delta x$ といった表現がしばしば現れる．このギリシャ文字の $\Delta$ (デルタの大文字) をつけた式は，$\Delta \times t$ という意味ではなく，$\Delta t$ 全体で 1 つの「文字」とみなしてもらいたい．この $\Delta$ は微小な量を表す印である．$\Delta t$ は単なる時間ではなく微小な時間を表す．同様に，$\Delta x$ は微小な距離を表している．

**数値と単位** 物理量は，それを表す「数値」と「単位」の組で表現される．無次元量の場合を除き，数値だけでは意味をもたない．質量が 5 であると述べても，5 kg なのか 5 g なのかで異なる量となるからである．いくつか基本的なことを述べておく．

- 式に数値を代入して計算するときは，単位をそろえて計算しなければならない．異なる種類の単位を混在させた計算結果は誤りとなる．
- 物理量 $A$ と $B$ の間に，式 $A = B$ が成立するならば，$A$ と $B$ の単位 (正確には次元) が等しいことを意味している．同様に，$a + b + c + \cdots$ という式では，各項の単位 (正確には次元) も同一である．これは式を点検する際に必ず気をつけなければいけないことである．
- 三角関数，指数関数，対数関数などの引数(ひきすう)(関数に与える値) は無次元量でなくてはいけない．(三角関数の場合，ラジアン単位の量は無次元量であったことを思い出すこと．)

[例題 1.1]
停止していた自動車が，一定の加速度で発進し，10 s 後に時速 54 km となった．自動車の加速度を求めよ．

[説明] 加速度の定義式 (1.2) に基づいて計算すればよいが，重要なのは，単位をそろえて計算することである．あわてて，$54 \div 10 = 5.4$ などと答えてはいけない．ここには 2 種類の時間の単位，秒と時間が混在しているからである．

[解] まず時速を秒速に直す．
$$時速 54 \text{ km} = \frac{54 \times 10^3}{60 \times 60} = 15 \text{ m/s}$$
これから加速度が求められる．
$$加速度 = \frac{15}{10} = 1.5 \text{ m/s}^2$$

**類題 1** 時速 18 km で走行中の自動車が，一定の加速度で加速し，5 s 後に時速 54 km となった．自動車の加速度を求めよ．

**類題 2** 立方体の形をした容器があり，1 辺の長さが内のりで 0.5 m である．これに容積 0.5 $l$ (リットル) のカップで水を入れるとすると，いっぱいにするには何杯入れる必要があるか答えよ．

## 1.2 座標系

物理的な記述では，基本的な概念である「いつ」，「どこで」を示す量が必要である．「いつ」を記述するために時間が，「どこで」を記述するために**座標**が使われる．**時間**は変数 $t$ で

1.2 座標系　　　　　　　　　　　　　　　　　　　　　　　　　　　　　　　　　　　　　5

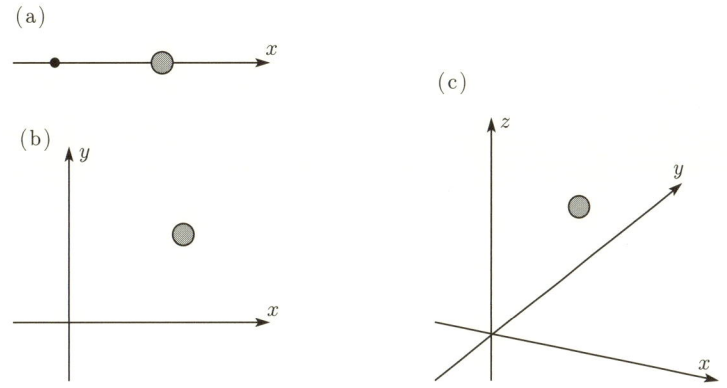

図 1.2　直交座標系。(a) 1 次元座標 (直線)，(b) 2 次元座標 (平面)，(c) 3 次元座標 (空間)

表され，単位は秒 (s) である。長さの単位はメートル (m) である。我々の世界の空間は縦，横，高さの 3 つの方向をもつ 3 次元空間なので，一般的には 3 つの座標変数が必要となる。

　座標系として普通に利用されるのは図 1.2 に示す**直交座標系** (デカルト座標系) である。(「次元」については 1.1.2 節を参照。) 1 次元の運動の場合は，図 1.2(a) のように，運動が行われる直線に沿って $x$ 軸を座標軸とし，その座標 $x$ で物体の位置が記述される。同様に 2 次元 (図 (b)) では座標 $(x,y)$ で，3 次元 (図 (c)) では座標 $(x,y,z)$ で物体の位置が記述される。

　**自由度**　ここで運動の自由度という概念を導入する。図 1.3 の円軌道上を物体が運動しているとする。これを直交座標を使って平面上の運動と考えれば，2 つの座標 $x,y$ で運動が記述される。しかし，円周上にあるのだから，ある地点を基準とした回転角 $\phi$ で位置は決まる。このとき，1 つの変数 $\phi$ でその位置が記述できるので，この運動の自由度は 1 であるという。

　ジェットコースターの運動を記述するとき，その位置を直交座標で表すとすると，3 つの座標 $x,y,z$ が必要になる。しかし，出発点からのレールに沿って測った距離を表す変数を $s$ とすると，この $s$ の値が与えられれば，どこにいるかはユニークに決まる。このときも運動の自由度は 1 である。

　物体の位置だけではなく，その位置での物体の向きなども自由度として数える。平面上を運動している円柱があるとしよう。円柱の一方の円の面が平面に接触した状態で運動しているとする。このとき，円柱の位置 $x,y$ 以外に，円柱の軸の周りの回転角 $\phi$ も円柱の状態を指定するには必要な量となる。よって，この円柱の運動の自由度は 3 である。

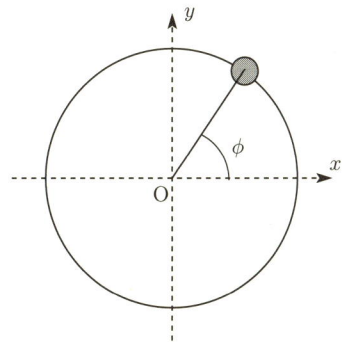

図 1.3　円運動での位置を回転角 $\phi$ で記述

このように，運動を記述するのに必要な独立な変数の数を運動の**自由度**と呼ぶ．運動を記述する変数 (上の例では $\phi$ や $s$) は一般的な意味で座標とみなされる．

## 1.3 物理量の符号，スカラーとベクトル

**規約と符号** たとえば，会計処理では収入と支出を別々に扱うことをする．しかし，物理的な表現では，正負の数の性質を使って，1 つの量で両者を表す場合が多い．「北へ 100 m 移動する」という文は数学的には「南へ −100 m 移動する」という文と等価である．

たとえば，水槽があり，そこに水が入れられたり，くみ出されたりするとしよう．このとき，「入ってくる水の体積を $V$ とする」と決めたとする．すると，もし $V = 2 \text{ m}^3$ ならば水が 2 m$^3$ 入れられた，$V = -3 \text{ m}^3$ ならば水が 3 m$^3$ くみ出されたと理解することになる．このように，ある量を文字で表現する場合，その量の定義に注意する必要がある．定義は任意ではあるが，規約として決めたならば，一貫してそのルールに従わなくてはいけない．

**座標軸と符号** 座標をどう設定するかも，また，規約の一種である．自然界には現象だけしかない．それを記述するために人間が必要な座標軸を仮想的に設定して利用する．この意味で座標軸の設定には自由さがあるが，一度決めた後はその設定に従っていかなければならない．図 1.4 の例では，左が実際の現象であるが，これを記述するために $x$ 軸を導入した．$x$ 軸の向きのとりかたにより，速度 $v$ の値は異なる．

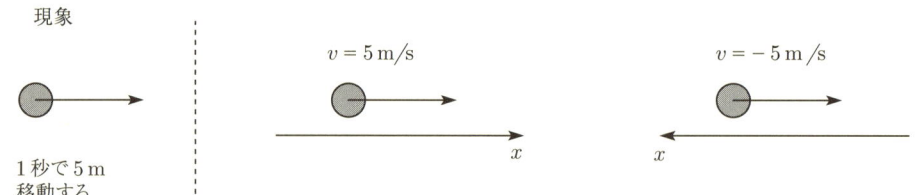

図 1.4 座標軸と速度 $v$ の値

**ベクトル** 物理量には質量のように大きさだけをもつ**スカラー**と呼ばれる量と，速度のように大きさと方向をもつ**ベクトル**と呼ばれる量がある[3]．

ベクトルについては「矢印」で考える方法と，座標の成分で表す方法がある (詳しくは A.5 節 を見よ)．ベクトルを矢印として考える場合，合成と分解が「平行四辺形」を用いて図形的にできる．図 1.5 で，$\vec{V}$ は $\vec{V_1}$ と $\vec{V_2}$ の 2 つのベクトルに**分解**されると考えられるし，$\vec{V_1}$ と $\vec{V_2}$ の 2 つのベクトルを**合成**すると $\vec{V}$ になると考えてもよい．

**接線成分と法線成分** 曲線や曲面がある場合，それらに関するベクトルの成分が問題になることがある[4]．

図 1.6(a) に示すように，曲線 C があり，その上の点 P にベクトル $\vec{V}$ があるとする．曲線 C にはあらかじめ向きが定められている．曲線 C に関するベクトル $\vec{V}$ の**接線成分**とは，曲線 C の接線の方向と接線に垂直な方向に $\vec{V}$ を分解したときの，接線方向の成分の大きさで

---

[3] テンソルと呼ばれる，より複雑なものもある．
[4] 曲線や曲面はそれを指し示すためにラベルをつけて識別する．図 1.6 では C, S というラベルが使われている．曲線 =<u>c</u>urve, 曲面 =<u>s</u>urface.

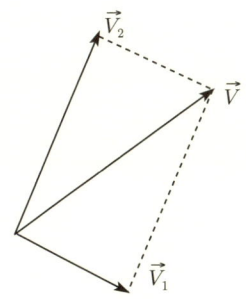

図 1.5 ベクトルの分解と合成, $\vec{V} = \vec{V_1} + \vec{V_2}$

あり，添え字 $t$ をつけて $V_t$ と表記する。ただし，曲線 C の向きを正の方向と定義する。

図 1.6(b) に示すように，曲面 S があり，その上の点 P にベクトル $\vec{V}$ があるとする。曲面 S にはあらかじめ裏表が定められている。曲面 S に関するベクトル $\vec{V}$ の**法線成分**とは，面に垂直な方向とそれに直交する方向に $\vec{V}$ を分解したときの，垂直方向の成分の大きさであり，添え字 $n$ をつけて $V_n$ と表記する。ただし，曲面 S の裏から表に向かう方向を正と定義する。

なお，$t$ のかわりに $/\!/$ を，$n$ のかわりに $\perp$ をつける $(V_{/\!/}, V_\perp)$ 流儀もある。

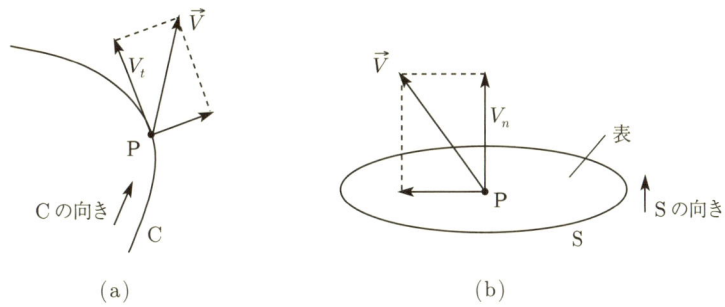

図 1.6 接線成分と法線成分

［例題 1.2］

図 1.7 の (a) では水平面が示されている。このときベクトル $\vec{V}$ の長さを $V$ とする。このベクトルの水平成分と鉛直成分の大きさを求めよ。

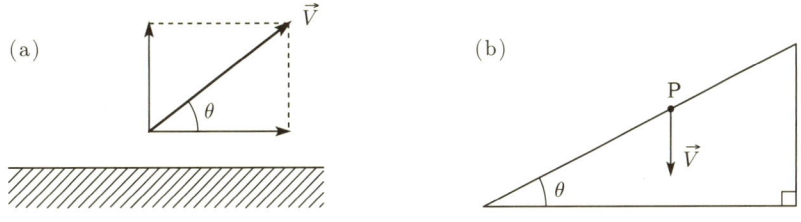

図 1.7 ベクトルの分解

［説明］ 地上でものが落下する方向 (いわゆる上下方向) を鉛直方向，それに直交する方向を水平方向と呼ぶ。図に示してあるように平行四辺形 (この場合は長方形) を使って分解する。三角関数の定義を間違わないように。

［解］ 水平成分は $V\cos\theta$，鉛直成分は $V\sin\theta$ である。

**類題** 図 1.7 の (b) のベクトル $\vec{V}$ を，斜面に平行な成分と斜面に垂直な成分に分解し，それぞれの大きさを答えよ。ベクトル $\vec{V}$ の長さを $V$ とする。

## 1.4 物質の性質を表現する量

ものの性質を記述するさまざまな物理量がある。たとえば，海の水を容器にくみ上げたとする。水の「塩辛さ」は容器の大きさには関係しない。一方，「容器の中の塩の量」は容器の容積に比例する。また，各種のサイズの板をそれぞれペンキで黒く塗ったとする。このとき「色の濃さ」は板の大きさには関係しない。一方，「板に塗られたペンキの量」は板の面積に比例する。

ところで，前者の例で，塩水の濃度，つまり，1 cm$^3$ の水に含まれる塩の量を考えれば，それは塩辛さと対応しているし，後者の例では，ペンキの面密度，つまり，1 cm$^2$ の面に塗られたペンキの量を考えれば，それは色の濃さと対応する。このように物の性質を考え比較する際には，ある基準量あたりの量を考えることが重要となってくる。

物質の性質を表す指標となる定数を**物質定数** (あるいは物性値) と呼び，密度，比熱，電気抵抗率などさまざまなものがある。物質定数は必要に応じて各種のハンドブック，辞典などを参照するとよい[5]。以下で，例として密度と熱伝導率を説明する。

**密度**　1 本の鉄の釘と木の机を比べると机のほうが重いが，それで鉄が木より軽いとは言えない。正しく比べるためには，同じ体積で比較する必要がある。すなわち，**密度** $\rho$ は物質の質量を比較する基準となる指標である。

$$\text{密度} \quad \rho = \frac{M}{V} = \frac{\text{物体の質量}}{\text{物体の体積}} \tag{1.5}$$

密度は，温度や圧力などの環境条件によっても変化するので，正確に述べるときはその条件を指定しないといけない。表 1.3 にいくつかの物質の密度を示す。

表 1.3　各種の密度の値

| 固体 (室温) (単位 : $10^3$kg/m$^3$) | | 液体 (室温) (単位 : $10^3$kg/m$^3$) | | 気体 (0°C,1 気圧) (単位 : kg/m$^3$) | |
|---|---|---|---|---|---|
| 金 19.3 | ガラス (普通) 2.4～2.6 | 水 | 1.00 | 空気 | 1.29 |
| 銀 10.5 | コンクリート 2.4 | ガソリン | 0.65～0.75 | 酸素 | 1.43 |
| 銅 8.93 | ポリエチレン 0.90 | エチルアルコール | 0.789 | ヘリウム | 0.179 |
| 鉄 7.86 | 弾性ゴム 0.91～0.96 | グリセリン | 1.26 | 炭酸ガス | 1.98 |
| 鉛 11.3 | 磁器 (普通) 2.0～2.6 | 水銀 | 13.6 | 水蒸気 (100°C) | 0.598 |

**熱伝導率**　この例はやや高度であるが，物理的な考え方とはどのようなものかを把握してもらうために，あえて提示している。物質には熱を伝えやすいものと伝えにくいものがある。その目安をどのように数量的に表現すればよいか，という問題である。熱伝導率を測定することを考えてみよう。図 1.8 のように，試料を一定温度を維持している 2 つの物体 (熱浴) に接触させる。そのとき，熱量 $Q$ がこの試料に流れ込んだとする。この熱量 $Q$ が大きいほど熱伝導が良いということになるのだが，単純に $Q$ を考えてはいけない。

- 接触面積が大きいほど $Q$ は増える。接触面積あたりの熱量を考えないといけない。

---

[5] 初学者には毎年改訂される『理科年表』(国立天文台編) あたりが適当であろう。

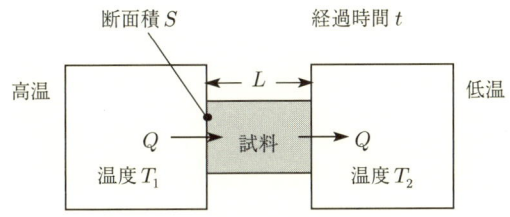

図 1.8 熱伝導率の定義のための模式図 $(T_1 > T_2)$

- 測定している時間に比例して $Q$ は増える。単位時間あたりの熱量を考えないといけない。
- 温度差がなければ熱は流入しない。$T_1 - T_2$ が大きいほど熱量は増える。
- $T_1 - T_2$ は坂道の高低差のようなものであるが，坂道が急なほど熱はよけい流れるはずである。同じ $T_1 - T_2$ のとき，図で $L$ が大きい場合，小さい場合を想像してみればよい。$T_1 - T_2$ を距離 $L$ で割ることにより，坂道の傾きが決まる。

以上のような考察から，熱伝導率 $\lambda$ の定義は以下で与えられることになる。

$$\text{熱伝導率} \quad \lambda = \frac{Q}{St\dfrac{T_1 - T_2}{L}} = \frac{(\text{流入した熱量})}{(\text{接触面積})\cdot(\text{時間})\cdot(\text{温度勾配})} \tag{1.6}$$

[例題 1.3]

半径 5.00 cm，質量 4.11 kg の球がある。(この球は均質な物質からなり，内部に穴などはない。) この球の密度を求めよ。その値から，この球はどんな物質からできているか推定せよ。

[説明] 式 (1.5) の活用である。密度を求めるには体積が必要である。球の体積の式を忘れた場合は A.3 節で確認せよ。

[解]
$$\text{体積} \quad V = \frac{4\pi}{3} \times 5^3 = 523 \text{ cm}^3 = 5.23 \times 10^{-4} \text{ m}^3$$

$$\text{密度} \quad \rho = \frac{4.11}{5.23 \times 10^{-4}} = 7.86 \times 10^3 \text{ kg/m}^3$$

表 1.3 を見ると，材質は鉄が候補となる。

**類題** 銀でできた球があり，その表面積は 20.0 cm$^2$ である。この球の質量を求めよ。

## 1.5 微分の考え方

微分積分は連続的変化を記述する数学である。数学は抽象的に構成されているので，「連続」という概念を厳密に研ぎすます必要がある。しかし，物理においては，もう少し気楽に考えることができる。物理現象は実在のものであり，それが連続的に変化するのは自明のことと考えられるからである[6]。力，熱，電磁気などのすべての現象において連続的変化は普遍的である。したがって，これらの記述に微分積分が用いられることは必然と言えよう。

微分が物理量の間の関係を記述する具体例として，位置と**速度**との関係を考察しよう。

**関数表記** いま物体の 1 次元運動を考えることにする。すると物体の位置は座標 $x$ で表現される。位置は時間とともに変化するから位置座標 $x$ は時間の**関数**とみなされる。「関数」とは，ある入力に対してある出力が得られるような関係を指す。今の場合は，時刻 $t$ を与えると，物体の位置 $x$ が決まるので，このように表現する。

---

[6] もっとも，いつも連続なわけではない。たとえば，水の温度を連続的に変えていくと 0 ℃ あるいは 100℃ で不連続な変化を起こす。これは相転移と呼ばれる。また，量子力学においては，この自然界の連続性自体が深刻な見直しを迫られた。

■**寄り道**■ 歴史的には 1687 年にニュートン (I. Newton) が発表した『プリンキピア』(自然哲学の数学的諸原理, *Philosophiae naturalis principia mathematica*) という書物において，今日の力学と微積分学の誕生が宣言された．ニュートンは自然界の力学的構造を記述しようとしたとき，既存の数学や物理学の表現形式では彼の考えを表すのに適切ではないことに気づいた．そこで彼は自然界を記述するのに適切な表現様式をつくり上げて，それによって力学を記述した．それが今日の微積分学の始まりでもあったわけである．

ものが動く ⇒ 位置を表す座標が時間の関数

この意味で，位置を

$$x = x(t) \tag{1.7}$$

と書く．この表現には注意が必要である．数学では関数を $y = f(x)$ と表記するが，式 (1.7) と対応させると，

$$x = x(t)$$
$$\vdots \quad \vdots$$
$$y = f(x)$$

となっている．右辺の $x$ は $y = f(x)$ の $f$ と同じく関数記号とみなす．たとえば，

$$t = 2 に，物体が x = 5 にある \quad \Rightarrow \quad 5 = x(2) \tag{1.8}$$

のように考える．物理的な分析ではさまざまな種類の量が現れるので，このように，関数記号と値に同一の記号を使うのが便利である．

**速度の定義** 速度はベクトル量であり，$\vec{v}$ と記す．ただし，1 次元運動の場合は $v$ と記す．符号は 1.3 節で説明したように，$x$ 軸を考え，$v > 0$ なら $x$ 軸の正方向へ，$v < 0$ なら $x$ 軸の負方向へ運動していることを意味する．速度の大きさはスカラー量であり，**速さ**と呼ぶ．

動きが「速い，遅い」ことを定量的に表すのが速度である．初等的にいえば次のように定義される．

$$速度 = \frac{距離}{時間} \tag{1.9}$$

すると速度 $v$ は物体が図 1.9(a) に示すように，

時刻 $t = t_1$ のとき　　$x = x_1$ の位置にあり，
時刻 $t = t_2$ のとき　　$x = x_2$ の位置にあるとき，

$$速度 = v = \frac{x_2 - x_1}{t_2 - t_1} \tag{1.10}$$

と表される．この式の分子が「距離」，分母が「時間」を表している．さらに，式 (1.7) の関数表記を使うと

$$速度 = v = \frac{x(t_2) - x(t_1)}{t_2 - t_1} \tag{1.11}$$

となる．

この状況を図では図 1.9(b) のように表す．図 1.9(b) のグラフは横軸が時間で縦軸が座標である．これは物体が「斜め」に運動しているわけではなく，図 1.9(a) の状況を 1 つのグラフ ($t$-$x$ 図) で表している．図 1.9(b) で直線の傾きが大きいほど速度は大きい．直線が水平なら物体は静止しており，右下がりなら $x$ 軸の負の方向に進んでいる (速度が負である)．

## 1.5 微分の考え方

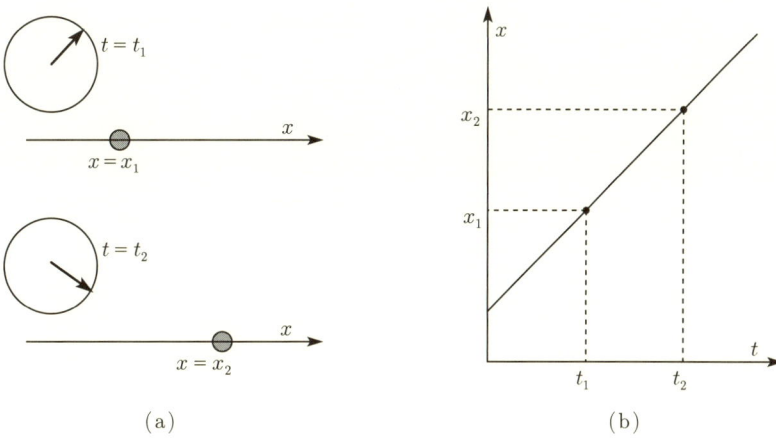

図 1.9 等速度運動の $t$-$x$ 図

**一般的な速度** 図 1.9(b) では物体の運動は直線で表現されている。これは運動の速度が一定であることを意味している。ある時間に進む距離が同じなので $t$-$x$ 図は直線となる。しかし，物体の運動の速度は一定とは限らないので，速度が変化する運動も考えたい。このような一般の場合には速度 $v$ が時間的に変化するので，さきほどの関数表記を使い，速度も時間 $t$ の関数であると考える。

$$v = v(t) \tag{1.12}$$

この $v(t)$ を定めるため，速度の定義である式 (1.11) を一般化しないといけない。式 (1.7) で示されているように時刻によって位置が決まればよいのだから，任意の物体の運動は $t$-$x$ 図の関数で表現される。図 1.10 のように，物体の運動が曲線で表されるときは，速度が一定ではなく，時間的に変化している。

図 1.10 での $\dfrac{x(t_2) - x(t_1)}{t_2 - t_1}$ は，正確な速度の値ではない。しかし，$t_1 \leqq t \leqq t_2$ の時間の範囲での「平均速度」になっていることはわかるであろう。そこで，この時間間隔を極めて微小にすれば，その時刻の瞬間的な速度が得られることになる。$t_2$ を $t_1$ に近づけると，$t = t_1$ における瞬間速度が得られる。数学の極限記号を使って表すと，

$$v(t_1) = \lim_{t_2 \to t_1} \frac{x(t_2) - x(t_1)}{t_2 - t_1} \tag{1.13}$$

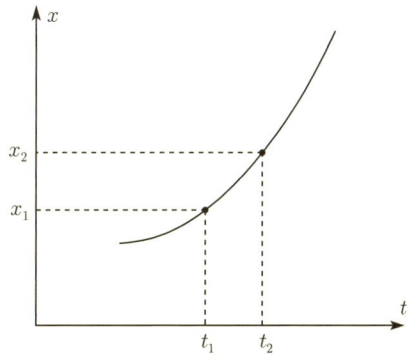

図 1.10 等速度でない運動の $t$-$x$ 図の例

となる．ここで記号を変更する．前に 1.1.3 節で微小な時間を $\Delta t$ と表すことを説明した．そのことを考えて式 (1.13) で以下のように書き直す．

$$t_1 \to t$$
$$t_2 \to t + \Delta t$$
$$t_2 - t_1 \to \Delta t$$

$$v(t) = \lim_{\Delta t \to 0} \frac{x(t + \Delta t) - x(t)}{\Delta t} \tag{1.14}$$

これは数学で学ぶ微分法と同じものである．次の導関数の定義式と比較すればそのことが分かる．

$$f'(x) = \lim_{h \to 0} \frac{f(x+h) - f(x)}{h} \tag{1.15}$$

このように，一般的な速度の定義を求めていったところ，微分法にたどり着いてしまった．17 世紀に，ニュートンはこのように考えて微分法を導入したのである．ここまでの議論を図式的にまとめておく．

$$\text{速度} = \frac{\text{距離}}{\text{時間}} \Rightarrow v = \frac{x_2 - x_1}{t_2 - t_1} \Rightarrow v = \frac{dx}{dt} \tag{1.16}$$

$x(t)$ の具体的な形が与えられたならば，$\dfrac{dx}{dt}$ の計算は数学公式 ($\Rightarrow$A.7 節) を計算規則として使用すればよい[7]．

**記法に関する注意** 数学では関数 $f(x)$ を $x$ で微分したもの (導関数) を表すのに $f'(x)$ という記号を使う．しかし，これにならって $v = x'$ と書くことはいけない．物理学では，時間微分を略記する場合は，微分する量の上にドットをつける．たとえば，$\dfrac{dx}{dt}$, $\dfrac{d^2 x}{dt^2}$ は $\dot{x}$, $\ddot{x}$ と書く．本書では，何を何で微分したかを明確にするため，記号としては少し冗長だが，微分商の形で記述する．

今までの議論からわかるように，一般に，連続的に変化する物理量があり，その変化の大きさを表す物理量を考えると両者の関係は微分を使った式で記述される．以下にこのような例をいくつか示す．なお，連続的変化というのは時間的変化である必要はない．

---

■**寄り道**■ 考えてみると微分とはなかなか玄妙なものである．式 (1.13) で計算される分数の分子と分母はどんどん小さくなる．つまり $\dfrac{0}{0}$ を計算しようとしていることになる．これが，ある値に収束すると信じるのは，速度という実在性のある量を計算しているからであって，数学的には考え込む必要がある．

数学では「$\lim\limits_{x \to a}$」と「$x$ に $a$ を代入する」は同じことではないと教わる．物理の立場では，この両者の違いは，

　　速度を計算するには異なる 2 つの時刻での位置が必要である

という主張に対応する．1 点の測定では速度は絶対に決定できない．その時間間隔は非常にわずかでも異なる 2 点の測定があることが不可欠である．$\lim\limits_{t_2 \to t_1}$ はあくまでも $t_2$ を $t_1$ に近づけることを要求しているだけで，同一の値にせよとは言っていないのである．

---

[7] 物理学は数学公式のユーザーである．なぜ，そのような公式が出てくるかは数学の学習の主題である．

## 1.5 微分の考え方

**加速度** 速度の変化の大きさを表す量である。停止しているスポーツカーとトラックが動き出して，しばらくした後，両者は時速 60 km になったとする。しかし，その速度になるまでにかかる時間は異なる。これは両者の加速度が違うからである。加速度 $a$ は

$$\text{加速度} = \frac{\text{速度の変化}}{\text{動いた時間}} \tag{1.17}$$

で定義される。

さきほどの一般的な図式 (式 (1.16)) に従って以下を得る。

$$\text{加速度} = \frac{\text{速度の変化}}{\text{動いた時間}} \quad \Rightarrow \quad a = \frac{v_2 - v_1}{t_2 - t_1} \quad \Rightarrow \quad a = \frac{dv}{dt} \tag{1.18}$$

**角速度** 円運動をしている物体の回転角 $\phi$ の変化の大きさを表す量である (⇒ 図 1.3)。角速度 $\omega$ は 1 s にどれだけ角度が変化するかを表す[8]。

$$\text{角速度} = \frac{\text{回転角の変化}}{\text{動いた時間}} \tag{1.19}$$

さきほどの一般的な図式 (式 (1.16)) に従って以下を得る。

$$\text{角速度} = \frac{\text{回転角の変化}}{\text{動いた時間}} \quad \Rightarrow \quad \omega = \frac{\phi_2 - \phi_1}{t_2 - t_1} \quad \Rightarrow \quad \omega = \frac{d\phi}{dt} \tag{1.20}$$

**比熱** 比熱とは単位量の物体の温度を 1 度上げるのに必要な熱量のことである。たとえば水 1 g を 1 度温度を上げるのに必要な熱量は約 1 cal であり，これが水の 1 g あたりの比熱である。「モル比熱」$C$ とは 1 mol の物質の温度を 1 度変化させるのに必要な熱量 $Q$ [J] である。この定義から，1 mol の物質に熱量を与え続けたところ，与えた熱量が $Q_1$ のときに温度が $T_1$ であり，さらに加熱して与えた熱量が $Q_2$ のときに温度が $T_2$ であったとすると，

$$\text{比熱} = \frac{(\text{与えた})\text{熱量}}{\text{温度}(\text{の変化})} = \frac{Q_2 - Q_1}{T_2 - T_1} \quad \Rightarrow \quad C = \frac{dQ}{dT} \; [\text{J}/(\text{K·mol})] \tag{1.21}$$

となる。この例は時間変化ではなく，温度変化による物理量の変化の大きさである。なお単位としては 1 mol あたりということを示すために分母に mol を加えた[9]。

---

**[例題 1.4]**

$x$ 軸の上を運動する物体の位置が式 $x = \alpha t^2 + \beta t$ で与えられている ($\alpha, \beta$ は定数)。この物体の速度と加速度を求めよ。

**[説明]** 時間で微分することにより，速度と加速度を計算する。微分の数学公式を使えばよい。

**[解]**
$$v = \frac{dx}{dt} = 2\alpha t + \beta, \qquad a = \frac{dv}{dt} = 2\alpha$$

**類題 1** 上の例題と同様に $x = A\sin(bt)$ のとき速度と加速度を求めよ ($A, b$ は定数)。

**類題 2** 上の例題と同様に $x = Ae^{at}$ のとき速度と加速度を求めよ ($A, a$ は定数)。

---

### 1.5.1　3 次元運動での速度，加速度

前節の議論では直線 (1 次元) 運動を考えた。ここでは平面上 (2 次元) の運動や空間内 (3 次元) の運動を考える。以下では 3 次元で式を書く。2 次元のときは $z$ 成分を無視すればよい。

---

[8] 速度は一般にベクトルである。角速度も実は一般にはベクトルである。それは大きさが $|\omega|$ で，向きが回転軸の方向を向くベクトルである。本書では，回転軸の方向が変化する複雑な運動は扱わないので，角速度をベクトルとして扱うことはしない。ただし，回転方向を区別するため，$\omega$ の値の正負は意味がある。

[9] 正確には，熱量の微分 $dQ$ は経路に依存する。詳しくは「熱力学」の章で議論する。

物体の位置は，直交座標 (1.2 節) を使って位置ベクトル $\vec{r} = (x, y, z)$ で表す。速度や加速度もベクトルであり，$\vec{v} = (v_x, v_y, v_z), \vec{a} = (a_x, a_y, a_z)$ と表す。位置が時間的に変化するので，位置ベクトルは時間の関数であることになり，それを $\vec{r}(t)$ と記す。成分それぞれも時間の関数となる。

$$\vec{r}(t) = (x(t), y(t), z(t)) \tag{1.22}$$

物体の時刻 $t$ での位置が $\vec{r}(t)$，それから微小な時間 $\Delta t$ だけあとの位置を $\vec{r}(t + \Delta t)$ とすると，速度は定義により，

$$\vec{v}(t) = \lim_{\Delta t \to 0} \frac{\vec{r}(t + \Delta t) - \vec{r}(t)}{\Delta t} = \frac{d\vec{r}}{dt} \tag{1.23}$$

である。成分で書けば，

$$\vec{v}(t) = \left( \frac{dx}{dt}, \frac{dy}{dt}, \frac{dz}{dt} \right) \tag{1.24}$$

あるいは

$$v_x = \frac{dx}{dt}, \quad v_y = \frac{dy}{dt}, \quad v_z = \frac{dz}{dt} \tag{1.25}$$

である。加速度についても同様に，以下となる。

$$\vec{a}(t) = \frac{d\vec{v}}{dt} = \left( \frac{dv_x}{dt}, \frac{dv_y}{dt}, \frac{dv_z}{dt} \right) \tag{1.26}$$

$$a_x = \frac{dv_x}{dt}, \quad a_y = \frac{dv_y}{dt}, \quad a_z = \frac{dv_z}{dt} \tag{1.27}$$

### 1.5.2 偏微分について

上の議論で位置 $x$ は時間 $t$ の関数であるとしてきた。より複雑な物理量では，その値が複数の量に依存している場合もある。関数が 2 つ以上の変数をもつとき，どちらの変数についての変化を考えるかで答が変わってしまう。このようなときには，微分を $d$ ではなく**偏微分**の記号 $\partial$ で書く。

例として，変数 $x, y$ の関数 $f(x, y)$ があったとき，$x$ の偏微分，$y$ の偏微分は，

$$\frac{\partial f}{\partial x} : y を定数とみなして f を x で微分する$$

$$\frac{\partial f}{\partial y} : x を定数とみなして f を y で微分する$$

である。たとえば

$$f(x, y) = x^2 + 3xy \quad \to \quad \frac{\partial f}{\partial x} = 2x + 3y, \quad \frac{\partial f}{\partial y} = 3x.$$

## 1.6 積分の考え方

### 1.6.1 微分の逆演算としての積分

前節と同じく速度と距離の関係で議論を始める。

$$速度 = \frac{距離}{時間}$$

から，距離は

$$距離 = 速度 \times 時間$$

で計算される。微分が割り算であったように，積分とは基本的にはこの掛け算のことである。

## 1.6 積分の考え方

ただ，単純に「速度 × 時間」とすることができるのは速度が一定な場合だけである。速度が変化する一般の場合にもきちんと対応しようとすると，掛け算から積分になる。

| 微分 (割り算) | 積分 (掛け算) |
|---|---|
| 速度 = $\dfrac{距離}{時間}$ | 距離 = 速度 × 時間 |
| ↓ | ↓ |
| $v = \dfrac{x}{t}$ | $x = vt$ |
| ↓ | ↓ |
| $v = \dfrac{dx}{dt}$ | $x = \displaystyle\int v\,dt$ |

前節での議論は，物体の位置がわかっている，つまり，$x(t)$ が与えられているときに速度を求めるにはどうすればよいかというものであった。問題を逆にし，速度 $v(t)$ が与えられているときに，物体の位置を求める方法を考えよう。

位置 $x(t)$ を $t$ で微分したものが速度 $v(t)$

だったのだから，速度が与えられているので

$t$ で微分したら，答が $v(t)$ となるような関数 $x(t)$ はどんなものか

$$\frac{d\,\boxed{?}}{dt} = v(t)$$

という問いを考えればよい。そのためには微分の逆がわかればよいのであるが，数学によれば，それは積分である。したがって，

速度 $v(t)$ を $t$ で積分すれば位置 $x(t)$ が決まる

ことになる。計算は数学公式 (⇒A.7 節) を計算規則として使用すればよい。

次の章以降で学ぶ力学では，位置 $x$，速度 $v$，加速度 $a$ の関係が重要であるが，それについての関係式を確認のため示しておく。

$$x \quad \to \quad v = \frac{dx}{dt} \quad \to \quad a = \frac{dv}{dt}$$
$$x = \int v\,dt \quad \leftarrow \quad v = \int a\,dt \quad \leftarrow \quad a$$

**初期条件と積分定数**　積分の使用については，もう一つ重要な点がある。数学で学んだように，積分をすると**積分定数**が現れる。積分定数とは不定の定数であるが，不定な量が残ったままでは実在の現象を考察することができない。積分定数は適切な物理的条件 (一般に**初期条件**と呼ぶ) を課すことによりその値が定まる。たとえば位置 $x$ を表す式に積分定数がある場合，ある時刻における位置のデータを初期条件として与えると積分定数を決まった値で置き換えることができる。

[例題 1.5]

速度が式 $v(t) = t+1$ で与えられている $x$ 軸上の物体の運動がある。この物体は $t = 2$ のとき $x = 5$ にあった。このとき物体の位置 $x(t)$ を表す式を答えよ。

[説明]　積分定数を初期条件から決める。

[解] 座標は積分公式を使って

$$x(t) = \int v\,dt = \int (t+1)\,dt = \frac{1}{2}t^2 + t + C$$

となる。$C$ が積分定数で，このままでは不定の値である。時刻 $t=2$ での位置が $x=5$ という与えられたデータが初期条件の役割を果たす。上の $x(t)$ の式に，初期条件「$t=2$ のとき $x=5$」を代入すると

$$5 = \frac{1}{2} \times 2^2 + 2 + C \quad \rightarrow \quad C = 1$$

と $C$ が決まる。結論として

$$x(t) = \frac{1}{2}t^2 + t + 1.$$

**類題 1** 加速度が式 $a = pt + q$ で与えられている $x$ 軸上の物体の運動がある（$p, q$ は定数）。初期条件が $t=0$ で $v=v_0$, $x=x_0$ であるとき，物体の速度 $v(t)$ と位置 $x(t)$ を表す式を求めよ。

**類題 2** 加速度が $a = A\cos\omega t$ ($A, \omega$ は定数)，初期条件が $t=0$ で $v=0$, $x=x_0$ のとき類題 1 と同様の問に答えよ。

---

■**寄り道**■　本節で積分の使い方を学んだ。積分は微分の逆演算であるが，計算技術としては微分よりもはるかに難しい。加減乗除やべき乗，初等関数を組み合わせた式は，高校レベルの数学でも必ず微分できる。しかし，ちょっとした式でも，初等的には積分を閉じた形で与えることのできないものが多数存在する。しかし，積分には微分のときのように 0/0 をギリギリで収束させるようなきわどいところはなく，安心して計算の意味を理解できる。次の小節の主題がそれである。

### 1.6.2 総和と積分

積分とは全体を細かく分けて全部加える作業である。なお，本節の内容をより発展させた説明は A.10 節にある。

**ステップ 1**　連続的に変化する量があり，それの関係する量の総計を求めたい。

**ステップ 2**　多数の微小な区間に対象を分割する。

**ステップ 3**　微小な区間に限定すると，その量をその区間内では近似的に一定とみなせる。すると，その区間の寄与は単純に計算できる。

**ステップ 4**　それを全部足せば（$\sum$）答が出る。この計算は初等的だが忍耐力を要する。

**ステップ 5**　$\sum$ を $\int$ に変えれば，積分公式のおかげで一瞬にして結果が出る。

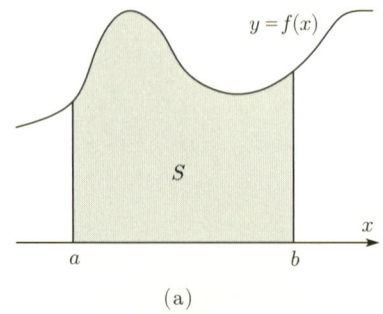
(a)

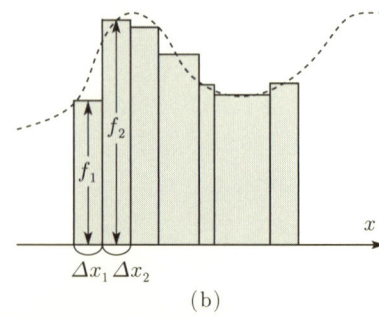
(b)

図 1.11　積分と総和

## 1.6 積分の考え方

この最後のステップ5が重要である。そこで，数学の復習を簡単に行う。いま関数 $y = f(x)$ がある。簡単のため，考えている区間で $y > 0$ とする。すると図1.11(a) の面積 $S$ は定積分で表現される。この $S$ がステップ1の目標である。

$$S = \int_a^b f(x)dx \tag{1.28}$$

この面積 $S$ の近似値は図1.11(b) のように，多数の細長い長方形の面積の和と考えることができる (ステップ2)。幅 $\Delta x$ はそれぞれ異なっていてもよい。$N$ 個の長方形に分割したとすると，1つの面積は $f_j \Delta x_j$ である。本当の面積から少しずれるが，長方形で近似したので計算ができた (ステップ3)。本当は関数 $f(x)$ は変化しているのだが，$\Delta x$ が小さいので，その範囲で関数の値を一定と近似したのである。すると (ステップ4)

$$S = \sum_{j=1}^{N} f_j \Delta x_j \tag{1.29}$$

と $S$ の近似値を表す式が得られる。幅 $\Delta x$ を無限に小さくした極限をとると，それが答となる。

$$\sum_{j=1}^{N} f_j \Delta x_j \quad \Rightarrow \quad \int_a^b f(x)dx \tag{1.30}$$

物理的な考察で左の式を書くことは多くの場合容易である。それを右の積分に置き換えるのがステップ5である。ここで，積分範囲 $[a,b]$ が，和 ($\sum$) をとる範囲を表していることに注意してもらいたい。また，和記号 $\sum$ を

$$\sum = \boxed{\text{分割された各部分の値を求め，それを全て加えよ}} \tag{1.31}$$

の意味で使用するので，本書ではいちいち添え字で $j=1$ から $N$ までといった指定はしない場合が多い。何を総和しているかは明らかだからである。

**場**　物理量が空間的に (変化して) 分布しているとする。たとえば，大気の温度は場所ごとに異なる。別の言い方をすれば，温度は座標の関数である，つまり，$T = T(\vec{r})$ と記すことができる。そのような量を一般的に**場**と呼ぶ。物理学ではそのような分布の総和を求める式を書き表したいのだが，残念ながら，細かく分けて全部加えるという原始的な手段しかもっていない。そのようにして式を書き下し，それを積分に変換することで計算ができるのである。具体的な事例で，この「細かく分けて全部加える作業」を見ていこう。

**一様でない棒の質量を表す式**　例として，細い棒の質量と密度分布の関係を扱ってみよう。棒の単位長さあたりの質量を**線密度**と呼び $\rho$ で表す。(注意：たとえば $\rho = 2$ kg/m だからといって単位だけを見て棒が「長い」と錯覚しないように。仮に棒の一部を 1 cm 切り取り，そこが 20 g なら，$\rho = 20$ g/1 cm $= 0.02$ kg/0.01 m $= 2$ kg/m である。)

棒が一様[10]であり，この材質の棒の線密度がわかっていれば，棒の質量は

$$\text{棒の質量} = \text{線密度} \times \text{長さ} \tag{1.32}$$

で計算される。

---

[10]　「一様」(uniform) とは，材質が均一で，どこでも同じであるという意味である。

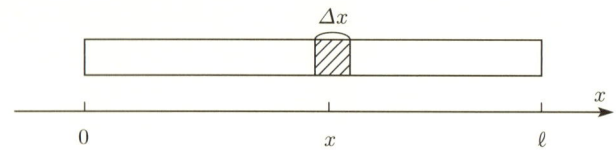

図 1.12 棒とその微小部分

しかし，棒は一様とは限らない。そのとき，この棒の全質量をどうやって求めたらよいであろうか。図 1.12 の長さ $\ell$ のまっすぐな棒を考える。そして，この棒に沿って $x$ 軸を設定しておく。棒は $x = 0$ から $x = \ell$ までにあるとする。いま，密度が場所によって変化するのだから，この棒の線密度は座標の関数となり，$\rho(x)$ [kg/m] と記される。$\rho(x)$ は位置 $x$ の近傍の密度を表す。

全質量を求めるために，棒をたくさんの微小な部分に分割したとする。図 1.12 にはそのたくさんの破片の 1 つを示してあり，その長さは $\Delta x$ である。$\Delta x$ が十分小さければ，近似的に

$$\text{長さ} \Delta x \text{ の部分の質量} = \rho(x)\Delta x \tag{1.33}$$

となる。このように計算した微小な棒の破片の質量を全部加えれば，棒の全質量 $M$ が求められる。すなわち，

$$M = \sum \rho(x)\Delta x \tag{1.34}$$

上で説明した計算の手順を具体的な例で説明する。長さ 2 の棒があり，$0 \leq x \leq 2$ に置かれている。この棒の線密度分布は $\rho(x) = 1 + x^2$ であるとする。このとき，棒の全質量 $M$ はどうなるかを調べる。棒を分割していくのであるが，ルールとして，それぞれの小片の密度は小片の中央の位置の密度を使うことにする。

まず，分割しないで全体を 1 つの部分とみなす。

$$M = \sum \rho(x)\Delta x = \sum (\text{線密度}) \cdot (\text{長さ}) \simeq 2 \times 2 = 4 \tag{1.35}$$

次に 2 分割してみる。

$$M \simeq 1.25 \times 1 + 3.25 \times 1 = 4.5 \tag{1.36}$$

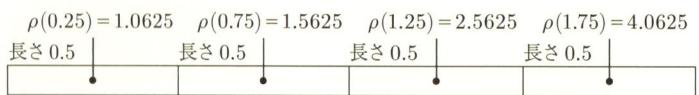

次に 4 分割してみる。

$$M \simeq 1.0625 \times 0.5 + 1.5625 \times 0.5 + 2.5625 \times 0.5 + 4.0625 \times 0.5 = 4.625 \tag{1.37}$$

このようにして，式 (1.34) の $M = \sum \rho(x)\Delta x$ により棒の重さの計算を (近似的に) することができる。

上の例からわかるように，電卓と根気さえあれば子供でもできる計算である。精度が必要ならば，分割の数を好きなだけ増やせばよい。そうは言っても，精度を上げるために，たとえば，100 分割して計算する必要が出てきたとすると，実際にはかなり気が滅入る計算である。ところが，これを「積分」は一気にやってくれる。式 (1.30) により

$$M = \sum \rho(x)\Delta x = \int_0^2 \rho(x)dx \tag{1.38}$$

となる。そして，積分公式により，

$$M = \int_0^2 \rho(x)dx = \int_0^2 (1+x^2)dx = \left[x + \frac{x^3}{3}\right]_0^2 = \frac{14}{3} = 4.666\cdots \tag{1.39}$$

となる。式 (1.35)〜(1.37) の近似計算で，$M = 4, M = 4.5, M = 4.625, \cdots$ としてきた計算は，分割を無限に細かくすると式 (1.39) の値になる。

積分の上端と下端の数字 $\left(\int_0^2\right)$ が，棒の両端の座標に対応しているが，その範囲内でこれが，細かく分けた棒を全部加えることになっている。設定した座標軸で棒は $x = 0$ から $x = 2$ までの領域にあるので，その値が積分の下端と上端になる。

## 演習問題 1

**問 1.1** 次の式で $x$ の単位は m，$t$ の単位は s である。定数 $a, A, \omega, C, \tau$ の SI での単位を答えよ。
(1) $x = \frac{1}{2}at^2$ (2) $x = A\sin\omega t$ (3) $x = Ce^{-t/\tau}$

**問 1.2** O(0,0,0)，P(1,2,3) とし，ベクトル $\vec{v} = \overrightarrow{\text{OP}}$ を考える。
(1) $x$ 軸に関する $\vec{v}$ の接線成分の長さはいくらか。
(2) $xy$ 平面に関して $\vec{v}$ の法線成分の長さはいくらか。

**問 1.3** 図 1.3 で円の半径が $r$ で，円の中心が 2 次元直交座標 $(x, y)$ の原点であるとする。このとき，$x, y$ を $r, \phi$ で表せ。さらに逆に $r, \phi$ を $x, y$ で表せ。($\phi = \cdots$ と表す場合に逆三角関数が必要となる。定義は A.4 節を見よ。)

**問 1.4** 以下の乗物 (質点とする) の運動の自由度はいくつか。また，そのときの座標にあたる量は何かを答えよ。(2), (3) では，船の向きは考えなくてよい。
(1) 東海道新幹線 (下り) の運動 (2) 船の運動 (3) 潜水艦の運動

**問 1.5** $x$-$y$ 面を運動している質点の位置が以下の式で与えられている。表に数値を記入し質点の運動の軌跡をグラフで表せ。
(1) $x = 2t, y = 3t - t^2$ $(-1 \leq t \leq 3)$

| $t$ | $-1.0$ | $-0.5$ | $0.0$ | $0.5$ | $1.0$ | $1.5$ | $2.0$ | $2.5$ | $3.0$ |
|---|---|---|---|---|---|---|---|---|---|
| $x$ | | | | | | | | | |
| $y$ | | | | | | | | | |

(2) $x = t - \sin t, y = 1 - \cos t$ $(0 \leq t \leq 2\pi)$ (注：$t > \pi$ の範囲は以下の表では省略したが，同様に $2\pi$ まで計算しグラフとすること。)

| $t$ | 0 | $\pi/6$ | $\pi/4$ | $\pi/3$ | $\pi/2$ | $2\pi/3$ | $3\pi/4$ | $5\pi/6$ | $\pi$ | $\cdots$ |
|---|---|---|---|---|---|---|---|---|---|---|
| $x$ | | | | | | | | | | |
| $y$ | | | | | | | | | | |

**問 1.6** アナログ時計の長針の角速度の値はいくらか。

**問 1.7** $x$-$y$ 平面上を運動する質点の位置が，$\vec{r} = (A\cos\omega t, A\sin\omega t)$ である。この質点の速度ベクトルと加速度ベクトルを答えよ。

**問 1.8** $x$ 軸に沿って $0 \leq x \leq 2$ の位置に線密度 $\rho(x) = 5 - x^2$ の棒がある。

(a) この棒の質量 $M$ を積分で求めよ。

(b) 棒を2分割し，各部分の密度を中点の密度で近似し，式 (1.34) のように和を求めて質量 $M$ の近似値を答えよ。

(c) 棒を4分割し，各部分の密度を中点の密度で近似し，式 (1.34) のように和を求めて質量 $M$ の近似値を答えよ。

(d) 棒を $N$ 分割し，各部分の密度を中点の密度で近似し，式 (1.34) のように和を求めて質量 $M$ の近似値を答えよ。

# 2
# 質点の力学

　数学は純粋に抽象的世界で議論を展開するので，手がかりになるのは論理的な正しさだけであるため，その推論は厳密である．一方，本書の中で展開される議論を注意深く読めばわかるように，物理学の論理は数学に比べると，表面的には，論理的循環や飛躍とも見える部分がある．それを安心して使っていられるのは，論理性だけではなく，その理論が実験的な確認によって支持されているという点にある．物理学では，抽象的な世界ではなく，我々が住む現実の世界の議論をしているということを実感をもって理解してもらいたい．

　物理学の研究はそのアプローチの形から，「理論物理学」と「実験物理学」に分けられる．理論と実験は車の両輪であってどちらが欠けても不十分である．もし，実験の授業を履修していれば，それは講義を体験的に理解する手助けになるであろう．時に実験的なことを説明することもあるが，本書では理論的なアプローチを主に述べる．その理論は実験によりその有効性が検証されていることを，常に念頭においてほしい．

## 2.1 質点とモデル

　現実の存在物は複雑でさまざまな属性をもつ．それらを研究対象として扱うには適切な理想化・抽象化を必要とする．ここでは，そのような作業をひっくるめて**モデル化**と呼ぶことにする．**力学**では，対象とする物体の色，味，何度で融けるか，電気を伝えるか，等の性質は無視して，物体に働く力やその運動を研究する．モデル化をどこまで行うかにより，それにふさわしい「力学」がある．

　質点は力学的モデル化の一つの極限である．ある物体を質点と考えているときは，その形や大きさを考えない．質点の唯一の属性は**質量** $m$ であり，位置(座標)だけで記述される．**質点**とは「いつどこにいたか」がわかれば，それで100％その状態がわかってしまうようにモデル化された存在である．この章では質点の力学を展開する．

　あとの章で出てくる「剛体」の場合には，その大きさや形を考慮する分だけ現実の物体に近づく．しかし，その名前のとおり変形は考えない．固体で変形も考える場合は「弾性体」と呼ぶ．気体や液体のように固有の形をもたない対象は「流体」と呼ばれる．これらはみな力学のそれぞれのレベルでのモデルである．

　モデル化による実在の物体からのずれは，常に問題を解くための手間の難易度と逆比例するので，自分がかかえている問題の必要度に応じて適切なモデル化を行う必要がある．物理において「近似」とはごまかすことではなく，研究対象の本質を見抜くという極めて重要なプロセスである．たとえば，質点と剛体を比較してみると，剛体の方が，もちろん現実の物

体により近い。しかし，剛体はその位置だけでなく剛体の向きについても記述しないといけないので，解くべき方程式が質点の場合より複雑になる。

ひとくちに質点といってもその実体はいろいろである。ビー球やボールの運動は通常質点の運動として扱う。しかし，野球のボールの変化球の運動をきちんと考えたければ，その回転や周囲の空気の流れを考慮に入れる必要がある。地球はボールと比べれば巨大だが，太陽系全体から見れば小さいので，太陽系内の地球の運動を考えるときは地球を質点と考えても十分である。さらに，ミクロの世界では少し事情が変わる。原子や電子は小さな粒子だから質点とみなすのが適切に思えるが，それには実は限界があり，正しくは「量子力学」により理解しなくてはいけない (⇒10.2 節)。

## 2.2　質量と重さ，重力

重いもの，軽いものがあることは誰でも知っているし，「重さ」や「重量」という言葉もよく使うものである。物理学では，そのとき**質量**という言葉を使う。その違いを説明する。

地上の物体は支えがなければ下向きに落下する。これは，地上にある物体に**重力**という力が働いているからである。物体を支えようとすれば，この重力に対抗できるだけの力で支えなければならない。このとき感じるのが物体の重さである。つまり，**重さ**とは，物体に働く「重力の大きさ」のことである。図 2.1 に示すように，重力の働く方向を**鉛直方向**と呼び，それに直交する方向が**水平方向**である。

重力の実体は，物体と地球の間に働く「万有引力」(4.3 節参照) である。だから，月の上では，物体の重さは地球上の 1/6 となるし，宇宙空間では物体の重さは 0 となってしまう。しかし，物体はその存在する場所と無関係に，それ自身の属性としてある決まった量をもっている。それが質量である。**質量**は重さと同じように物質の量に比例する。また，質量が大きい・小さいということは，物体に力を加えたときの「動かしにくさ・動かしやすさ」にも関係する。物理学は自然界全体の法則性を研究するものなので，地球上での属性を表す「重さ」ではなく，「質量」という言葉を使うのである。経験によれば，この重力は質量に比例していることがわかっている。その比例定数を**重力加速度**とよぶ。

$$\text{地上の重力加速度}^{1)} \quad g = 9.8 \text{ m/s}^2 \tag{2.1}$$

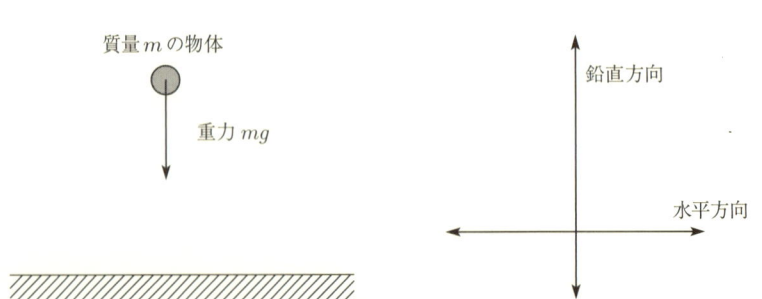

図 2.1　重力

---

1) これは標準的な値である。この値は地上の位置や高度により変化する。

したがって，重力の大きさ $F$ は，図 2.1 に示すように，

$$\text{重力の大きさ} \quad F = mg \tag{2.2}$$

であり，向きは鉛直下向きである[2]。(質量に関するより詳しい議論は 4.4 節で行う。)

質量の単位は kg であり，通常，それを測るのに秤(はかり)を使う。たとえば，ばねを使った秤を考えよう。その秤に質量 1 kg の物体を乗せると，ばねは物体に働く重力に起因する力により変形するが，そのときの針が指す目盛を 1 kg とする。このようにして正しく調整された秤は，地上では質量を測定する器具となる。

## 2.3　力と力のつりあい

力が何かというのは難しい問である。日常的にも，力が強い・弱いと言ったりする。そのイメージで十分なのだが，あとの「運動の法則」との関係で，ここでは「運動を変化させる能力の大きさ」とでもしておこう。止まっている物体に力を加えると動く，動いている物体に力をかけて停止させる，動いている物体を押してより速く動かす，といった例で考えてもらいたい。

力は向きをもつ，つまり，1.3 節の言葉でいえば，力はベクトルの物理量である。静止している物体には力が働いていない。(もし働いていれば，上の定義により運動が変化して動いてしまう。) そこで，簡単なルールを掲げよう。

<u>静止条件</u>　静止している質点に働く力は 0 である。
(力のベクトル和が 0 である。)

**抗力**　ところで，ここから物理学の記述と日常的な記述が少しずれてくる。たとえば，図 2.2(a) を見てもらいたい。水平な台の上に質点 (リンゴ) があって静止している。なぜ，この質点が動かないのかと問われれば，もちろん，台が質点を支えているからと答えるであろう。ところで 2.2 節で説明したように，図 2.2(b) の重力 $mg$ がこの質点には下向きに働く。力を用いた「静止条件」を適用するためには，質点に働く力のベクトル和が 0 となる必要がある。

そこで，図 2.2(c) に示すように，台の面から垂直に**抗力** $N$ が質点に働くと考える (垂直抗力ともいう)。この抗力は重力と同じ大きさ ($N = mg$) で，向きが逆向きなので重力と抗力

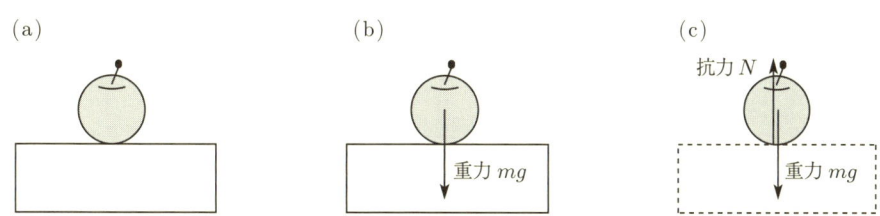

図 2.2　台上で静止する質点

---

[2] これからわかるように，1 kg の物体に働く重力は 9.8 N である (N = kg·m/s$^2$)。地球上では重力と質量が比例しているので，1 kg の物体に働く重力に相当する力を重量キログラム (1 kgf, あるいは 1 kgw) と呼んで，力の単位とする場合もある。ただし，この単位は SI のものではない。

の全体では0となる。だから，質点が静止していると考えるのである。「力」を基準にした記述では，「台が支えている」が「台から上向きの抗力 $N$ が質点に働いている」に置き換わるのである。

**張力**　図2.3のように，ひもでつるされた質点が静止している。このときも，力を用いた「静止条件」を考えると，上向きの力が働いており，その力と重力が打ち消し合っていないといけない。この力を**張力** $T$ と呼び，大きさは $T = mg$ である。張力の方向はひもに沿った方向となる。「力」を基準にした記述では，「ひもでつるしている」が「ひもから上向きの張力 $T$ が質点に働いている」に置き換わるのである。

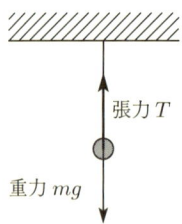

図 2.3　ひもでつるされて静止する質点

**摩擦力**　図2.4 (a) のように水平な床面で物体を押したとする。そして動かないことも，ときには起きる。このとき，我々は床がなめらかでない，摩擦があるという。さきほどの力を用いた「静止条件」を適用するために，図2.4 (b) のように押す力と同じ大きさで逆向きの**摩擦力**が働いていて，両者のベクトル和が0になっている。だから物体が動かないのだと結論するのである。

図 2.4　静止摩擦力 (この図で重力と抗力は省略している。)

しかし，ある程度以上押す力が強いと物体は動いてしまう。この摩擦力の上限を**最大静止摩擦力**と呼び $f_{\max}$ で表す。質点を水平に押しているのに物体は静止しているとき，働いている静止摩擦力を $f$ とすると，

$$f \leq f_{\max} \tag{2.3}$$

である。最大静止摩擦力は，そのとき働いている抗力 $N$ に比例する。

$$f_{\max} = \mu N = \mu mg \tag{2.4}$$

この比例係数 $\mu$ は**静止摩擦係数**と呼ばれる。

物体がなめらかでない面に接触して動いているときも摩擦力は働き，**動摩擦力**と呼ばれる。力の向きは運動方向と逆向きで，その大きさは，

$$f = \mu' N \tag{2.5}$$

である。この $\mu'$ は**動摩擦係数**と呼ばれる量で，通常は $\mu > \mu'$ である。

## [例題 2.1]

質量 $m$ の質点が,水平面と角度 $\theta$ をなす斜面の上で,図 2.5(a) のように静止している。この質点に働く力をすべて述べよ。

[説明] まず,重力は必ず働いている。力のベクトル和が 0 になっているという静止条件を考える。すると,抗力と摩擦力の双方が必要だとわかる。

[解] 重力 $mg$,抗力 (斜面に垂直で上向き)$N = mg\cos\theta$,摩擦力 (斜面に沿った方向で坂の上向き) $f = mg\sin\theta$. この 3 つのベクトルの和は 0 になる。(注意:$f = \mu N$ と答えないこと。単に力がつりあっているだけでは最大摩擦力に達しているかどうかは不明である。摩擦力は最大静止摩擦力よりも小さい任意の値をとることができる。)

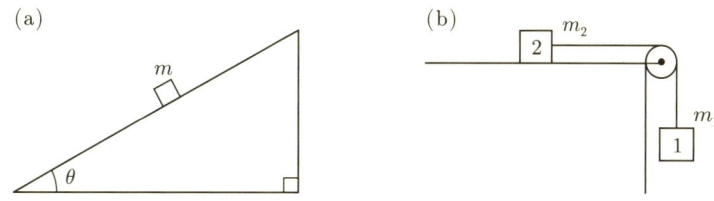

図 2.5 力のつりあい

**類題** 図 2.5(b) で質点 1 と質点 2 はともに静止している。
(1) 質点 1 に働くひもの張力の大きさを答えよ。
(2) 質点 2 に働く摩擦力の大きさを答えよ。
(3) 図の質点が静止しているためには,静止摩擦係数はいくら以上でないといけないか。

## 2.4 運動の法則

質点の力学の基礎は次の 3 つの**運動の法則**である。これらは,ニュートンが 1687 年に発表した『プリンキピア』に述べられている。本書でもこの力学法則から出発して議論を進める[3]。

1. **慣性の法則**: 力が働いていない質点は静止もしくは等速度運動を行う。
2. **運動方程式**: 質点に働く力は質点の質量と加速度の積に等しい。
3. **作用反作用の法則**: 2 つの質点の間に働く力は,大きさが等しく,向きは逆向きで両者を結ぶ直線の方向である。

**第 1 法則 (慣性の法則)** 第 1 法則は

$$\text{力が }0 \quad \rightarrow \quad \text{静止あるいは等速度運動} \cdots \text{一定の運動}$$

と述べている。「静止」を運動ととらえるのには抵抗を感じるかもしれないが,物理学的 (数学的) 表現では,静止は速度 0 の等速度運動であるとみなす。逆に考えれば,

$$\text{力} = \text{物体の運動の}\underline{\text{変化}}\text{の原因}$$

であることを宣言している。

---

[3] 力学の研究はニュートン以後も多数の物理学者に引き継がれさまざまな定式化を生み出した。これらのうちラグランジュ (Lagrange) やハミルトン (Hamilton) などによる定式化は一般に「解析力学」と呼ばれ,より進んだ応用や量子力学の理解に必要となってくる。

■寄り道■　運動の3法則はニュートンが300年以上昔に述べたものであるが、いささかも古くなっていない。これを見てまず驚くべきことは、そこに何の限定条件もないということである。普通の「法則」は「日本では 〜」，「背骨のある動物は 〜」，「子供は 〜」などの限定がつくものだが、この力学法則はそうではない。これは極めて大胆な主張である。それは単に物理学の内部に囲っておけるようなものではなく、我々の世界観自体に影響を与える性格の主張である。

　ニュートンはリンゴが落ちるのを見て万有引力 (⇒4.3節) を発見したという伝説がある。後の章で見るように、万有引力の発見自体はリンゴの落下と直接関係しない。しかし、この伝説は意味がある。ニュートンが主張したことは、地上の物体の運動も天上の星の運動も同じ規約で理解できるということであった。

ここで

よくある誤解　　　物体が運動をしている　⇒　物体に力が働いている

と考えてはいけない。第1法則によれば、力が働いていなくても運動を続けることはできるのである。

日常、ものを押して運んでいたりするとき、力を加えるのをやめるとすぐ物体は止まってしまう。だから、上のような誤解が起きてしまう。これは、摩擦力や抵抗力などの別の「力」が働いてブレーキをかけるからである。本当に摩擦力などのよけいな力のない環境、たとえば、条件のよいスケートリンクとか宇宙空間とかで実験すれば、動き出した物体はそのままの速度を維持する。この物体の「動き出したら止まらない」性質のことを**慣性**と呼ぶ。

第1法則では、静止もしくは等速度運動と述べているが、これは加速度が0ということである。だから、力が0なら加速度も0ということになる。

**第2法則**　第1法則の結果を考えると、力は運動の変化つまり加速度に関係していると考えられる。同じ力を加えても質量の大きいものは少ししか動かず、質量の小さいものは大きく動く[4]。質量 $m$ の質点の運動は、ニュートンの**運動方程式**

運動方程式　　$\vec{F} = m\vec{a}$ 　　　　　　　　　(2.6)

に従う。力 $\vec{F}$ と加速度 $\vec{a}$ はベクトル量である。この方程式は万物を司る「究極の方程式」であり、17世紀が誇るべき力学的統一理論である。すべての質点の運動はこの方程式に支配される。方程式に現れる量の単位は

$$\vec{F} = m \cdot \vec{a}$$
$$[N] = [kg] \cdot [m/s^2] \tag{2.7}$$

となる。力の単位は kg·m/s² であるが、それでは複雑なのでそれを「N」と記し「ニュートン」と呼ぶ。

質点の位置ベクトル $\vec{r}$，速度ベクトル $\vec{v}$，加速度ベクトル $\vec{a}$ の関係は1.5節で学んだ。

$$\vec{v} = \frac{d\vec{r}}{dt}, \qquad \vec{a} = \frac{d\vec{v}}{dt} = \frac{d^2\vec{r}}{dt^2} \tag{2.8}$$

---

[4] しかし、式が1つなので、論理的には $m, F$ の片方でもう一方を定義している。本章の冒頭で説明したように、このようなあいまいさが物理学には残る。

力は一般に，$x, v, t$ などで表されるので，運動方程式はこれらの関係式を利用することにより微分方程式として数学的に扱うことができる。

**初期条件** 質点の運動はニュートンの運動方程式により決定されるが，力を与えただけでは運動は完全には決まらない。運動を決めるためには力と適切な**初期条件**が必要となる。地上で物体を投射することを考えよう。このとき物体に働く力は同一である。それでも，図 2.6 の例に見るように，それに与える初速度によって運動の軌道は異なる。物体を投げる位置や，それに与える初速度がこの場合の初期条件である。

運動方程式を解くことは数学的には積分を求めることである。すると数学で学んだように，積分定数が現れる。この積分定数を決定するためのデータが初期条件である (⇒1.6.1 節)。

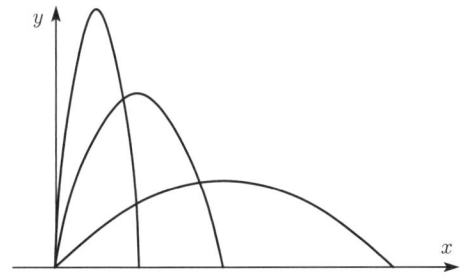

図 2.6 地上で質点を投げ上げたときの軌道。働いている重力は共通だが，初速度の大きさと角度で軌道は異なる。

> ■寄り道■　上で述べたことを言い換えれば，力と初期条件が与えられると，物体の運動がどうなるかは完全に予測できることになる。これは，ラプラス (P.S.M. de Laplace) に代表される力学的な世界観を生みだした。現在の物体の位置や速度に関する詳細なデータをすべて知り得たとすると，それ以後の世界の変化はすべてニュートンの運動方程式により予言される。また方程式の解の時間を逆にたどることにより過去もすべてわかってしまう。たとえば，図 2.6 の放物線を考えると，この軌道の 1 点について位置と速度を測定すれば，この軌道全体を運動方程式により決定することができる。すべてのデータを知り，さらにすべての方程式を解くことができるような超知性は「ラプラスの**魔**」と呼ばれる。神様がいたとすれば，それは世界の始まりに初期条件を与えただけであって，それ以降の世界の変化は運動方程式だけで記述される。だから，ラプラスの魔がいようといまいと，過去・現在・未来は完全に決定論的に決まっていることになる。人間といえども，それを多数の微粒子がお互いに力を及ぼし合っている存在とみなすならば，相互の力によってどのような運動をするかは運動方程式が予言するので，「自由意志」というものが存在する余地はなくなる。
>
> この見方は，この節で述べた力学の枠組みの中では正しい。これに対する批判は 2 つある。一つは，量子論による不確定性に関係する本質的問題である。もう一つは，力学的枠組みの内側においてさえも，初期条件さえ与えれば結果は決まってしまうという決定論的主張が，カオスの発見によりゆらいできたことである。これらについてはそれぞれ後で議論しよう。

**第 3 法則** （作用反作用の法則）　2 つの物体が互いに力を及ぼし合っているとき，図 2.7 に示す例のように，お互いに相手に及ぼす力は同じ大きさで向きは逆となる。

ところで，前の節の図 2.2 での重力と抗力を作用反作用の関係にある力だと誤解しないでもらいたい。図 2.2 の抗力 $N$ の反作用は，図には示されていないが，質点 (リンゴ) が台を押す力である。具体例として，図 2.8 のように，同じ質量 $m$ の 3 つの物体 A, B, C が重なっ

| | |
|---|---|
| AがBを押す力 | BがAを押す力 |

図 2.7　第 3 法則

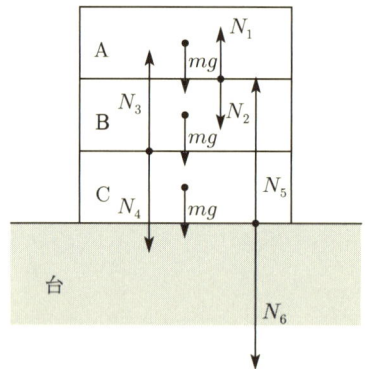

図 2.8　3 つの物体と台 (力のベクトルはわざと左右に位置をずらして描いている。)

| A に働く力 | 重力 $mg$ ↓ |  |
|---|---|---|
|  | B からの抗力 $N_1 = mg$ ↑ | ($N_2$ の反作用) |
| B に働く力 | 重力 $mg$ ↓ |  |
|  | A からの抗力 $N_2 = mg$ ↓ | ($N_1$ の反作用) |
|  | C からの抗力 $N_3 = 2mg$ ↑ | ($N_4$ の反作用) |
| C に働く力 | 重力 $mg$ ↓ |  |
|  | B からの抗力 $N_4 = 2mg$ ↓ | ($N_3$ の反作用) |
|  | 台からの抗力 $N_5 = 3mg$ ↑ | ($N_6$ の反作用) |
| 台に働く力 | C からの抗力 $N_6 = 3mg$ ↓ | ($N_5$ の反作用) |

ておいてあるとする。この図で力のベクトルは本来一直線にならぶが，見にくいのでわざと左右に位置をずらして表示している。

A, B, C それぞれに働く力の合計は 0 になっており，静止条件を満たしていることがわかる。ただし，台だけはそうなっていないが，これは台が下の方で支えられているあたりを考慮していないからである。

それでは重力の反作用は何であろうか。重力の実体は，物体と地球の間に働く万有引力 (4.3 節参照) なので，重力の反作用は，物体が地球を引っ張る万有引力である。ただし地球が非常に大きな質量をもつので，その効果はほとんど検知できない。

## 2.5　運動方程式の解

運動方程式 $\vec{F} = m\vec{a}$ はすべての運動を記述する。この節では 1 ないし 2 自由度運動に限定して，いくつかの基礎的な例を具体的に解いてみる。運動方程式を解くことは技術的には微分方程式を解くという作業になる。この作業は，本来，数学から学んだ結果を利用するだけで

## 2.5 運動方程式の解

よいのだが，その扱いに慣れていない読者のために技術的部分も説明を適宜加えながら進める。ただし，あまり数学の技術的な箇所にとらわれすぎて物理的内容を見失ってはいけない。

### 2.5.1 一定の大きさの力 (1次元)

一定の大きさの力が働いている場合の運動は，一番簡単な場合である。具体的には，2.2節で説明した地上での**重力**が代表的な例となる[5]。

力が一定の場合は加速度も一定となる。

$$\text{加速度} \quad a = \frac{F}{m} = \text{一定} \tag{2.9}$$

重力 (2.2節) の場合では $F = mg$ より，$a = g$ となる。これが $g$ を重力加速度と呼ぶ理由である。したがって，地上の物体は加速度 $g$ で**等加速度運動**を行う。

等加速度運動の初期条件として，時刻が 0 のときの位置と速度を

$$\text{初期条件} \quad t = 0 \quad \to \quad x = x_0, \; v = v_0 \tag{2.10}$$

と与える[6]。

加速度が定数なので 1.6.1 節の式から速度は

$$v = \int a \, dt = at + C \tag{2.11}$$

となる。ここで $C$ は積分定数である。数学的には積分定数はある不定の値だが，物理として不定量が残っては困る。これを決めるのが初期条件の式 (2.10) である。すると，$C = v_0$ より

$$\boxed{\text{速度}} \quad v = at + v_0 \tag{2.12}$$

となる。さらに 1.6.1 節の式を使い，積分して位置を求めると

$$x = \int v \, dt = \frac{1}{2}at^2 + v_0 t + C \tag{2.13}$$

となる。再度積分定数が現れる (この $C$ は式 (2.11) の $C$ とは別のものである)。式 (2.10) の初期条件より $C = x_0$ となって，

$$\boxed{\text{位置}} \quad x = \frac{1}{2}at^2 + v_0 t + x_0 \tag{2.14}$$

を得る。式 (2.12) と式 (2.14) が等加速度運動の基本公式となる。

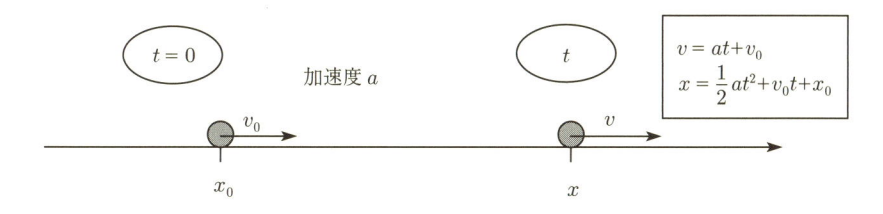

図 2.9 一定の力による 1 次元等加速度運動

---

[5] 重力 $F = mg$ と運動方程式 $F = ma$ を形が似ているからといって混同しないこと。前者はいろいろな力の一つの例であるのに対して，後者は万物を支配する統一理論の方程式であって全然「格」が違う。

[6] 念のために注意するが，このような式では $x_0, v_0$ は定数であり，きちんと書けば，$x(0) = x_0, v(0) = v_0$ という意味であると読むこと。

[例題 2.2]

$x$ 軸上を運動している質点がある。加速度は $a = -2$ m/s$^2$，時刻 $t = 0$ s で，$x = 0$ m にあり，速度 $v = 10$ m/s をもっている。(1) 時刻 $t = 3$ s での位置はいくらか。(2) 運動の方向が逆向きに転じる時刻はいつか。

[説明] 基本公式 $v = at + v_0$, $x = (1/2)at^2 + v_0 t + x_0$ の活用である。問題から $a, x_0, v_0$ を読み取り，この基本公式に代入すると，質点の速度と位置が時間の関数として決まる。それをうまく使って答える。

[解] 等加速度運動の基本公式に $a = -2$ m/s$^2$, $x_0 = 0$ m, $v_0 = 10$ m/s を代入すると，$v = -2t + 10$, $x = -t^2 + 10t$ となる。

(1) $t = 3$ より，位置は $x = 21$ m．

(2) 運動は最初右向き ($x$ 軸の正方向) だが，一瞬静止し，左向き ($x$ 軸の負方向) となる。$v = 0$ となる時刻を求めればよい。$0 = -2t + 10$ より，$t = 5$ s．

**類題 1** $x$ 軸上を一定の加速度で運動している質点がある。時刻 $t = 0$ s で，$x = 0$ m にあり，速度 $v = 4$ m/s である。そして，時刻 $t = 3$ s で，$v = 7$ m/s である。(1) 加速度はいくらか。(2) 時刻 $t = 5$ s での位置と速度はいくらか。

**類題 2** 地上からの高さが $h$ の地点より初速度 0 で質点を落下させる。$x$ 軸は上向きで，原点は地上とする。よって最初の位置は ($x = h$) となる。このときの $x, v$ を表す式を答えよ。

**類題 3** 上の類題で地上に落下するときの時刻と速度を答えよ。

### 2.5.2 一定の大きさの力 (2 次元)

次に，図 2.10 のように地上で質点を斜めに投射することを考える。この場合，力はベクトル量であり，直交座標を使う際にはそれぞれの成分は独立に扱ってよい，という原則を利用する。

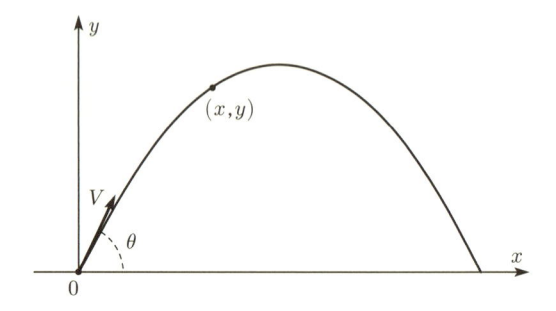

図 2.10 地上の重力のもとで質点を投げ上げたときの放物線軌道

水平方向に $x$ 軸，鉛直上方に $y$ 軸をとり，原点に質点があって，これを水平面に対して角度 $\theta$ で斜め上方に大きさ $V$ の速度で発射する。これは初期条件

$$t = 0 \rightarrow \quad x = 0, y = 0, v_x = V\cos\theta, v_y = V\sin\theta \tag{2.15}$$

を意味する (図 1.7 を参照)。働いている力はこの座標系で

$$\vec{F} = (0, -mg) \quad \text{つまり} \quad \begin{cases} F_x = 0 \\ F_y = -mg \end{cases} \tag{2.16}$$

であり，各成分を独立に扱えることから，式 (2.15) の初期条件と等加速度運動の式 (2.12)，式 (2.14) を用いる。

## 2.5 運動方程式の解

$x$ 成分

$$\left.\begin{array}{l} a = 0 \\ v_0 = V\cos\theta \\ x_0 = 0 \end{array}\right\} \Rightarrow \quad v_x = V\cos\theta, \quad x = V\cos\theta \cdot t \tag{2.17}$$

$y$ 成分

$$\left.\begin{array}{l} a = -g \\ v_0 = V\sin\theta \\ y_0 = 0 \end{array}\right\} \Rightarrow \quad v_y = -gt + V\sin\theta, \quad y = -\frac{1}{2}gt^2 + V\sin\theta \cdot t \tag{2.18}$$

軌道の形は式 (2.17) の $x$ の式を $t = \dfrac{x}{V\cos\theta}$ と変形して式 (2.18) の $y$ の式に代入すれば

$$y = -\frac{g}{2V^2\cos^2\theta}x^2 + \tan\theta \cdot x \tag{2.19}$$

となる。この式から質点の軌道は図 2.10 の放物線であることがわかる。

[例題 2.3]
図 2.10 の運動で飛距離 $L$ を求めよ。飛距離とは最初投げた地点から落下地点までの水平距離である。

[説明] たびたび出てくることであるが、物理的な考察で重要なのは、現象をどのように数学的に規定するかということである。以下でわかるように、「地上に落下した」ということを数式でどう表現するかがポイントとなる。

[解] 地上に落下したときの時刻を求め、その時刻での $x$ 座標を計算すれば、それが $L$ となる。
地上に落下したならば $y = 0$ であるので、式 (2.18) で

$$0 = -\frac{1}{2}gt^2 + V\sin\theta \cdot t \quad \Rightarrow \quad t = 0 \text{ または } t = \frac{2V\sin\theta}{g}$$

となり、これより地上に落下したときの時刻が決まる ($t = 0$ は最初に投射したときの時刻)。これを式 (2.17) に代入する。

$$L = V\cos\theta \times \frac{2V\sin\theta}{g} = \frac{2V^2\sin\theta\cos\theta}{g}$$

類題 図 2.10 の運動で最高点の高さ $H$ を求めよ。(ヒント：最高点に達する時刻を求めると、そのときの $y$ 座標が $H$ である。2 つ考え方がある。(1) 最高点では $v_y = 0$ となることを利用する。(2) 最高点に達するまでの時間は地上に落下するまでの時間の半分である。)

### 2.5.3 抵抗力

空気中や水中 (一般に流体の中) を物体が運動すると**抵抗力**を受ける。この抵抗力の詳細な議論は「流体力学」によらなくてはならないが、ここでは、質点の力学の枠内での抵抗力の扱いを考える。経験的に考えて、抵抗力は次のような性質を満たす。

- 静止しているときには働かない。
- 運動の方向と逆向きに働く。
- 運動の速度が大きいほど抵抗力も大きい。

このような条件を満たす力の式として、$F = -bv$, $F = -bv^2, \cdots$ ($b$ は正の比例定数) などが候補となる。ここでは、

$$F = -bv \tag{2.20}$$

を抵抗力のモデルとして採用する。(流体力学 (6.3.2 節) により，速度があまり大きくないとすれば妥当である。)

**運動の定性的考察**　さて次のような運動を考えよう。質点を高さ $H$ から速度 0 で落下させる。図 2.11 のように $x$ 軸は下向きにとり，原点 $(x=0)$ は質点の最初の位置とする。この運動で働く力は重力 $F = mg$ と抵抗力 $F = -bv$ である。このとき運動方程式を解かなくても，運動のおおよその様子は次のように考察すればわかる。

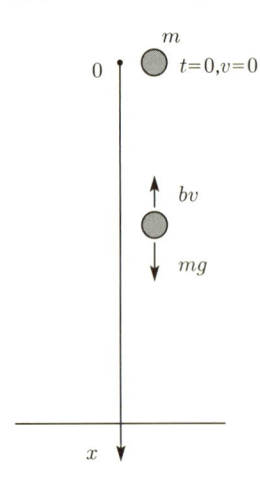

1. はじめのうち抵抗力は小さく，重力に引かれて質点は加速される。
2. 速度が大きくなるにつれて抵抗力も増す。
3. やがて，重力 = 抵抗力となると，そこで力が 0 となるので速度は変化しなくなる。つまり一定の速度で運動を続けるようになる。

図 2.11　抵抗力があるときの落下運動

質点は最終的には一定の速度で運動を続けるようになるはずである。この速度のことを**終端速度**といい，$v_\infty$ で表す。条件から

$$mg = bv_\infty \quad \to \quad v_\infty = \frac{mg}{b} \tag{2.21}$$

である。

**運動方程式の解**　上の考察で運動の概略はわかったが，完全に運動の様子を把握するためには，運動方程式を解く必要がある。運動方程式 $F = ma$ の $F$ に質点に働く力を代入すると，

$$mg - bv = ma \tag{2.22}$$

となる。この式に $a = dv/dt$ を適用すると

$$mg - bv = m\frac{dv}{dt} \tag{2.23}$$

となる。この微分方程式 (数学では変数分離形と呼ばれるタイプである) を以下で解く[7]。初期条件は以下である。

$$\text{初期条件}: \quad t = 0 \quad \to \quad v = 0,\ x = 0 \tag{2.24}$$

式 (2.23) を

---

[7] 式 $mg - bv = ma$ は，掛け算と引き算しか使っていない簡単な式である。運動「方程式」である以上をこれを解かないといけない。ところが，この式は未知の量として $v, a$ を含んでいる。式が 1 つで未知数が 2 個では解けない。そこで「やむをえず」微分の関係式を使って未知数を 1 つにした。その結果，四則演算しか使っていない方程式が微分方程式になってしまったが，これは解を求めるためにやむを得ない手続きである。

## 2.5 運動方程式の解

$$v - \frac{mg}{b} = -\frac{m}{b}\frac{dv}{dt} \tag{2.25}$$

と変形し，式 (2.21) および，

$$\tau = \frac{m}{b} \tag{2.26}$$

とおきかえて，

$$v - v_\infty = -\tau\frac{dv}{dt} \tag{2.27}$$

これを変形して

$$\frac{1}{v - v_\infty}\frac{dv}{dt} = -\frac{1}{\tau} \tag{2.28}$$

とし，この両辺を $t$ で積分する．

$$\int \frac{1}{v - v_\infty}\frac{dv}{dt}dt = \int -\frac{1}{\tau}dt \tag{2.29}$$

このとき左辺では積分の変数変換を行って，

$$\int \frac{1}{v - v_\infty}dv = \int -\frac{1}{\tau}dt \tag{2.30}$$

となる．これを積分すると (⇒A.7 節)，

$$\log|v - v_\infty| = -\frac{t}{\tau} + C \tag{2.31}$$

となる．なお，積分定数は両辺に現れるが任意定数なので 1 つにまとめた．さきの考察から $v(t) < v_\infty$ であることが推定されるので，この式の左辺は絶対値をはずして $\log(v_\infty - v)$ と考える．初期条件である式 (2.24) を使うと，積分定数が $C = \log v_\infty$ と決まる．その結果

$$\log(v_\infty - v) = -\frac{t}{\tau} + \log v_\infty \tag{2.32}$$

となる．指数や対数の計算規則 (⇒ A.4 節) を使って変形し，

$$v = v_\infty(1 - e^{-t/\tau}) \tag{2.33}$$

が得られる．位置 $x$ を求めるには，これを再度積分して，

$$x = \int v\,dt = v_\infty(t + \tau e^{-t/\tau}) + C \tag{2.34}$$

となる．再度，積分定数を初期条件式 (2.24) に合うように決めると

$$x = \int v\,dt = v_\infty[t + \tau(e^{-t/\tau} - 1)] \tag{2.35}$$

となる．

**指数的変化について**　速度と時間の関係 (式 (2.33)) を図 2.12 に示す．最初に定性的に求めたように，時間がたつにつれて速度は終端速度 $v_\infty$ に近づくことがわかる．これについて少し説明しておく．物理現象では，この速度 $v(t)$ のように指数的にある値に近づく場合がある．このとき現れる $\exp(-t/\tau)$ という因子を考える．数学的には「無限大」の時間がたたないと収束しない ($v = v_\infty$ にならない) ように見える．しかし，指数関数は表のように急激に 0 に近づく．

ここで $\tau$ $(= m/b)$ は時間の単位をもつ量であり，この収束の速さの目安を与える．現象によって，$\tau$ は特性時間，減衰時間，寿命などさまざまな呼び方があるが，意味は共通である．

| 指数関数の値 | |
| --- | --- |
| $t$ | $\exp(-t/\tau)$ |
| $\tau$ | 0.368 |
| $2\tau$ | 0.135 |
| $3\tau$ | 0.0498 |
| ... | ... |
| $5\tau$ | 0.00674 |
| ... | ... |
| $10\tau$ | 0.0000454 |
| ... | ... |

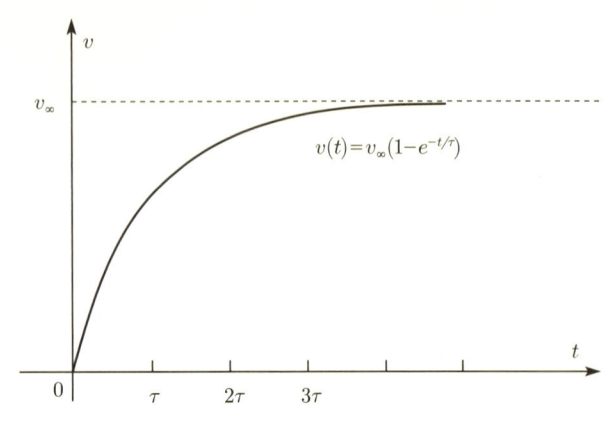

図 2.12 重力と抵抗力による運動での速度の時間変化

図 2.12 と表に示す指数的収束状況で，$t<\tau$ ならまだ収束しておらず，$t>\tau$ なら一定のある値に収束したとみなす目安になっている。$t=\tau$ なら，まだ収束値から 30% 以上ずれているが，より十分大きい値 (たとえば $t=10\tau$) では事実上収束している。このように，$t$ と $\tau$ の比較は極限の値に収束したかどうかを見きわめる判定条件だと理解してもらいたい。

**結果の点検** 次に検算をしてみる。今の例では，重力と抵抗力が働いていた。もし，抵抗力を 0 にすれば 2.5.1 節で考察した一定の力 (重力) が働いていた場合に帰着するはずである。このことを確認しよう。抵抗力が小さいと $b$ が小さく，したがって $t/\tau$ も小さいとみなせる。すると次の近似式が使える。(⇒A.8 節)

$$e^x = 1 + x + \frac{x^2}{2} + \cdots \tag{2.36}$$

よって

$$\text{式 (2.33)} \quad \to \quad v = v_\infty\left[1 - \left(1 - \frac{t}{\tau}\right)\right] = \frac{v_\infty}{\tau} t = gt \tag{2.37}$$

$$\text{式 (2.35)} \quad \to \quad x = v_\infty\left[t + \tau\left(1 - \frac{t}{\tau} + \frac{t^2}{2\tau^2} - 1\right)\right] = \frac{v_\infty}{2\tau} t^2 = \frac{1}{2} gt^2 \tag{2.38}$$

となって，確かに 2.5.1 節の運動となることが確認できた。

上の例のように特別な場合を考察するのは，理論の整合性や式の可否を点検するとき重要である。ものごとを考察する際に，ここで示したような手法で点検を行う方法があることを知ってほしい。

### 2.5.4 単振動

2.5.1 節で扱った一定の力が働いている場合には質点はどんどん加速されていくので，運動の範囲には限りがない。一方，運動にはバネの運動のようにその範囲が有限であるものも多い。いま 1 次元の有界運動を考えると，それは必然的に往復運動となる。振動運動の大部分は，近似的にせよ，以下に述べる単振動となるので，この節ではそれについて調べる。

**振動運動を起こす力** 質点の振動運動を引き起こす力の一般的性質を考察しよう。質点の位置は運動方向に沿って設定した $x$ 座標 (1 次元) で記述する。

- つりあいの位置が存在する。その位置では働く力が 0 である。通常は簡単のため，この

## 2.5 運動方程式の解

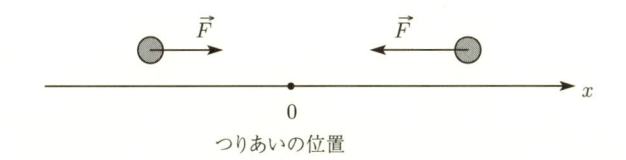

図 2.13 振動を引き起こす力

位置を座標の原点 $x = 0$ にとる。
- 質点がつりあいの位置からずれると，それをつりあいの位置に引き戻す向きに力が働く。

つりあいの位置からのずれ $x$ を**変位**と呼ぶ。働く力の大きさ $F$ が変位に比例するとき，これを**復元力** (正確には線形復元力) と呼ぶ。これは比例定数を $k$ ($k > 0$) として次の式で表される。

$$F = -kx \tag{2.39}$$

この力により質点は単振動を行う。

**単振動を引き起こす力の具体例**

1. **バネ** バネに質点をとりつける。バネの長さがその自然長であるときは力が働かない。そこがつりあいの位置となる。バネに働く力はつりあいの位置からの伸び縮みの長さ (変位) に比例する。これを**フックの法則**と呼ぶ (図 2.14)。比例定数 $k$ は**バネ定数**と呼ばれる。

$$F = -kx \tag{2.40}$$

バネ定数はそのバネが硬いか柔らかいかを表している。

2. **振り子** 振り子を真下にたらした位置では力は働かず，これがつりあいの位置である。また振り子が右に振れても左に振れてもそれを中央に戻そうとする力が働くので振動が起きる。振り子の振幅が小さいときには，質点に働く力は復元力で近似される。$x$ 軸は水平方向にとる。質点 $m$ に働く力はひもの張力 $T$ と重力 $mg$ であり，それらを合成した力 $\vec{F}$ が振動を引き起こす。重力をひもの方向とひもに垂直な成分に分解すると，後者が振動を引き起こす力である。その力の大きさは図 2.15 から考えると，

$$|\vec{F}| = mg\sin\theta = mg\frac{x}{\ell} \tag{2.41}$$

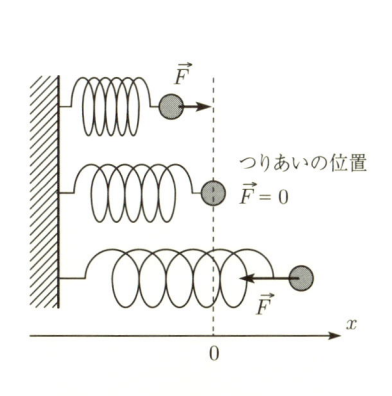

図 2.14 単振動の例 (1)：バネ

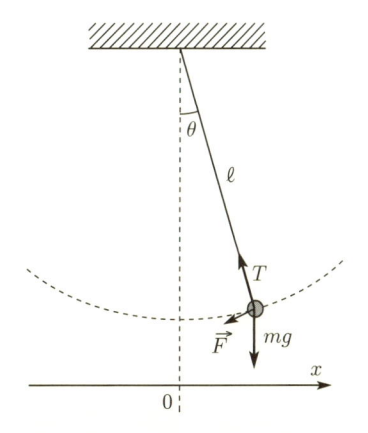

図 2.15 単振動の例 (2)：振り子

である。図 2.15 にあるように，$\vec{F}$ の向きは水平方向ではないが，振幅が小さければこれは水平 ($x$ 軸) 方向と近似的にみなされるので，質点は

$$F = -\frac{mg}{\ell}x \tag{2.42}$$

の力で 1 次元的に運動する。

　**3. 浮き**　浮きが水面に静止している位置をつりあいの位置とする。そこでは重力と浮力がつりあって力が 0 になっている。つりあいの位置より深く沈むと浮力が大きくなって浮きは上向きに力を受け，つりあいの位置より上に浮き上がると重力が勝って下向きに力を受ける (図 2.16)。やはり，この場合も振動が引き起こされる。浮きを断面積 $S$ の筒型とし，液体の密度を $\rho$ とすると，浮きが傾かずに上下に動くとき，働く力は次のようになる ($\Rightarrow$ 問 2.10)。

$$F = -S\rho g x \tag{2.43}$$

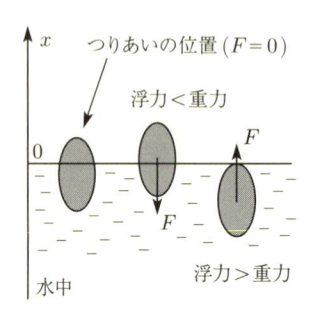

**図 2.16**　単振動の例 (3)：浮き

　**運動方程式の解**　さて，式 (2.39) の力が働いているときの運動を決定しよう。運動方程式 $F = ma$ は，$F$ に力 $-kx$ を代入すると，

$$-kx = ma \tag{2.44}$$

であるが，関係 $a = d^2x/dt^2$ を利用すると

$$-kx = m\frac{d^2x}{dt^2} \tag{2.45}$$

となる[8]。これを変形して

$$\frac{d^2x}{dt^2} = -\omega^2 x \tag{2.46}$$

とする。ここで記号

$$\omega = \sqrt{\frac{k}{m}} \tag{2.47}$$

を導入した。$\omega$ を**角振動数**と呼ぶ。

　式 (2.46) の解を探そう。$d^2x/dt^2 = -\omega^2 x$ を解くとは「$x$ を $t$ で 2 回微分したら，$x$ 自身の $-\omega^2$ 倍となった。そのような $x$ は何か」というクイズの答えを探すことである。そこで，次のような計算をしてみる。

---

[8] 方針は前の節と同じである式 $-kx = ma$ は簡単な「方程式」であるが，この式は未知の量として $x, a$ を含んでいる。解くために未知の量を 1 つにすると微分方程式になってしまう。

## 2.5 運動方程式の解

$$\frac{d\sin\omega t}{dt} = \omega\cos\omega t, \qquad \frac{d^2\sin\omega t}{dt^2} = -\omega^2\sin\omega t$$

$$\frac{d\cos\omega t}{dt} = -\omega\sin\omega t, \qquad \frac{d^2\cos\omega t}{dt^2} = -\omega^2\cos\omega t$$

これからわかるように $\sin\omega t$ および $\cos\omega t$ は式 (2.46) の解になっている。また，これらの線形結合も解である (⇒A.11 節)。$C_1, C_2$ を定数として式 (2.46) の解の一般的な形は

$$x = C_1\sin\omega t + C_2\cos\omega t \tag{2.48}$$

となる。この $C_1, C_2$ は微分方程式を解く過程で出てくる積分定数である。初期条件を与えることにより，$C_1, C_2$ の値が定まる。この $C_1, C_2$ の代わりに

$$C_1 = A\cos\phi_0, \qquad C_2 = A\sin\phi_0 \tag{2.49}$$

で定まる $A, \phi_0$ を使って

$$x = A\sin(\omega t + \phi_0) \tag{2.50}$$

と書くこともできる。ここで，加法定理を使った (⇒A.4 節)。

この式で表される運動を**単振動**あるいは**調和振動**と呼ぶ。式 (2.50) を図 2.17 に示す。$A$ を**振幅**，1 サイクルに要する時間 $T$ を**周期**と呼ぶ。$\sin$ の中身 $(\omega t + \phi_0)$ を**位相**と呼び，$\phi_0$ を初期位相という。また，周期の逆数すなわち単位時間に振動する回数 $f$ を**振動数**と呼ぶ。式で書くと周期 $T$，角振動数 $\omega$，振動数 $f$ の関係は

$$T = \frac{2\pi}{\omega}, \qquad f = \frac{1}{T} = \frac{\omega}{2\pi} \tag{2.51}$$

となる。$\omega$ は振動数 $f$ に比例しているので，角振動数という名前をもつ。

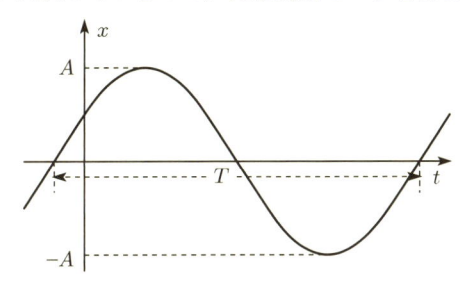

図 2.17 単振動

運動を表現する量には初期条件に依存するものと，力学的性質に依存するものがある。単振動では，ばねにつけた質点を軽く動かすと振幅は小さく，強く動かすと振幅は大きくなる。このように振幅は初期条件が決める。しかし，いずれの場合でも振動の周期は同一である。周期は $m, k$ で決まっており，初期条件で変えることはできない。

[例題 2.4]

バネ定数 $k$ のバネの一端を固定し，他端に質量 $m$ の質点をとりつけ鉛直にたらしたところ，バネの自然な長さより $a$ だけ伸びてつりあった (図 2.18)。

(1) $a$ を $m, k, g$ で表せ。

(2) つりあいの位置を点 O とする。点 O から距離 $a$ だけ下方の位置を点 P とする。質点を点 P まで引っ張って手を放した。すると，質点は単振動を始めた。このとき，質点が動き出してから，再び点 P に戻ってくるまでの時間を答えよ。

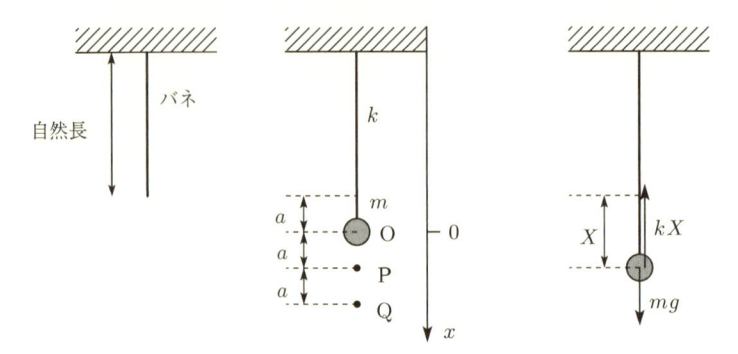

図 2.18 鉛直なバネと質点

(3) $x$ 軸を鉛直下向きに設定し,点 O を原点とする.前項 (2) で質点から手を放した時刻を $t=0$ とするとき,質点の位置 $x(t)$ を時間の関数として与えよ.

[説明] (1) は重力とバネの力がつりあったと考えればよい.(2) は単振動で 1 サイクル動いてもとに戻るまでの時間を周期とすることからわかる.

(2),(3) とも点 O をつりあいの位置として重力のことは忘れて考えてよい.その理由を説明する.バネの自然な長さを基準としたときのバネの伸びを $X$ とする.すると質点に働く下向きの力は $F = mg - kX$ となる (右の図).しかし,これは

$$F = mg - kX = k \cdot \frac{mg}{k} - kX = -k(X-a)$$

となるので,$x = X - a$ とおけば,力は $F = -kx$ となる.いまの点 O を原点とした $x$ 軸の定義はまさにそうなっている.

[解] (1) $ka = mg$ より $a = \frac{mg}{k}$.  (2) 周期 $T$ である.$T = \frac{2\pi}{\omega}$, $\omega = \sqrt{\frac{k}{m}}$.

(3) つりあいの位置である点 O を中心に振動する.振幅は $a$ になる.$t=0$ で $x=a$ にあり,そこから点 O に向かって運動する (つまり $x$ が減少する) 振動を表す.

$$x = a\cos(\omega t)$$

**類題 1** 上の例題と同じ設定で,質点を引っ張って手を放す位置を点 O から距離 $2a$ だけ下方の点 Q とする.再び点 Q に戻ってくるまでの時間を答えよ.また,質点の位置 $x(t)$ を時間の関数として与えよ.

**類題 2** 例題および上の類題の 2 つの場合で,質点が点 O を通過するときの速度の大きさは,点 P から動き始めた場合と点 Q から動き始めた場合とを比較するとどうなるか答えよ.(ヒント:速度は $v = dx/dt$ から計算できる.点 P から点 O まで動くための時間は 1 往復する時間の 1/4 である.このことは図 2.17 の三角関数のグラフを見て理解せよ.)

### 2.5.5 いろいろな振動

2.5.4 節の単振動をする質点に,復元力以外の力が働いた場合の運動を考える.

**減衰振動** 質点に,2.5.4 節の力 $F = -kx$ と 2.5.3 節の抵抗力 $F = -bv$ の双方が働く場合を考える.それぞれの力について,今までと同様の記号

$$\tau = \frac{m}{b}, \qquad \omega = \sqrt{\frac{k}{m}} \tag{2.52}$$

を使う.この $\tau, \omega$ がそれぞれの力の特徴を表している.復習しておくと,$\tau$ はブレーキがきいてくる時間の目安であり,$\omega$ が大きいほど振動の周期は短い.

2 つの力が競合するのだが,2.5.3 節と 2.5.4 節の結果からわかるとおり,抵抗力は運動にブレーキをかけ,復元力は質点を振動させようとする.両者の強弱によって,2 つのタイプ

## 2.5 運動方程式の解

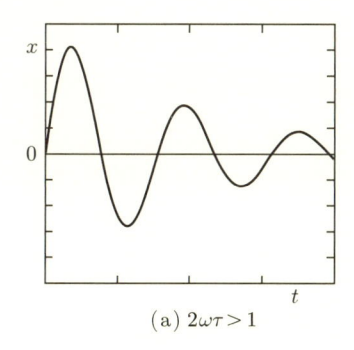

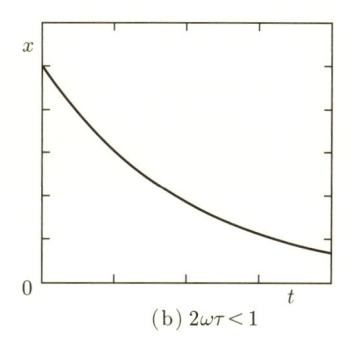

(a) $2\omega\tau > 1$ (b) $2\omega\tau < 1$

**図 2.19** 抵抗力の働く振動

の運動がありえる。実際に方程式を解いてみると，以下の結果が得られる。図 2.19(a) の場合は**減衰振動**と呼ばれる。

$2\omega\tau > 1$ … 復元力が抵抗力より優勢 … 図 2.19(a)

$2\omega\tau < 1$ … 抵抗力が復元力より優勢 … 図 2.19(b)

運動方程式は

$$-kx - bv = ma = m\frac{d^2x}{dt^2} \tag{2.53}$$

となる。これを変形して

$$\frac{d^2x}{dt^2} + \frac{1}{\tau}\frac{dx}{dt} + \omega^2 x = 0 \tag{2.54}$$

とする。この式の解は無次元量 $\omega\tau$ の大小で異なる。$1/\tau = 2\gamma$ とおく。解は，

$$2\omega\tau > 1 \quad \to \quad \omega > \gamma \quad \to \quad x = [C_1 \sin(\Omega t) + C_2 \cos(\Omega t)]e^{-\gamma t} \tag{2.55}$$
$$(\Omega = \sqrt{\omega^2 - \gamma^2}\,)$$

$$2\omega\tau = 1 \quad \to \quad \omega = \gamma \quad \to \quad x = (C_1 + C_2 t)e^{-\gamma t} \tag{2.56}$$

$$2\omega\tau < 1 \quad \to \quad \omega < \gamma \quad \to \quad x = C_1 e^{-\gamma_+ t} + C_2 e^{-\gamma_- t} \tag{2.57}$$
$$(\gamma_\pm = \gamma \pm \sqrt{\gamma^2 - \omega^2}\,)$$

となる。ここで $C_1, C_2$ は積分定数で初期条件から決まる。

**強制振動** 前項の場合で，さらに，この質点に外部から振動力 $f_0 \sin(\beta t)$ が加えられている場合を調べる。ここで $f_0$ は力の単位をもつ定数で，$\beta$ はその振動的な力の角振動数である。これは，バネで保持されている物体が外部からゆさぶられたときの現象に対応し，**強制振動**による運動と呼ぶ。

いま考えている系はもともと復元力 $F = -kx$ に起因する振動の特性をもっている。その意味で，この $k$ から決まる $\omega = \sqrt{k/m}$ を系の「固有角振動数」と呼ぼう。

方程式を解くと，図 2.20 のように強制力の角振動数 $\beta$ と固有角振動数 $\omega$ の値が近づくと，この運動の振幅 $A$ が大きくなることがわかる。これは，**共振**あるいは**共鳴**と呼ばれる。この現象は広く見られる。たとえば，ぶらんこをこぐ子供は，体の重心を上下させることにより振動する強制力をぶらんこに与え，振幅を大きくしていく。

運動方程式は

$$-kx - bv + f_0 \sin\beta t = ma = m\frac{d^2x}{dt^2} \tag{2.58}$$

となる。これを変形して

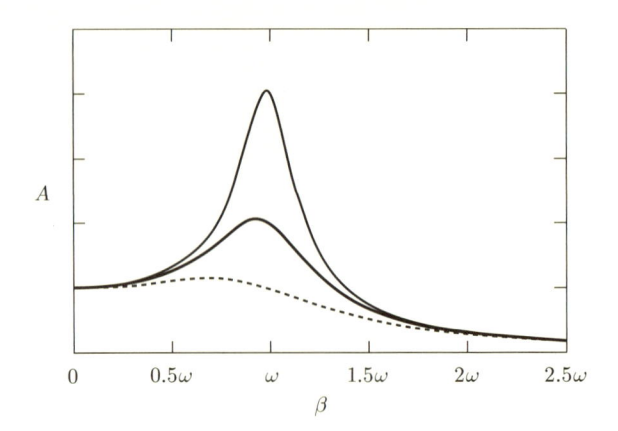

図 2.20 共鳴。$\beta$ と振幅 $A$ の関係。曲線は上から，$\tau = 4/\omega$, $\tau = 2/\omega$, $\tau = 1/\omega$ の場合。

$$\frac{d^2x}{dt^2} + \frac{1}{\tau}\frac{dx}{dt} + \omega^2 x = a_0 \sin\beta t \quad (a_0 = f_0/m) \tag{2.59}$$

とする。ここで今までと同じ記号 $\omega, \tau$ を使っている。この解は

$$x(t) = x[一般] + x[特殊] \tag{2.60}$$

の形に書けることが知られている。ここで $x[一般]$ は強制力が 0 とした場合の解，すなわち式 (2.55) あるいは式 (2.57) である。特殊解 $x[特殊]$ を

$$x[特殊] = x_1 \sin\beta t + x_2 \cos\beta t \tag{2.61}$$

の形に仮定して求めてみよう。これを式 (2.59) に代入すると

$$x_1 = a_0 \frac{\omega^2 - \beta^2}{(\omega^2 - \beta^2)^2 + (\beta/\tau)^2}, \quad x_2 = a_0 \frac{-\beta/\tau}{(\omega^2 - \beta^2)^2 + (\beta/\tau)^2} \tag{2.62}$$

となる。

$$x[特殊] = A\sin(\beta t + \varphi_0), \quad A = \sqrt{x_1^2 + x_2^2} \tag{2.63}$$

となるので，

$$A = \frac{a_0}{\sqrt{(\omega^2 - \beta^2)^2 + (\beta/\tau)^2}} \tag{2.64}$$

となる。図 2.20 に，この式による $\omega$ と $A$ の関係を示している。

### 2.5.6 等速円運動

円軌道を一定の速さで運動する現象が**等速円運動**である。いままでの節では力が与えられているとき，どのような運動をするかという順番で議論が展開されてきた。この節では逆に進む。初めに考えることは「質点が等速円運動をしているとき，どのような力が働いているか」である。

1 秒間に回転する角度 $\omega$ を**角速度**と呼ぶ ($\Rightarrow$ 式 (1.19))。そして，1 回転するのに要する時間 $T$ を**周期**，1 s に回転する回数 $f$ を**回転数**という。すると，

$$T = \frac{2\pi}{\omega}, \quad f = \frac{1}{T} = \frac{\omega}{2\pi} \tag{2.65}$$

である。回転角 $\phi$ は反時計回りを正とする。円の半径を $r$ とし，円の中心を原点とする座標系を使い，簡単のため，時刻 $t = 0$ で質点は $x$ 軸にあるとしよう。すると回転角 $\phi$ と時間は「等速」なので比例する。

$$\phi = \omega t \tag{2.66}$$

## 2.5 運動方程式の解

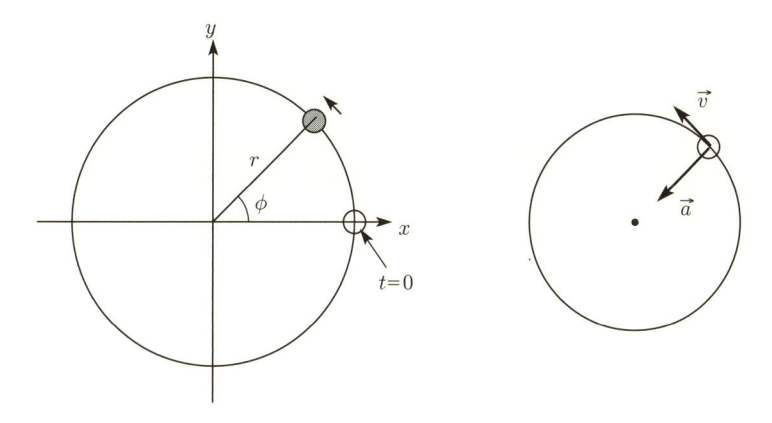

図 2.21 等速円運動

回転する質点の位置ベクトル $\vec{r}=(x,y)$ は図 2.21 から，

$$\begin{cases} x = r\cos\phi = r\cos(\omega t) \\ y = r\sin\phi = r\sin(\omega t) \end{cases} \tag{2.67}$$

と表される．1.5 節で学んだ基本的関係により，座標から速度ベクトル $\vec{v}=(v_x,v_y)$，加速度ベクトル $\vec{a}=(a_x,a_y)$ を求めることができる．

$$\begin{cases} v_x = \dfrac{dx}{dt} = -r\omega\sin(\omega t), & a_x = \dfrac{d^2x}{dt^2} = -r\omega^2\cos(\omega t) \\ v_y = \dfrac{dy}{dt} = r\omega\cos(\omega t), & a_y = \dfrac{d^2y}{dt^2} = -r\omega^2\sin(\omega t) \end{cases} \tag{2.68}$$

この結果から次のことがわかる．まず速度であるが，大きさは

$$v = |\vec{v}| = \sqrt{v_x^2 + v_y^2} = r\omega \tag{2.69}$$

である ($\Rightarrow$A.5 節)．向きは円の接線方向である．(念のために位置ベクトルとの内積をとってみると $\vec{r}\cdot\vec{v} = xv_x + yv_y = 0$ が成立するので，確かに $\vec{r}\perp\vec{v}$ である ($\Rightarrow$ 式 (A.28))．)

次に**加速度**であるが，これは式 (2.67) と (2.68) より

$$\vec{a} = -\omega^2 \vec{r} \tag{2.70}$$

となるので，大きさと向きが

$$\text{大きさ}: a = |\vec{a}| = r\omega^2 = \frac{v^2}{r}, \qquad \text{向き}: \text{円の中心方向} \tag{2.71}$$

であることが容易にわかる．力は $\vec{F} = m\vec{a}$ であるから結論として以下を得る．

$$\boxed{\text{向心力}} \quad \vec{F} = \begin{cases} \text{大きさ} & mr\omega^2 = \dfrac{mv^2}{r} \\ \text{向き} & \text{円の中心方向} \end{cases} \tag{2.72}$$

ここで**向心力**とは，等速円運動を引き起こす力のことである．

等速円運動はいろいろな現象に現れる．以下にいくつかの例と，そのとき働いている向心力を示す．

1. ひもにつけたおもりを回転させる．向心力はひもの張力 $T$ である．
2. 地球が太陽のまわりを公転する．(惑星が太陽のまわりを周回する運動を公転という．

正確には楕円軌道である。4章を見よ。) 向心力は万有引力である。

3. 水素原子の電子が原子核のまわりを回転する。(ここでは古典的原子のイメージで考える。) 向心力は電気力 (クーロン力) である。

4. 自動車が一定の速さで円弧とみなされるカーブを曲がる。このときの向心力はタイヤと路面の間の横方向の摩擦力である。

> ■寄り道■ 上の例の最後の項目について安全指導も兼ねて少し説明を加える。自動車に乗っているとカーブで外向きに押し出されるような力を感じるが、これは 2.6.2 節で説明する遠心力で、別の概念 (ただし大きさは向心力と同じ) である。
> いま考察している向心力は、道路脇に立って車の運動を観察している人が見た車に働く力を表す。車の速さが一定であれば、車のエンジンによる推進力と道路方向の摩擦力・抵抗力は相殺している。結局、路面に対して横方向で回転中心向きの摩擦力が残り、それが車をカーブさせている。
> この摩擦力の大きさは式 (2.72) の $mv^2/r$ である。しかし、摩擦力には上限があり、$mv^2/r$ がその上限を越えることもありうる。そのときは等速円運動はできなくなる。したがって、自動車は反対車線にはみ出したり道を飛び出したりする。式 (2.72) から、回転半径が小さいほど、あるいは<u>重量が大きいほど</u>、速度を下げないと安全な走行はできない。もちろん最大摩擦力自体は路面の状態によるので、路面が凍っているときなどは、力の上限は非常に小さくなるから、さらに速度を十分落とさなくてはいけない。
> いかに運転技術が優秀で自動車が高性能でも、この力学的限界を超えることはできない。式 (2.72) から、力の速度に対する依存性は 2 乗であることがわかる。時速 40 km と時速 60 km は 5 割増しではなく、$60^2/40^2 = 2.25$ 倍危険なことを覚えてほしい。

[例題 2.5]
地球と太陽の距離は $1.5 \times 10^{11}$ m である。このことから地球の公転の速度と加速度を求めよ。さらに地球の質量を $6.0 \times 10^{24}$ kg として、地球を運動させている力の大きさと向きを答えよ。(軌道は円軌道とし、その中心が太陽であるとしてよい。)

[説明] 角速度を求めるためには、常識的なことである 1 年で 1 周するという事実を使う。1 年は秒に換算するが、数値は A.12 節にある。

[解]
$$\omega = \frac{2\pi}{1\,\text{年}} = \frac{2\pi}{3.16 \times 10^7\,\text{s}} = 2.0 \times 10^{-7}\,\text{rad/s}$$

速度と加速度を求める。
$$v = r\omega = 3.0 \times 10^4\,\text{m/s}, \qquad a = r\omega^2 = 6.0 \times 10^{-3}\,\text{m/s}^2$$

力は向心力である。力の向きは地球から太陽の方向となる。
$$F = mr\omega^2 = 3.6 \times 10^{22}\,\text{N}$$

類題 1.0 m のひもの先に $4.0 \times 10^{-1}$ kg のおもりをつけて、1 秒間に 2 回転の回転数で回転させた。ひもの張力を求めよ。

## 2.6 運動と座標系

いままで利用してきたように、運動の記述には座標を用いる。しかし、自然界に初めから座標軸が書き込んであるわけではなく、我々がそのときどきの都合で適宜設定して利用する。

## 2.6 運動と座標系

したがって，座標のとりかたは無数の可能性がある．複数の人が現象を観察するときは，それぞれの人が自分を基準にして座標を設定するであろう．そのときの，それぞれの座標系どうしの間の関係を理解しておく必要がある．

### 2.6.1 ガリレオの相対性原理

慣性の法則によれば，力が働いていないときには物体は静止あるいは等速度運動をする．このことは静止状態にある座標系 (静止系と呼ぶ) と，等速度運動を行っている座標系 (運動系と呼ぶ) の間に差がないことを示唆している．

実際，地球は宇宙空間をすごいスピードで運動しているのだが，我々は「不動の大地」の上に住んでいると感じている．このように安心して (?) 暮らしていられるのは次の相対性原理のお陰である．

> **ガリレオの相対性原理** 静止系と，それに対して等速度運動を行う系において，物理法則は同一である．

物理法則が同一であれば，すべての現象は同じように起きる．だから地球の上で地球が動いていることを意識せずに生活することができる．

1次元の運動を考える．いま静止系を座標軸 $x$ で，運動系を座標軸 $x'$ で表す．運動系は静止系に対して一定の速度 $V$ で動いているとする．簡単のため，図 2.22 のように $t=0$ で2つの座標系の原点は一致しているとする．時間がたつとお互いの原点がずれるため，図 2.22 に ♡ で示すある物体を観測すると，その位置は，それぞれの座標系で $x$ および $x'$ の値をもつ．その関係は

$$x' = x - Vt \tag{2.73}$$

である．この ♡ が動いているとすると，それを静止系と運動系で観測したときの速度 $v$ と $v'$ の関係は

$$v = \frac{dx}{dt}, \qquad v' = \frac{dx'}{dt} \tag{2.74}$$

から

$$v' = \frac{d(x - Vt)}{dt} \quad \rightarrow \quad v' = v - V \tag{2.75}$$

である．この関係は，たとえば走っている自動車を道路脇に立って見ているときと，走っているバスの中から眺めたときとで，異なる速度に見えることを表している．

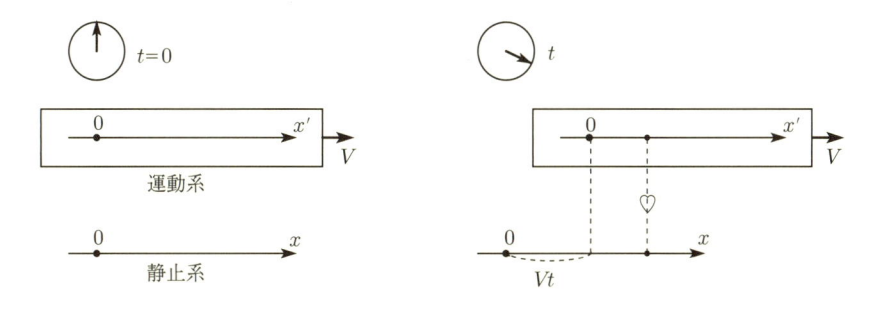

図 2.22 静止系と運動系

さらに加速度を求めると

$$a = \frac{dv}{dt}, \quad a' = \frac{dv'}{dt} \tag{2.76}$$

から

$$a' = \frac{d(v-V)}{dt} \quad \to \quad a' = a \tag{2.77}$$

となる。以上では1次元で考えたが，空間内の運動でも同様である。結局，静止系と運動系での運動方程式 $\vec{F} = m\vec{a}$ は全く同一となる。以上からガリレオの相対性原理が証明された。互いに等速度運動をしている座標系は同等であり，どれがより基本的であるということは言えない。つまり，絶対静止系のようなものを力学的に選択できない。このような座標系は，ニュートンの慣性の法則が成り立つという意味で**慣性系**と呼ばれる。

ところで，最初に述べた地球の運動であるが，正確には地球は太陽のまわりを公転しており，直線運動ではない。したがって，その運動を感じるかどうかは，加速度の大きさに関係する。加速度が体感できるほど大きくなければ，$a=0$ である等速度運動と実質的に同じとなる。例題2.5で求めた地球の公転運動の加速度は，人間が体感する加速度の典型的な値である $g = 9.8 \text{ m/s}^2$ より十分小さいので，我々は「不動の大地」の上で暮らしているように感じるのである。

### 2.6.2 非慣性系

我々が乗り物に乗っているとき，それが動いているかどうかは窓の外の景色をながめたり，乗り物が揺れたりすることでわかる。しかし，乗り物の動きがなめらかで，かつ窓の外を見ることができないとき，我々はその乗り物が動いていることがわかるであろうか。ガリレオの相対性原理はそれが不可能であることを示している。運動系の物理法則は全く静止系と同一であり，我々の感覚や乗り物内の現象すべてが物理法則に支配されている以上，いかなる方法でもその差を検出することはできない。実際，高層ビルのエレベーターに乗ると途中では階数表示装置を見ない限り動いているかどうかわからないような経験をする。

しかし，エレベーターにしろ他の乗り物にせよ，発進と停止のときには確かに動いていることを感じる。これは，そのときは等速度運動ではない (非慣性系と呼ぶ) からである。

**直線運動** 1次元運動で，$x$ 系と $x'$ 系の間の原点どうしの間の距離を $X(t)$ で表す。先のガリレオの相対性原理を考えているときは $X = Vt$ であった。今度は $X$ は任意の時間の関数とする。すると，2つの系での加速度は

$$a' = \frac{d^2(x-X)}{dt^2} \quad \to \quad a' = a - A, \quad A = \frac{d^2 X}{dt^2} \tag{2.78}$$

となる。ここで $A$ は2つの系の間の加速度である。それぞれの系での運動方程式は

$$\begin{array}{cc} \text{静止系} & \text{運動系} \\ F = ma, & F' = ma' \end{array} \tag{2.79}$$

となる。$ma' = ma - mA$ なので，運動系では

$$F - mA = F' \tag{2.80}$$

となり，本来の力 $F$ 以外に $-mA$ が見かけの力として働くことになる。こういった非慣性

## 2.6 運動と座標系

系で働く力を**慣性力**という。このことから乗り物が発進するときには乗客は後方向きに，停止するときには前方向きに力を感じることになる。

**等速回転系** 次に，静止系に対して回転している座標系を考えよう。この場合2次元運動を考えることになるので座標系は静止系が $(x,y)$，運動系が $(x',y')$ である (図 2.23)。回転は等速度運動ではないから，慣性力が働く。静止系と回転系の座標軸の間の角度を $\phi$ とする。$\phi$ は時間の関数である。特に等速回転運動のときは一定の角速度 $\omega$ を用いて $\phi(t) = \omega t$ と書ける。以下ではこの場合に限定して考える。

図 2.23 に示すように，静止系の単位方向ベクトルを $\hat{x}, \hat{y}$，回転系の単位方向ベクトルを $\hat{x}', \hat{y}'$ とする。

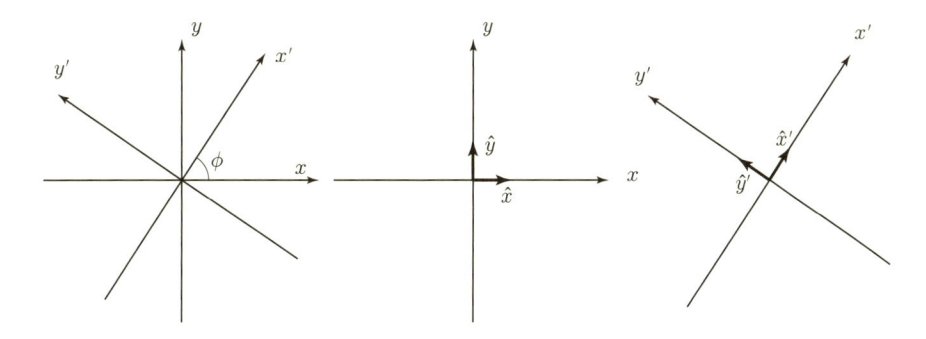

**図 2.23** 回転座標系

角速度 $\omega$ で回転する座標系にある質点に働く力は以下である。

$$m\vec{a}' = \underset{\text{真の力}}{\vec{F}} + \underset{\text{コリオリ力}}{2m\omega(v'_y \hat{x}' - v'_x \hat{y}')} + \underset{\text{遠心力}}{m\omega^2 \vec{r}'} \tag{2.81}$$

慣性力である2つの項の意味を説明する。

1. **コリオリ力** この力は質点の速度に比例しているので，動いている質点だけに働く。力の大きさは速度の大きさを $v$ として $2m\omega v$ である。力の向きは速度に垂直 (回転面の上から見て進路に対して右向き) なので進路を曲げる働きをする。たとえば，回転座標系で $y'$ 軸の正方向に動いている質点は $v'_x = 0, \quad v'_y > 0$ であるが，すると式 (2.81) のコリオリ力の項は $\hat{x}'$ の方向であるので，右向きにコリオリ力が働くことがわかる。

2. **遠心力** 乗り物がカーブを曲がるとき，乗っている人が外向きに押し出されるように感じる力はこの遠心力である。力の大きさは回転軸からの距離を $r$ として $m\omega^2 r$ である。力の向きは式 (2.81) の遠心力の項が $\vec{r}'$ に比例していることからわかるように，回転軸に対して外向きに働く。

式 (2.81) を導く。$\hat{x}, \hat{y}$ は時間的に一定であるが，$\hat{x}', \hat{y}'$ は時間的に変化し，

$$\begin{cases} \hat{x}' = \cos\phi \cdot \hat{x} + \sin\phi \cdot \hat{y} \\ \hat{y}' = -\sin\phi \cdot \hat{x} + \cos\phi \cdot \hat{y} \end{cases} \tag{2.82}$$

という関係がある。$\phi = \omega t$ である。回転系での速度，加速度はその系の方向ベクトル成分で表される。回転系にいる観測者にとっては

$$\begin{aligned}
\vec{r}' &= (x', y') & \text{とは} && \vec{r}' &= x'\hat{x}' + y'\hat{y}' \\
\vec{v}' &= (v'_x, v'_y) & \text{とは} && \vec{v}' &= v'_x\hat{x}' + v'_y\hat{y}' \\
\vec{a}' &= (a'_x, a'_y) & \text{とは} && \vec{a}' &= a'_x\hat{x}' + a'_y\hat{y}'
\end{aligned} \quad (2.83)$$

である。式 (2.82) を時間で微分すると

$$\begin{cases} \dfrac{d\hat{x}'}{dt} = \omega\hat{y}', & \dfrac{d^2\hat{x}'}{dt^2} = -\omega^2\hat{x}' \\ \dfrac{d\hat{y}'}{dt} = -\omega\hat{x}', & \dfrac{d^2\hat{y}'}{dt^2} = -\omega^2\hat{y}' \end{cases} \quad (2.84)$$

となる。これを使って

$$\vec{F} = m\frac{d^2\vec{r}}{dt^2} = m\frac{d^2(x'\hat{x}' + y'\hat{y}')}{dt^2} \quad (2.85)$$

を計算すると,

$$\begin{aligned}
\frac{1}{m}\vec{F} &= \frac{d^2x'}{dt^2}\hat{x}' + 2\frac{dx'}{dt}\frac{d\hat{x}'}{dt} + x'\frac{d^2\hat{x}'}{dt^2} + \frac{d^2y'}{dt^2}\hat{y}' + 2\frac{dy'}{dt}\frac{d\hat{y}'}{dt} + y'\frac{d^2\hat{y}'}{dt^2} \\
&= \frac{d^2x'}{dt^2}\hat{x}' + 2\frac{dx'}{dt}\omega\hat{y}' + x'(-\omega^2\hat{x}') + \frac{d^2y'}{dt^2}\hat{y}' + 2\frac{dy'}{dt}(-\omega\hat{x}') + y'(-\omega^2\hat{y}') \\
&= \vec{a}' + 2\omega(v'_x\hat{y}' - v'_y\hat{x}') - \omega^2\vec{r}'
\end{aligned} \quad (2.86)$$

このようにして式 (2.81) が証明された。

---

**[例題 2.6]**

なめらかに走行している自動車が時速 36 km で, 半径 50 m の円とみなせるカーブを曲がる。天井にひもでとりつけたおもりは鉛直方向に対して何度傾くか (図 2.24(a))。

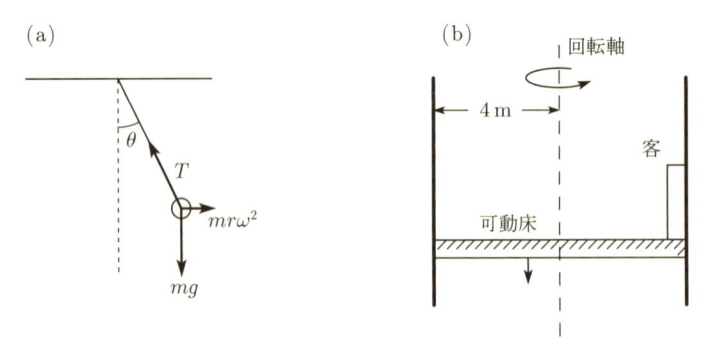

図 2.24 遠心力

[説明] 自動車の内部の座標系で考えると, 図 2.24(a) のようにおもりにはひもの張力, 重力と遠心力が働く。角度に直すときには電卓などを使うことになるが, 自分の電卓について, 逆三角関数 (A.4 節) や, 度とラジアンの切り替えなどの操作を理解しておくこと。

[解] 図のようにひもの張力, 重力と遠心力が働く。この 3 力がつりあって静止条件を満たす。重力と遠心力をベクトルとして合成した方向がひもの方向となるので

$$\tan\theta = \frac{mr\omega^2}{mg} = \frac{r\omega^2}{g} = \frac{v^2}{rg}$$

となる。ここで, 等速円運動の公式 $v = r\omega$ を使った。時速 36 km = 10 m/s (単位換算) なので,

$$\tan\theta = \frac{10^2}{50 \times 9.8} = 0.204 \quad \rightarrow \quad \theta = \arctan(0.204) = 11.5 \text{ 度}$$

(角度については, 微積分を伴わない場合はラジアン単位にこだわらなくてもよい。このような場合, 度の方がわかりやすいであろう。)

**類題** 図2.24(b)は遊具の一種で鉛直面での断面を示す。半径4mの円柱面をなす部屋の中に客が入り，壁を背にする。部屋は回転を始め，ある回転数に達すると床が下降するが，客は壁にはりついて落ちない。この回転数は毎分何回転以上か。客と壁の間の静止摩擦係数を0.6とする。
(ヒント：2.3節で説明した最大静止摩擦力が重力より大きければ，客は落ちない。遠心力が客を壁に押しつけ，その反作用が壁の抗力となり，それから最大静止摩擦力が決まる。)

## 2.7 カオス*

さきに力学的現象はすべて運動方程式が支配することを述べた(⇒2.4節)。これから，力を与え，初期条件を指定すると結果は完全に決まってしまうという，力学的な決定論の考え方が生まれた。これには暗黙のうちに「線形の思想」が含まれている(⇒A.11節)。ただこの思想は我々にとって当然のように感じられやすいので，その仮定が入っていることになかなか気がつかなかったといえる。いまボールか何かを的の容器に入れることを考えよう。状況としては玉入れでもバスケットボールでも，あるいは屑篭にごみを投げ入れることでもよい。このとき，我々はどうするであろうか。まず適当に投げてみて手前に落ちたとする。次はもうすこし強く投げてみる。すると今度は的を越えてしまう。そこでまた加減して少し弱く投げる，…，というようなことを繰り返すであろう。このような行動をとる理由は，投げる力と飛ぶ距離は関係しており，しかもだいたい比例していると思っているからである。類似の行動は日常あらゆる場所で見られる。朝だけに限っても，電車の時間と朝おきる時間，腹の減り具合とご飯の盛り方，雲の量と傘をもつかどうか，などなどいくらでもある。線形の思想は日常性の思想といってもよいであろう。しかし常に線形性＝日常性が支配しているとすると世の中はひどくつまらないものになってしまうだろう。

天気の予報を考えてみよう。我々は昔から，朝焼けは晴とか猫が顔を洗えば雨とか，さまざまな経験的知識を積んできた。気象学の大事な目的の一つは今日の天気から明日の天気を予測することである。気象学者の夢は次のようなものであった。「まず，ニュートンの運動方程式に対応するような精密な気象の方程式をつくり上げる。ニュートンの方程式でも初期条件が必要であったように，気象の方程式でも今日の天気の測定データを与えないと答は出ない。したがって，世界中に十分な密度で観測点を設置しそこから温度や気圧，風力などさまざまなデータを得る。それを高性能のコンピュータで処理し気象の方程式に基づき予測を行う。すると百発百中の天気予報ができるであろう。」

気象学者ローレンツは1963年頃コンピュータを使って気象のシミュレーションを行っていた。このとき彼は彼の方程式に与える初期値がほんの少し違うだけで結果が大きく異なってしまう現象に気がついた。このとき，彼はまさに**カオス**を発見していたのである。この結果はさきの気象学者の夢を打ち砕いてしまった。なぜなら，日本中の気象台の観測数値が全く同一でも，あなたの家の寒暖計が20度か21度かで1週間後の天気が晴になったり雨になったりすることがありうることを，ローレンツのモデルは示しているからである。

これはカオスの特徴の一つである初期値に対する敏感性である。支配する微分方程式が決定論に基づいていても，初期条件やパラメーターがごくわずか変化したことにより，結果の挙動が大きく異なるならば，力学的な決定論の考え方は役に立たないことになる。

このカオスの発生は非線形性によるものである。ここで簡単な模型でこのカオスの振る舞いを見てみる。連続的変化を扱うと微分方程式になるので，離散的な状況を設定する。ある生物の集団を考え，個体数を $N$ として次の世代は前の世代の $a$ 倍 $(a>0)$ に増えるとする。

$$\begin{array}{ccccccc} 1\text{年目} & 2\text{年目} & 3\text{年目} & 4\text{年目} & 5\text{年目} & \cdots \\ N & aN & a^2N & a^3N & a^4N & \cdots \end{array} \tag{2.87}$$

しかし，このようにいつまでも鼠算式に増えていくことは不可能である。そのうちに餌の不足や住む場所の不足により増加にブレーキがかかる。増加率を表す係数 $a$ は一定ではなく，個体数が多いほど小さくなると考えるべきであろう。したがって $a$ を $a-rN$ $(r>0)$ で置き換えることにする。各世代の個体数は

$$\begin{array}{cccc} 1\text{年目} & 2\text{年目} & 3\text{年目} & \cdots \\ N & (a-rN)N & [a-r(a-rN)N](a-rN)N & \cdots \end{array} \tag{2.88}$$

となる。$j$ 世代目の個体数を $N_j$ として一般的に

$$N_{j+1} = (a - rN_j)N_j \tag{2.89}$$

と書く。この式 (2.89) の両辺を $r/a$ 倍して

$$\frac{r}{a}N_{j+1} = a\left(1 - \frac{r}{a}N_j\right)\frac{r}{a}N_j \tag{2.90}$$

とし，さらに

$$\frac{r}{a}N_j \;\;\rightarrow\;\; x_j \tag{2.91}$$

と変数を読み変えると

$$x_{j+1} = a(1 - x_j)x_j \quad (0 \leq x_j \leq 1, \quad 0 \leq a \leq 4) \tag{2.92}$$

となる。この式 (2.92) を以下で考察する。これはロジスティック写像と呼ばれる。この関係は非線形である。値 $a$ と最初の $x$ を与え，式 (2.92) によって $x_j$ がどう変化するかを調べた結果の例を図 2.25 に示す。詳しく調べると以下のことがわかった。

1) $0 < a < 3$ のとき，$x_j$ はある値へと収束する。(1 周期点)
2) $3 < a < 1 + \sqrt{6}$ のとき $x_j$ は 2 つの値で振動する。(2 周期点)
3) さらに $a$ が大きくなると $2^n$ 周期点の間で振動する。
4) $a$ が $a_\infty = 3.57\ldots$ を超えると $x_j$ はカオス的挙動を示す。

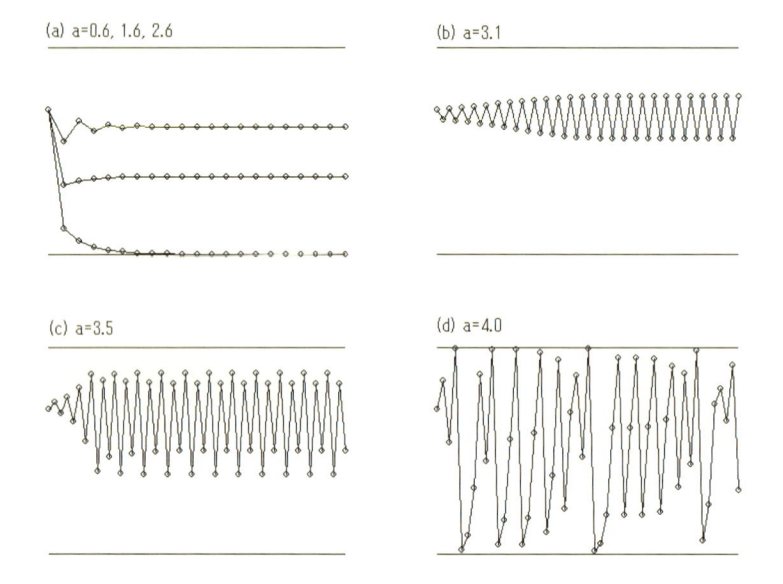

図 2.25 ロジスティック写像による値の変化。初期値はいずれも 0.7 で，(a) は $a = 0.6, 1.6, 2.6$ のときの最初の 20 点，(b), (c), (d) は，それぞれ，$a = 3.1, 3.5, 4.0$ のときの最初の 50 点。上下の線は $x = 0$ および $x = 1$ を表す。

研究が進むにつれてカオスは特異な現象ではなく，ありふれたものであり，非線形性のあるところ必ずカオスがついてまわることがわかってきた。そしてまた，—— 誤解されては困るのだが —— カオスがあるということは，何もかも混乱してわけがわからなくなることではない。それはニュートン力学の単純な決定論的世界とは異なるけれども，そこには法則性と構造があることがわかってきた。むしろ，それぞれ現象としては異なっていても，そのカオス的挙動が普遍性をもつ場合も多い。昔から，世の中のさまざまな「複雑で」「乱れた」現象をどう理解するべきか物理学者は悩んでいたが，カオスの発見は逆に次のような希望をもたらした。単純な (上のロジスティック写像のような) 規則でも，複雑な構造が現れるなら，一見複雑で研究が困難に思われる現象も，いずれカオスに基づく手法により理解可能になるのではないかということである。

# 演習問題 2

**問 2.1** 図 2.5(a) で，斜面の傾きを徐々に大きくしていったところ，角度 $\theta_0$ をこえたところで質点がすべり始めた．斜面と質点の間の静止摩擦係数 $\mu$ を答えよ．

**問 2.2** 高さ $h$ のガケの上の縁から初速度 $v_0$ で水平方向に質点を発射した．地上に落下するまでの時間と，飛んだ水平距離を答えよ．

**問 2.3** 高さ $h$ のガケの上の縁から初速度 $v_0$ で鉛直上方に質点を発射した．地上に落下するまでの時間を答えよ

**問 2.4** 2.5.2 節での放物運動の場合，飛距離 $L$ が $\theta = 45°$ で最大となることを説明せよ．

**問 2.5** 2.5.2 節での放物運動の場合，図 2.10 で，座標 $(\ell\cos\theta, \ell\sin\theta)$ の点を P とする．なお，$0 < \ell, \ell\cos\theta < L$ とする．P 点は，「もし重力が 0 ならば」原点から発射した質点が通る位置である．さて，点 P に別の質点があり，時刻 $t = 0$ に初速度 0 で落下を始めた．原点から発射した質点と，点 P から落下する質点が衝突することを示せ．

**問 2.6** $x$ 軸上を運動する質量 $m$ の質点に抵抗力 $F = -bv$ が働く．時刻 $t = 0$ で $x = 0$ にある質点に速度 $V$ を与えた．質点が停止する位置を答えよ．

**問 2.7** 2.5.2 節での質量 $m$ の質点を斜めに発射する運動で，重力だけではなく，抵抗力 $\vec{F} = -b\vec{v}$ が働くとする．
(1) 運動方程式の $x$ 成分および $y$ 成分を書け．
(2) 初期条件は式 (2.15) と同じとして，これを解き，$v_x$ および $v_y$ を求めよ．

**問 2.8** バネ定数 $k$ のバネに質量 $m$ の質点がつけられている．質点が $t = 0$ につりあいの位置にあり，速度 $V_0$ をもっていたとする．質点の位置 $x$ を時間の関数として表せ．(問題文に与えられた条件から，式 (2.48) の積分定数 $C_1, C_2$ を決定して，式 (2.48) に代入すればよい．)

**問 2.9** 振り子の運動を利用して重力加速度 $g$ を求めるには何を測定すればよいか．

**問 2.10** 筒型の浮きに働く力が式 (2.43) で表されることを示せ (図 2.16)．浮力は式 (6.8) を参照せよ．

**問 2.11** $x$ 軸上を運動する質量 $m$ の質点があり，これに力 $F = A(e^{-cx} - e^{cx})$ が働いている．ここで $A, c$ は正の定数である．運動の範囲が $x = 0$ の近傍であるとすると，この質点の運動は近似的に単振動となる．振動の周期を求めよ．なお，A.8 節の式を近似式として利用せよ．

**問 2.12** 長さ $\ell$ の伸び縮みしないひもに静かに同じおもりをつるしたところ $n$ 個でひもが切れた．このおもりを 1 個，同じひもにつけて回転させたとき，ひもが切れる回転数 $f$ を求めよ．

**問 2.13** 電車が発進，停止するときの体感を慣性力から説明せよ．

**問 2.14** 地球を半径 6400 km の完全な球であると仮定する (実際は球から少しずれている)．このとき，北極と赤道では体重がどれだけ変化するか．

**問 2.15** 日本にくる台風の渦の向きとコリオリ力の関係を答えよ．

# 3
# 力学の保存量

　物理学における保存という言葉はやや日常的用法と異なる。普通の場合，保存という言葉は「貯蔵しておく」，「しまっておく」という意味で使われる。物理の場合，**保存**はある量が「一定である」，「不変である」あるいは「時間的に変わらない」といった意味で使われる。そのような量を**保存量**，その量が保存量であることを宣言する法則を**保存法則**と呼び，物理学の中で基本的な役割を演じる。

　力学における一般的な保存量は3種類しかないことが証明されている。それらはエネルギー，運動量，角運動量の3つである。具体的説明は省略するが，一般的な議論によって，この3つの保存量は，それぞれ，時間の一様性，空間の一様性，空間の等方性に基づくことが知られている。これらの保存則は，ニュートンの法則によって導かれる。その意味でニュートンの運動方程式が力学の根幹であることは改めて言うまでもない。しかし，常に運動方程式から出発するよりも，これらの保存量によって議論した方が，より明瞭な物理的理解をもたらす場合も多いのである。

## 3.1　仕　　事

　**エネルギーと仕事**　エネルギーの概念は重要な役割を果たす。エネルギーは熱や電磁気などのより広い概念を扱う際の鍵になるからである。この章で扱うのは力学的エネルギーだけだが，**エネルギー**は熱エネルギーや電気的エネルギーなど様々な形態で存在する。そして形は変わってもそれらの合計は常に一定である。この**エネルギー保存則**は我々の世界の最も基本的な法則の一つである。

　ところで，我々が「見る」のはエネルギーそのものではなく，なされた**仕事**である。つまり

$$\boxed{\text{エネルギー}} \rightarrow \boxed{\text{仕事をする能力}}$$

であり，したがって

$$\boxed{\text{エネルギーの量の変化}} \rightarrow \boxed{\text{なされた仕事}} \rightarrow \boxed{\text{観測}}$$

となる。この関係から以下ではまず仕事を議論し，そして力学的エネルギーを定義する。

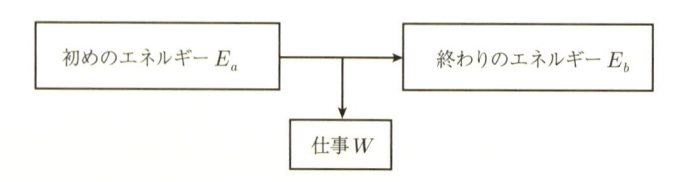

図 3.1　仕事とエネルギー　$E_a - E_b = W$

## 3.1 仕　事

**仕事の概念**　「仕事」も質量や速度などのように，日常的な仕事の量の考え方が厳密化されたものである。荷物運びや引っ越しの手伝いなどの肉体的労働のときにどのように仕事の量を評価すべきか考察してみる。図 3.2 にあるように，仕事の大きさはそのときの力の大きさに比例し，また，そのときの変位に比例していると考えられる。ここで，**変位**とは物体の最初と最後の位置の間の距離である。

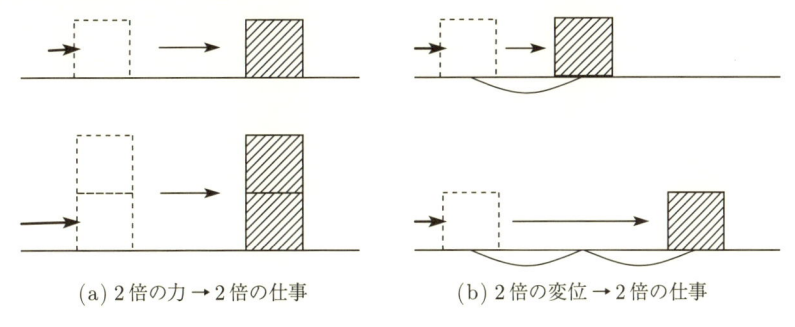

(a) 2 倍の力 → 2 倍の仕事　　　　(b) 2 倍の変位 → 2 倍の仕事

図 3.2　仕事の量の評価

力学における**仕事**は

$$\text{仕事} = \text{力} \times \text{変位} \tag{3.1}$$

と定義される。記号で表すと

$$W = F \cdot s \tag{3.2}$$

$$[\text{J}] \quad [\text{N}] \cdot [\text{m}] \quad \cdots (\text{単位})$$

となる。このように仕事は「ジュール」($\text{J} = \text{N} \cdot \text{m} = \text{kg} \cdot \text{m}^2/\text{s}^2$) という単位をもつ。エネルギーの変化分が仕事だから，J はエネルギーの単位でもある。

力学的な仕事が変位に比例していることに注意してもらいたい。この意味で，荷物をもって立っているときや，動かない壁を押しているときの力学的仕事の量は 0 である。

**仕事率**　同じ仕事をするのでも，それを成し遂げる時間が違うことがある。このとき，仕事の能率を評価するための概念が**仕事率**である。仕事率 $P$ は

$$\text{仕事率} = \frac{\text{なされた仕事}}{\text{かかった時間}} \tag{3.3}$$

と定義される。記号で表すと

$$P = \frac{W}{t} \tag{3.4}$$

となる。仕事率は「ワット」($\text{W} = \text{J/s} = \text{kg} \cdot \text{m}^2/\text{s}^3$) という単位をもつ[1]。

この式 (3.4) の定義は仕事が一定の割合でなされていることを仮定しており，一般的には 1.5 節の微分の考え方を使えば

$$P = \frac{dW}{dt} \tag{3.5}$$

となる。

**仕事の定義の精密化**　仕事の直観的定義 $W = Fs$ をより精密なものにしよう。まず，力 $\vec{F}$ はベクトル量である。したがって力のベクトルのどの成分を使うのかを決めないといけな

---

[1]　仕事率の単位として，SI の単位ではないが「馬力」という単位が用いられることがある。馬力にはいくつか種類があり，1 英馬力 = 1HP = 746W，1 仏馬力 = 1PS = 735.5W である。

い。次に，この式 (3.3) は物体を変位 $s$ だけ動かす際に，力 $F$ が一定であるということを仮定している。力が一定でないときにはこの定義では不十分である。

[注意] これから議論する，仕事 $W$ の式を数学的に精密化することにより線積分の式で与える考え方は，今後本書のなかでしばしば現れるので，それを 仕事の精密化のパターン と呼ぶ。この機会にきちんと把握しておくこと。

- 力 $\vec{F}$ を，物体を動かす軌道に接する方向と垂直な方向に分解すると，後者は仕事に寄与していないことがわかる。したがって力の接線成分 $F_t$ を使う (図 3.3 左)。接線成分を取り出すときは次のように考える。変位は正確には変位ベクトルの長さであり，変位ベクトル $\vec{s}$ は，始点を A，終点を B とすると，$\vec{s} = \overrightarrow{\mathrm{AB}}$ である。すると仕事 $W$ は

$$W = \vec{F} \cdot \vec{s} \tag{3.6}$$

とベクトルの内積で表現できる[2]。

- 力が一様でないときは，動かす軌道を多数の短い部分に分割する (図 3.3 右)。すると，それぞれの短い部分では，近似的に力を一定とみなしてもよくなる。$j$ 番目の変位ベクトル (軌道の小部分) を $\Delta\vec{s}_j$，その長さを $\Delta s_j$，そこでの力を $\vec{F}_j$ とすると，この $j$ 番目の部分でなされた仕事は

$$(F_t)_j \Delta s_j = \vec{F}_j \cdot \Delta \vec{s}_j \tag{3.7}$$

であり，これを全部加えたものが仕事になる。つまり仕事の定義は

$$W = \sum (F_t)_j \Delta s_j = \sum \vec{F}_j \cdot \Delta \vec{s}_j \tag{3.8}$$

である。和の記号 $\sum$ の意味は「分割された各部分での仕事の値を求め，それをすべて加えよ」である。

**1 次元の場合** 上の式 (3.8) の定義から，1.6.2 節で学んだ総和を積分に変換する手法を使うと仕事は積分で表現できる。たとえば，$x$ 軸に沿って始点 $\mathrm{A}(x_1)$ から終点 $\mathrm{B}(x_2)$ まで動かすときの仕事の式は

$$W = \int_{x_1}^{x_2} F(x) dx \tag{3.9}$$

となる。この式で，$F$ が一定であるならば，積分結果は $W = F(x_2 - x_1)$ となり，もとの定義 $W = Fs$ に戻る。

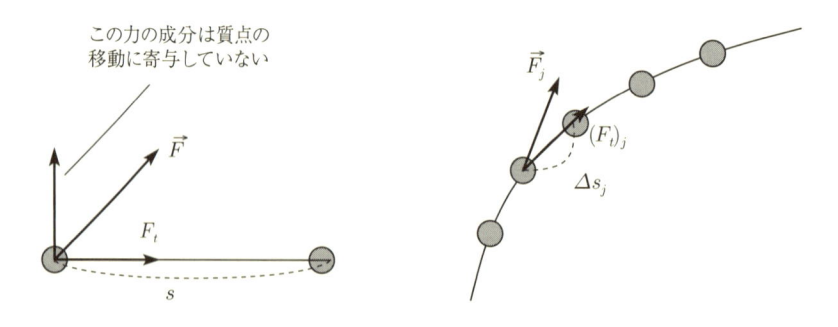

図 3.3 仕事の概念の精密化

---

[2] このことから，力の方向と速度の方向が直交しているときには力は仕事をしない。したがってエネルギーの増減もない。問 3.1 も参照せよ。

**3次元の場合**　上の式 (3.8) の定義から，運動経路が空間内の一般的な軌道のときに仕事を計算すると，線積分 (A.10 節参照) を計算することになる．2 次元の場合は以下で $z$ 成分を無視すればよい．

始点 $A(x_1, y_1, z_1)$ から終点 $B(x_2, y_2, z_2)$ まで物体を動かすときの仕事の式は

$$W = \int_A^B \vec{F} \cdot d\vec{r} \tag{3.10}$$

となる．この式は以下のように評価できる．

$$W = \int_0^{s_0} F_t(s)\, ds \tag{3.11}$$

ここで，$s$ は始点 A から経路に沿って測った長さを表す変数である．$s_0$ を始点 A から終点 B までの経路の長さとすると，$s = 0$ が始点 A を，$s = s_0$ が終点 B を表す．このように $s$ は経路に沿った座標である (1.2 節参照)．$F_t(s)$ は $s$ の位置での力 $\vec{F}$ の接線成分である．

経路に沿って座標の値が単調に変化する場合は以下の式で計算してもよい．もしそうでなければ，経路をいくつかに分解して，それぞれ以下の式で求める．

$$W = \int_{x_1}^{x_2} F_x(x)\, dx + \int_{y_1}^{y_2} F_y(y)\, dy + \int_{z_1}^{z_2} F_z(z)\, dz \tag{3.12}$$

ここで $F_x(x)$ という式の意味を説明する．一般に，$F_x$ は $(x, y, z)$ の関数であり，その意味で本当は $F_x(x, y, z)$ と書く必要がある．しかし，A から B まで動く経路の上では，$x$ の値を与えると，$y, z$ の値は決まってしまう．この意味で $F_x(x)$ と表す．$F_y(y), F_z(z)$ も同様である．

[例題 3.1]

$x$-$y$ 平面上にある質点に力 $\vec{F} = (2x - y, -x + 2y)$ が働いている．図 3.4 に示すように，点 O, A, B, C を $(0,0), (4,0), (0,2), (4,2)$ と定義する．以下の経路で質点を動かすときの仕事を求めよ．

(1) 長方形 OACB の辺に沿って O → A → C と質点を動かすとき．
(2) 長方形の対角線に沿って O → C と質点を動かすとき．

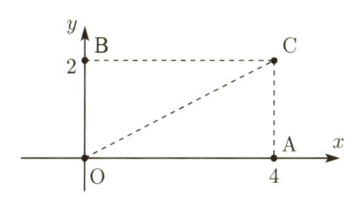

図 3.4　仕事の計算

[説明]　力 $\vec{F} = (2x - y, -x + 2y)$ という表現は奇妙に感じるかもしれないが，場所によって異なる力が働いているという意味である．点 O なら $(0,0)$ なので $\vec{F} = (0,0)$，点 A なら $(4,0)$ なので $\vec{F} = (8, -4)$ というように力の強さが変化している．だから，仕事 $W$ は積分で計算しないといけない．平面なので式 (3.12) の場合，第 3 項はない．

[解]　(1) 経路が折れ曲がっているので，O → A と A → C で，それぞれ仕事を計算して合計する．

区間 O → A：式 (3.11) なら $s = x$, $F_t = F_x$ となる．式 (3.12) なら，2 番目の積分は $y_1 = y_2$ なので 0 になるから 1 番目の積分だけとなる．いずれの場合でも

$$W_{OA} = \int_0^4 F_x\, dx$$

となる。ここで $F_x = 2x - y$ だが，この経路 OA の上では $y = 0$ である。だから，

$$W_{\mathrm{OA}} = \int_0^4 2x\,dx$$

となる。この積分は初歩的で，計算すると，$W_{\mathrm{OA}} = 16$ である。

区間 A → C：式 (3.11) なら $s = y$, $F_t = F_y$ となる。式 (3.12) なら，1番目の積分は $x_1 = x_2$ なので 0 になるから 2 番目の積分だけとなる。いずれの場合でも

$$W_{\mathrm{AC}} = \int_0^2 F_y\,dy$$

となる。ここで $F_y = -x + 2y$ だが，この経路 AC の上では $x = 4$ である。だから，

$$W_{\mathrm{AC}} = \int_0^2 (-4 + 2y)\,dy$$

となる。この積分は初歩的で，計算すると，$W_{\mathrm{AC}} = -4$ である。

合計して $W = W_{\mathrm{OA}} + W_{\mathrm{AC}} = 16 + (-4) = 12$ となる。

(2) 式 (3.12) で計算して見る。(式 (3.11) でも試みよ。)

$$W = \int_0^4 F_x\,dx + \int_0^2 F_y\,dy = \int_0^4 (2x - y)\,dx + \int_0^2 (-x + 2y)\,dy$$

となる。ここで経路 OC は式 $y = \frac{1}{2}x$ で表される。この式あるいは逆に $x = 2y$ と書いた式を上の被積分関数に代入し，第 1 の積分は変数 $x$，第 2 の積分は変数 $y$ で計算できるようにする。

$$W = \int_0^4 \left(2x - \frac{1}{2}x\right)dx + \int_0^2 (-2y + 2y)\,dy = \int_0^4 \frac{3}{2}x\,dx$$

となる (第 2 項が消えたのは偶然)。この積分は初歩的で，計算すると，$W = 12$ である。

**類題 1** 上の例題で，長方形 OACB の辺に沿って O → B → C と質点を動かすときの仕事を計算せよ。

**類題 2** 力 $\vec{F} = (xy, 1)$ が働いているとき，長方形 OACB の辺に沿って O → A → C と動かすとき，および，O → B → C と質点を動かすときの仕事を計算せよ。

## 3.2 力学的エネルギー

力学的エネルギーは，「運動エネルギー」と「ポテンシャルエネルギー」の 2 つの和である。後者は「位置エネルギー」と呼ばれることもある。

### 3.2.1 保存力とポテンシャルエネルギー

**保存力** 仕事の大きさが，始点と終点の位置のみで決まり経路によらない場合と，始点と終点を決めても経路によって値の異なる場合がある。具体的な例は前の節の最後の例題や類題を見てもらいたい。

エネルギーの差が仕事なので，「ある状態のエネルギー」というものが定義できるためには，仕事の大きさが経路によらないという条件が必要である。この性質をもった力を**保存力**という。

$$\boxed{保存力} = 力学的仕事の量が始点と終点のみで決まり経路によらない \tag{3.13}$$

重力やクーロン力 (⇒ 9.1 節) などが保存力である。一方，力が速度 $v$ や時間 $t$ による場合には，同じ経路でもゆっくり動かすか速く動かすか，あるいはいつ動かすかなどによるので，保存力でないことがわかる。2 章に登場した力の例でいうと

$$\begin{array}{lll}
(保存力でない例) & 抵抗力 & F = -bv \\
& 強制振動の外力 & F = f_0 \sin(\beta t)
\end{array} \tag{3.14}$$

## 3.2 力学的エネルギー

などは保存力ではない。保存力でない場合は力学的エネルギーの保存則は成り立たない。

　　[注意]　誤解がないように述べておくと，保存力でない場合には力学的エネルギーが保存していないだけであって，一般的なエネルギー保存則は常に成立している。上の例では，抵抗力のときは力学的エネルギーが熱エネルギーに散逸している。また，強制力のときはそれを働かせている外部のものがエネルギーを消費している。

図 3.5　1 次元運動とポテンシャルエネルギー

**ポテンシャルエネルギー**　さて，簡単のため $x$ 軸に沿った 1 次元運動で考えよう。力は $x$ のみの関数であるとする。図 3.5 のように，質点が力 $F$ により $x = x_a$ から $x = x_b$ まで動いたとすると，仕事は式 (3.9) より，

$$W = \int_{x_a}^{x_b} F(x)\, dx \tag{3.15}$$

となる。ここで，力の不定積分に逆符号をつけた関数を $U$ と定義する。つまり

$$U(x) = -\int F(x)\, dx \tag{3.16}$$

とする。すると仕事は

$$W = \int_{x_a}^{x_b} F(x)\, dx = [-U(x)]_{x_a}^{x_b} = U(x_a) - U(x_b) \tag{3.17}$$

と計算することができる。この式は

$$\text{仕事} = (\text{始点での } U) - (\text{終点での } U) \tag{3.18}$$

と読める。これは図 3.1 と見比べると，関数 $U$ が状態のエネルギーを表していることを意味する。

$$\bigl(\text{始点でのエネルギー } U(x_a)\bigr) = \bigl(\text{なした仕事 } W\bigr) + \bigl(\text{終点でのエネルギー } U(x_b)\bigr) \tag{3.19}$$

と，初めの状態がもっていたエネルギーを消費して仕事がなされたからである。式 (3.16) で定義される関数 $U$ を**ポテンシャルエネルギー**と呼ぶ。式 (3.16) の定義から明らかなようにポテンシャルエネルギー関数 $U$ は定数 (積分定数) だけの不定性がある。この不定性は物理的に影響しない。式 (3.17) のように，エネルギーの差だけが仕事として測定されるからである。ただし，通常は簡単にするため定数を 0 にとることが多く，この節でもそうしている。

**ポテンシャルエネルギーの例**　2 章に登場した力について，ポテンシャルエネルギーを式 (3.16) を使って求めておく。

- 重力。座標として $x$ 軸を上向きにとると，力は $F = -mg$ となる。式 (3.16) からポテンシャルエネルギーは次の式となる。

$$U = mgx \tag{3.20}$$

- 復元力。力は $F = -kx$ である。式 (3.16) からポテンシャルエネルギーは次の式となる。

$$U = \frac{1}{2}kx^2 \tag{3.21}$$

**3次元空間でのポテンシャルエネルギー**　さて1次元運動ではなく一般の空間内の運動においても点 $\vec{r}_a$ から点 $\vec{r}_b$ まで質点を力 $\vec{F}$ によって動かしたときの仕事 $W$ に対してスカラー関数 (スカラー場) $U(\vec{r})$ が存在して，関係

$$W = \sum (F_t)_j \Delta s_j = U(\vec{r}_a) - U(\vec{r}_b) \tag{3.22}$$

を満たせば，この関数がポテンシャルエネルギーとなる。1次元では式 (3.16) を微分すれば

$$F = -\frac{dU}{dx} \tag{3.23}$$

となる。これに対応して3次元の場合は，

$$\vec{F} = -\left(\frac{\partial U}{\partial x}, \frac{\partial U}{\partial y}, \frac{\partial U}{\partial z}\right) = -\mathrm{grad}\, U \tag{3.24}$$

となる。右辺の grad については式 (A.67) を見よ。

---

■**寄り道**■　保存力の定義のところに出てきた「経路によらない」量はこれからもいくつか出てくる。熱現象の「状態量」，電気の「電位」などである。

　途中経過によらない方が簡単なのだが世の中常にそうとは限らない。JR を使って新宿から東京に行くとき，中央線を通っても山の手線の外回りあるいは内回りを使っても運賃は一緒である。山の手線区間内の JR の料金は乗った駅と降りた駅だけで決まり，途中の経路によらない。次に，新宿から八王子まで行くことを考えると，JR の中央線を使った場合と京王線を使った場合では運賃が違う。このときは途中の経路によって料金が変化する。

---

### 3.2.2　運動エネルギー

前の 3.2.1 節ではまだ運動方程式は使っていない。重力の場合を考えると，そのポテンシャルエネルギー $U$ は式 (3.20) で表される。このことを次のように考えよう。質点が高いところ ($U$ が大) にあるときはポテンシャルエネルギーは大きい。この質点は重力によって落下し低いところ ($U$ が小) ではポテンシャルエネルギーは小さくなるが，この失われたエネルギーが仕事になっている。質点は仕事をされた結果速度が大きくなっている (図 3.6)。このことを，なされた仕事の分だけ質点の運動エネルギーが増えたとみなす。

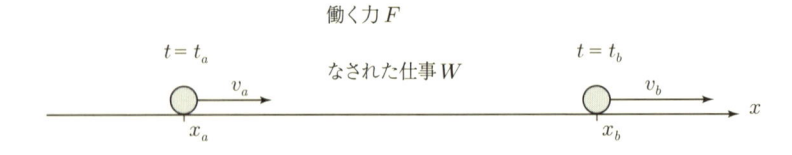

図 3.6　1次元運動での仕事

この議論を運動方程式を使って考える。3.2.1 節と同様まず，1次元運動を考えると以下のように式が変形できる。

$$W = \int_{x_a}^{x_b} F(x)\, dx = \int_{x_a}^{x_b} ma\, dx \tag{3.25}$$

ここで $x$ から $t$ に変数変換すると

## 3.2 力学的エネルギー

$$W = m \int_{t_a}^{t_b} a \frac{dx}{dt} \, dt = m \int_{t_a}^{t_b} \frac{dv}{dt} v \, dt \tag{3.26}$$

となり，さらに

$$\frac{d(v^2)}{dt} = 2v \frac{dv}{dt} \tag{3.27}$$

を利用すると

$$W = \frac{1}{2} m \int_{t_a}^{t_b} \frac{dv^2}{dt} \, dt \tag{3.28}$$

$$= \frac{1}{2} m \left[ v^2 \right]_{t_a}^{t_b} \tag{3.29}$$

$$= \frac{1}{2} m v_b^2 - \frac{1}{2} m v_a^2 \tag{3.30}$$

となる。この結果は $(1/2)mv^2$ という量の初めと終わりの差が仕事になっていることを意味している。これを**運動エネルギー**と呼び記号は $K$ とする。

$$\text{運動エネルギー} = K = \frac{1}{2} m v^2 \tag{3.31}$$

3次元空間の中の運動の場合は $v$ を速度ベクトルの絶対値 $|\vec{v}|$ とみなせばよい。

$$K = \frac{1}{2} m v^2 = \frac{1}{2} m |\vec{v}|^2 = \frac{1}{2} m (v_x^2 + v_y^2 + v_z^2) \tag{3.32}$$

次に，式 (3.17) と式 (3.30) を組み合わせると

$$W = U(x_a) - U(x_b) = \frac{1}{2} m v_b^2 - \frac{1}{2} m v_a^2 \tag{3.33}$$

となる。これから力学的な**エネルギー保存則**

$$K_a + U(x_a) = K_b + U(x_b) \tag{3.34}$$

$$\begin{pmatrix} \text{始点での運動エネルギーと} \\ \text{ポテンシャルエネルギーの和} \end{pmatrix} \quad \begin{pmatrix} \text{終点での運動エネルギーと} \\ \text{ポテンシャルエネルギーの和} \end{pmatrix}$$

が導かれた。

$$\boxed{\text{力学的なエネルギー保存則}} \qquad K + U = \text{一定}$$

運動方程式と力学的エネルギーを対応づけると次のようになる。

$$\begin{array}{cc} \text{任意の力} & \text{質点に関係した量} \\ \Downarrow & \Downarrow \\ \vec{F} & = \quad m\vec{a} \\ \Downarrow & \Downarrow \\ U & K \left( = \frac{1}{2} m v^2 \right) \end{array} \tag{3.35}$$

[例題 3.2]

重力で落下する図 3.7 の質量 $m$ の質点の運動について，力学的なエネルギー保存則が成り立っていることを示せ。

[説明] 等加速度運動の公式 (2.5.1 節を参照) を使って，$x, v$ を求める。それを，運動エネルギーとポテンシャルエネルギーの式に代入して，両者の和が一定であることを示せばよい。

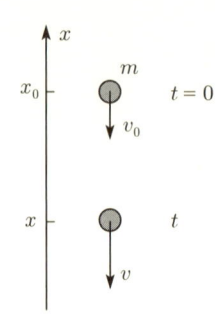

図 3.7 重力とエネルギー保存則

[解] 質点の速度と位置は以下のようになる。
$$v = -gt + v_0, \qquad x = -\frac{1}{2}gt^2 + v_0 t + x_0$$
時刻 $t$ でのエネルギー
$$K = \frac{1}{2}mv^2 = \frac{1}{2}m(-gt+v_0)^2, \qquad U = mgx = mg\left(-\frac{1}{2}gt^2 + v_0 t + x_0\right)$$
この式の和を計算すると，
$$K + U = \frac{1}{2}mv_0^2 + mgx_0$$
となり，力学的エネルギーの和 $K+U$ が一定に保たれていることがわかる。$K, U$ は個別には時間変数 $t$ を含むが，和は時間 $t$ を含まない，つまり一定なので，エネルギー保存則が成り立っていることがわかる。なお，この一定の値は $t=0$ での全エネルギーになっていることに注意せよ。

**類題** 力 $F = -kx$ による質量 $m$ の質点の運動は単振動となる。それを $x = A\sin\omega t$ とする。力学的なエネルギー保存則が成り立っていることを示せ。(ヒント：2.5.4 節で学んだように $\omega = \sqrt{k/m}$ である。また，速度 $v$ は与えられた $x$ の式から計算する。)

### 3.2.3 エネルギー保存則と運動

1 個の質点が保存力のもとで運動をしているとき，エネルギー保存則は，全エネルギーを $E$ として
$$E = K + U = \text{一定} \tag{3.36}$$
と表される。この式は $K$ と $U$ は変化するが合計 $E$ は一定の値であることを表している。

一般的に，このことを応用して運動の様子を知ることができる。式 (3.36) から，
$$K \geq 0 \quad \longrightarrow \quad E \geq U(\vec{r}) \tag{3.37}$$
となる。この不等式を満たす範囲だけが運動可能である。

この 2 つのエネルギーのイメージを明確に理解することが重要である。運動エネルギーの方が理解は容易であろう。その式 $(1/2)mv^2$ から，それは運動の激しさを表していることがわかるからである。ポテンシャルエネルギーの方が少しわかりにくいのではないかと思われる。我々は日常的な経験から道に起伏があるときに歩いたりボールをころがしたりしたらどうなるかわかっている。これを一般的な力の場合にエネルギーの山や谷としてイメージできるようにしたのがポテンシャルエネルギーである。

上で述べたことを具体的に 2.5.4 節の運動の事例で考えてみよう。バネ定数 $k$ のバネに質量 $m$ の質点がつけられており，質点が $t=0$ につりあいの位置にあり，速度 $V_0$ をもっていた。このときの運動の範囲を決定したいとする。

## 3.2 力学的エネルギー

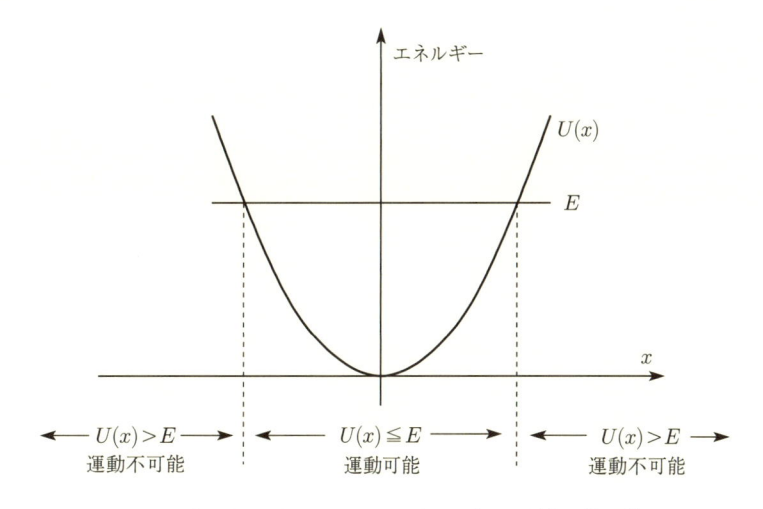

**図 3.8** 復元力のポテンシャルエネルギーと運動可能な範囲

これを解く一つの方法はもちろん運動方程式を解くことである．その結果，運動が

$$x(t) = \frac{V_0}{\omega} \sin \omega t \quad \left(\omega = \sqrt{\frac{k}{m}}\right) \tag{3.38}$$

と定まるので，運動の範囲は

$$-\frac{V_0}{\omega} \leq x \leq \frac{V_0}{\omega} \tag{3.39}$$

と求められる．運動方程式を解くことにより，我々は運動の完全な情報を手に入れる (でなければ運動方程式とは呼べない)．しかし，運動の範囲を知るだけならエネルギーを使ってもっと簡単にできる．

この質点の全エネルギー $E$ は $t = 0$ の初期条件から計算できて

$$E = K + U = \frac{1}{2}mV_0^2 + \frac{1}{2}k \cdot 0^2 = \frac{1}{2}mV_0^2 \tag{3.40}$$

となる．この質点が振動をしているとき振動の両端では速度 $v$ が 0 となる．そこでは運動エネルギー $K$ も 0 となる．よって両端の位置は

$$E = \frac{1}{2}mV_0^2 = K + U = 0 + \frac{1}{2}kx^2 \tag{3.41}$$

を解けば求められ，式 (3.39) と同一の結果となる．運動可能条件 (式 (3.37)) を満たす範囲は図 3.8 から明らかである．定数である全エネルギー $E$ を表す直線と $U(x) = \frac{1}{2}kx^2$ の交点を求めることで式 (3.39) が出てくる．この事情をより具体的に理解するために図 3.9 で考えると次のようになる．図 3.9 に描いた放物線は復元力のポテンシャルエネルギー $U = \frac{1}{2}kx^2$ である．この図のタテ軸はエネルギーであって実際の空間のタテ方向ではない．しかし，これを「高さ」とみなすと運動の様子がよく理解できる．初め質点は「谷底」にいて速度 $V_0$ をもっている．質点は「坂」を上り始めるが，やがて止まり，また「坂」を下り始める．この「坂」を上ったり下ったりする運動を $x$ 軸に投影すると単振動になっている．ポテンシャルエネルギーの坂を上ると，全エネルギー保存から運動エネルギーは減少する．運動エネルギーは負になれないので，そこで停止し $(v = 0 \to K = 0)$，そして坂を下る．

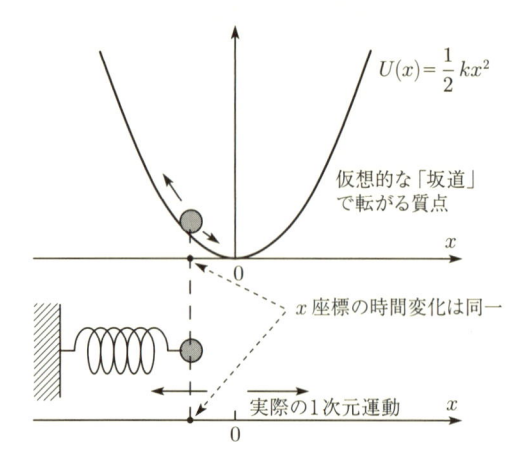

図 3.9 単振動の運動のポテンシャルエネルギーによる解釈

## 3.3 運動量と角運動量

### 3.3.1 運動量と角運動量の定義

運動量と角運動量は,どちらもベクトルの保存量である.これらは,いわば,「運動の量(はげしさ)」を表す量とみなされる.運動量は直進的な運動について,角運動量は回転的な運動について,その運動の激しさを表す.

質点の運動に対して,これらは次のように定義される.

$$\text{運動量} \quad \vec{p} = m\vec{v} \quad [\text{kg·m/s}] = [\text{N·s}] \tag{3.42}$$

$$\text{角運動量} \quad \vec{l} = \vec{r} \times \vec{p} = m\vec{r} \times \vec{v} \quad [\text{kg·m}^2/\text{s}] = [\text{J·s}] \tag{3.43}$$

後者の式では × はベクトル積である.$\vec{l}$ は位置ベクトルに依存する.したがって,運動量と異なり,角運動量は座標原点のとり方によることを注意しておく.運動方程式を使うと,これらの量の時間微分は次の式となる.

$$\begin{aligned}\frac{d\vec{p}}{dt} &= \vec{F} \quad \cdots \quad \boxed{\text{力}} \\ \frac{d\vec{l}}{dt} &= \vec{N} \quad \cdots \quad \boxed{\text{力のモーメント}} \quad (\vec{N} = \vec{r} \times \vec{F})\end{aligned} \tag{3.44}$$

前者の関係式は $\vec{F} = m\vec{a}$ と $\vec{a} = d\vec{v}/dt$ から自明だが,後者は

$$\begin{aligned}\frac{d(\vec{r} \times \vec{p})}{dt} &= \frac{d\vec{r}}{dt} \times \vec{p} + \vec{r} \times \frac{d\vec{p}}{dt} \\ &= \underbrace{\vec{v} \times \vec{p}}_{(\vec{v} \parallel \vec{p} \text{ より} 0)} + \vec{r} \times \vec{F}\end{aligned} \tag{3.45}$$

と導かれる.上の計算で式 (A.30) を使った.ここで**力のモーメント** $\vec{N} = \vec{r} \times \vec{F}$ という量を導入した.力のモーメントについては,その意味を第 5 章で詳しく検討する.ここでは,力が直進的な運動の変化を引き起こす原因であるように,力のモーメントは回転的な運動の変化を引き起こす原因であると考えておけばよい.

**力積** 式 (3.44) の第 1 式は,微小な時間間隔 $\Delta t$ について,

$$\vec{p}(t + \Delta t) - \vec{p}(t) = \vec{F}(t)\Delta t \tag{3.46}$$

## 3.3 運動量と角運動量

と書くことができる。あるいは，積分を使って，

$$\vec{p}(t_2) - \vec{p}(t_1) = \int_{t_1}^{t_2} \vec{F}(t)\,dt \tag{3.47}$$

とも書ける。この式 (3.46) あるいは式 (3.47) の右辺を**力積**と呼ぶ。

これらの式から，「運動量の変化は，その間に働いた力の力積に等しい」と述べることができる。

**角運動量の意味**　回転運動の量，つまり角運動量の上の定義は必ずしもわかりやすくない。もう少し詳しく説明しよう。糸におもりをつけて回転させてみる。その糸が指に巻きついていくようにすると，巻きつくにつれておもりの速度が速くなるのがわかる。また，フィギュアスケートをする人が大きく手を伸ばして回転しているとき，急にその手を縮めると速いスピンをする。回転運動の量 (はげしさ) が保存すると考えると，これらの現象は理解できる。まず，

$$\text{角運動量} = l = (質量)\cdot(回転半径)\cdot(回転速度) \tag{3.48}$$

という式で回転運動の量 (はげしさ) を定義する。すると，角運動量が一定ならば，式 (3.48) から半径が小さくなるに従い，速度が大きくなることがわかる。

次に速度ベクトルの向きについて，図 3.10 の運動を例として考える。図の O は回転の中心を表すとする。速度ベクトル $\vec{v}$ を図の点線の 2 つのベクトルに分解して考えると，回転運動の量として寄与する速度成分の大きさは $v = |\vec{v}|$ として $v\sin\theta$ であることがわかる。ここで，$\theta$ は回転中心からの位置ベクトル $\vec{r}$ と速度ベクトル $\vec{v}$ のなす角度である。これから

$$\text{角運動量} = l = mrv\sin\theta \tag{3.49}$$

と考えるのが適当である。

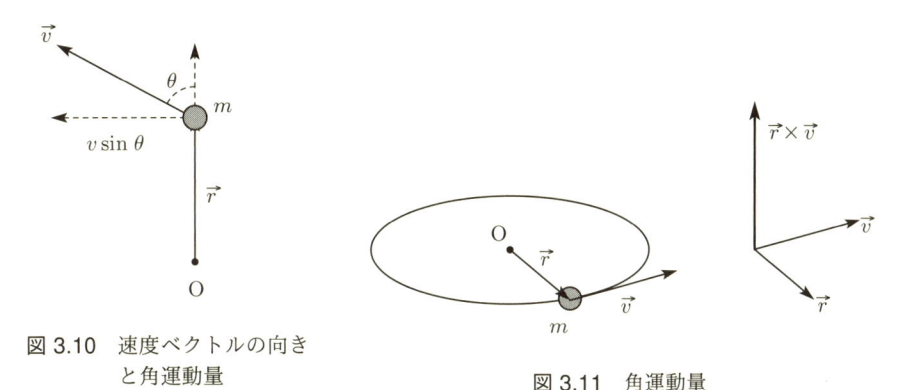

図 3.10　速度ベクトルの向きと角運動量

図 3.11　角運動量

角運動量はベクトル的な性質をもつ必要がある。なぜなら，回転の軌道や回転面は 3 次元空間の中でさまざまなものがあり，それらの「向き」を表す情報を角運動量が担わないといけないからである。これは運動量が直進的な運動の向きを運動量ベクトルとして示しているのと同じ事情である。回転運動の「向き」を特徴づけるには，回転軸の方向を指定すればよいと考えられる。回転軸の方向がわかれば，それに垂直な面内の回転運動であると判断できるからである。式 (3.49) および図 3.11 と A.5 節で説明されているベクトルの外積の定義を比較すると，$\vec{l} = m\vec{r}\times\vec{v}$ という定義が妥当であることがわかる。

角運動量をベクトルで定義したことにより，次のような議論もできる。たとえば，右向きの回転は左向きの回転と相殺する。図 3.12 からわかるように，ベクトルの外積の性質から，右回転と左回転の場合で，角運動量のベクトルの向きは逆になる。これから，普通の言葉で言うと「右回りと左回りの回転を合成したら結果的に回転していない」ということを，「角運動量ベクトルのベクトル和が 0 なので回転がない」と数学的な表現で記述することができるようになる。

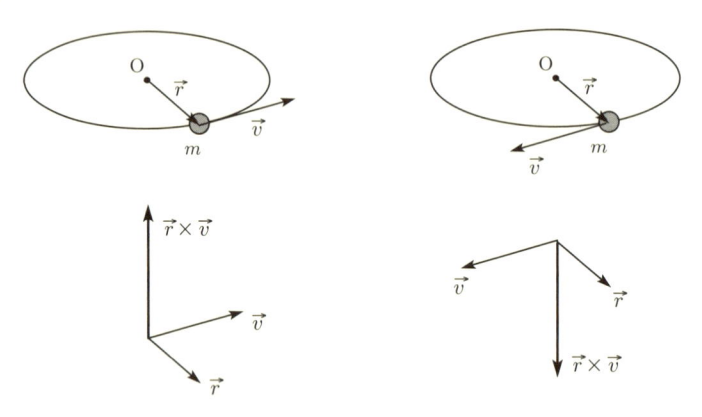

図 3.12 回転の向きと角運動量

### 3.3.2 運動量と角運動量の保存則

複数の質点からなる**質点系**の運動量と角運動量について議論する[3]。質点系では，それぞれの質点はお互いに力を及ぼし合っているし，外部から力を受けることもある。したがって，個々の質点の運動量や角運動量は変化していくはずである。しかし，系全体にわたってそれらの総和を考えると規則性が見つかる。

質点の個数を $n$ とする。それらの運動量を $\vec{p}_1, \vec{p}_2, \cdots$，角運動量を $\vec{l}_1, \vec{l}_2, \cdots$ と記す。そして

$$\text{全運動量}\quad\cdots\quad \vec{P} = \sum_{j=1}^{n} \vec{p}_j, \qquad \text{全角運動量}\quad\cdots\quad \vec{L} = \sum_{j=1}^{n} \vec{l}_j \tag{3.50}$$

と定義すると，

$$\frac{d\vec{P}}{dt} = \vec{F}_{ext}, \qquad \frac{d\vec{L}}{dt} = \vec{N}_{ext} \tag{3.51}$$

が証明される。ここで，$\vec{F}_{ext}, \vec{N}_{ext}$ は外部から系に働いている力および力のモーメントの合計である。（証明は以下に示すが，そこでニュートン力学の第 3 法則が活躍する。）特に，外部からの影響がなければ，$\vec{F}_{ext} = 0, \vec{N}_{ext} = 0$ なので，次のことが言える[4]。

**運動量保存則，角運動量保存則** 外力の和が 0 あるいは外力のモーメントの和が 0 のとき，系の全運動量 $\vec{P}$ あるいは系の全角運動量 $\vec{L}$ は保存する。特に孤立系では，両者の保存則が成立する。

---

[3] 系という言葉は考察の対象となっている一群のものを指す。たとえば，太陽と惑星や衛星などをまとめて太陽系と呼ぶ。ある部分を系としたとき，系の内部と外部がある。外部からの影響のない系を特に孤立系という。

[4] 保存するというのは，ある量が時間的に一定で不変であることを意味する。ある量の時間微分が 0 なら，その量は一定である。

[証明] 上で述べたことの証明を行う。それぞれの質点に働く力を次のように表記する。

$$\text{質点 } j \text{ に働く力} \quad \vec{F}_j \tag{3.52}$$

$$\text{質点 } j \text{ が質点 } k \text{ に及ぼす力 (内力)} \quad \vec{F}_{jk} \tag{3.53}$$

$$\text{系外から質点 } j \text{ に働く力 (外力)} \quad \vec{f}_j \tag{3.54}$$

そして，それぞれの質点に対して運動方程式をたてる。式 (3.44) から $d\vec{p}/dt = \vec{F}$ である。

$$\begin{cases} \dfrac{d\vec{p}_1}{dt} = \vec{F}_1 = \phantom{\vec{F}_{12}+} \vec{F}_{21} + \vec{F}_{31} + \cdots + \vec{F}_{n1} + \vec{f}_1 \\ \dfrac{d\vec{p}_2}{dt} = \vec{F}_2 = \vec{F}_{12} + \phantom{\vec{F}_{21}+} \vec{F}_{32} + \cdots + \vec{F}_{n2} + \vec{f}_2 \\ \cdots \quad \cdots \quad \cdots \quad \cdots \quad \cdots \quad \cdots \quad \cdots \\ \dfrac{d\vec{p}_n}{dt} = \vec{F}_n = \vec{F}_{1n} + \vec{F}_{2n} + \vec{F}_{3n} + \cdots + \phantom{\vec{F}_{n1}+} \vec{f}_n \end{cases} \tag{3.55}$$

ここで今まで使わなかったニュートンの第 3 法則 (**作用反作用の法則**) を使う。これが次の 2 つの内容から成り立っていることに注意してほしい。$\vec{r}_1, \vec{r}_2, \ldots, \vec{r}_n$ は，それぞれの質点の位置ベクトルである[5]。

$\boxed{\text{作用反作用の法則}}$ 2 つの質点どうしの間に働く力は，

大きさが等しく，向きは逆向きで $\quad \vec{F}_{jk} = -\vec{F}_{kj}$ (3.56)

両者を結ぶ直線の方向である。$\quad \vec{F}_{jk} // (\vec{r}_j - \vec{r}_k)$ (3.57)

ここで式 (3.55) の各式をすべて加えると，関係式 (3.56) を利用することにより内力はすべて相殺し合うので，

$$\frac{d\vec{P}}{dt} = \vec{F}_{\text{ext}} \tag{3.58}$$

$$\vec{P} = \sum \vec{p}_j \quad \cdots \quad \text{全運動量} \tag{3.59}$$

$$\vec{F}_{\text{ext}} = \sum \vec{f}_j \quad \cdots \quad \text{外力の和} \tag{3.60}$$

が成立する。

次に，今度は式 (3.55) の $j$ 番目の式に，それぞれに左から $\vec{r}_j$ を外積として掛け，それからすべての式を加えると，右辺には $\vec{r}_j \times \vec{F}_{kj} + \vec{r}_k \times \vec{F}_{jk}$ という組み合せが多数現れ，これは式 (3.56)，式 (3.57) により，

$$\vec{r}_j \times \vec{F}_{kj} + \vec{r}_k \times \vec{F}_{jk} = \vec{r}_j \times \vec{F}_{kj} + \vec{r}_k \times (-\vec{F}_{kj}) = (\vec{r}_j - \vec{r}_k) \times \vec{F}_{kj} = 0$$

となる (⇒ 式 (A.30))。よって，次の式が成り立つ。

$$\frac{d\vec{L}}{dt} = \vec{N}_{\text{ext}} \tag{3.61}$$

$$\vec{L} = \sum \vec{l}_j \quad \cdots \quad \text{全角運動量} \tag{3.62}$$

$$\vec{N}_{\text{ext}} = \sum \vec{r}_j \times \vec{f}_j \quad \cdots \quad \text{外力のモーメントの和} \tag{3.63}$$

### 3.3.3 重　心

質点系の**重心** (質量中心) G を定義する。$m_1, m_2, \ldots$ と $\vec{r}_1, \vec{r}_2, \ldots$ は，それぞれの質点の質量および位置ベクトルである。最も簡単な場合として 2 個の質点を考えよう。図 3.13 に示すとおり，質量の大きさを重みとして平均すればよいので，重心の座標を表すベクトルを $\vec{R}$ とすると

$$\vec{R} = \frac{m_1 \vec{r}_1 + m_2 \vec{r}_2}{m_1 + m_2} \tag{3.64}$$

となる。

---

5) ベクトルの性質から $\vec{r}_j - \vec{r}_k$ は質点 $k$ から質点 $j$ に向かうベクトルである。

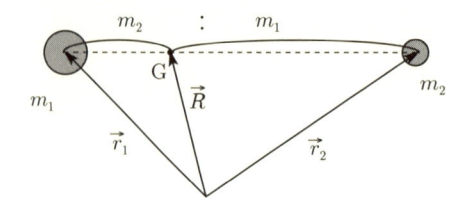

図 3.13　2 個の質点の重心

この式を一般化すると

$$\vec{R} = \frac{\sum m_j \vec{r}_j}{M} \quad \text{重心の位置ベクトル} \tag{3.65}$$

$$M = \sum m_j \quad \text{全質量} \tag{3.66}$$

となる。

### 3.3.4　2 体系と換算質量

質量が $m_1, m_2$ の 2 個の質点の系を考える。この質点どうしの間に働く力が，ニュートン力学の第 3 法則 (作用反作用の法則) に従うとすると，この 2 個の質点系の運動は次の**換算質量** $\mu$ をもつ 1 つの質点にその力が働いている場合と同等であることが示される。

$$\mu = \frac{m_1 m_2}{m_1 + m_2} \quad \cdots \quad \text{換算質量} \tag{3.67}$$

たとえば，図 3.14(a) のバネ定数 $k$ のバネで連結された 2 つの質点を考える。この 2 質点はバネによって相互に力を及ぼし振動する。そのときの振動の周期はどうなるであろうか。

上に述べた原則によれば，この系は図 3.14(b) に示す 1 個の質点と同等である。図 3.14(b) については 2.5.4 節の結果が使えるので，振動の周期は $T = 2\pi\sqrt{\mu/k}$ であることがわかる。そして，その周期で図 3.14(a) の 2 つの質点が振動する。

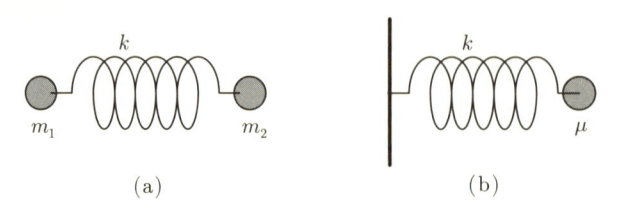

図 3.14　2 体系と同等な 1 質点

簡単のため外力はないとしよう。運動方程式は

$$m_1 \vec{a}_1 = \vec{F}_{21}, \quad m_2 \vec{a}_2 = \vec{F}_{12} \tag{3.68}$$

となる。ここで

$$\vec{R} = \frac{m_1 \vec{r}_1 + m_2 \vec{r}_2}{m_1 + m_2} \quad \text{重心の位置ベクトル} \tag{3.69}$$

$$\vec{\rho} = \vec{r}_1 - \vec{r}_2 \quad \text{相対位置ベクトル} \tag{3.70}$$

に変換すると

$$M \frac{d^2 \vec{R}}{dt^2} = 0 \tag{3.71}$$

$$\mu \frac{d^2 \vec{\rho}}{dt^2} = \vec{F} \tag{3.72}$$

3.4 衝　　突

$$\vec{F} = \vec{F}_{21} = -\vec{F}_{12} \tag{3.73}$$

となって 2 体問題は 1 体問題に帰着する．この「帰着する」とは次のような意味である．実際に存在するのは，質量 $m_1, m_2$ で位置 $\vec{r}_1, \vec{r}_2$ の質点である．しかし，その代わりに質量が $M$ で位置が $\vec{R}$ の「質点」を考えると，それは式 (3.71) に示されているように自由粒子として運動し，解は自明であって，重心の運動は静止または等速度運動となる．したがって，解かなくてはいけないのは式 (3.72) で示される運動方程式であり，そこでは質量が $\mu$，位置が $\vec{\rho}$ の「質点」の運動を解くことになる．そして $\vec{R}$ と $\vec{\rho}$ が求められれば，あとは

$$\begin{cases} \vec{r}_1 = \vec{R} + \dfrac{m_2}{m_1 + m_2}\vec{\rho} \\ \vec{r}_2 = \vec{R} - \dfrac{m_1}{m_1 + m_2}\vec{\rho} \end{cases} \tag{3.74}$$

から実際に存在する粒子の運動が定まる．

### 3.3.5　重心運動の分離

一般の質点系に対して，重心運動とそれに対する相対運動を分離する．

$$\vec{r}_j = \vec{R} + \vec{s}_j \tag{3.75}$$

ここで $\vec{R}$ は重心の位置ベクトル，$\vec{s}_j$ は重心から見た $j$ 番目の質点の相対位置ベクトルである．同様に重心の速度ベクトル $\vec{V}$ と $j$ 番目の質点の相対運動の速度ベクトル $\vec{u}_j$ を

$$\vec{V} = \frac{d\vec{R}}{dt}, \quad \vec{u}_j = \frac{d\vec{s}_j}{dt} \quad \rightarrow \quad \vec{v}_j = \vec{V} + \vec{u}_j \tag{3.76}$$

で定義する．

式 (3.65) と式 (3.58) から次の式を得る．

$$M\frac{d^2\vec{R}}{dt^2} = \vec{F}_{\text{ext}} \tag{3.77}$$

この式は，重心は外力の合計に従って運動するということを表す．より詳しくいうと，実際にあるのは $n$ 個の質点だが，上の式は見かけ上，$\vec{R}$ という座標に質量 $M$ の「質点」があるときの運動方程式になっている．たとえば砲弾を地上で斜めに投げ上げることを考えよう．それは 2.5.2 節に示す放物運動をするであろう．それが途中で爆発していくつかの破片に分かれたとする．この爆発過程は内力だけと考えると，破片は個々に飛び散るが，破片全体の重心は元の放物線軌道を描くであろう．それは外力の合計 (重力) が一定だからである．

さて式 (3.75) に $m_j$ を掛けて和をとると

$$\sum m_j \vec{r}_j = \sum m_j \vec{R} + \sum m_j \vec{s}_j \tag{3.78}$$

となる．これは

$$\sum m_j \vec{s}_j = 0 \tag{3.79}$$

を意味する．これから，系全体の運動エネルギー，運動量，角運動量は次式となる．

$$\sum K_j = \frac{1}{2}MV^2 + \sum \frac{1}{2}m_j u_j^2 \tag{3.80}$$

$$\sum \vec{p}_j = \vec{P} = M\vec{V} \tag{3.81}$$

$$\sum \vec{l}_j = \vec{L} = \vec{R} \times \vec{P} + \sum m_j \vec{s}_j \times \vec{u}_j \tag{3.82}$$

これらの式から重心の運動と内部運動は分離して考えてよいことがわかる．

## 3.4　衝　　突

まず，衝突という言葉を定義しよう．日常生活で衝突というと，普通はビー玉の衝突とか自動車の衝突のようなものを思い浮かべる．しかし，衝突ということの本質は「接触する」

ことではなく,「力を及ぼし合う」ことにある。図 3.15 のように電荷をもった粒子どうしを正面衝突させるとお互いどうしの間に働く電気的斥力で反発して動いていく。あるいはハレー彗星は太陽と万有引力で力を及ぼし合い,近づきそして遠くへ去って行く。こういった現象はみな衝突である。力を及ぼし合わなかった場合はお互いにすれ違うだけである。衝突とは互いに力を作用させ,結果として両者の運動が影響を受ける現象である。

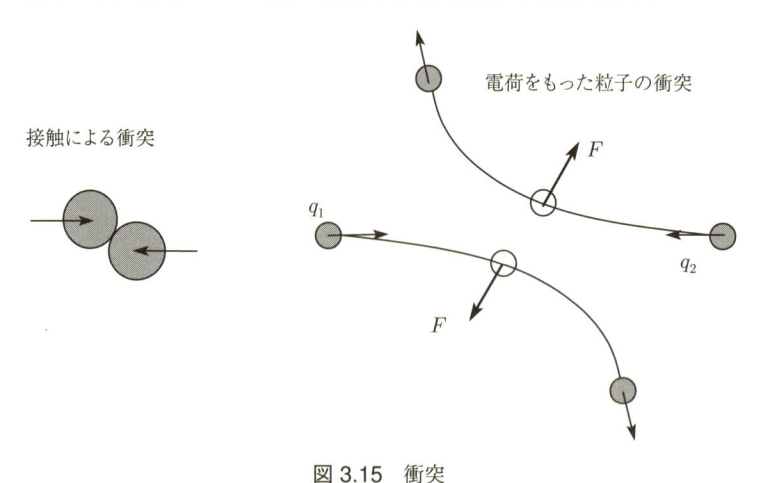

図 3.15 衝突

**撃力** いわゆる「衝突」と考えられている,物体どうしの接触による衝突で相互に及ぼし合う力は**撃力**と呼ばれ,むしろ特異な力である。この力は接触した瞬間だけ働くので,作用時間 $\Delta t$ は微小で力は非常に大きい。このようなときは力 $\vec{F}$ ではなく「力積」を使った方が見通しがよい (⇒61 頁)。

衝突の前後で質点の速度が変わる,すなわち,運動量 ($p = mv$) が変わる。それが式 (3.46) で記述される。撃力の場合,$F$ は非常に大きく $\Delta t$ は非常に小さく,そして式 (3.46) の右辺である力積 $\vec{F}\Delta t$ が「普通の」大きさである。質点 1 と 2 の衝突を考え,それぞれに働く撃力を $\vec{F}_1, \vec{F}_2$ と書く。$t$ が接触の寸前,$t + \Delta t$ が接触の直後の時刻であるとする。両者の衝突の前後での運動量変化は

$$\begin{cases} \vec{p}_1(t+\Delta t) - \vec{p}_1(t) = \vec{F}_1 \Delta t \\ \vec{p}_2(t+\Delta t) - \vec{p}_2(t) = \vec{F}_2 \Delta t \end{cases} \quad (3.83)$$

となる。ニュートン力学の第 3 法則 (作用反作用の法則) から

$$\vec{F}_1 = -\vec{F}_2 \quad (3.84)$$

なので,2 つの式を加えると,

$$\vec{p}_1(t+\Delta t) - \vec{p}_1(t) + \vec{p}_2(t+\Delta t) - \vec{p}_2(t) = 0 \quad (3.85)$$

つまり

$$\vec{p}_1(t+\Delta t) + \vec{p}_2(t+\Delta t) = \vec{p}_1(t) + \vec{p}_2(t) \quad (3.86)$$

を得る。これは 2 質点のときの運動量保存則になっている (⇒3.3.2 節)。

**衝突問題** さて衝突の運動を解くことにしよう。ここでは

2 質点の衝突前の速度を与えて衝突後の速度を決定する

ことを目標とする。(もちろん逆に解くこともできる。) この目標を達成するには,未知の変数の個数と同じだけの方程式が必要である。その方程式は力学の法則を表しているものでなくてはいけないので,エネルギー保存則あるいは運動量保存則を使うことになる[6]。

エネルギー保存則であるが,衝突の瞬間を除くと,その前後では質点には力は働いていないので,力学的なエネルギーとしては衝突前後の運動エネルギー $K$ のみを考えればよい。また,現実の物体の場合は,衝突のときに熱を発生したり物体を変形させたりするために,力学的エネルギーが失われる場合もある。衝突の前後で力学的エネルギーが保存している場合を**弾性衝突**,そうでない場合を**非弾性衝突**と呼ぶ。

非弾性衝突の場合は,エネルギー保存則の代わりに,現象論的な式として

$$-e \times (衝突前の相対速度) = (衝突後の相対速度) \tag{3.87}$$

を用いる場合もある。ここで $e$ は**はねかえり係数**と呼ばれる。$e=1$ が弾性衝突の場合に対応する。

**1次元の衝突** 2質点の運動が直線上 ($x$ 軸) に限定されている場合を考える。以下では衝突後の量にはダッシュ (′) をつけて表す[7]。

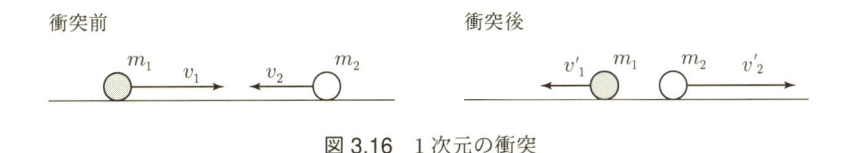

図 3.16  1次元の衝突

このとき未知の量は2つ $(v'_1, v'_2)$ なので条件式が2ついる。運動量保存則とエネルギー保存則を書き下すと,

$$運動量 \quad p_1 + p_2 = p'_1 + p'_2 \tag{3.88}$$

$$エネルギー \quad K_1 + K_2 = K'_1 + K'_2 + Q \tag{3.89}$$

となる。ここで $Q$ は衝突の際失われた力学的エネルギーを表し,弾性衝突の場合は $Q=0$ である。この連立方程式を解けば衝突後の運動が決まる。

$$\begin{cases} 運動量 & m_1 v_1 + m_2 v_2 = m_1 v'_1 + m_2 v'_2 \\ エネルギー & \dfrac{1}{2} m_1 v_1^2 + \dfrac{1}{2} m_2 v_2^2 = \dfrac{1}{2} m_1 {v'_1}^2 + \dfrac{1}{2} m_2 {v'_2}^2 + Q \end{cases} \tag{3.90}$$

非弾性衝突の場合は経験的なはねかえり係数 $e$ を導入して,

$$\begin{cases} 運動量 & m_1 v_1 + m_2 v_2 = m_1 v'_1 + m_2 v'_2 \\ 相対速度の変化 & -e(v_2 - v_1) = v'_2 - v'_1 \end{cases} \tag{3.91}$$

としてもよい。

式 (3.90) を弾性衝突の場合 ($Q=0$) に解くと2組の解が得られる。このうち1組は $v'_1 = v_1, v'_2 = v_2$ という「ぶつからなかった」場合の解で考慮する必要はない。意味のある解は次の式である。

---

[6] この節では質点が正面衝突するといったケースしか扱わないので,角運動量保存則は関係しない。

[7] ここでの速度 $v$ はすべて符号を含んでいる。$v>0$ なら右,$v<0$ なら左へ運動していると解釈せよ。

$$\begin{cases} v_1' = \dfrac{(m_1 - m_2)v_1 + 2m_2 v_2}{m_1 + m_2} \\ v_2' = \dfrac{2m_1 v_1 + (m_2 - m_1)v_2}{m_1 + m_2} \end{cases} \tag{3.92}$$

物理的な意味を見るため，式 (3.92) をいくつか特別の場合について調べてみよう。

**i) 同じ質量の質点の衝突** このとき $m_1 = m_2$ である。式 (3.92) は

$$v_1' = v_2, \qquad v_2' = v_1 \tag{3.93}$$

となり，速度の交換が起きることがわかる。たとえば，ビリヤードの球を静止しているもう一つの球に正面からぶつけると，ぶつかった方が静止し，止まっていた方がぶつかった方の速度で動き出す。

**ii) 静止した標的への衝突** このとき $v_2 = 0$ である。式 (3.92) は

$$v_1' = \frac{m_1 - m_2}{m_1 + m_2} v_1, \qquad v_2' = \frac{2m_1}{m_1 + m_2} v_1 \tag{3.94}$$

となる。特に興味があるのは，$m_2$ が $m_1$ よりはるかに大きい場合で，このとき $m_1/m_2 \to 0$ から

$$v_1' = -v_1, \qquad v_2' = 0 \tag{3.95}$$

となる。これは，「壁との衝突」に対応し，質点は全く同じ速さで逆向きに跳ね返る。

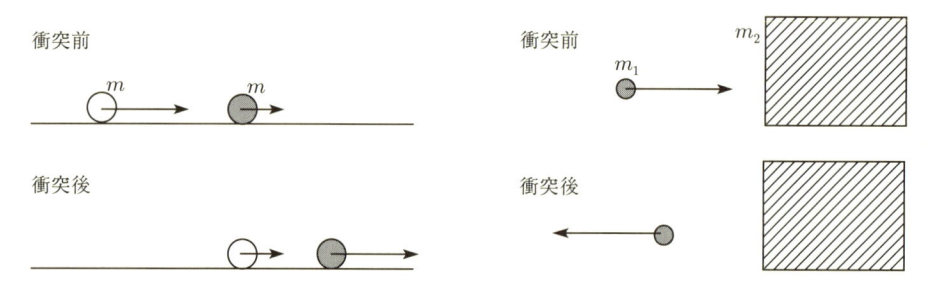

図 3.17 1次元の衝突。(左) 同じ質量のとき，(右) 壁との衝突

**2次元の衝突** 2質点の衝突が平面内 ($x$-$y$ 平面) で起きた場合を考える (図 3.18)。以下では衝突後の量にはダッシュ (′) をつけて表す。簡単のため，衝突前は 2 つの質点は $x$ 軸に沿って運動し原点で衝突したとする。

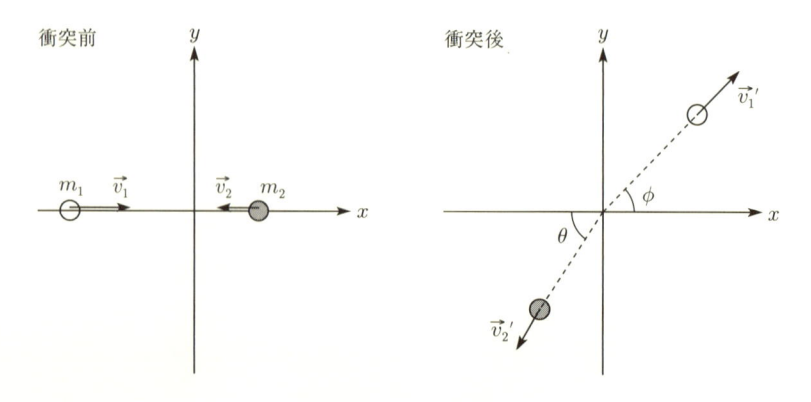

図 3.18 2次元の衝突

このとき未知の量は 4 成分 ($\vec{v}_1{}', \vec{v}_2{}'$) なので条件式が 4 ついる。運動量保存則とエネルギー保存則では

$$\text{運動量} \quad \vec{p}_1 + \vec{p}_2 = \vec{p}_1{}' + \vec{p}_2{}' \tag{3.96}$$

$$\text{エネルギー} \quad K_1 + K_2 = K_1' + K_2' + Q \tag{3.97}$$

となり，第 1 式は $x$ 成分と $y$ 成分の 2 つ，第 2 式は 1 つで，合計 3 つしか条件がない。このままでは運動が決定できないので，さらに，「質点 1 が〜の方向に衝突後運動した」などという条件を加えてやる必要がある[8]。

### [例題 3.3]

質量 60 kg の人が，なめらかな氷の上で質量 145 g のボールを時速 108 km で前方に投げた。この人が反動で後方に動く速さを答えよ。また，この人が生み出した力学的エネルギーはいくらか。

**[説明]** 運動量保存則を使う。床面からの摩擦はないものとする。ボールを投げる前の状態は，運動量は 0，運動エネルギーも 0 である。

**[解]** 時速 108 km = 30 m/s である。最初の運動量は 0 だから，人の後ろ向きに動く速さを $v$ とすると，

$$0 = 0.145 \times 30 + 60 \times (-v) \quad \Rightarrow \quad v = 7.25 \times 10^{-2} \text{ m/s}$$

となる。生み出したエネルギーはボールと人の運動エネルギーの和である。

$$E = \frac{1}{2} \times 0.145 \times 30^2 + \frac{1}{2} \times 60 \times (7.25 \times 10^{-2})^2 = 65.4 \text{ J}$$

**類題 1** スケート場で質量 $m_1$ と $m_2$ の人が静止している。一方がもう一方を押したとき両者の速度の大きさの比を求めよ。

**類題 2** 静止している質量 $M$ の木材のブロックに，速度 $v$，質量 $m$ の弾丸が当たって木材内部で静止した。木材のブロックの動き出す速さ $V$ と，この衝突で失われた力学的エネルギー $E$ を求めよ。

## 演習問題 3

**問 3.1** 等速円運動 (2.5.6 節) をしている質点には向心力が働いているが，質点の運動エネルギーは一定である。これはなぜか。

**問 3.2** 万有引力や電気力 (クーロン力) は力の大きさが距離 $r$ の 2 乗に逆比例し，力は両者を結ぶ直線の方向である。

$$F = \frac{C}{r^2} \quad \longrightarrow \quad U = \frac{C}{r} \tag{3.98}$$

を示せ。ここでポテンシャルエネルギー $U$ は無限遠方で 0 となるように約束した。

**問 3.3** 式 (3.98) の力により等速円運動をしている質点がある ($\Rightarrow$ 2.5.6 節)。引力なので $C < 0$ である。その運動エネルギーと位置エネルギーの間には

$$K : U = 1 : -2 \tag{3.99}$$

が成り立つことを示せ。ただし，$U$ は式 (3.98) で定義される。

---

[8] 2 つの質点が $x$ 軸上を運動し接触して力を及ぼすとすると，働く撃力が第 3 法則に従うので衝突後も $x$ 軸上を運動することになる。図 3.15 のような衝突では厳密には 2 つの物体の初速度ベクトルは同一直線上にはないが，この場合は図 3.18 のような衝突も起きる。図 3.15 の左の図で物体の大きさを小さくした極限での衝突を考えてみよう。

**問 3.4** (1) 式 (3.24) を使い，例題の力 $\vec{F} = (2x - y, -x + 2y)$ は，$U = -x^2 + xy - y^2$ から決まることを示せ。
(2) $\vec{F} = (xy, 1)$ の力の場合にはポテンシャルエネルギー関数 $U$ が存在しないことを示せ。

**問 3.5** 表面のなめらかな半径 $r$ の球がある。その最高点の位置から質点 $m$ が初速度 0 で滑り始めた。質点が球面を離れる位置を求めよ。

**問 3.6** 1 次元運動で質点 $m$ に力 $F = -kx^3$ が働いている $(k > 0)$。(1) このときポテンシャルエネルギーを求めよ。(2) $t = 0$ に質点が $x = 0$ の位置にあり，速度 $V_0$ をもっていたとすると，運動可能な範囲を求めよ。

**問 3.7** 1 次元運動で質点 $m$ に力 $F = ax^2 - bx$ が働いている $(a, b > 0)$。
(1) このときのポテンシャルエネルギーを求め，グラフで表せ。
(2) $t = 0$ に質点が $x = 0$ の位置にあり，速度 $V_0$ をもっていたとすると，$V_0$ の大きさにより，運動は有限範囲であったり，そうでなかったりする。運動が有限範囲であるためには $V_0$ はどんな条件を満たさなければいけないか。

**問 3.8** 地球の質量は $6.0 \times 10^{24}$ kg, 太陽からの距離は $1.5 \times 10^{11}$ m である。太陽を原点とし，地球を質点とみなしたときの，地球の運動量，角運動量の大きさおよびベクトルの向きを答えよ。

**問 3.9** $x$-$y$ 平面上の点 $(1, 1)$, $(-1, 1)$, $(1, -1)$ に質量 $m, 2m, 4m$ の質点がある。
(1) この質点系の重心を求めよ。
(2) 質量が $m$ の質点を動かし，原点を重心としたい。どこに置けばよいか。

**問 3.10** 速度 $v$ で飛んでいる質量 $M$ のロケットが燃料を燃やしてエネルギー $Q$ を得た。このエネルギー $Q$ がすべて力学的エネルギーになったと仮定する。後方に噴出されたガスの質量を $\mu$, 噴射後のロケットとガスの速度を $v', u$ とする。(注：1 次元運動で考えてよい。速度はすべて宇宙空間に対する速度。)
(1) 運動量保存則とエネルギー保存則の式を書け。
(2) その式を解き，噴射後のロケットの速度 $v'$ を求めよ。

**問 3.11** 式 (3.92) を導け。

**問 3.12** 図 3.18 で示す衝突が弾性衝突 $(Q = 0)$ であるとする。また，衝突前の速度の大きさがどちらも $u$ であったとする。衝突後，質点 $m_1$ は $x$ 軸と角度 $\theta$ をなす方向に，質点 $m_2$ は $y$ 軸の負の方向 $(\phi = \pi/2)$ に飛び去った。$v_1' = |\vec{v}_1'|$, $v_2' = |\vec{v}_2'|$ とする。
(1) エネルギー保存則，運動量保存則の $x$ および $y$ 成分の 3 つの式を $m_1, m_2, u, v_1', v_2', \theta$ で書け。
(2) $v_1', v_2'$ を求めよ。(ヒント：角度 $\theta$ を $\sin^2 \theta + \cos^2 \theta = 1$ を用いて消去する。)
(3) 前項の解が存在するための条件を答えよ。この条件は何を意味するか。

# 4
# 万有引力

　ニュートンの『プリンキピア』から始まる力学の基本法則をここまでいろいろと学んできたが，この章では『プリンキピア』のもう一つの大きな主題である万有引力について学ぶ[1]。万有引力の法則の発見はそれ自体が非常に興味深い科学の進化の過程でもある。正確に歴史をたどることはやめて，3人の登場人物の名前によってこの過程を再構成しよう。それは次のようになる。

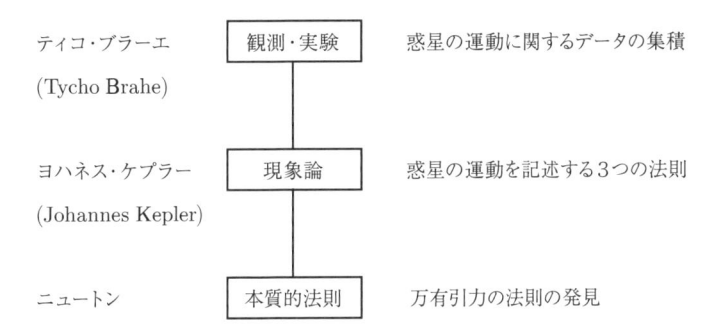

| | | |
|---|---|---|
| ティコ・ブラーエ (Tycho Brahe) | 観測・実験 | 惑星の運動に関するデータの集積 |
| ヨハネス・ケプラー (Johannes Kepler) | 現象論 | 惑星の運動を記述する3つの法則 |
| ニュートン | 本質的法則 | 万有引力の法則の発見 |

　彼らの研究の目標は星の運動の記述である。星の運動の研究ははるか昔から始まり，ケプラーのころまで占星術と天文学は不可分のものとして発展してきた。星座を形づくる恒星の運動は規則的でよく知られていたが，惑星の運動は極めて複雑であった。惑星は星座の中を速くなったり遅くなったりしながら動き，時には逆行したりさえする。これは恒星がはるか遠くにあって地球の自転や公転によって規則的に動くのに対し，惑星は地球と同じ太陽系内のメンバーであって双方が動いているため，相対的な運動は複雑に見えてしまうからである。ここでいう**惑星**は太陽から近い順に，水星，金星，地球，火星，木星，土星，天王星，海王星のことである。ケプラーの時代では土星までが知られていた[2]。

　当時は望遠鏡はなかったので肉眼で観測が行われた。ブラーエはまるで蜂が蜜をためるように当時の最高の質の観測データを集積していた。この一次的観測データは「何年何月何日何時何分に，なになにの方位および角度にこれこれの星が見えた」という数値の山である。これらのデータはもちろん貴重なものである。科学は現実の現象や実験結果を得ることによってのみ自然法則を導き出すことができるからである。しかし，その段階にとどまっているだけでは不十分である。ケプラーは天才的な直感と超人的忍耐力をもって，これらの膨大なデータがすべて3つの法則のもとに記述されることを示した。第1と第2法則は1609年，第3法則は1619年に発表された。この素晴らしい現象論的法則を土台にニュートンは万有引力を発見することができたのである。

---

[1] 以下で万有引力をさすのに重力という言葉も使うが，これと地球の表面での重力 (いわゆる $F = mg$) と混同しないこと。

[2] それまで惑星であった冥王星は，2006年8月の国際天文学連合 (IAU) 総会で dwarf planet(準惑星) とされた。

## 4.1 ケプラーの法則

ケプラーが発見した3つの**ケプラーの法則**を以下に述べる。

1. 惑星の軌道の形 —— 惑星は太陽の位置を1つの焦点とする楕円軌道を運行する。
2. 惑星の運動の速度 —— 惑星と太陽を結ぶ直線が掃く面積速度は一定である。
3. 惑星どうしの運動の関係 —— 惑星の公転周期の2乗と軌道長半径の3乗の比は、すべての惑星について一定である。

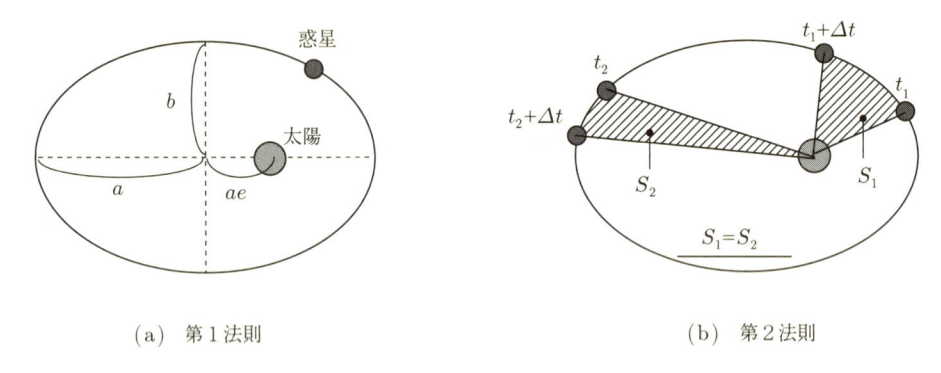

(a) 第1法則 　　　　　　　　　　　(b) 第2法則

図 4.1　ケプラーの法則

ケプラーは火星の軌道を分析することにより、それが円から少しずれていることを発見し、第1法則とした。図 4.1(a) に示すように軌道の形は**楕円**である[3]。また惑星は太陽から遠いとゆっくり動き、近いと速く動くことがわかった。より定量的に調べると、図 4.1(b) に示すとおり、同じ $\Delta t$ という時間でできる面積は等しくなっている。これが第2法則で「面積速度が一定」という表現の意味である[4]。第3法則は惑星系全体がもつ規則性である。これは表 4.1 に示す観測のデータから容易に理解することができる。なお、表 4.1 で AU は**天文単位**と呼ばれる長さで、地球と太陽の間の距離を表す。1 AU $= 1.5 \times 10^{11}$ m である。

表 4.1　惑星と冥王星の軌道長半径と公転周期

| 惑　星 | | 長半径 [AU] | 周期 [年] |
| --- | --- | --- | --- |
| 水　星 | Mercury | 0.387 | 0.241 |
| 金　星 | Venus | 0.723 | 0.615 |
| 地　球 | (Earth) | 1 | 1 |
| 火　星 | Mars | 1.52 | 1.88 |
| 木　星 | Jupiter | 5.20 | 11.9 |
| 土　星 | Saturn | 9.55 | 29.5 |
| 天王星 | Uranus | 19.2 | 84.0 |
| 海王星 | Neptune | 30.1 | 165 |
| 冥王星 | Pluto | 39.5 | 249 |

ここで**楕円**について説明しておく。楕円は図 4.1(a) に示すように長半径 $a$ と短半径 $b$ をもち、これから決まる

---

[3) 当時、惑星の軌道としては「完全な図形」である円以外は考えられていなかった。天体の軌道が楕円などという「不完全」な形であることは冒涜的ですらあった。

[4) 第2法則の正体は角運動量保存則である (あとの節参照)。

$$e = \frac{\sqrt{a^2-b^2}}{a} \qquad (0 < e < 1) \tag{4.1}$$

を離心率という。離心率は円からのずれの程度を表す量で，$e = 0$ のときは円であり，1 に近づくほど偏平な楕円となる。焦点は 2 つあって長半径上にあり，楕円の中心から焦点までの距離は $ae$ である。楕円の 2 つの焦点から楕円の周上の点までの距離の和は一定で，この性質により (ひもと 2 個のピンなどを使って) 楕円の作図を行うことができる。また，楕円形の鏡面をつくり 1 つの焦点に光源を置くと，そこから出た光線はすべてもう 1 つの焦点を通るので，この性質からその名前が理解できるであろう。

## 4.2 万有引力の発見

この節ではニュートンがやったようにケプラーの法則から万有引力を導くことを考える。惑星の軌道は楕円だが，それほど極端に円からずれているわけではない。最初に直観的に理解してもらうために円軌道で議論を行う。

### 4.2.1 円軌道近似

軌道を円とすると，ケプラーの 3 つの法則は以下のように変形される。

1. 惑星の軌道の形について ―― 惑星は太陽の位置を中心とする円軌道を運行する。
2. 惑星の運動の速度 ―― 惑星と太陽を結ぶ直線が掃く面積速度は一定である。
3. 惑星どうしの運動の関係 ―― 惑星の公転周期の 2 乗と軌道半径の 3 乗の比は，すべての惑星について一定である。

この場合，最初の 2 つの法則から，惑星の運動は等速円運動であることがわかる。(第 1 法則が「円運動」を，第 2 法則が「等速」を与える。) すると，2.5.6 節の結果が利用できる。惑星に働く力は ($m =$ 惑星の質量，$r =$ 惑星の軌道の半径，$T =$ 惑星の公転周期)

$$\text{力の大きさ} = F = mr\omega^2 = \frac{4\pi^2 mr}{T^2} \tag{4.2}$$
$$\text{力の向き} = \text{中心つまり太陽の方向}$$

となる ($\Rightarrow$ 式 (2.72))。第 3 法則から比例定数を $c$ として

$$T^2 = cr^3 \tag{4.3}$$

となる。これを式 (4.2) に代入し，さらに定数を $C = 4\pi^2/c$ と書き換えると

$$F = C\frac{m}{r^2} \tag{4.4}$$

となる。このようにして惑星に働いている力は，惑星の質量に比例し太陽からの距離の 2 乗に逆比例していることが示される。

### 4.2.2 厳密な扱い

この節では前節の議論を数学的にきちんと扱うが，物理的内容はすでに述べられているので省略してもよい[5]。以下では万有引力 (式は次の節) が与えられたとして，そのときの軌道を検討する。
太陽と惑星の軌道を含む平面をとる。原点にある万有引力の源つまり太陽は不動であり，その質量を $M$ とし，極座標 $(r, \phi)$ を使う。極座標での単位方向ベクトル $\hat{r}, \hat{\phi}$ を次の式で定義する。

---
[5] ここでの内容は一般の中心力の場合に利用できるので本来は 2 章で扱うべきであった。

$$\hat{r} = (\cos\phi, \sin\phi), \qquad \hat{\phi} = (-\sin\phi, \cos\phi) \tag{4.5}$$

惑星の位置ベクトルは $\vec{r} = r\hat{r}$ ($r = |\vec{r}|$) である。加速度を計算する。

$$\vec{a} = \frac{d^2\vec{r}}{dt^2} = \frac{d^2 r}{dt^2}\hat{r} + 2\frac{dr}{dt}\frac{d\hat{r}}{dt} + r\frac{d^2\hat{r}}{dt^2} \tag{4.6}$$

$d\hat{r}/dt = (d\phi/dt)\hat{\phi}$, $d^2\hat{r}/dt^2 = (d^2\phi/dt^2)\hat{\phi} - (d\phi/dt)^2\hat{r}$ なので，運動方程式を書くと

$$-\frac{GmM}{r^2}\hat{r} = \vec{F} = m\vec{a} = m\left[\frac{d^2 r}{dt^2}\hat{r} + 2\frac{dr}{dt}\frac{d\phi}{dt}\hat{\phi} + r\frac{d^2\phi}{dt^2}\hat{\phi} - r\left(\frac{d\phi}{dt}\right)^2\hat{r}\right] \tag{4.7}$$

である。左辺で万有引力が $\hat{r}$ 方向の引力であることを使った。$\hat{r}$ 成分と $\hat{\phi}$ 成分に分けると

$$\frac{d^2 r}{dt^2} - r\left(\frac{d\phi}{dt}\right)^2 = -\frac{GM}{r^2} \tag{4.8}$$

$$2\frac{dr}{dt}\frac{d\phi}{dt} + r\frac{d^2\phi}{dt^2} = 0 \tag{4.9}$$

となる。式 (4.9) から

$$\frac{d}{dt}\left(r^2\frac{d\phi}{dt}\right) = 0 \quad \to \quad r^2\frac{d\phi}{dt} = 定数 = h \tag{4.10}$$

が出るが，これはケプラーの第 2 法則と同等である。なぜなら，軌道上の近接した 2 点を考え，図 4.2 のようにその 2 点からつくられる面積 $\Delta S$ を考えると

$$\Delta S = \frac{1}{2}r^2 \Delta\phi \quad \to \quad \frac{\Delta S}{\Delta t} = \frac{1}{2}r^2 \frac{\Delta\phi}{\Delta t}$$

となって面積速度が一定になるからである。この定数 $h$ は積分定数で，惑星の角運動量 $l$ と

$$l = mh \qquad \left(l = mrv = mr\cdot r\frac{d\phi}{dt}\right) \tag{4.11}$$

という関係にある。したがってケプラーの第 2 法則の正体は角運動量保存則である。式 (4.8) は

$$\frac{d^2 r}{dt^2} - \frac{h^2}{r^3} = -\frac{GM}{r^2} \tag{4.12}$$

となる。時間微分 $d/dt$ を式 (4.10) を使って $d/d\phi$ 微分に変える。

$$\frac{d}{dt} = \frac{d\phi}{dt}\frac{d}{d\phi} = \frac{h}{r^2}\frac{d}{d\phi} \tag{4.13}$$

すると式 (4.12) は

$$\frac{h}{r^2}\frac{d}{d\phi}\left(\frac{h}{r^2}\frac{dr}{d\phi}\right) - \frac{h^2}{r^3} = -\frac{GM}{r^2} \tag{4.14}$$

となる。ここで $r = 1/\rho$ という変数変換を行うと，

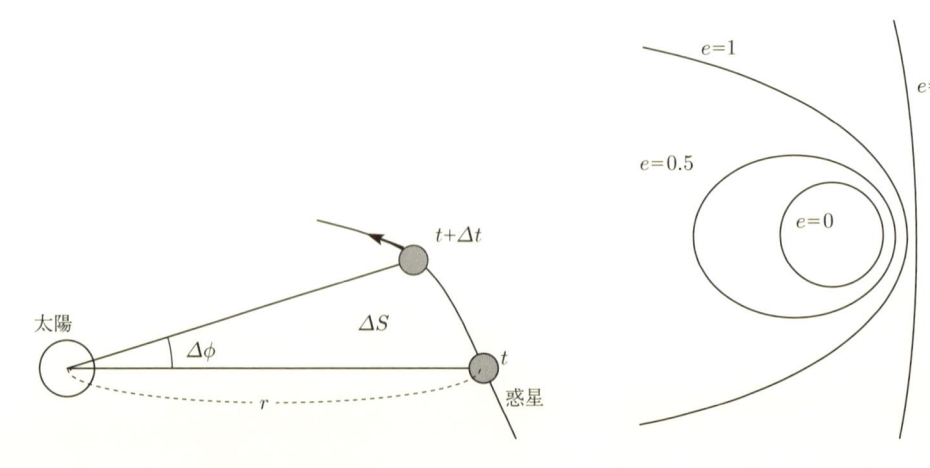

図 4.2 面積速度

図 4.3 万有引力による軌道

## 4.3 万有引力

$$\frac{d^2\rho}{d\phi^2} + \rho = A, \qquad \left(A = \frac{GM}{h^2}\right) \tag{4.15}$$

となる。これは単振動 (2.5.4 節) と類似の方程式である。解は次の形になる。

$$\rho = A + C_1 \sin\phi + C_2 \cos\phi \tag{4.16}$$

ここで $C_1, C_2$ は積分定数である。これは 2 階の微分方程式なので，初期条件から 2 つの積分定数が決まるはずである。初期条件を軌道の近日点，すなわち，軌道上の位置が太陽に一番近くなる点で与える。座標軸のとりかたは任意なので近日点が $\phi = 0$ になる座標を使うことにする。

$$t = 0 \quad \to \quad \phi = 0 \quad \to \quad r = r_0 \quad (\text{近日点での太陽からの距離})$$
$$\phi = 0 \quad \to \quad \frac{dr}{d\phi} = 0 \quad (\text{時刻 0 に近日点を通り，そこを } \phi = 0 \text{ とする})$$

これから

$$\rho = \frac{1}{r} = A(1 + e\cos\phi) \qquad \left(e = \frac{1}{r_0 A} - 1\right) \tag{4.17}$$

が解となる。この $e$ は式 (4.12) を近日点で考えると

$$\text{近日点} \quad \to \quad \frac{d^2 r}{dt^2} \geq 0 \quad \to \quad \frac{h^2}{r_0^3} - \frac{GM}{r_0^2} \geq 0 \tag{4.18}$$

となるので $e \geq 0$ であることがわかる。この $e$ は離心率と呼ばれ，軌道の形を決めている。

$$\begin{cases} e = 0 & 円 \\ 1 > e > 0 & 楕円 \\ e = 1 & 放物線 \\ e > 1 & 双曲線 \end{cases} \tag{4.19}$$

式 (4.17) が万有引力のもとで運動する物体の軌道を表す。これを図 4.3 に示す。これらの曲線は円錐曲線 (2 次曲線) と呼ばれる。このように，ケプラーの第 1 法則が示された。放物線や双曲線のときは遠方からやってきてまた遠方に去っていき，二度と戻ってこない運動で，一部の彗星などがこの軌道をもつ。

楕円の場合に周期を求める。時刻 $t = 0$ に $\phi = 0$ にあって，時刻 $t = T$ に $\phi = 2\pi$ にあるとき，この $T$ が周期である。少し難しい積分になるが次のように計算される。

$$T = \int_0^T dt = \int_0^{2\pi} \left(\frac{d\phi}{dt}\right)^{-1} d\phi = \int_0^{2\pi} \frac{r^2}{h} d\phi = \int_0^{2\pi} \frac{1}{hA^2(1 + e\cos\phi)^2} d\phi$$
$$= \frac{1}{hA^2} \frac{2\pi}{(\sqrt{1-e^2})^3} = \frac{1}{\sqrt{GMA^3}} \frac{2\pi}{(\sqrt{1-e^2})^3} \tag{4.20}$$

軌道長半径 $a$ は

$$a = \frac{1}{2}\left(\frac{1}{A(1+e)} + \frac{1}{A(1-e)}\right) = \frac{1}{A(1-e^2)} \tag{4.21}$$

であるので

$$T \propto a^{3/2} \tag{4.22}$$

となり，ケプラーの第 3 法則を得る。

## 4.3 万有引力

前節で物体の間には距離の 2 乗に逆比例する力が働くことがわかった ($\Rightarrow$ 式 (4.4))。この力はそれほど強くないが実験室でも精密測定によって観測することができる。その結果，この力は以下のように表されることがわかった。図 4.4 のように，質量 $m_1$ の物体と質量 $m_2$ の物体が，距離 $r$ だけ離れているとき，両者の間に働く**万有引力**は

$$\boxed{\text{万有引力}} \quad \vec{F} = \begin{cases} \text{大きさ} & F = G\dfrac{m_1 m_2}{r^2} \\ \text{向き} & \text{質点どうしを結ぶ方向で引力} \end{cases} \tag{4.23}$$

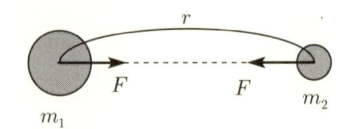

図 4.4 万有引力

である。なお，大きさをもつ物体のとき，距離 $r$ は重心 (⇒3.3.3 節，5.2 節) から測る。ここで $G$ は**万有引力定数**で，値は

$$G = 6.67 \times 10^{-11} \text{ N·m}^2/\text{kg}^2 \tag{4.24}$$

である。

この万有引力は我々の宇宙の最も基本的な力の一つである。これはもちろん保存力であって，この力に対応するポテンシャルエネルギーは式 (3.98) より

$$U = -G\frac{m_1 m_2}{r} \tag{4.25}$$

となる。この式でポテンシャルエネルギー $U$ に現れる積分定数は，$U$ が無限の遠方で 0 となるという規約で 0 とした (式 (3.98))。

以下の数節ではこの力の応用として，地上の運動や天体の運動を議論する。これらの例で必要になる数値は A.12 節を参照すること。

### 4.3.1 地上での重力

地上では質量 $m$ の質点に大きさ $F = mg$ の**重力**が働く (⇒2.2 節)。この正体はその質点と地球の間に働く万有引力である (図 4.5)。万有引力は距離に依存するが，地上での運動の高度変化は地球の半径 $R_E$ に比べて小さいので，力は一定の大きさとみなせる。(さきに述べたように距離は重心の間の距離なので地球の中心から測る。) 地球の質量を $M_E$，質点の質量を $m$ とすると

$$mg = G\frac{mM_E}{R_E^2} \tag{4.26}$$

となる。これから地球の質量を求めることができる。

$$M_E = \frac{gR_E^2}{G} = 5.97 \times 10^{24} \text{ kg} \tag{4.27}$$

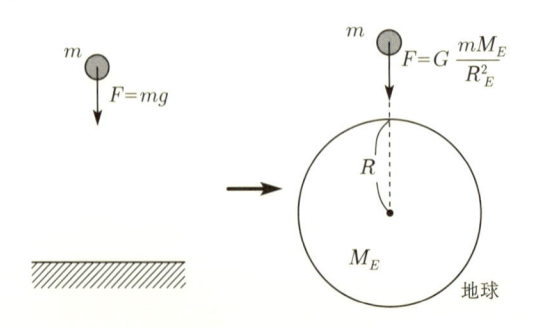

図 4.5 地上の重力

### 4.3.2 静止衛星

近年衛星放送が普及している。放送局は**静止衛星**に電波を送り，衛星がそれを受けて再度地上へ向けて送信したものを我々が受信している。静止衛星とは見かけ上の位置が不変な人工衛星である。このため，各家庭の衛星放送用のパラボラアンテナは受信するために方向をいちいち変える必要がない。実際には静止衛星は静止しているのではなく，地球の自転と同じ周期で地球のまわりを公転している。

この静止衛星の高度を求めてみよう。衛星の質量を $m$，軌道を半径 $r$ の円軌道とすると，2.5.6 節の等速円運動の関係式 (式 (4.2) と同じ) から

$$G\frac{mM_E}{r^2} = \frac{4\pi^2 mr}{T^2} \tag{4.28}$$

となる。これに衛星の周期

$$T = 1 \text{日} = 8.64 \times 10^4 \text{ s} \tag{4.29}$$

や他の定数を代入すると

$$r = \left(\frac{GM_E T^2}{4\pi^2}\right)^{1/3} = 4.22 \times 10^7 \text{ m} \tag{4.30}$$

となる。

また，静止衛星の軌道は赤道上空に限定されている[6]。その理由を図 4.6 で説明する。仮に，図 4.6 で示すような軌道で運動している人工衛星があったとする。衛星と地球の間の万有引力は衛星と地球の重心 O を結ぶ方向である。一方，円運動の向心力は軌道平面内の中心 O′ 方向を向いている (⇒2.5.6 節)。この両者の方向が一致していないことは矛盾なので，図 4.6 に示す衛星軌道は許されない。逆に O と O′ が一致すればよいのだから，軌道平面は赤道上空とならざるを得ない。

以上の議論で，静止衛星は軌道の高度と軌道面が決まってしまうので，限られた数しか打ち上げることができない。静止衛星は通信などに便利なものであるが，その位置の割当が国際的に問題となりつつある。

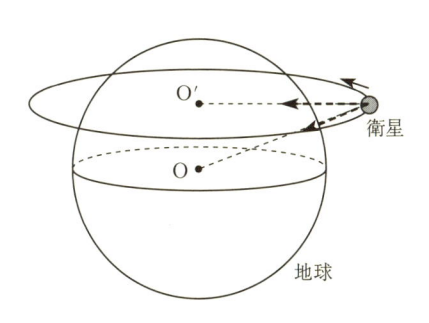

図 4.6　力学的に許されない衛星軌道

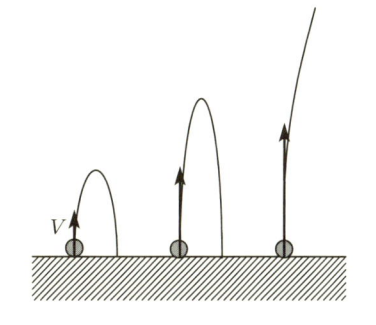

図 4.7　脱出速度

### 4.3.3 脱出速度

図 4.7 のように，ボールを投げ上げれば，やがて重力によって落下してくる。しかし，投げ上げの初速度 $V$ を大きくすれば，より高く上がり，十分速度が大きければ重力に打ち勝つ

---

[6] このため日本では衛星放送用パラボラがすべて南よりの向きに設置されている。

て遠方へ行くことができる。それを可能とする速度の大きさを**脱出速度**という。

前にエネルギー保存則の応用で運動可能範囲を決める考え方を学んだ (⇒3.2.3 節)。その条件は $E > U(\vec{r})$ である。十分遠方にロケットが到達するということは，$r \to \infty$ でもこの条件が成り立つべきであるということになる。$r \to \infty$ では $U(r) \sim 0$ だから，必要な条件は $E > 0$ である。(注意：エネルギーの値に絶対的な意味はない。ここで $E = 0$ が境界の値となったのは，万有引力のポテンシャルエネルギー $U$ を式 (4.25) の規約で決めたからである。)

$E$ を計算する。質量 $m$ の質点を地球表面から速さ $V$ で打ち上げる。そのときの質点のエネルギーは

$$E = K + U = \frac{1}{2}mV^2 - G\frac{mM_E}{R_E} \tag{4.31}$$

である。条件から

$$E > 0 \quad \longrightarrow \quad V > \sqrt{\frac{2GM_E}{R_E}} \tag{4.32}$$

が必要となる。右辺の速さの値を計算すると $1.12 \times 10^4$ m/s となる。これは**第 2 宇宙速度**と呼ばれる。

## 4.4 慣性質量と重力質量

地上での重力 $F = mg$ は運動方程式 $F = ma$ と「似ており」，前にも述べたようにしばしば初心者が誤解する。前者はさまざまな力の一種にすぎない。

$$\begin{aligned}
\text{運動方程式} \quad &\boxed{F} = ma \\
&\uparrow \\
F &= mg, \\
F &= -kx, \\
F &= -bv, \cdots
\end{aligned} \tag{4.33}$$

運動方程式の質量 $m$ はもともと動かしやすさ，動かしにくさを示す量として導入されている。同じ力を加えても質量の大小によって得る加速度が異なる。この意味の質量を**慣性質量**という。これに対して万有引力の場合，質量の大きい物体は大きい万有引力を及ぼし，質量の小さい物体は小さい万有引力を及ぼす。この意味の質量は万有引力という力を発生させる能力の大小を表す量であり，**重力質量**と呼ばれる。これは電気的力の源が電荷であって，その大小が発生する電気的力の大小に比例するのと同じことである。すなわち，重力質量は電荷などと同じようにものの力を出す能力を特徴づける量である。

したがって，両者が一致する必然的理由はないようにも思える。にもかかわらず同一の記号を使うのは，両者が極めて良い精度で実験的に一致するからである。いま両者を $m_i$, $m_g$ と記して区別することにすると，

$$\text{運動方程式} \quad F = m_i a \tag{4.34}$$
$$\text{地上の重力} \quad F = m_g g \quad (g = GM_E/R_E^2) \tag{4.35}$$

となる。この結果質点に働く加速度は

## 4.4 慣性質量と重力質量

$$a = g\frac{m_g}{m_i} \qquad (4.36)$$

で，もし慣性質量と重力質量が異なる量なら，一般にこの加速度は質点ごとに異なる。ガリレオのピサの斜塔における有名な実験以来，落体の実験ではどんな物体も同じ時間で地上に落下するので同じ加速度が働いていることがわかる。この両者の同一性は 1896 年のエートベッシュ (R. von Eötvös) の実験によって高い精度で確かめられた。現在では同じタイプのより高精度の実験により，11 桁以上の精度で慣性質量と重力質量が一致することが知られている。

原理的に異なる 2 種の量が，このような高い精度で一致することは，偶然とは考えにくく，その裏に何か自然界の隠されたからくりがあることを示唆する。20 世紀になってアインシュタイン (Albert Einstein) がニュートンの理論を越える新しい重力理論 (いわゆる**一般相対性理論**) を発表した。このアインシュタインの重力理論の基本的仮定は，重力の効果と加速度運動は局所的には

---

■**寄り道**■　アインシュタインの重力理論の一つの重要な帰結は**ブラックホール**の存在である。それは極めて強い重力場をもつ天体であって，そこからは何者も，たとえ光であっても飛び出すことはできない。また外部からそこに落下したものは決して戻ることはできない。このような存在を議論するのはアインシュタイン理論によらなくてはいけないが，次のニュートン理論の結果は偶然同一の答を与える。我々の宇宙で最も速いのは光だから (⇒10.1 節)，式 (4.32) の脱出速度を光速度 $c$ に等しいとおいてみよう。

$$c = \sqrt{\frac{2GM}{R}} \quad \rightarrow \quad R = \frac{2GM}{c^2}$$

ここで $R$ と $M$ はこの天体の半径と質量である。この $R$ はシュバルツシルド半径と呼ばれる。太陽は宇宙の中では特に大きくも小さくもない標準的な天体と考えられるので，$M$ を太陽の質量としてみよう。すると

$$M = M_S \quad \rightarrow \quad R = 2.95 \times 10^3 \text{ m}$$

となる。太陽の実際の半径 $R_S = 6.96 \times 10^8$ m と比べると

$$R/R_S = 0.42 \times 10^{-5}$$

となり，非常な高密度の星であることがわかる。このような天体からは光の速度でも脱出することができなくなる。

アインシュタインの理論はこのような高密度の星が存在すればブラックホールになることを予言しているだけであって，この高密度星が我々の世界にある物質からつくられるかどうかは別の問題である。物質をつくる原子は大きさが $10^{-10}$ m の程度だが，それは中心の大きさ $10^{-15}$ m 程度の原子核のまわりを電子が運動している系である (⇒10.3 節)。物質の質量の大部分は原子核が担っているので，電子を原子核の中に「埋め込む」ことができれば，物質のサイズは $10^{-5}$ 倍になる。これは式 (4.36) の比と近く，ブラックホールが存在可能なことを示唆する。

現在の星の進化の理論は，その星の質量によるが，星が最終的には中性子星やブラックホールになりうることを示している。中性子星とはすべての原子が原子核になるように圧縮された (というより，星自体が 1 つの原子核になった) 星である。さらに重い星の場合はブラックホールになってしまうと推定される。規則的な電波を出しているパルサーと呼ばれる一群の天体は中性子星であるといわれている。また，ブラックホールについても白鳥座 X1 などいくつかの候補が見つかっている。ブラックホール自体はまったく何の信号も出さないが，その近くに普通の星があり，その星から放出されるガスがブラックホールに吸い込まれると，超強力な重力で加速されるために強い電磁波を放出するので，それが観測にかかる。我々はブラックホールに落ち込む通常物質の断末魔の悲鳴からブラックホールの存在を推定するのである。

区別できないというものである。この「等価原理」と呼ばれる仮定をもう少し具体的に述べると，次のようになる。もし，あなたが地球上で外の見えないエレベーターの箱の中にいるとする。エレベーターを支える綱が切れると箱は重力で落下していく。このときの状況と，何もない空間で箱に推進装置がとりつけてあって，それにより同じ加速度で運動している状況とは，局所的には原理的に区別をつけることができない。等価原理から，慣性質量と重力質量の一致は必然となる。そこから議論を進め，重力は4次元時空の歪みという幾何学的描像で理解することができることがわかった。アインシュタインの重力理論は重力の弱いときにはニュートン理論と同じになるが，高次の項ではずれる。この差はいくつかの観測結果で検証されており，いずれもアインシュタイン理論を支持している。アインシュタインの重力理論は宇宙論を展開する上で最も重要な理論的武器である (⇒10.4節)。

## 演習問題 4

**問 4.1** 表 4.1 を利用して第 3 法則が正しいことを確かめよ。

**問 4.2** 地球が太陽のまわりを 1 年で公転することから太陽の質量を求めよ。地球と太陽の距離は，$1.50 \times 10^{11}$ m である。

**問 4.3** 月の表面での重力は地球と比べるとどんな大きさか。地球と月の質量および半径はそれぞれ $5.97 \times 10^{24}$ kg, $7.35 \times 10^{22}$ kg, $6.38 \times 10^{6}$ m, $1.74 \times 10^{6}$ m である。

**問 4.4** 地表にすれすれの円軌道を運動する人工衛星の速度を求めよ。地球の質量と半径は前の問にある。(これは**第1宇宙速度**と呼ばれる。なお，計算は静止衛星の項を参照せよ。)

**問 4.5** 質量 $M$ で，薄く一様な半径が $R$ の球面状の物質がある。この球面の内部にある質点 $m$ とこの球面状物質の間に働く万有引力の大きさは 0 である。このことを示せ。

**問 4.6** 地球の中心を通る細いトンネルを考え，その中を摩擦なしに運動する質量 $m$ のシャトルの運動を考察する。(シャトルは質点とみなす。) このトンネルに沿って $x$ 軸を設定し，中心を $x = 0$ とする。地球の質量を $M$，半径を $R$，万有引力定数を $G$ とする。地球の密度を一定と仮定する。
  (a) 中心から半径 $x$ の球面の内部にある質量を $M, x, R$ で表せ。
  (b) 中心から距離 $x$ の位置にあるシャトルは，前項の質量が地球の中心にあるとしたときの万有引力を受ける。(注：$x$ より外側からの力の寄与の合計は前問から 0 となる。) シャトルに働く力 $F$ を $m, M, G, R, x$ で表せ。
  (c) 式 (4.26) を使って $M$ を $g$ に置き換え，$F$ を $m, g, R, x$ で表せ。
  (d) 前項の結果から，このシャトルの運動は単振動 (2.5.4節) であることがわかる。このトンネルを利用して，入り口から地球の反対側にある出口までに行くときの時間は，その単振動の周期の半分である。この時間の値を求めよ。

# 5
# 剛体の力学

剛体は大きさ・形をもつが，その名前からわかるように変形を考えなくてよい物体である。大きさや形をもつことにより，質点の扱いとどこが変わるかに注目してもらいたい。

## 5.1 剛体の力学の概要

質点という力学のモデルでは，その大きさを考えないので，その向きについて述べることは無意味であった。したがって，質点の運動はその位置がどうなったかということだけを記述した。大きさや形をもつ物体を記述するには，その位置だけでは不十分で，その向きも必要である。剛体が静止していれば位置と向きは変化しないが，動けば位置も向きも変化する。ところで，向きが変わるということは回転することを意味する。したがって

$$\boxed{剛体の運動} = \boxed{並進運動} + \boxed{回転運動} \tag{5.1}$$

ということになる。前者は回転せずに動く平行移動運動を，後者は自分自身のまわりに回転する自転運動を指す。

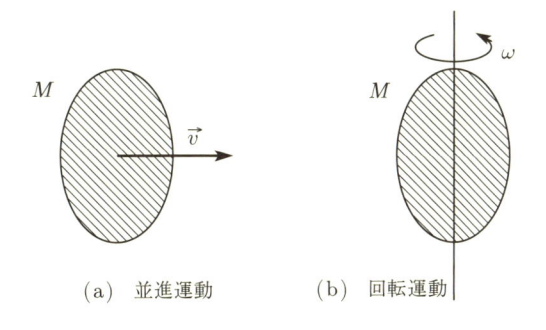

(a) 並進運動  (b) 回転運動

図 5.1 剛体の並進運動と回転運動

剛体の運動を記述するためには，この 2 つの運動に対応した，2 つの運動方程式が必要となる。剛体は多数の質点が相互に相対位置を固定したまま集まったものとみなすことができるので，質点系の**運動方程式**がそのまま適用できる。3.3.2 節の式 (3.51) から，

$$\boxed{並進運動の運動方程式} \quad \frac{d\vec{P}}{dt} = \vec{F} \tag{5.2}$$

$$\boxed{回転運動の運動方程式} \quad \frac{d\vec{L}}{dt} = \vec{N} \tag{5.3}$$

となる。ここで $\vec{P}$, $\vec{L}$ は剛体の運動量および角運動量，$\vec{F}$ と $\vec{N}$ は剛体に働く力および力のモーメントである。最初の式は質点と共通のものであり，いままで質点について学んだことはすべてあてはまる。第2の式は剛体を考えるため新たに必要となったものである。

質点の場合，それが静止しているための条件は2.3節で学んだように力のつりあいであった。剛体の場合には，質点の場合に課されていた条件につけ加えて，力のモーメントのつりあいも要求される。静止するための条件に関して調べることを**静力学**と呼ぶ。

静力学に対比し，運動を調べることを**動力学**と呼ぶ。剛体の動力学を考えるとき，剛体の質量だけではなく，「慣性モーメント」と呼ばれる量が必要となる。慣性モーメントは剛体の形 (質量分布) を特徴づける量である。そして，剛体の運動は2つの運動方程式を連立させて解くことにより決まる。

剛体の並進運動と回転運動について対応関係を，表5.1にまとめておく。この表には，以降の節で詳しく説明するものや，簡略のためベクトル記号を省いて書いたものがあり，おおよその状況を把握するためのものだと理解してほしい。以降，剛体の質量を質点と区別するため大文字 $M$ で表す。

表 5.1 並進運動と回転運動の対応

| 剛体の並進運動 (1次元) |  | 剛体の (固定軸のまわりの) 回転運動 |  |
|---|---|---|---|
| 質量 | $M$ | 慣性モーメント | $I$ |
| 座標 | $x$ | 回転角 | $\phi$ |
| 速度 | $v$ | 角速度 | $\omega$ |
| 運動量 | $P = Mv$ | 角運動量 | $L = I\omega$ |
| 運動エネルギー | $\frac{1}{2}Mv^2$ | 運動エネルギー | $\frac{1}{2}I\omega^2$ |
| 力 | $F$ | 力のモーメント | $N = rF$ |
| 運動方程式 | $F = \dfrac{dP}{dt} = M\dfrac{d^2x}{dt^2}$ | 運動方程式 | $N = \dfrac{dL}{dt} = I\dfrac{d^2\phi}{dt^2}$ |

## 5.2 重　心

質点系の場合と同様に剛体の**重心** (質量中心) を定義できる ($\Rightarrow$ 3.3.3節)。

重心の位置 $\vec{R}$ を求めるには，質量 $M$ の剛体を仮想的に多数の小さな部分に分割して考える。$j$ 番目の小部分の位置ベクトルを $\vec{r}_j$，その部分の質量を $\Delta m_j$ とすると，

$$\vec{R} = \frac{1}{M} \sum \vec{r}_j \Delta m_j \tag{5.4}$$

となる。さらに，$j$ 番目の小部分の密度 $\rho_j$ と体積 $\Delta V_j$ を使って，

$$\vec{R} = \frac{1}{M} \sum \vec{r}_j \rho_j \Delta V_j \tag{5.5}$$

となる。もし，密度が一様ならば，

$$\vec{R} = \frac{1}{V} \sum \vec{r}_j \Delta V_j \tag{5.6}$$

となる。ここで $V$ は剛体の体積である。一様密度なので $M = \rho V$ を使った。

重心は一般的な場合には以上の式を使わないといけないが，いくつか簡単に決定できるケースを説明しておく。

1. 一様な密度の棒，長方形板，円板，球，円柱，直方体などの重心はそれらの幾何学的中心である。こういった，一様な密度で対称性の高い剛体の重心はわかりやすい。一様な密度の三角形板では，三角形の 3 つの中線の交点が重心である (この点は数学でも重心と呼ぶ)。

2. その剛体をいくつかに分解すると，それぞれが，前項 1 の考え方で重心を決めることができるとする。たとえば，「凸」の文字の形の板は，切り離せば，2, 3 個の長方形の板の集まりとみなすことができ，それぞれの長方形の重心は容易にわかる。それぞれの部分の質量と重心の位置ベクトルを $M_j, \vec{r}_j$ とすると，

$$\vec{R} = \frac{1}{M} \sum M_j \vec{r}_j \qquad (M：全質量) \tag{5.7}$$

で重心を求めればよい。

3. 一様な密度の剛体のとき，以下の式で重心の座標を決めることができる。

$$R_x = \frac{1}{V} \int_{x_a}^{x_b} x S(x)\, dx \qquad (V：体積) \tag{5.8}$$

ここで，$R_x$ は重心の $x$ 座標である。図 5.2 に示すように，剛体は $x = x_a \sim x_b$ の範囲にあり，$S(x)$ は $x$ の位置で剛体を座標軸に直交する面で切断したときの断面積である。$R_y, R_z$ についても同じような式が成り立つ。

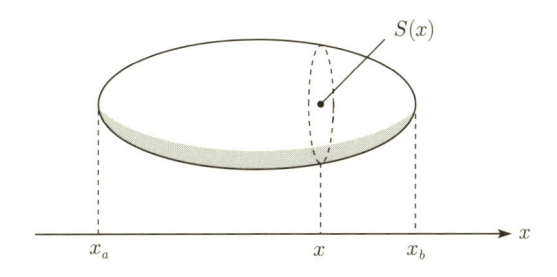

図 5.2　一様密度の剛体の重心の座標

## 5.3 剛体の静力学

### 5.3.1 力の作用点，重力の作用

質点の場合，力の作用する位置は質点そのものであった。剛体の場合，大きさがあるので，力について述べるとき「どこに」作用するかを指定しないといけない。それを**力の作用点**と呼ぶ。

**任意性**　力の作用点は，力のベクトルの方向に沿って，力のベクトルとともに平行移動することが許される。これは，力のつりあいを考えるときはベクトルの方向が変わらない限り同じことであるし，次の節で説明する力のモーメントもこのような平行移動で不変に保たれるからである。この性質を利用して，計算上わかりやすい位置に力を移動させて考えてもよい。

**重力の作用点** 力にはある一点に作用するのではなく，剛体の広がった領域に働くものもある。それを「体積力」(分布力) と呼ぶ。体積力の典型的な例は重力である。重力は質量に対して働くので，剛体のそれぞれの部分に作用する。

しかし，重力は剛体の全体の質量を $M$ として，$Mg$ が剛体の重心に鉛直下向きに作用すると考えてよい。逆にいえば，重心は重力を一点に集中させたときの作用点である。その理由は，式 (3.77) でわかる。いまの場合，この式の右辺は剛体を多数の質点の集まりと考えた場合の重力の和であるが，それらの質点に働く重力はすべて同じ向きなので，単純に加算できるからである。

### 5.3.2 力のモーメント

図 5.3 のシーソーのつりあいを考えよう。このようなとき，つりあうためには，おもりの質量と支点からの長さの間には以下の関係が必要である。

$$M_1 r_1 = M_2 r_2 \quad \Rightarrow \quad r_1 M_1 g = r_2 M_2 g \tag{5.9}$$

$r$ が大きいと，荷重は小さくても「効果」は大きくなる。おもりには重力 $Mg$ がかかっている。しかし，力の大きさは等しくない。

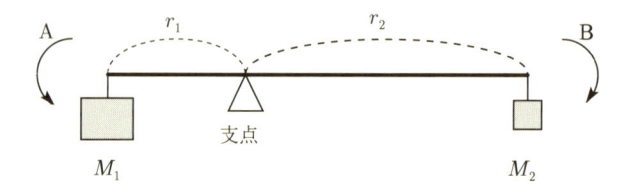

図 5.3 シーソーのつりあい

図 5.3 を見ると，

力 $M_1 g$ … 支点のまわりに反時計回り (図の A の向き) に棒を回そうとしている

力 $M_2 g$ … 支点のまわりに時計回り (図の B の向き) に棒を回そうとしている

となっていることがわかる。このつりあいは，互いに逆向きの回転を起こさせようとする「効果」がつりあっているのである。この回転を引き起こす能力の大きさ (正確には回転運動の変化を引き起こす能力) が**力のモーメント**である[1]。

> **力のモーメント** $N = rF$ … (回転中心から力の作用点までの距離) × (力) (5.10)

力のモーメントを定義するためには，シーソーの支点にあたる回転中心の位置をあらかじめ決めておく必要がある。

シーソーの場合は力の向きが棒に垂直だった。回転中心から力の作用点への位置ベクトルを $\vec{r}$，力のベクトルを $\vec{F}$ とすると，その両者が直角である場合を考えたことになる。より一般の場合を考えよう。図 5.4 の場合，$\vec{F}$ を $\vec{r}$ の方向と，それに垂直な方向に分解してみると，力の成分のうち $\vec{r}$ に平行な成分は回転に寄与しないことがわかる。$\vec{r}, \vec{F}$ のなす角を $\theta$ として，

$$\text{力のモーメントの大きさ} = r \times (\text{力の回転に寄与する成分}) = rF \sin\theta \tag{5.11}$$

---

[1] 記号 $N$ を使う。抗力と混同しないこと。

5.3 剛体の静力学

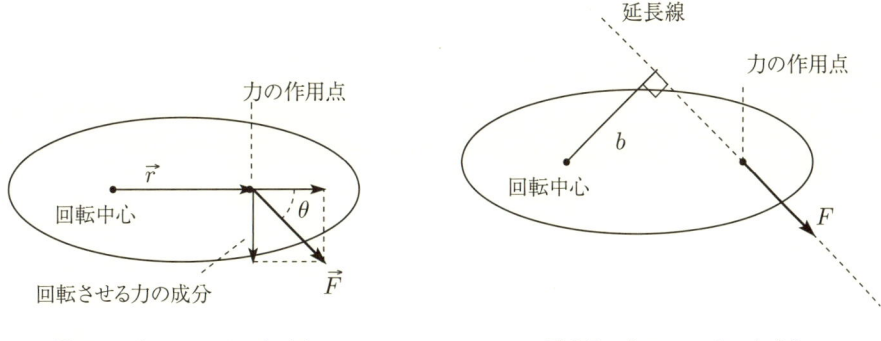

図 5.4 力のモーメント (1)　　　図 5.5 力のモーメント (2)

となる。(シーソーの場合は $\sin 90° = 1$ なので上の式に含まれる。)

別の定義のやりかたもある。図 5.5 を見てもらいたい。ここでは，力のベクトルの方向に延長線を引く。そして回転中心から力の延長線に垂線を下ろす。この垂線の長さを $b$ とすると，

$$\text{力のモーメントの大きさ} = bF \tag{5.12}$$

となる。この考え方で見れば，前の節で述べた，「力のモーメントは力のベクトルの方向に力を平行移動しても変化しない」という説明が妥当であったことがわかる。

この 2 つの定義は同等であり，そのときの便利さに応じ使い分ける。なお，固定軸のまわりの力のモーメントを**トルク**と呼ぶこともある。

力のモーメントの正確な定義はベクトルの外積 ($\Rightarrow$ A.5 節) で表す。力のモーメントはベクトル $\vec{N}$ であり，

$$\vec{N} = \vec{r} \times \vec{F} = \begin{cases} \text{大きさ} & rF\sin\theta \\ \text{向き} & \vec{r} \text{ と } \vec{F} \text{ のなす面に垂直} \end{cases} \tag{5.13}$$

となる。

### 5.3.3 剛体のつりあい

**静止条件**　剛体が静止していれば $\vec{P} = 0, \vec{L} = 0$ である。これから運動方程式 (式 (5.2)，式 (5.3)) を使って

$$\text{静止条件} \quad \sum_j \vec{F}_j = 0, \quad \sum_j \vec{N}_j = 0 \tag{5.14}$$

を得る。(和記号 $\sum$ をつけたのは，複数の力が働いていた場合はそのベクトル和をとるという意味である。)

静止条件を言葉で述べると，剛体が静止しているためには，それに働いている力のベクトル和が 0 であることと，それに働いている力のモーメントのベクトル和が 0 であることが必要である。質点の場合 (2.3 節) と比べると，力のモーメントの条件が加わった。なお，これは静止の必要条件であって十分条件ではない。

**回転中心の任意性**　力のモーメントは回転中心の選び方に依存するので，静止条件を使うときどこを中心に選ぶかという問題があるように見える。しかし，実は，どの点を回転中心に選んでもよいのである。だから，できるだけ与えられた状況を分析するのに便利な点を回転中心とするのがよい。剛体の重心とするのが一般的であるが，それにこだわる必要はない。

その理由を説明する。いま，ある回転中心 O を選び，それから計算した力のモーメントについて $\sum_j \vec{N}_j = 0$ が成り立っているとする。$\vec{N}_j = \vec{r}_j \times \vec{F}_j$ とする。ここで，$j$ 番目の力の作用点を $P_j$ とすると，位置ベクトル $\vec{r}_j$ は点 O を原点としたベクトル $\vec{r}_j = \overrightarrow{OP_j}$ である。別の点 O′ を回転中心としてみよう。$\overrightarrow{O'O} = \vec{d}$ とする。すると $\overrightarrow{O'P_j} = \vec{d} + \overrightarrow{OP_j}$ なので，点 O′ を回転中心とした $j$ 番目の力のモーメントは $(\vec{d} + \vec{r}_j) \times \vec{F}_j$ となる。これを全部合計すると，

$$\sum_j (\vec{d} + \vec{r}_j) \times \vec{F}_j = \vec{d} \times \left( \sum_j \vec{F}_j \right) + \sum_j \vec{r}_j \times \vec{F}_j$$

となる。右辺第 1 項は力のつりあいの条件から 0 となり，第 2 項は元の点 O に関する力のモーメントのつりあいから 0 となる。よって，どの点を回転中心に選んでもよいことがわかる。

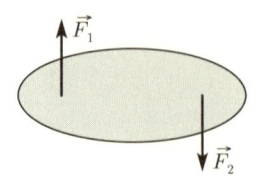

図 5.6 偶力

**偶力**　剛体のつりあいに，なぜ力の条件だけでなく，力のモーメントの条件も必要なのであろうか。たとえば，図 5.6 のように平行で逆向きの 2 力が異なる点に働いていると，$\sum \vec{F}_j = 0$ だが，力のモーメントは 0 にならない。このような力の対は剛体を回転させる働きをもち，**偶力**と呼ばれる。剛体が大きさをもつので，このようなことが起きるのである。

**力のベクトルが同一平面内のときの静止条件**　ところで，上に述べたように，正確な静止条件は力のモーメントをベクトルとして扱う。しかし，この章では回転軸の向きが変化するといった複雑なケースは扱っていないので，この条件をわかりやすいものに置き換えることができる。この場合に限定して静止条件を述べる。

静止条件 （力のベクトルが同一平面内にあるとき）

**条件 1**　$\sum \vec{F}_j = 0$，すなわち，働いている力のベクトル和が 0 である。

**条件 2**　式 (5.11) あるいは式 (5.12) で与えられる反時計回りと時計回りの力のモーメントがつりあう。

なぜ，条件 2 でよいのかを簡単に説明する。外積について $((\Rightarrow A.5\,節)$ を参照) 考えてほしい。力が同一平面内にあれば，それらからつくるベクトル $\vec{N}$ はすべて面に垂直である。ベクトル $\vec{N}$ の長さは，式 (5.11) と同一である。図 5.7 のように，反時計回りの力は，上向きの力のモーメントのベクトルを，時計回りの力は，下向きの力のモーメントのベクトルをつく

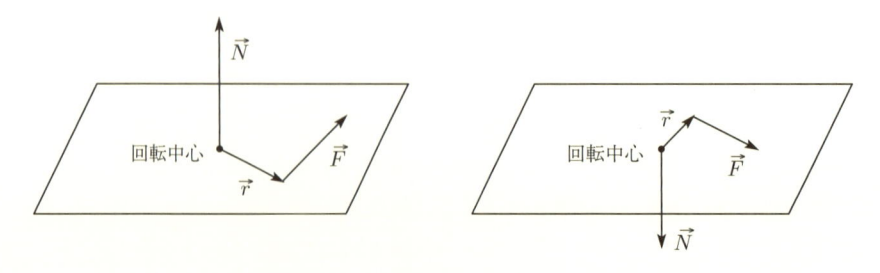

図 5.7　同一平面内の力と力のモーメント

## 5.3 剛体の静力学

る。力のモーメントのベクトル和が 0 になるということは，この上向きの成分の和と下向きの成分の和が等しいことを意味するので，条件 2 となるのである。

**[例題 5.1]**

図 5.8 のように質量 $M$ 長さ $\ell$ の一様な細い棒がなめらかな鉛直面とあらい床面に接して置かれている。面との間の摩擦係数を $\mu$，床面となす角度を $\theta$ とするとき，この棒が安定であるための条件を求めよ。

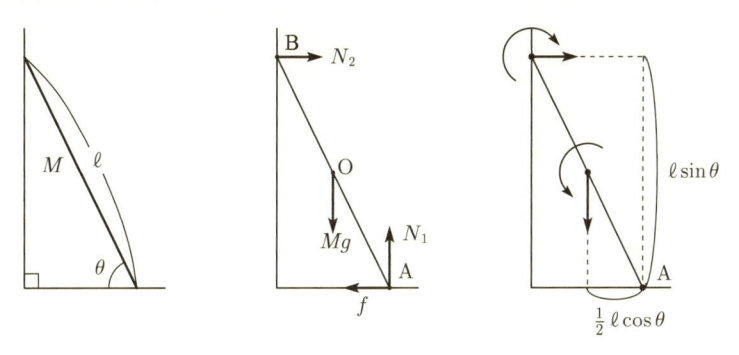

図 5.8 ななめに立てかけた棒

[説明] まず，このようなときの「あらい，なめらか」という表現は摩擦力の有無を表していると理解すること。棒が倒れないのは床面の摩擦力が棒を支えているからである。「安定であるための条件」とは，摩擦力で支えるため，静止摩擦係数にどのような条件が必要かを答えることになる。考え方の手順は以下のとおりである。

(1) まず，この棒に働いている力をすべてリストアップし，図に書きこむ。

(2) 力のつりあいに関する条件を書く。力はベクトルである。この問の場合は，水平成分と鉛直成分に分けてつりあいの式をつくる。

(3) 力のモーメントを計算するため，回転中心をどこにとるかを選ぶ。力のモーメントは力のベクトルが回転中心を通る場合 0 となる (図 5.4, 図 5.5 を見よ) ので，それを利用して計算が簡単になる点を選ぶ。

[解] 図 5.8 の中央に示すように，この棒に働く力は，重力 $Mg$，床面からの抗力 $N_1$，壁面からの抗力 $N_2$，床面からの摩擦力 $f$ である。力のつりあいは以下となる。

(1) 水平方向の力　　$N_2 = f$

(2) 鉛直方向の力　　$N_1 = Mg$

次に，力のモーメントを考えるため回転中心を選ぶ。ここでは点 A を選ぶ。(点 O, 点 B などでもよい。試みよ。) すると，図 5.5 の $b$ が，力 $N_1$ と力 $f$ に関して 0 となるので，この 2 つの力は考えなくてよい。図 5.8 の右にあるように，力 $Mg$ が点 A について反時計回りの力のモーメントをつくり，力 $N_2$ が点 A について時計回りの力のモーメントをつくるので，力のモーメントのつりあいは

(3) 力のモーメント　　$\dfrac{1}{2}\ell\cos\theta Mg = \ell\sin\theta N_2$ $\Rightarrow$ $\dfrac{\cos\theta}{2\sin\theta}Mg = N_2$

となる。この 3 つの式を使う。

棒が安定であるための条件は，摩擦力が最大静止摩擦力を超えないことである。

$$f \leqq \mu N_1$$

この式に (1), (2), (3) を代入すると，

$$\frac{\cos\theta}{2\sin\theta} \leqq \mu$$

が得られる。

**類題 1** 上の例題で回転中心を点 O として解き，同じ結果となることを確かめよ。

**類題 2** 質量 $M$，半径 $r$ の一様な球が，鉛直な壁の点 A にとりつけられた糸によって図 5.9 のようにつるされている。糸が球にとりつけられている点は P で，球は点 B で壁に接している。点 O は球の中心である。

　(1) 図 5.9(a) は壁の摩擦がない場合であり，点 A, P, O は一直線をなす。糸と壁の間の角度は $\theta$ である。糸の張力 $T$，壁の抗力 $N$ を $M, g, \theta$ で表せ。

　(2) 図 5.9(b) は壁の摩擦がある場合であり，点 P, O は鉛直線をなす。糸と壁の間の角度は $\phi$ である。球と壁面との間の摩擦係数を $\mu$ とする。この球が安定であるための条件を求めよ。

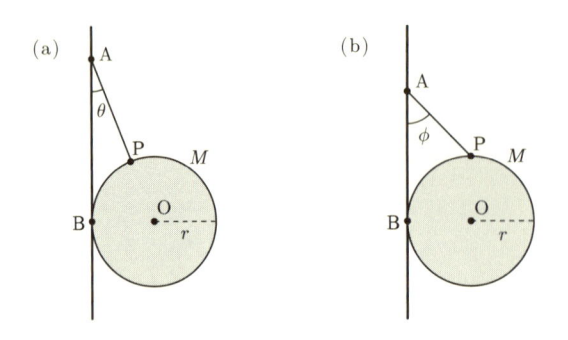

図 5.9　糸でつるされた球

## 5.4 慣性モーメント

質点の場合，質量という概念はある力を加えたときの「動かしやすさ・動かしにくさ」から生まれたものであった。剛体の場合でも，並進運動に関してはやはり剛体全体の質量 $M$ が同じ役割を担っている。しかし回転運動に関して，「回転させやすさ，回転させにくさ」の目安は単に質量の大小だけではない。たとえばバットを振り回すことを考えると，根元をもったときと先をもったときでは振り回しやすさはかなり違う。このことは同じ質量でも回転させやすさに差があることを意味している。この「回転させやすさ，回転させにくさ」を定量的に表すのが「慣性モーメント」$I$ である。

**導入**　図 5.10(a) のように質量 $m$ の質点が速度 $v$ で直線上 ($x$ 軸上) を運動している。このときの運動エネルギーは

$$K = \frac{1}{2}mv^2 \tag{5.15}$$

である。この運動は直進運動なので位置は座標 $x$ で決まる。また，図 5.10(b) のように質量 $M$ の円輪が角速度 $\omega$，半径 $r$ の等速円運動を行っているとする。2.5.6 節の結果から，回転

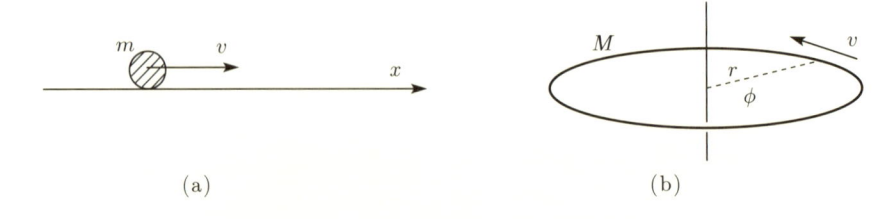

図 5.10　質点の直進運動と輪の回転運動

## 5.4 慣性モーメント

の速度は $v = r\omega$ である．この円輪の運動エネルギーは，それをまた細かく分解して質点の集まりと考えれば，個々の質点が速度の大きさ $v$ で運動しているのだから，

$$K = \frac{1}{2}Mv^2 = \frac{1}{2}Mr^2\omega^2 \tag{5.16}$$

である．この運動は円輪が自分の重心を中心とする角速度 $\omega$ の回転運動である．いま，重心は動いていないので，円輪の運動を記述するには円輪の回転角 $\phi$ を与えればよい[2]．すると表 5.2 の対応関係があることがわかる．

表 5.2 質点と円輪の運動の対応

|  | 質点の直進運動 | 円輪の回転運動 |
|---|---|---|
| 位置の記述 | 座標 $x$ | 回転角 $\phi$ |
| その時間的変化 | $\dfrac{dx}{dt} = v$ | $\dfrac{d\phi}{dt} = \omega$ |
| エネルギー | $\dfrac{1}{2}mv^2$ | $\dfrac{1}{2}Mr^2\omega^2$ |

この対応関係から，回転運動で，並進運動の質量 $m$ の役割をする量は $Mr^2$ であることがわかる．これを**慣性モーメント**と呼ぶ．(慣性能率と呼ぶこともある．)

$$\text{慣性モーメント} = \text{質量} \times (\text{回転半径})^2 \tag{5.17}$$

慣性モーメントは記号 $I$ を使い，単位は kg·m² である．

**剛体の慣性モーメント** 上の円輪の場合にはすべての部分の回転半径が同一であった．一般の剛体の回転では，図 5.11 のように，その剛体を多数の小部分に分割し，それぞれの部分の慣性モーメントを式 (5.17) で計算して合計したものを，剛体の慣性モーメント $I$ とする．

$$I = \sum b_j^2 \Delta m_j \tag{5.18}$$

$b_j = j$ 番目の部分の回転軸からの距離

$\Delta m_j = j$ 番目の部分の質量

慣性モーメントは回転軸に関する剛体の質量分布で決まる．剛体の「形」という定量化しにくい概念のかわりにこの慣性モーメントを使う．剛体の属性は質量と慣性モーメントで尽くされる．

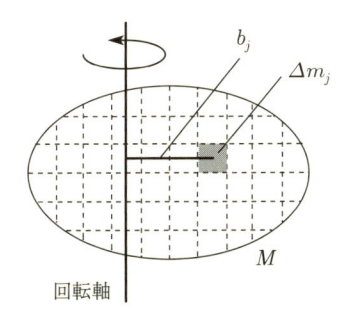

図 5.11 慣性モーメントの計算

---

[2] 円輪のどこかに目印をつけておいて，それがどこにあるかで円輪の状態がわかる．

**慣性モーメントの求め方**　その定義から，慣性モーメントは質量と異なり，回転軸をどのようにとったかに依存する。同じ剛体でも，回転軸が異なれば慣性モーメントの値は変わる。だから，慣性モーメントについて述べるときには，「剛体 〜 の 〜 の軸のまわりの」という形容詞をつける必要がある。したがって無数の慣性モーメントを指定する必要があるように考えるかもしれない[3]。以下で，与えられた剛体と回転軸があるときの慣性モーメントの求め方の概要を示す。

1. 剛体をいくつかの部分に分解して考えたとき，個々の部分の (与えられた回転軸に関する) 慣性モーメントを求めることができれば，全体の慣性モーメントはその和である。
2. 平行軸の定理 (⇒ 式 (5.24)) を利用することにより，ある回転軸のまわりの慣性モーメントは，その軸と平行な重心を通る回転軸のまわりの慣性モーメントから決まる。このため，剛体の重心を通る回転軸のまわりの慣性モーメントがわかっていればよい。
3. 重心を通る回転軸のまわりの慣性モーメントについて述べる。
   - 一様な球や立方体などの基本的な形をもった剛体の慣性モーメントは，公式として与えられているのでそれを利用すればよい (5.4.2 節参照)。
   - より一般的な場合は，その軸が慣性主軸となす角度と 3 つの主慣性モーメントの値から決まる (5.4.3 節参照)。この点は，やや高度であり，初心者は学習を省略してよい。

### 5.4.1　慣性モーメントの計算法

**棒の慣性モーメント**　まず簡単な例として，図 5.12 の質量 $M$，長さ $\ell$ の一様な棒の慣性モーメント $I$ を計算してみよう。棒は $x$ 軸上で $-\ell/2 < x < \ell/2$ にあり，回転軸が $x = a$ であるとする。回転軸は棒に垂直である。この棒を多数の短い部分に (仮想的に) 分割して考える。図 5.12 に示す位置が $x$ で，長さが $\Delta x$ の微小部分を考えると

| | | |
|---|---|---|
| 微小部分の長さ | $\cdots$ | $\Delta x$ |
| 微小部分の回転軸からの距離 | $\cdots$ | $\lvert x - a \rvert$ |
| 微小部分の質量 | $\cdots$ | $\dfrac{\Delta x}{\ell} M$ |
| 微小部分の慣性モーメント | $\cdots$ | $\dfrac{\Delta x}{\ell} M \times (x-a)^2$ |

となり，これを全部集めたものが棒全体の慣性モーメントとなる。全部合計する方法については 1.6.2 節で学んだ。

$$I = \sum M \frac{\Delta x}{\ell} \cdot (x-a)^2 \tag{5.19}$$

総和を積分に変換する (式 (1.30))。棒全体の和をとるので，積分範囲が $x = -\ell/2 \sim \ell/2$ となる。

$$I = \frac{M}{\ell} \int_{-\ell/2}^{\ell/2} (x-a)^2 dx \tag{5.20}$$

---

[3] さらに，一般の運動では，空間に固定した座標系で考えていると，慣性モーメントも時間の関数となる。座標軸を剛体に固定すれば，慣性モーメントは定数となるが，少し一般的な扱いが難しくなる。5.5 節で扱う運動は，回転軸が剛体に固定され，その方向が一定なものに限定されているので，扱いは単純となる。

## 5.4 慣性モーメント

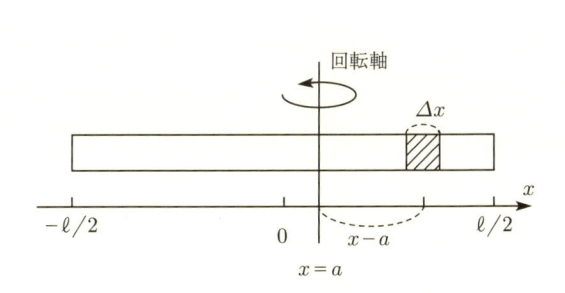

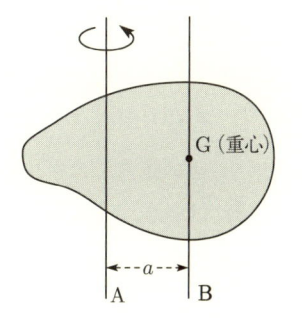

**図 5.12** 細い一様な棒の慣性モーメント

**図 5.13** 平行軸の定理

これを計算すると

$$I = \frac{M}{\ell}\left[\frac{1}{3}(x-a)^3\right]_{-\ell/2}^{\ell/2} = \frac{1}{12}M\ell^2 + Ma^2 \tag{5.21}$$

となる。重心のまわりの慣性モーメントを $I_G$ とすると，それは $a=0$ として，

$$I_G = \frac{1}{12}M\ell^2 \tag{5.22}$$

となる。

端を回転軸としたとき $(a=\ell/2)$ は $I=(1/3)M\ell^2$ となり，重心をもったときと 4 倍違う。これは日常バットや物干し竿をもって動かすときに感じることができる。

**平行軸の定理** 上で求めた棒の慣性モーメントの計算結果は

$$I = I_G + Ma^2 \tag{5.23}$$

と書くことができる。実は，このことは一般的に成立し**平行軸の定理**とよばれる。

平行軸の定理 (図 5.13)　　$I = I_G + Ma^2$ (5.24)

$I =$ 軸 A のまわりの慣性モーメント，
$I_G =$ 軸 A と平行で重心を通る軸 B のまわりの慣性モーメント，
$M =$ 質量，
$a =$ 軸 A と軸 B の間の距離

この定理によって，重心のまわりのモーメントさえわかっていれば任意の軸のまわりのそれが計算できる。

平行軸の定理を証明する。座標系を重心 G が原点，軸 B が $z$ 軸，軸 A が $(a,0,0)$ を通り，$z$ 軸に平行な直線となるように選ぶ。図 5.11 のように，剛体を微小な部分に分割して考える。すると，式 (5.4) から，その $x$ 成分について

$$R_x = 0 = \sum x_j \Delta m_j \tag{5.25}$$

となる。重心のまわりの慣性モーメントは，軸 B が $z$ 軸だから

$$I_G = \sum (x_j^2 + y_j^2)\Delta m_j \tag{5.26}$$

であり，それから距離 $a$ だけ離れた軸 A のまわりの慣性モーメントは

$$I = \sum \{(x_j - a)^2 + y_j^2\}\Delta m_j \tag{5.27}$$

である。式 (5.25) を利用すると

$$I = \sum (x_j^2 + y_j^2)\Delta m_j - 2a\sum x_j \Delta m_j + a^2 \sum \Delta m_j = I_G + a^2 \cdot M \tag{5.28}$$

となって定理を得る。

### 5.4.2 基本的な立体の慣性モーメント

いくつかの基本的な立体の形の剛体の慣性モーメントを与えておこう。以下，剛体は一様な密度で，質量は $M$ とし，回転軸は重心を通るとする。

- 辺が $\ell, \ell'$ の長方形の板。板に平行な回転軸。辺 $\ell'$ の方に平行とする。このときは長さ $\ell$ の棒と同じである。

$$I_G = \frac{1}{12}M\ell^2 \tag{5.29}$$

- 辺が $\ell, \ell'$ の長方形の板。板に垂直な回転軸。直方体は厚みのある板と考えれば同様である。

$$I_G = \frac{1}{12}M(\ell^2 + \ell'^2) \tag{5.30}$$

- 半径 $r$ の球。($\Rightarrow$ 章末の問)

$$I_G = \frac{2}{5}Mr^2 \tag{5.31}$$

- 半径 $r$，高さ $h$ の円柱。円の中心を通る回転軸。円板は高さの小さい円柱なので同様である。($\Rightarrow$ 章末の問)

$$I_G = \frac{1}{2}Mr^2 \tag{5.32}$$

- 半径 $r$，高さ $h$ の円錐。円の中心を通る回転軸。($\Rightarrow$ 章末の問)

$$I_G = \frac{3}{10}Mr^2 \tag{5.33}$$

[例題 5.2] ─────────────────────────────────

図 5.14 の左に示す，一様な L 字型の質量 $M$ の板がある。2 点 A, B を通る回転軸についての板の慣性モーメントを求めよ。

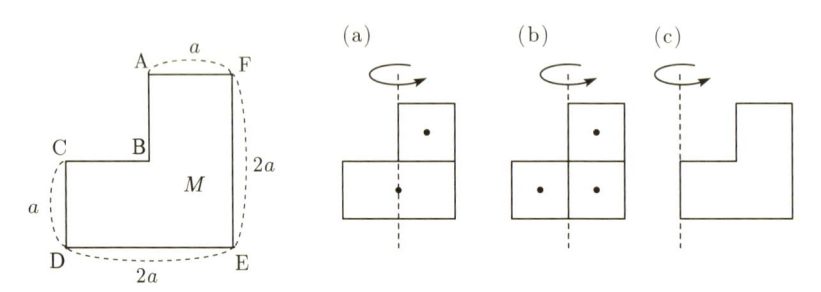

図 5.14 L 字板の慣性モーメント

[説明] ここでは，図 5.14(a) に示すように，板を 2 つに分割し，正方形と長方形の慣性モーメントの和として求めてみる。下の長方形は回転軸が重心を通るので，公式がそのまま使えるが，上の正方形は，平行軸の定理を使う必要がある。

[解] 図 5.14(a) に示す上の正方形と下の長方形に分割する。5.4.2 節の公式を使う。
　長方形の慣性モーメント $I_1$ は，質量が $2M/3$，長さが $\ell = 2a$ の長方形板なので，式 (5.29) から

$$I_1 = \frac{1}{12}\frac{2M}{3}(2a)^2 = \frac{2Ma^2}{9}$$

である。正方形の慣性モーメント $I_2$ は質量が $M/3$，長さが $\ell = a$ の長方形板で，回転軸から $a/2$ 離れている。公式と平行軸の定理から，

## 5.4 慣性モーメント

$$I_2 = \frac{1}{12}\frac{M}{3}a^2 + \frac{M}{3}\left(\frac{a}{2}\right)^2 = \frac{Ma^2}{9}$$

合計して板全体の慣性モーメントが得られる。

$$I = I_1 + I_2 = \frac{2Ma^2}{9} + \frac{Ma^2}{9} = \frac{Ma^2}{3}$$

**類題 1** このL字形の板の2点A, Bを通る回転軸についての慣性モーメントを，図5.14(b)に示すように，3つの正方形に分割して求めてみよ。

**類題 2** 図5.14(c)に示す2点C, Dを通る回転軸について，このL字形の板の慣性モーメントを求めよ。

**類題 3** 板の面に垂直で，点Bを通る回転軸について，このL字形の板の慣性モーメントを求めよ。

### 5.4.3 慣性テンソル ⋆

式(5.18)，図5.11に基づき具体的に慣性モーメントを表す式をつくろう。以下で，剛体の重心Gは原点にあるとする。図5.15に示すとおり，剛体を多数の部分に分割した$j$番目の部分の位置ベクトルを$\vec{r}_j = (x_j, y_j, z_j)$，その部分の質量を$\Delta m_j$とする。図5.15で$\hat{r}$は回転軸の方向を向いている単位方向ベクトル ($\Rightarrow$ A.5) である。

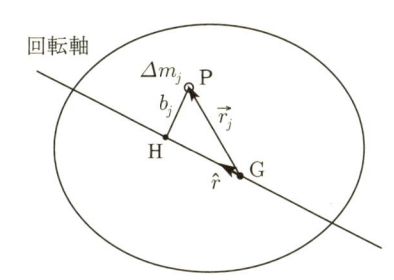

**図 5.15** 剛体の$j$番目の微小部分の回転軸からの距離

図5.15で回転軸からの距離は

$$b_j^2 = |\overrightarrow{\mathrm{HP}}|^2 = |\overrightarrow{\mathrm{GP}} - \overrightarrow{\mathrm{GH}}|^2 = |\vec{r}_j - (\hat{r}\cdot\vec{r}_j)\hat{r}|^2 = (\vec{r}_j\cdot\vec{r}_j)\hat{r}^2 - (\hat{r}\cdot\vec{r}_j)^2 \tag{5.34}$$

となる。最後の変形で$\hat{r}^2 = 1$を使った。$\hat{r} = (n_1, n_2, n_3)$として，この式をベクトルの成分で表すと，

$$b_j^2 = (x_j^2 + y_j^2 + z_j^2)(n_1^2 + n_2^2 + n_3^2) - (x_j n_1 + y_j n_2 + z_j n_3)^2 \tag{5.35}$$

となる。この式を展開し行列の書き方を使うと

$$b_j^2 = (n_1, n_2, n_3)\begin{pmatrix} (y_j^2 + z_j^2) & (-x_j y_j) & (-x_j z_j) \\ (-x_j y_j) & (x_j^2 + z_j^2) & (-y_j z_j) \\ (-x_j z_j) & (-y_j z_j) & (x_j^2 + y_j^2) \end{pmatrix}\begin{pmatrix} n_1 \\ n_2 \\ n_3 \end{pmatrix} \tag{5.36}$$

となる。式(5.18)にあるように，剛体全部にわたって加えると，

$$\text{回転軸 }\hat{r}\text{ のまわりの慣性モーメント } I = (n_1, n_2, n_3)\ \mathsf{J}\begin{pmatrix} n_1 \\ n_2 \\ n_3 \end{pmatrix} \tag{5.37}$$

を得る。$\mathsf{J}$は3行3列の行列で**慣性テンソル**と呼ばれる。

$$\begin{aligned}\mathsf{J} &= \begin{pmatrix} I_{11} & I_{12} & I_{13} \\ I_{21} & I_{22} & I_{23} \\ I_{31} & I_{32} & I_{33} \end{pmatrix} \\ &= \begin{pmatrix} \sum \Delta m_j(y_j^2 + z_j^2) & \sum \Delta m_j(-x_j y_j) & \sum \Delta m_j(-x_j z_j) \\ \sum \Delta m_j(-x_j y_j) & \sum \Delta m_j(x_j^2 + z_j^2) & \sum \Delta m_j(-y_j z_j) \\ \sum \Delta m_j(-x_j z_j) & \sum \Delta m_j(-y_j z_j) & \sum \Delta m_j(x_j^2 + y_j^2) \end{pmatrix}\end{aligned} \tag{5.38}$$

いま，座標の原点は剛体の重心であるが，座標軸の向きは特に決めていない。実は，数学的には適切な方向を選ぶことにより，慣性テンソルを

$$J = \begin{pmatrix} I_1 & 0 & 0 \\ 0 & I_2 & 0 \\ 0 & 0 & I_3 \end{pmatrix} \tag{5.39}$$

とできることが知られている[4]。このとき選んだ座標軸の向きを**慣性主軸**と呼び，$I_1, I_2, I_3$ を**主慣性モーメント**と呼ぶ。ただし，剛体の対称性が高い場合，慣性主軸は一意的には決まらない。例えば一様な球では慣性主軸の方向は任意である。

重心を通る任意の軸のまわりの慣性モーメントは次式で与えられる。

回転軸 $\hat{r}$ のまわりの慣性モーメント $\quad I = \cos^2\theta_1 I_1 + \cos^2\theta_2 I_2 + \cos^2\theta_3 I_3 \quad (5.40)$

ここで，$\theta_j$ ($j = 1, 2, 3$) は $I_j$ に対応する慣性主軸と回転軸との間の角度である。($\Rightarrow$ 式 (A.33))

## 5.5　剛体の動力学

一般の剛体の運動は運動方程式である式 (5.2)，式 (5.3) で記述される。これを一般的な場合に解くのは難しい。この節では剛体の回転軸の方向が一定であり，剛体の重心は固定されているか，あるいは 1 次元運動をするという場合に限定して剛体の運動を調べる。また，この節では回転中心は重心とする。このとき，剛体の重心の位置を表す座標を $x$，重心のまわりの回転角を $\phi$ とする。質量は $M$，回転軸のまわりの慣性モーメントを $I$ とする。

いま，1 次元なので式 (5.2)，式 (5.3) の $P, F, L, N$ はベクトル記号をはずして表してよい。重心の並進運動の速度を $V$，重心のまわりの回転運動の角速度を $\omega$ として，

$$P = MV = M\frac{dx}{dt}, \qquad L = I\omega = I\frac{d\phi}{dt} \tag{5.41}$$

なので，運動方程式は以下となる。

$$F = M\frac{d^2x}{dt^2}, \qquad N = I\frac{d^2\phi}{dt^2} \tag{5.42}$$

運動を限定したためベクトル記号を使う必要はなくなったが，符号は意味がある ($\Rightarrow$ 1.3 節)。並進の式では $x$ 軸の右向き・左向きが正負に，回転の式では反時計回り・時計回りが正負に対応する。

剛体の運動エネルギーは並進運動のエネルギーと重心のまわりの回転運動のエネルギーの和となる。それは次の式となる。

$$\frac{1}{2}MV^2 + \frac{1}{2}I\omega^2 \tag{5.43}$$

[例題 5.3]

$t = 0$ で静止している円柱状の剛体が傾き $\theta$ のあらい斜面を滑らずに転げ落ちる (図 5.16)。円柱の質量は $M$，半径は $r$，慣性モーメントは $I$ とする。この運動はどのようなものか。

[説明]　考えるとき，静力学の場合と同じように，まず，働いている力はどんなものかをすべて数え上げ，図に書き込むことから始める。運動方程式を使うために座標 $x, \phi$ を定義する。この場合，図 5.16 に示すように，$x$ 軸は斜面に沿って下向きにとり，最初の位置を $x = 0$ とする。$\phi$ は最初の

---

[4] この形にすることを対角化するという。実対称行列なので，直交変換により対角化できることが知られている。詳しくは，線形代数の書物を参照せよ。

## 5.5 剛体の動力学

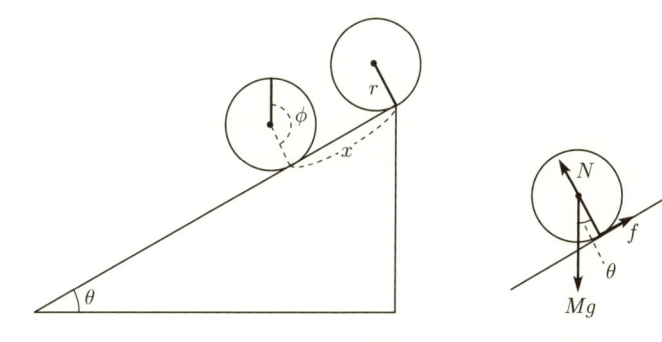

図 5.16 斜面を滑らずに転がり落ちる円柱

位置を基準とした回転角である。運動方程式である式 (5.42) を解くが，「滑らずに転がる」ことをうまく式で記述することが必要である。

[解] この円柱に働く力は，図の右に示されているように，重力 $Mg$，斜面からの抗力 $N$(力のモーメントと混同しないように注意)，斜面との間の摩擦力 $f$ の 3 つである。

力については斜面に垂直な方向と平行な方向にベクトルを分解して次の 2 つの運動方程式を書き下す。

$$\text{斜面に垂直な方向} \quad 0 = N - Mg\cos\theta$$

この式は抗力の大きさを与え，斜面に垂直に運動しないということを示すだけで，運動には関係しない。

$$\text{斜面に沿った方向} \quad F = Mg\sin\theta - f = M\frac{d^2x}{dt^2} \quad (1)$$

重力と抗力のベクトルは重心を通るので，力のモーメントに寄与しない。力のモーメントに効くのは摩擦力だけである。

$$\text{回転運動} \quad rf = I\frac{d^2\phi}{dt^2} \quad (2)$$

となる。また滑らずに転がる条件から

$$r\phi = x \quad (3)$$

が成り立つ。(2) と (3) から

$$f = \frac{I}{r}\frac{d^2\phi}{dt^2} = \frac{I}{r^2}\frac{d^2x}{dt^2}$$

となり，(1) に代入して摩擦力 $f$ を消去すると，

$$Mg\sin\theta = \left(M + \frac{I}{r^2}\right)\frac{d^2x}{dt^2}$$

となる。これは加速度が $a = (Mg\sin\theta)/(M + \frac{I}{r^2})$ の等加速度運動になっている。質量 $m$ の質点が摩擦のない斜面を滑り落ちるとき，これに対応する式は

$$mg\sin\theta = m\frac{d^2x}{dt^2}$$

である。これから回転の分だけ，つまり慣性モーメントの効く分だけ動かしにくくなっていることがわかる。斜面に沿った落下距離は式 (2.14) から

$$x = \frac{1}{2}g\sin\theta \frac{1}{\left(1 + \frac{I}{Mr^2}\right)}t^2$$

となる。

**類題 1** 2 つの円柱を同時に初速度 0 で斜面の上から滑らずに転がり落とす。どちらが先に斜面の下に到達するか。いずれも一様な密度であるとする。
  (1) 同じ質量で半径の異なる 2 つの円柱
  (2) 同じ半径で質量の異なる 2 つの円柱
  (3) 同じ質量と半径の円柱と円筒 (内部が中空の円柱)

**類題 2** 質量 $M$，慣性モーメント $I$，半径 $r$ の輪軸に軽いひもを巻きつけ，ひもの一端を天井に固定し，輪軸を静かに放した．どんな運動をするか．なお，輪軸の回転軸は水平の一定方向を向いており，重心は鉛直線上を動いたとする．

## 演習問題 5

**問 5.1** 半径 $r$，質量 $M$ の厚さと密度が一様な円板がある．円板の中心を O とする．また，O から距離が $r/2$ の点 P がある．この円板から，P を中心とする半径 $r/2$ の円板を切り取った．残った板の重心の位置を答えよ．(ヒント：求める重心は O, P を通る直線上にある．元の円板の重心は当然 O だが，残った板と切り取った円板を合わせると元に戻るはずである．)

**問 5.2** 半径 $r$，高さ $h$，質量 $M$ の一様な密度の直円錐の重心の位置を求めよ．

**問 5.3** 質量の無視できる 1 辺が $2a$ の正方形の板が $x$-$y$ 平面にあり，その 4 つの頂点は，$(a,a)$, $(-a,a)$, $(-a,-a)$, $(a,-a)$ にある．質量 $m_1, m_2, m_3, m_4$ の質点が，この 4 つの頂点に固定されている．点 $(b,c)$ を通り $z$ 軸に平行な回転軸のまわりの，この板の慣性モーメントを求めよ．

**問 5.4** 式 (5.32) を示せ．円板を多数の細い円輪に分割し，その円輪の慣性モーメントを合計する．($\Rightarrow$ 図 5.17)

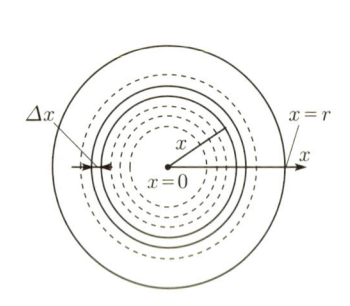

図 5.17 円板の慣性モーメントの計算 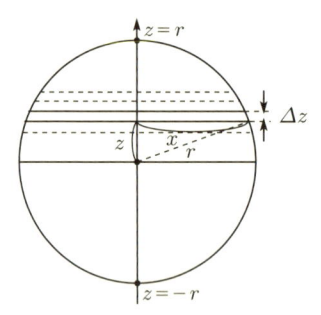　　　図 5.18 球の慣性モーメントの計算

**問 5.5** 式 (5.31) を示せ．球を多数の薄い円板に分割し，その円板の慣性モーメントを合計する．($\Rightarrow$ 図 5.18)

**問 5.6** 半径 $r$，高さ $h$，質量 $M$ の一様な密度の直円錐の，底円の中心と重心を通る軸のまわりの慣性モーメントを求めよ．考え方は球の場合 (前の問) と同じである．

**問 5.7** 図 5.19(a) のように，水平面となす角が $\theta$ の斜面上に質量 $M$ の 2 点 P, Q で斜面に接している自動車のような物体がある．物体の重心 G と斜面との距離を $h$，重心 G から斜面に垂直に斜面におろした点 H と P, Q 間の距離をともに $b$ とする．斜面と P, Q 点での摩擦係数は $\mu$ とする．

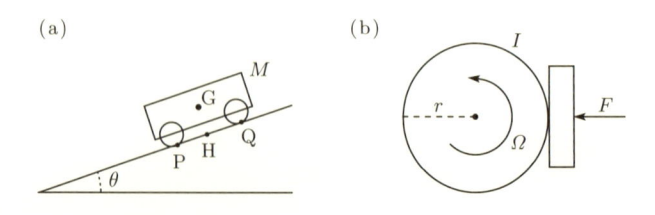

図 5.19 問 5.7, 問 5.8 の図

(1) この物体が静止している。P, Q 点での抗力の大きさを $H_P, H_Q$ とし，摩擦力の大きさを $f_P, f_Q$ とするとき，どのような条件式が成立しているかを書き，$H_P, H_Q$ を求めよ。

(2) 前項の条件が成立しているときに，徐々に斜面の角度を大きくしていったら物体が動き出した。そのときの角度を求めよ。なお，そのまま滑り落ちる場合と，前のめりにひっくり返る場合と 2 つあることに注意せよ。

**問 5.8** 図 5.19(b) のように半径 $r$，慣性モーメント $I$ の円板が角速度 $\Omega$ で回転している。時刻 $t = 0$ に板を力 $F$ で押しつけ，その状態を保ったところ，$t = T$ に円板は停止した。板と円板の間の動摩擦係数を $\mu'$ とする ($\Rightarrow$2.3 節)。

(1) 回転運動の方程式を書け。式は等加速度運動の式と同じなので，それを利用して $T$ を求めよ。

(2) 等加速度運動と同じように考えて，停止するまでに円板が回転した角度を求めよ。

(3) 時刻 $t = 0$ での円板の運動エネルギーを求めよ。

(4) 摩擦力がした仕事は力の大きさと，(2) の結果から得られる円板の縁が動いた距離の積である。それが (3) のエネルギーに等しいことを示せ。

**問 5.9** 同じ円柱形の缶ジュースが 3 つある。A はそのまま液体の状態であり，B は冷凍庫で凍らせ，C は中身を飲んでしまった。この 3 つの缶があらい斜面を滑らずに転がり落ちるとき，どんな順番になるか。いずれも初速度は 0 で斜面との摩擦は同一とする。(注意：重い軽いにまどわされないこと。たとえば，落体の運動の場合，重いものも軽いものも，地上までの落下時間は同一である。剛体の場合でも通常 $I$ は $M$ に関係するので重さの絶対値は重要ではない。なお，A では液体は回転しないと考えてよい。ただし，実際には，缶の内壁と液体の摩擦のため，徐々に液体も回転を始める。)

**問 5.10** 質量 $M$，半径 $r$ の密度一様の円柱が粗い水平面を転がる。面と円柱の間の動摩擦係数は $\mu'$ である。$t = 0$ での重心の水平方向の速度を $V_0$，回転の角速度を $\omega_0$ とする。水平面に沿って初速度の方向に $x$ 軸をとる。だから $V_0 > 0$ である。回転角 $\phi$ や角速度 $\omega$ は反時計回りを正とする。この円柱の運動を調べよ。

(1) 時刻 $t$ での速度を $v$，角速度を $\omega$ と記す。$v + r\omega$ の正負は何を意味するか。値が 0 の場合は何を意味するか。

(2) 並進運動と回転運動の運動方程式を書け。

(3) 時間がたつと，円柱の速度は一定となる。運動方程式を解き，その一定速度を求めよ。

# 6
# 流体力学

　　ものを固体，液体，気体と分類するとき，固有の形をもたない後の二者 (液体・気体) を**流体**と呼ぶ．流体力学は古典物理学の一つの分野であるが，いまなお研究が続けられている．本質的難しさは，その非線形性にある．この章では流体の力学的扱いに関する初歩的な事項を学ぶ．

　　力学であるから，本筋からいえば，まずその基礎方程式を導き，それから流体の各種の性質を導出することになる．しかし，基礎方程式自体がやや難しいので，この章では，流体の各種の性質を記述し，最後に基礎方程式系を示す．章の前半のさまざまな性質はこの基礎方程式から導出されるものである．

## 6.1 静止流体

　**密度**　　一般に流体の密度 $\rho$ は圧力や温度によって変化する．液体の場合は密度を一定とする近似がかなり有効であり，この場合

$$\text{非圧縮性の流れ} \qquad \rho = \text{一定} \tag{6.1}$$

と呼ぶ．密度が変化する場合は圧縮性の流れと呼ぶ．多くの場合，密度 $\rho$ を圧力 $p$ のみの関数とみなすことが可能である．熱力学 (⇒8 章) で学ぶが，理想気体では，等温変化で $\rho \propto p$，断熱変化で $\rho \propto p^{(1/\gamma)}$ ($\gamma$ は比熱比) である．

　**圧力**　　流体のような連続体において，それを構成する部分どうしが接触して働く力を**応力**と呼ぶ．応力は単位面積あたりの力と考えるので，単位は $\text{N/m}^2 = \text{Pa}$ (パスカル) である．摩擦を考えない場合，流体中に面を考えると[1]，応力は面に垂直に働く．これを**圧力**と呼ぶ．

$$\text{圧力} = \frac{\text{力}}{\text{面積}} \tag{6.2}$$

地上での標準的な大気の圧力は 1013 hPa (ヘクトパスカル) であり，これを 1 気圧 (1 atm) と呼ぶ．この圧力は，1 cm$^2$ あたり，およそ 1 kg の荷重がかかっていることに相当する．

　**パスカルの原理**　　流体の 1 点で圧力が増減すると，同じ値だけ他の点でも圧力が増減する性質を，このように呼ぶ．この場合流体は非圧縮性であり，平衡が成り立っていることを仮定する．図 6.1 ではこの原理を使って力を増幅する機構を示している．両側のシリンダの断面積が $S_A, S_B$ なので，圧力 $p$ が一定であるから

---

[1] これは実際の器壁でも仮想的に流体中に考えた面でもよい．

## 6.1 静止流体

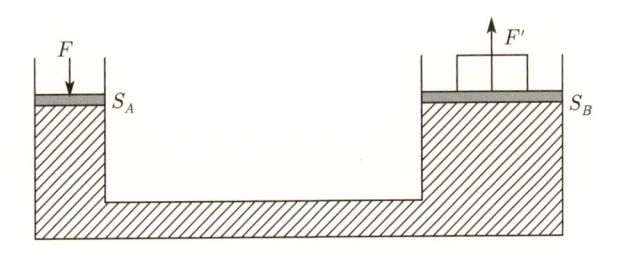

図 6.1 パスカルの原理による力の増幅

$$p = \frac{F}{S_A} = \frac{F'}{S_B} \tag{6.3}$$

が成り立つ．このため

$$F' = \frac{S_B}{S_A} F \tag{6.4}$$

となり，$S_B > S_A$ では，より大きな力で右側のシリンダの上の荷重をもち上げることができる．

**体積力** 流体に重力 (⇒2.2節, $F = mg$) が働いていれば，体積 $V$ の部分の質量が $m = \rho V$ なので，流体の単位体積あたり $f = \rho g$ の力が働く．このようなものを一般に**体積力**と呼び，$f$ と記す．この $f$ の単位は $\mathrm{N/m^3}$ である．

**圧力と高さ** 座標を鉛直上向きにとり，$z$ と記すことにする．すると，図 6.2 で，円柱形の部分の力のつりあいを考える．点 $z$ での圧力を $p(z)$ とすると，

$$\underbrace{p(z+\Delta z)S}_{\text{上面の力}} + \underbrace{(S\Delta z)\rho g}_{\text{重力}} = \underbrace{p(z)S}_{\text{下面の力}} \tag{6.5}$$

となるので，密度 $\rho$ が一定であれば，

$$\frac{p(z+\Delta z) - p(z)}{\Delta z} = -\rho g \;\;\Rightarrow\;\; \frac{dp}{dz} = -\rho g \;\;\Rightarrow\;\; p = -\rho g z + 定数 \tag{6.6}$$

となる．よって

$$p + \rho g z = 一定 \tag{6.7}$$

を得る．この式は圧力と高さ (深さ) の関係を表している．たとえば，$z = 0$ を地表とし，$p_0$ を地表での気圧，$\rho$ を空気の密度とすれば $p(z) = p_0 - \rho g z$ となる．水圧の深度変化もこの式で記述される．

**浮力** 流体中の物体に働く力は，その表面に働く圧力の総和である．流体に重力が働いて

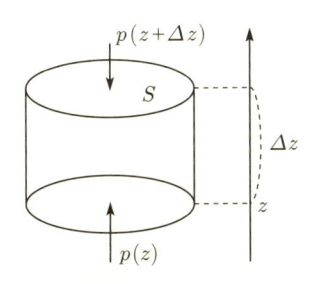

図 6.2 圧力と高さ

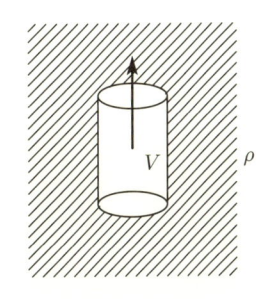

図 6.3 浮力

いるとき，この力は**浮力**と呼ばれる．式 (6.7) からわかるように，圧力は物体の下の方で大きく，上の方で小さい．したがって，合計すると鉛直上向きの力が生じる．浮力の大きさは次の式で表される (⇒ 問 6.2)．

$$\text{アルキメデスの原理：} \quad 浮力 = \rho g V \tag{6.8}$$

ここで $V$ は物体の流体中にある体積，$\rho$ は流体の密度である．

## 6.2 流体の運動

**流れの量** 任意の流れを考える．密度 $\rho$，速度 $\vec{v}$ の流体があると，ある断面積 $S$ を $\Delta t$ の時間のあいだに

$$\rho v_n S \Delta t \tag{6.9}$$

だけの量が流れる (法線成分 ⇒1.3 節)．定常な流れに対しては，図 6.4 のように $v_n S$ が一定となる．

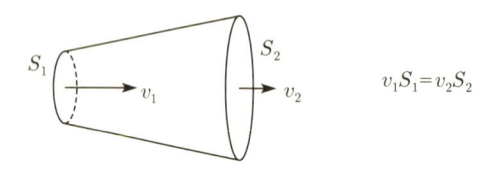

図 6.4 流量の保存

一般に蛇口やノズルなどが流れにあれば，それにより流体の量が増減する．これらを流れの源と呼ぶ．源の強さをその**流量** $J$ で表す．$J$ は単位時間あたりに生じる流体の質量で，単位は kg/s である．蛇口の場合流量は正 ($J > 0$) で，排水口の場合流量は負 ($J < 0$) である．$J > 0$ の源は「湧き出し」，$J < 0$ の源は「吸い込み」と呼ばれる．

**ベルヌーイの定理** 非圧縮性の定常流を考える．その場合，流れに沿って次式が成り立つ．$z$ は鉛直方向の座標である．

$$\text{ベルヌーイの定理：} \quad \rho \frac{v^2}{2} + p + \rho g z = 一定 \tag{6.10}$$

**渦** 流れにはしばしば渦が生じる．この渦の強さの物理的定義を検討する．図 6.5 の流れを見ると，常識的には，(a) は渦があり，(b) では渦がないと判断する．

数量的に渦のあるなし，あるいは渦の強弱を与えるために，閉曲線 C を流れの中におき (閉曲線 ⇒179 頁)，次式 $\Gamma$ で渦の大きさを定義し，これを**循環**と呼ぶ．

$$\Gamma = \sum v_t \Delta s \tag{6.11}$$

ここで $v_t$ は速度の閉曲線 C に関する接線成分であり (接線成分 ⇒1.3 節)，$\Delta s$ は閉曲線 C の微小な一部分の長さである．

この式 (6.11) が渦のあるなしを判定できることを図 6.5 で見てみよう．図 6.5(a) では，C に沿ったすべての場所で $v_t > 0$ であるから $\Gamma$ は有限の大きさとなる．C が半径 $r$ の円で，それに沿った速度の大きさが $v$ なら，循環は $\Gamma = 2\pi r v$ となる．一方，図 6.5(b) では，C の右側では速度と C の向きが同じだが，C の左側では速度と C の向きが逆になっている．また，C

(a) 渦のある流れ　　　(b) 渦のない流れ

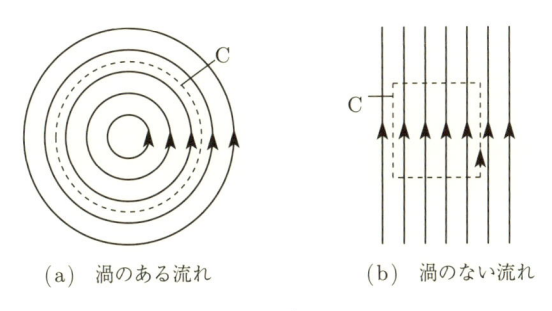

図 6.5　流れと渦

の上と下では速度の向きとCの向きが直交しているので接線成分は $v_t = 0$ である．図 6.5(b) ですべての位置で速度が一定で大きさ $v$ とし，長方形Cの縦と横の長さを $a, b$ とすると，

$$\Gamma = \underset{\text{Cの右の辺}}{v \cdot a} + \underset{\text{Cの上の辺}}{0 \cdot b} + \underset{\text{Cの左の辺}}{(-v) \cdot a} + \underset{\text{Cの下の辺}}{0 \cdot b}$$

となるので，循環 $\Gamma$ は 0 となる．

## 6.3　粘性流体

実在の流体では，一般に，流体中で力学的エネルギーの散逸が生じる．それは，密度の時間的変化や，速度の異なる流体どうしの**摩擦**により熱が発生するからである．力学的エネルギーが保存する流体を**完全流体**と呼ぶ．一方，エネルギーの散逸を考慮した場合を**粘性流体**あるいは実在流体と呼ぶ．

力学的エネルギーが失われる機構は流体の各部分の間に摩擦力が働くことによる．この摩擦の大小は日常的な言葉である流体の「ねばり」の程度に対応するので，流体に固有のパラメーターとして**粘性率**(粘性係数) $\eta$ が導入される．

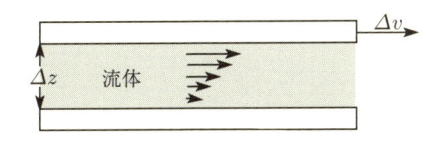

図 6.6　粘性率の定義

流体が一様な速度をもっていれば，変形は起きようがないので，粘性を定義するには速度の差が必要である．図 6.6 のように，2 枚の平板を面が平行になるようにおき，面の間の距離を $\Delta z$ とする．面の間に流体がある．一方の面は静止させておき，もう一方の面を (小さな) 一定速度 $\Delta v$ で動かす．流体に「ねばりけ」があれば，面と流体の間に面方向，つまり接線方向の応力が働き，動く面付近の流体は「引きずられて」運動する[2]．このとき，粘性率 $\eta$ は

$$\text{接線応力} = \eta \frac{\Delta v}{\Delta z} \qquad (6.12)$$

として定義される．今の説明では板を用いたが，式 (6.12) からわかるように，粘性率は，流れの各部分の間に速度差が存在するために生じる，相互の摩擦の力の大小を表している．な

---

[2) 面と流体の間には圧力も働くが，これは法線方向の応力である．

お，$\nu = \eta/\rho$ を**動粘性率**と呼ぶ。

### 6.3.1 相似則

力学の諸量は長さ，質量，時間の 3 つの基本単位から決まる単位をもっているので，独立な 4 つの量から無次元量をつくることができる (⇒1.1.2 節)。流体現象の場合，以下で定義される無次元量 $Re$ を**レイノルズ数**と呼ぶ。

$$Re = \frac{\rho L V}{\eta} \tag{6.13}$$

ここで，$L$ は流れの特徴的長さ，$V$ は流れの特徴的速度である。無次元量の値は単位系のとりかたと関係ないので，その値は絶対的な意味をもつ。ある 2 つの異なる状況の流れを考えるとき，それぞれの現象におけるレイノルズ数が同じような値である場合，両者の流れの様相は同じであると結論できる。これを流れの**相似則**と呼ぶ。たとえば，飛行機や船の設計を行うとき，気流や水の動きを調べるため，模型を作って研究する場合がある。しかし，原寸大の模型を作ったり実際の速度で運動させるのは大変なので，スケールを縮小した模型で調べることもある。このときは，スケールを変えた分，他の量を調節して，実際の場合のレイノルズ数と模型実験でのそれとを同じ値にしなくてはいけない。

流体の流れが穏やかなとき流線はなめらかであって，この状態を**層流**という。一方，流体の流れが激しくなると流れには渦が発生し，極めて複雑な時間的変動を行う。この状態を**乱流**という。層流から乱流への転移の目安はレイノルズ数 $Re$ の値で決まる。通常，$Re$ が数百から数千程度になると流れは一般に乱流となる[3]。

### 6.3.2 抵抗力

流体中を速度 $v$ で運動する物体に働く**抵抗力**を考える[4]。流れの状態によってこの抵抗力は次のように近似されることが知られている。この力は 2.5.3 節で扱った。

- 粘性抵抗 (摩擦抵抗)。流体の状態が層流のときは抵抗力は速度に比例する。

$$F = -bv \tag{6.14}$$

特に半径 $r$ の球の場合は以下が成り立つ。

$$\text{ストークスの公式} \quad F = -6\pi\eta r v \tag{6.15}$$

- 慣性抵抗 (圧力抵抗)。流体の状態が乱流のときは抵抗力は速度の 2 乗に比例する。

$$F = -cS\frac{\rho v^2}{2} \tag{6.16}$$

ここで $S$ は流れに対する物体の断面積，$c$ は無次元の係数である。球の場合 $c \simeq 0.4$ である。

速度の速いものは一般にいわゆる流線型をしているが，これはなるべく乱流の発生を抑え，高速運動時の抵抗力が大きくならないようにしている。

---

[3] レイノルズ数を，ナビエ・ストークスの方程式の慣性項 $\vec{v}\cdot\mathrm{grad}\,\vec{v}$ と粘性項 $\eta/\rho\triangle\vec{v}$ の比とみなすことができる。

[4] 奇妙なことに，完全流体の場合にこの抵抗力を計算すると 0 になってしまい，ダランベールのパラドックスと呼ばれる。これは完全流体という近似が悪いことを意味しているのではない。多くの場合に完全流体の理論は良い結果を与える。しかし，この抵抗力の場合には，物体表面での境界層と呼ばれる薄い粘性の無視できない領域が効いている。

## 6.4 流体力学の基礎方程式 *

流体の記述には質点と同様に，座標 $\vec{r}$ と時間 $t$ が使われる。また流体の速度 $\vec{v}$，加速度 $\vec{a}$ も定義される。さらに流体の密度 $\rho$，圧力 $p$ が扱われる。これら以外，温度 $T$，内部エネルギー $U$，エントロピー $S$ 等の熱力学的量 (⇒8.1節, 8.4節) も一般には考慮が必要になるが，本章ではそこまで踏み込まない。

**流体の記述法** 流体を扱うには2つの方法がある。一つはラグランジュ (J. L. Lagrange) の見方であり，もう一つはオイラー (L. Euler) の見方である。この2つの見方は，人波を観察するとき，(L) ある人に付き従って移動しながら，その人の挙動を観察すること，(E) 特定の地点にたたずんで，そこを通り過ぎる人々を観察すること，に対応する。人波全体の様子は，(L) をすべての人に対して実行する，あるいは，(E) をすべての地点で実行することによりわかる。

i) ラグランジュ式の流体の記述

流体は多数の粒子の集団である[5]。この個々の粒子が時間とともにどのように運動していくか，という見方で流体をとらえる。視点が流体の流れに沿って動く見方である。時刻 $t=0$ に $\vec{r}_0$ にある1つの流体の粒子を考える。その粒子の位置は時間 $t$ の関数として $\vec{r}(t)$ と表現される。異なる粒子を考えるということは，$\vec{r}_0$ を変えることである。すべての $\vec{r}_0$ を考えるという意味で，流体全体は $\vec{r}(t,\vec{r}_0)$ という関数で記述される。

ii) オイラー式の流体の記述

この記述方式では，流体の物理量を座標と時刻の関数として考える。これは視点が空間に固定された見方である。たとえば流体の速度 $\vec{v}$ は座標と時間の関数であるから，$\vec{v}(\vec{r},t)$ と書かれる。ここで特定の場所，たとえば $\vec{r}_0$ で考えると，異なる時刻 $t_1$ と $t_2$ での速度 $\vec{v}(\vec{r}_0,t_1)$, $\vec{v}(\vec{r}_0,t_2)$ を担っている流体 (粒子) は異なる実体であることになる。

位置と時刻を与えると値が決まるので，流体を記述する量を1.6.2節のように「場」という言葉で呼ぶ。つまり，ベクトル場である速度場やスカラー場である密度場，圧力場で記述する。

**オイラー式とラグランジュ式の微分** 1次元運動を考える。時刻 $t$ に $x$ にある流体粒子が速度 $v_0$ をもっており，それが時刻 $t+\Delta t$ に $x+\Delta x$ へ移動して，そこでの速度が $v_0+\Delta v$ であるとしよう。ラグランジュの見方では，この流体粒子の加速度は

$$a = \lim_{\Delta t \to 0} \frac{\Delta v}{\Delta t} \equiv \frac{dv}{dt} \tag{6.17}$$

で与えられる。以下，ラグランジュ式の微分は完全微分のつもりで記号 $d$ を使い，オイラー式の微分は普通の偏微分 $\partial$ を使う (⇒1.5.2節)。オイラーの見方では，

$$v(x,t) = v_0, \qquad v(x+\Delta x, t+\Delta t) = v_0 + \Delta v$$

なので

$$\begin{aligned}\frac{\Delta v}{\Delta t} &= \frac{v(x+\Delta x, t+\Delta t) - v(x,t)}{\Delta t} \\ &= \frac{v(x+\Delta x, t+\Delta t) - v(x+\Delta x, t) + v(x+\Delta x, t) - v(x,t)}{\Delta t} \\ &= \frac{v(x+\Delta x, t+\Delta t) - v(x+\Delta x, t)}{\Delta t} + \frac{\Delta x}{\Delta t}\frac{v(x+\Delta x, t) - v(x,t)}{\Delta x}\end{aligned}$$

ここで $\Delta t, \Delta x \to 0$ とすると

$$\text{右辺} \;\Rightarrow\; \frac{\partial v}{\partial t} + v\frac{\partial v}{\partial x}$$

となる。一般に流体の物理量を $F$ と表し，3次元で考えると

$$\underbrace{\frac{dF}{dt}}_{\text{ラグランジュ}} = \underbrace{\frac{\partial F}{\partial t} + v_x\frac{\partial F}{\partial x} + v_y\frac{\partial F}{\partial y} + v_z\frac{\partial F}{\partial z}}_{\text{オイラー}} = \frac{\partial F}{\partial t} + \vec{v}\cdot\text{grad}\,F \tag{6.18}$$

となる。以下では，おおむねオイラー式の記述を採用する。

---

[5] ここでの「粒子」は分子，あるいは，ひとかたまりとみなすことのできる流体の微小部分である。

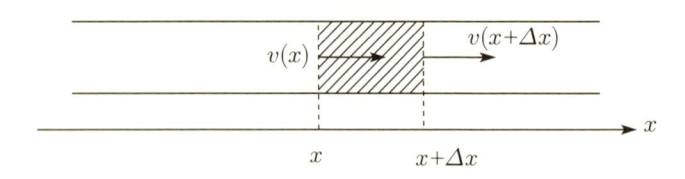

図 6.7　管の中の流れ

**連続の方程式**　流れの中に閉曲面 S を考える。簡単のため，S の中に源はないとする（あれば，それを別に加える）。すると，その S について

$$\begin{pmatrix} 時刻 (t+\Delta t) \\ の流体の量 \end{pmatrix} - \begin{pmatrix} 時刻\ t \\ の流体の量 \end{pmatrix} = \begin{pmatrix} t \sim t+\Delta t\ の間に \\ 流れ込んだ流体の量 \end{pmatrix} \quad (6.19)$$

が成立する。式で表すため，簡単な例として図 6.7 のように断面積 S の太さの一定のパイプを考え，それを流体が左から右へ流れているとする。パイプに沿って $x$ 軸を考える。図 6.7 で位置 $x$ の付近の微小な長さ $\Delta x$ の区間を考える。これに上の関係式 (6.19) を適用すると，

$$\rho(x,t+\Delta t)S\Delta x - \rho(x,t)S\Delta x = \rho(x,t)v(x,t)S\Delta t - \rho(x+\Delta x,t)v(x+\Delta x,t)S\Delta t \quad (6.20)$$

となる。変形して

$$\frac{\rho(x,t+\Delta t)-\rho(x,t)}{\Delta t} + \frac{\rho(x+\Delta x,t)v(x+\Delta x,t)-\rho(x,t)v(x,t)}{\Delta x} = 0$$

となる。ここで $\Delta t, \Delta x \to 0$ の極限をとると，以下の式が得られる。これが連続の方程式である。

$$\frac{\partial \rho}{\partial t} + \frac{\partial (\rho v)}{\partial x} = 0 \quad (6.21)$$

連続の方程式は，3 次元では

$$\frac{\partial \rho}{\partial t} + \mathrm{div}\,(\rho \vec{v}) = \frac{\partial \rho}{\partial t} + \frac{\partial \rho v_x}{\partial x} + \frac{\partial \rho v_y}{\partial y} + \frac{\partial \rho v_z}{\partial z} = 0 \quad (6.22)$$

となる。非圧縮性の流れでは $\rho=$ 一定 であるから

$$非圧縮性の流れ\cdots \quad \mathrm{div}\,\vec{v} = 0 \quad (6.23)$$

となる[6]。

**渦度**　無限小の閉曲線 C での循環から，流れのそれぞれの点での渦度 $\vec{\omega}$ が

$$\vec{\omega} = \mathrm{rot}\,\vec{v} \quad (6.24)$$

と定義される。流れが $\vec{\omega}=0$ を満たすとき，渦なしの流れとよばれる[7]。渦なしの流れに対しては，**速度ポテンシャル** $\phi = \phi(\vec{r},t)$ を定義することができ，速度は

$$\vec{v} = \mathrm{grad}\,\phi = \left(\frac{\partial \phi}{\partial x}, \frac{\partial \phi}{\partial y}, \frac{\partial \phi}{\partial z}\right) \quad (6.25)$$

で与えられる[8]。速度ポテンシャルはスカラー量であり，渦なしの場合，速度のかわりに使うことができるので便利である。

**運動方程式**　流体の一部分を質点とみなせば運動方程式が成立する。この節では運動量と圧力 $p$ を混同しないよう，運動量を $p_m$ と記す。（$p_m = mv$ であることを思い出すように。）

さて，流体の各部分での力の収支を考えて運動方程式をつくることができる。前節のパイプの中の流れ（図 6.7）を考え，$x$ 付近の小部分（長さ $\Delta x$）に着目する。力学で学んだように運動方程式は（⇒ 式 (3.44)）

$$F = \frac{dp_m}{dt} \quad \Rightarrow \quad F\Delta t = \Delta p_m \quad (6.26)$$

である。

---

[6] たとえば，上のパイプの流れでいうなら，流体の密度と断面積が一定ならパイプの中の流速は一定であるという当然の結果に対応する。

[7] たとえば一様な流れは $\vec{v}=$ 一定 であるから，$\vec{\omega}=0$ で，当然渦なしの流れになる。

[8] このあたりの事情は 3.2.1 節で，保存力に対してポテンシャルエネルギーが定義できることと同じである。

## 6.4 流体力学の基礎方程式 *

働く力は，流体の各部分が相互に及ぼす力，すなわち圧力 $p$ と，体積力 $f$ である．オイラー式に空間のある場所での力の収支を考える際は，流体自身がもち運ぶ運動量の寄与も考慮する．小部分に働く力積 $F\Delta t$ への寄与は以下のとおりである．

| 力積 $(F\Delta t)$ | 圧力 (左から) | $+p(x,t)S \cdot \Delta t$ |
|---|---|---|
| | 圧力 (右から) | $-p(x+\Delta x, t)S \cdot \Delta t$ |
| | 他の力 (体積力) | $fS\Delta x \cdot \Delta t$ |
| 運動量 $(\Delta p_m)$ | (左から) | $+(\rho(x,t)Sv(x,t)\Delta t)v(x,t)$ |
| | (右から) | $-(\rho(x+\Delta x, t)Sv(x+\Delta x, t)\Delta t)v(x,t)$ |

これらの和が運動量の時間的変化

$$(\rho(x, t+\Delta t)S\Delta x)v(x, t+\Delta t) - (\rho(x, t)S\Delta x)v(x, t)$$

に等しい．両者を等置し，全体を $S\Delta t\Delta x$ で割ると

$$\frac{p(x,t) - p(x+\Delta x, t)}{\Delta x} + f + \frac{\rho(x,t)v(x,t)v(x,t) - \rho(x+\Delta x, t)v(x+\Delta x, t)v(x,t)}{\Delta x}$$
$$= \frac{\rho(x, t+\Delta t)v(x, t+\Delta t) - \rho(x, t)v(x, t)}{\Delta t}$$

となり，ここで $\Delta t, \Delta x \to 0$ の極限をとると，次のオイラーの方程式と呼ばれる，流体の運動方程式が得られる．

$$\frac{\partial (\rho v)}{\partial t} + v\frac{\partial (\rho v)}{\partial x} = -\frac{\partial p}{\partial x} + f \tag{6.27}$$

この流体の運動方程式は非線形であり，厳密に解くことは非常に難しい．

式 (6.27) は非圧縮性流体については密度が微分の中から取り出せるので，

$$\frac{\partial v}{\partial t} + v\frac{\partial v}{\partial x} = -\frac{1}{\rho}\frac{\partial p}{\partial x} + \frac{f}{\rho} \tag{6.28}$$

となる．3次元 (非圧縮性) では次の式となる．

$$\frac{\partial \vec{v}}{\partial t} + \vec{v} \cdot \text{grad}\,\vec{v} = -\frac{1}{\rho}\text{grad}\,p + \frac{\vec{f}}{\rho} \tag{6.29}$$

式 (6.28) で定常流を仮定すると，時間微分の項がなくなる．座標軸を鉛直上向きにとり，座標変数を $x$ から $z$ とする．このとき重力は下向きなので $f = -\rho g$ となる．

$$v\frac{dv}{dz} = -\frac{1}{\rho}\frac{dp}{dz} + \frac{-\rho g}{\rho} \quad \Rightarrow \quad \frac{d}{dz}\left(\frac{1}{2}v^2 + \frac{p}{\rho} + gz\right) = 0 \tag{6.30}$$

これからベルヌーイの定理 (式 (6.10)) が得られる．

3次元の定常流の場合は，数学的に

$$\vec{v} \cdot \text{grad}\,\vec{v} = \text{grad}\frac{v^2}{2} - \vec{v} \times \text{rot}\,\vec{v} \qquad (v = |\vec{v}|) \tag{6.31}$$

という関係式が成立する．ここで，渦なし，つまり $\text{rot}\,\vec{v} = 0$ を仮定すると，時間微分の項を落とした式 (6.29) は

$$\vec{v} \cdot \text{grad}\,\vec{v} + \frac{1}{\rho}\text{grad}\,p - \frac{\vec{f}}{\rho} = 0 \quad \to \quad \text{grad}\left(\rho\frac{v^2}{2} + p + \rho gz\right) = 0 \tag{6.32}$$

となる．これから，ベルヌーイの定理 (式 (6.10)) が導かれた．

粘性を考慮に入れると，(非圧縮性の場合の) 運動方程式は式 (6.29) を修正して，次のようになる．

$$\frac{\partial \vec{v}}{\partial t} + \vec{v} \cdot \text{grad}\,\vec{v} = -\frac{1}{\rho}\text{grad}\,p + \frac{\vec{f}}{\rho} + \frac{\eta}{\rho}\triangle\vec{v} \tag{6.33}$$

これをナビエ・ストークスの方程式と呼ぶ．

## 演習問題 6

**問 6.1** 図 6.8 はある家の配水システムの略図である。左下の太いパイプから水が供給される。供給口の半径は $R = 2$ cm で，そこでの圧力と流速は $p = 2000$ hPa, $v = 2$ m/s である (流速は以下での蛇口を開けたときの値)。室内の配管は半径 $r = 1$ cm である。また 1 階と 2 階の高さの差は 3 m である。

(1) 1 階の蛇口 A を開け，しばらくたった後での，水の流速と圧力を求めよ。
(2) 2 階の蛇口 B を開け，しばらくたった後での，水の流速と圧力を求めよ。

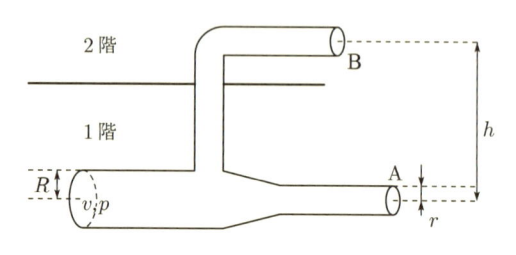

図 6.8 配水系

**問 6.2** 断面積が $S$, 高さが $h$ の柱状の物体が，その底面を水平にして流体中にあるとき (図 6.3)，式 (6.7) から浮力を求め，アルキメデスの原理が正しいことを確認せよ。

**問 6.3** 大きな容器に液体が入っており下部に小さな穴があいている。穴から液面までの高さの差を $h$ とすると，穴から出る液体の速さは $v = \sqrt{2gh}$ であることを示せ。なお，大気圧は一定として考える。(トリチェリの定理)

**問 6.4** 粘性率の単位はどう書けるか。式 (6.12) から答えよ。

**問 6.5** 半径 $r$ の球形の水滴が空気中で落下することを考える。6.3.2 節のストークスの公式により，2.5.3 節の終端速度 $v_\infty$ を求める。次に，6.3.2 節の式から比

$$\alpha = \frac{慣性抵抗}{粘性抵抗}$$

を計算し $v = v_\infty$ とおく。この比が 1 より十分小さければ，水滴の落下には粘性抵抗だけが効くことになり，2.5.3 節の議論が成立する。空気の密度を $\rho = 1.29$ kg/m$^3$, $\eta = 1.82 \times 10^{-5}$ Pa·s とし，$\alpha = 1$ となる半径 $r$ を求めよ。

**問 6.6** 次の式で表される流れを考える ($b, c$ は正の定数)。

$$\vec{v} = \left( \frac{-cy}{x^2 + y^2 + b^2}, \frac{cx}{x^2 + y^2 + b^2}, 0 \right)$$

(1) この流れの様子を図に示せ。
(2) この流れが定常で非圧縮性の流れであることを示せ。
(3) $z = 0$ 面内に原点を中心にする半径 $a$ の円を C とし，循環 $\Gamma$ を求めよ。
(4) 渦度 $\vec{\omega}$ を求めよ。

# 7 波　動

波が伝わっていく現象にはさまざまなものがある。たとえば、水面の波、ギターの弦やドラムの面の振動がある。音は空気中や物質の中を伝わる波動であるし、光は波長が約 380 ～ 770 nm の電磁気的な波動である。この章では、これら波動現象に関する基本的な性質を説明する。

## 7.1 波動現象

波動を担っている物質を**媒質**と呼ぶ。水面の波では水が、音の場合は空気などが媒質となる。波動は時間的、空間的に変化する現象である。したがって、波動を表す量は空間座標と時間の関数となる。以下、波動を表す量 $u$ を

$$\text{波動} \quad \cdots \quad u(x,t) \tag{7.1}$$

と書く。簡単のため、空間座標は $x$ だけとした。

弦の振動の場合は弦に沿って $x$ 軸を考えればよい。また、水の波や音の波でも、図 7.1 に示すように、波の進行方向を $x$ 軸とし、それに垂直な**波面**の上で $u$ が一定ならば、式 (7.1) で波動が表現される。図 7.1 に示す波を**平面波**という。

波動を表す量 $u$ の実体はさまざまである。

$$u(x,t) = \text{位置 } x,\ \text{時刻 } t \text{ における} \begin{cases} \text{水面の (上下の) 変位} & \cdots \text{水面の波} \\ \text{弦の各部分の変位} & \cdots \text{弦の振動} \\ \text{圧力や密度} & \cdots \text{音} \\ \text{電場と磁場} & \cdots \text{電磁波} \end{cases} \tag{7.2}$$

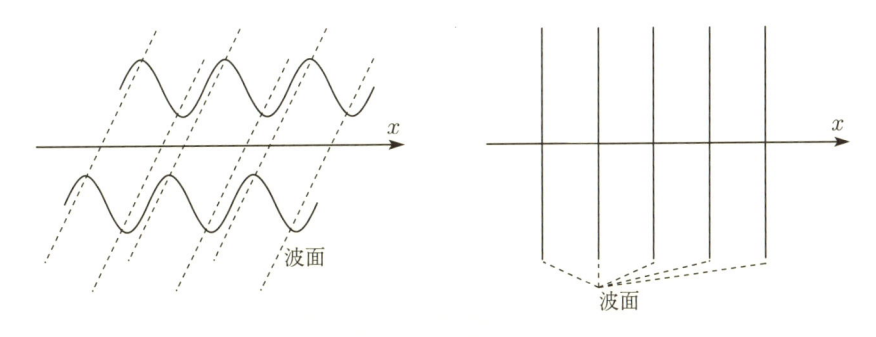

図 7.1　平面波と波面

図 7.2 音波

波動の速度 $v$ はこれらの物理的実体が従う物理法則から決まる。以後，その例にいくつか出合うであろう。

波の振動が，波の進行する方向に垂直な場合を**横波**，波の進行する方向に振動する場合を**縦波**という。水面の波，弦を伝わる波，電磁波は横波であるが，空気中の音波は縦波である。横波は水面の波などで容易にわかる。音波の場合は図 7.2 に示すように，空気の疎密が空間を伝播する。この図 7.2 では線の間隔で，密度の変化を模式的に表している。間隔の狭いところは密度が大きく，広いところは密度が小さい。

> **■寄り道■** 音の媒質は物質である。光 (電磁波) は空気中でも固体のガラスの中でも，あるいは，物質のない宇宙空間でも伝わるので，その媒質は，原子から構成される通常の物質ではあり得ない。過去には，光を伝える仮想的な物質として「エーテル」(化学物質のエーテルではない) と呼ばれる媒質が考えられ，それが宇宙空間を満たしているとされたこともある。(このエーテルは「浸透性」があり通常の物質の中にも存在するとする。) しかし，このエーテルの存在は実験的に否定されている。
>
> 近代の考え方では，我々の宇宙には電磁場という「からくり」が存在し，真空は電磁場の基底状態 (弦の振動なら，弦が振動せずに静止している状態に対応) であるとされる。そして，弦をはじけば弦が振動するように，電気振動が起きれば電磁場の振動が励起され，電磁波として伝わる。無理にいえば，真空自体が媒質であるとみなしてもよい。
>
> 近代の物理学での「場」の考え方では，真空とはからっぽで空虚なものではなく，豊富な構造をもつ研究対象なのである。

## 7.2 正 弦 波

波動はあるパターンが空間を伝播していく現象だが，その波形として典型的なものは三角関数であり，これを正弦波と呼ぶ。

$$u(x,t) = A\sin(kx - \omega t + \phi_0) \tag{7.3}$$

ここで $k$ を**波数**，$\omega$ を**角振動数**と呼ぶ。式 (7.3) のかっこの中の量 $kx - \omega t + \phi_0$ を**位相**と呼ぶ。$\phi_0$ は初期位相と呼ばれる。時間と位置によって正弦波は変化し，位相が $2\pi$ 変化すると，正弦波は元の値に戻る。図 7.3 で，簡単のため $\phi_0 = 0$ としてこの変化を見る。

図 7.3(a) では時刻を固定したとき ($t = 0$)，$u(x,t)$ が空間的にどう分布しているかを見ている。位相が $2\pi$ 変化する距離を**波長**という。

$$\text{波長：} \quad \lambda = \frac{2\pi}{k} \tag{7.4}$$

図 7.3(b) では位置を固定したとき ($x = 0$)，$u(x,t)$ が時間的にどう変化するかを見ている。位相が $2\pi$ 変化する時間を**周期**という。

## 7.2 正弦波

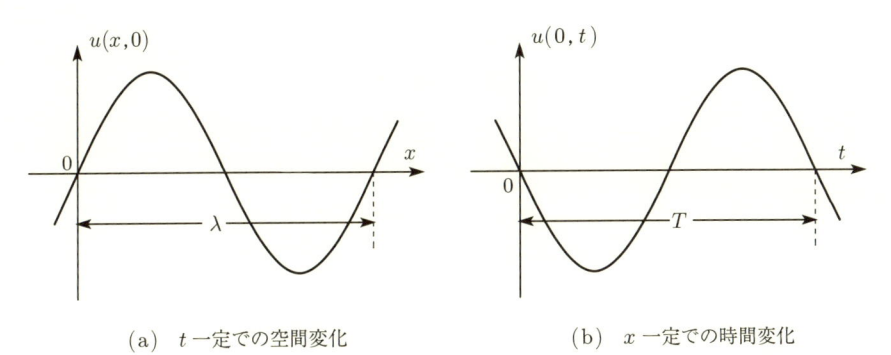

(a) $t$ 一定での空間変化　　(b) $x$ 一定での時間変化

図 7.3　正弦波

$$\text{周期：} \quad T = \frac{2\pi}{\omega} \tag{7.5}$$

さらに，単位時間 (1 s) に振動する回数を**振動数**あるいは**周波数**と呼ぶ．

$$\text{振動数：} \quad f = \frac{1}{T} = \frac{\omega}{2\pi} \tag{7.6}$$

波の速度 $v$ は位相を $kx - \omega t + \phi_0 = k[x - (\omega/k)t] + \phi_0$ と変形すればわかるように

$$\omega = kv, \quad \text{あるいは} \quad v = \lambda f \tag{7.7}$$

である．この速度は**位相速度**と呼ばれる．

**正弦波の干渉**　波動では通常重ね合せの原理が成り立つ (⇒A.11 節)．複数の波を合成すると，波が強め合ったり弱め合ったりする**干渉現象**が生じる．これは波動現象の典型的性質である．簡単のため，振幅 $A$ が等しい 2 つの正弦波を考える．それぞれの位相を

$$\phi_1 = k_1 x - \omega_1 t + \phi_{01}, \qquad \phi_2 = k_2 x - \omega_2 t + \phi_{02} \tag{7.8}$$

とすると，この 2 つの波が干渉して

$$u_1 + u_2 = A\sin\phi_1 + A\sin\phi_2 = 2A\sin\frac{\phi_1 + \phi_2}{2}\cos\frac{\phi_1 - \phi_2}{2} \tag{7.9}$$

となる (三角関数の公式は A.4 節参照)．この式でいくつか特別な場合を考えよう．

i) $k = k_1 = k_2,\ \omega = \omega_1 = \omega_2$

同一の波長，振動数の波の干渉である．

$$\begin{aligned} u_1 + u_2 &= 2A\sin\left(kx - \omega t + (\phi_{01} + \phi_{02})/2\right)\cos\left((\phi_{01} - \phi_{02})/2\right) \\ &= [2A\cos(\Delta\phi/2)] \cdot \sin\left(kx - \omega t + (\phi_{01} + \phi_{02})/2\right) \end{aligned} \tag{7.10}$$

この結果，位相の差 $\Delta\phi = \phi_{01} - \phi_{02}$ から波の強度が決まる．同じ振幅 $A$ の波を合成しても，結果は $2A \sim 0$ の振幅となる．ちょうど半波長ずれている場合，つまり $\Delta\phi = \pi$ のとき波は 0 になってしまう．

ii) $k_1 = k,\ k_2 = k + \Delta k,\ \omega_1 = \omega,\ \omega_2 = \omega + \Delta\omega$

波長，振動数がごくわずか違っている波の干渉である．$\Delta k, \Delta\omega$ が微小なときは近似的に以下のようになる．本質的ではないので $\phi_{01} = \phi_{02} = 0$ とする．

$$u_1 + u_2 = 2A\sin(kx - \omega t)\cos\frac{\Delta k x - \Delta\omega t}{2} \tag{7.11}$$

この式の後半の因子は前半の $u_1, u_2$ と同じような変化の部分と比べて時間的・空間的にゆっくりと変化する。これがうなりである。時間変化だけに着目すると、上の式の2番目の cos 関数は $2\pi/\Delta\omega$ ごとに値が 0 となる。2 つの波の振動数を $f_1 = \omega_1/(2\pi)$, $f_2 = \omega_2/(2\pi)$ とすると、うなりの振動数は $|f_1 - f_2|$ となる。

**iii)** $k = k_1 = k_2,\ \omega = \omega_1 = -\omega_2,\ \phi_{01} = \phi_{02} = 0$

速度の大きさが同じで向きが逆の波どうしが干渉した場合である。

$$u_1 + u_2 = 2A\sin(kx)\cos(\omega t) \tag{7.12}$$

このとき波は動かずそれぞれの点で異なる振幅で振動する。これは**定在波** (定常波) であり、固定した弦の振動などに対応する。

## 7.3 波動の性質

前の節では 1 次元ないしは、平面波の場合を考えた。空間での波動の振舞いを調べる。波動も粒子の運動と同じように直進する性質をもつが、波動に特徴的なこととして**回折**の現象がある。これは、進路に障害物があった場合、波動がその障害物の陰に回り込むことをさす。

たとえば、堤防があっても、水の波はその内側に回り込むし、大きな建物の陰にいても直接見えない相手が発した声を聞くことができる。一方、光がつくる物体の影はくっきりとしており、あまり回り込んでいるようには見えない。

波の波長が物体や穴の大きさに比べて十分短いときは、波動は粒子のようにまっすぐ伝わるので回折効果は目立たない。波長に比べて物体の大きさが同程度あるいは小さい場合は、回折の効果が顕著となる。図 7.4 は、このことを模式的に示している。

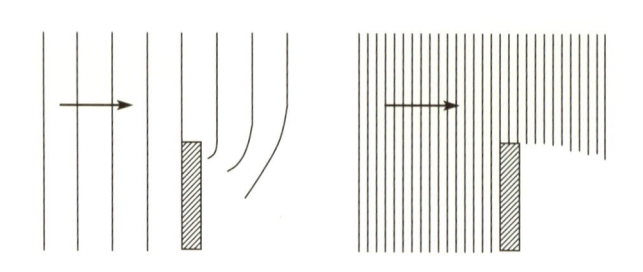

図 7.4 波の波長と回折 (実線は波面を表す)

**ホイヘンスの原理** 波動が空間内で広がる様子を理解するために提案された考え方が**ホイヘンスの原理**である。この考え方では、波面のそれぞれの部分が源となって、二次的な球面波 (素元波) を出すので、それを合成したものが次の波面となる。このことを図 7.5 では右向きに進む平面波について示している。図 7.5 で (a) は最初の波面を示し、そこから (b) のようにそれぞれの点から素元波が出て、それを合成した (c) で次の波面が決まる。

この考えは妥当なように思えるが、少し不適切なところもある。図 7.5(b) ではわざと右向きの素元波しか描いていないが、実は左向きにも素元波があるべきで、そうすると、本来の進行方向と逆向きの波もあることになる。この欠点を取り除くため、ホイヘンス-フレネルの原理、キルヒホッフの回折理論が提案された。通常の場合、波の進む方向だけに限定して考

## 7.3 波動の性質

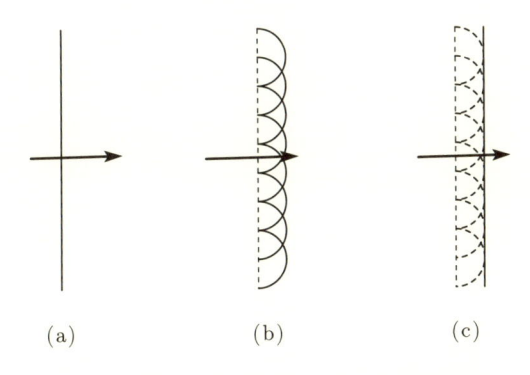

**図 7.5** ホイヘンスの原理による平面波の進行

えればホイヘンスの原理は妥当な結果を与える。そして，光の屈折の法則やヤングの干渉実験などの説明を与えることができる。

**干渉，ヤングの実験** 前の節で波が干渉することを学んだ。この干渉を具体的に示すものとしてヤングの実験を説明する。図 7.6 のように，光を図の左から 2 つのスリット A, B のあるついたて C に当てる。すると，2 つのスリットから光はそれぞれ広がり干渉を起こす。この干渉はスクリーン S の上の明線と暗線がなす縞模様として観測される。

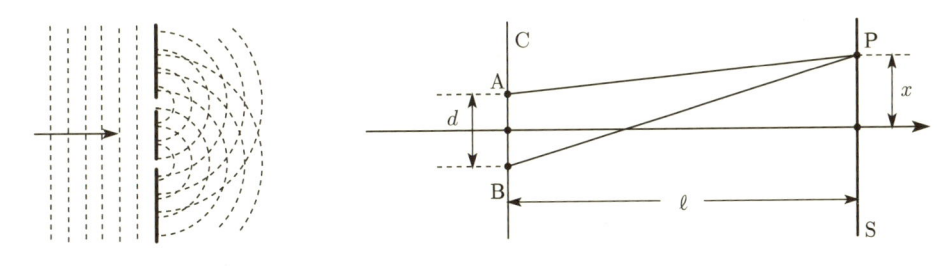

**図 7.6** ヤングの実験

ついたてとスクリーンの距離を $\ell$，スリット A, B 間の距離を $d$ とする。そして光の波長を $\lambda$ とする。A と B での光の位相が同じとすると，スクリーン上の点 P での位相のずれは，光の進む距離を波長で測ればわかる。

$$\mathrm{BP} - \mathrm{AP} = n\lambda \quad \cdots \quad \text{同位相} \quad \cdots \quad \text{強め合う (明線)}$$
$$\mathrm{BP} - \mathrm{AP} = n\lambda + \frac{\lambda}{2} \quad \cdots \quad \text{逆位相} \quad \cdots \quad \text{弱め合う (暗線)}$$

ここで $n$ は整数である。$\ell$ が $d$ や $x$ より十分大きいとすると，近似公式を使って (⇒ A.8 節)

$$\mathrm{BP} = \sqrt{\ell^2 + \left(x + \frac{d}{2}\right)^2} = \ell\sqrt{1 + \left(\frac{x + \frac{d}{2}}{\ell}\right)^2} \simeq \ell\left(1 + \frac{1}{2}\frac{(x + \frac{d}{2})^2}{\ell^2}\right) \tag{7.13}$$

$$\mathrm{AP} = \sqrt{\ell^2 + \left(x - \frac{d}{2}\right)^2} = \ell\sqrt{1 + \left(\frac{x - \frac{d}{2}}{\ell}\right)^2} \simeq \ell\left(1 + \frac{1}{2}\frac{(x - \frac{d}{2})^2}{\ell^2}\right) \tag{7.14}$$

$$\mathrm{BP} - \mathrm{AP} = \frac{xd}{\ell} \tag{7.15}$$

となる。これから，

$$\text{スクリーン上の明線の間隔} = \frac{\lambda \ell}{d} \tag{7.16}$$

(a) 屈折での波面　　(b) 入射角 $\theta_1$ と屈折角 $\theta_2$

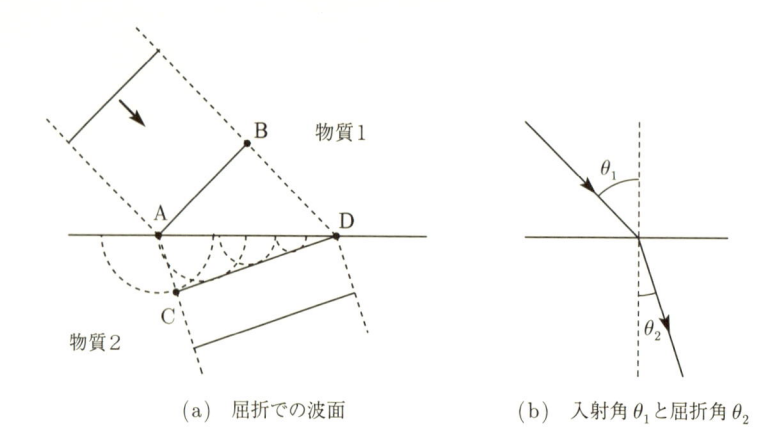

図 7.7　屈折の法則

を得る。

**屈折の法則**　光や音波は異なる物質の境界で進路を曲げる。この**屈折**が起きる理由は，境界の前後で波の速度が異なるからである。図 7.7 を使ってこれを説明する。物質 1，2 では波の速度が $v_1, v_2$ である (この図では $v_1 > v_2$ である)。図 7.7(a) では実線で波面を表しているが，物質 1 を速度 $v_1$ で伝播してきた波は境界 AD に達すると，そこで点線の半円で示す $v_2$ で広がる素元波をつくり，それを合成した CD が物質 2 の中での波面となる。波が A から C まで伝わる時間と，B から D まで伝わる時間は同一であるから，

$$\frac{\overline{\mathrm{BD}}}{v_1} = \frac{\overline{\mathrm{AC}}}{v_2} \tag{7.17}$$

となる。図 7.7(b) では波の進行方向 (波面に垂直) を矢印で表しており，境界に垂直な線となす角度を入射角 $\theta_1$，屈折角 $\theta_2$ という。$\overline{\mathrm{BD}} = \overline{\mathrm{AD}} \sin\theta_1$, $\overline{\mathrm{AC}} = \overline{\mathrm{AD}} \sin\theta_2$ なので，

$$\frac{\sin\theta_1}{\sin\theta_2} = \frac{v_1}{v_2} \tag{7.18}$$

を得る。これが屈折の法則である。

**全反射**　$v_2 > v_1$ の場合，式 (7.18) から，

$$\sin\theta_2 = \frac{v_2}{v_1} \sin\theta_1$$

とする。右辺が 1 を超えると，角度 $\theta_2$ が存在しなくなる。このとき，入射した波はすべて境界面で反射される。これを**全反射**という。屈折と全反射の境となる角度を臨界角 $\theta_c$ と呼ぶ。

$$\sin\theta_c = \frac{v_1}{v_2} \qquad (v_2 > v_1) \tag{7.19}$$

であり，$\theta_1 > \theta_c$ なら全反射となる。

**光の屈折率**　光の屈折を考えるとき，$c$ を真空中の光の速度，$v$ を物質中の光の速度として，次の式で定義される $n$ を**屈折率** (絶対屈折率) という。

$$n = \frac{c}{v} \tag{7.20}$$

この屈折率を使うと屈折の法則 (式 (7.18)) は次の式となる。

$$\frac{\sin\theta_1}{\sin\theta_2} = \frac{n_2}{n_1} \tag{7.21}$$

## 7.4 ドップラー効果

表 7.1 $\lambda = 589.3$ nm の光 (Na D 線) に対する屈折率

| 固体 (18°C) | | 液体 (20°C) | |
|---|---|---|---|
| 水晶 | 1.54 | 水 | 1.33 |
| 石英ガラス | 1.46 | ベンゼン | 1.50 |
| 方解石 (常) | 1.66 | グリセリン | 1.47 |
| ダイヤモンド | 2.42 | エチルアルコール | 1.36 |

### 7.4 ドップラー効果

音を出すもの，あるいは，その音を聞く者が動いているときは，本来の音の振動数からずれて聞こえる。これを**ドップラー効果**と呼び，電車の警笛やパトカーのサイレンなどで経験するところである。

音源の振動数を $f$ とする。その周期 $T$ は式 (7.6) から $T = 1/f$ である。簡単のため，音源と観測者は直線上を運動するものとする。音速を $V$，音源の速度を $v_s$，観測者の速度を $v_o$，両者の最初の距離を $\ell$ とする。速度の符号はいずれも相互に近づく方を正とする。

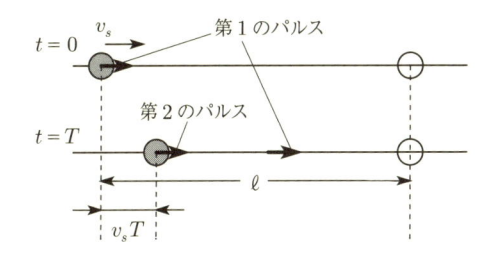

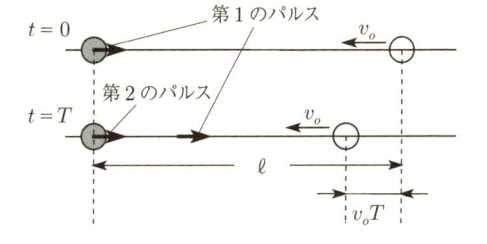

図 7.8 ドップラー効果，音源移動    図 7.9 ドップラー効果，観測者移動

**音源移動**　図 7.8 で黒丸が音源，白丸が観測者を示す。振動の周期が $T$ であるということは，時間 $T$ ごとに同じ波が出ていることになるので，わかりやすくするために時刻 $T$ ごとにパルスが出ていると考える。最初のパルスを観測者は $t = \ell/V$ に受け取る。そして第 2 のパルスを $t = T + (\ell - v_s T)/V$ に受け取る。すると，観測者にとってパルスの時間間隔，すなわち，観測される周期 $T'$ は

$$T' = \left(T + \frac{\ell - v_s T}{V}\right) - \frac{\ell}{V} = T\left(1 - \frac{v_s}{V}\right) \tag{7.22}$$

となる。よって，観測者に聞こえる振動数 $f'$ は

$$f' = \frac{1}{T'} = \frac{V}{V - v_s} f \tag{7.23}$$

となる。

**観測者移動**　図 7.9 で黒丸が音源，白丸が観測者を示す。音源移動と同様に考えると，最初のパルスを観測者は $t = \ell/(V + v_o)$ に受け取る。そして第 2 のパルスを $t = T + (\ell - v_o T)/(V + v_o)$ に受け取る。すると，観測者にとってパルスの時間間隔，すなわち，観測される周期 $T'$ は

$$T' = \left(T + \frac{\ell - v_o T}{V + v_o}\right) - \frac{\ell}{V + v_o} = T\left(1 - \frac{v_o}{V + v_o}\right) \tag{7.24}$$

となる。よって、観測者に聞こえる振動数 $f'$ は

$$f' = \frac{1}{T'} = \frac{V + v_o}{V} f \tag{7.25}$$

となる。

**まとめ** 式 (7.23)、式 (7.25) をまとめると、一般に次の式となる。

$$f' = \frac{V + v_o}{V - v_s} f \tag{7.26}$$

この結果から、一般に相互に近づくときには振動数が大きくなり (音が高くなり)、遠ざかるときには振動数が小さくなる (音が低くなる) ことがわかる。

**運動の相対性と光の場合** 式 (7.23) と式 (7.25) を比べてみる。いま $v_s = v_o$ とすると、音源と観測者の相対速度は同一なのに、観測する振動数は、どちらが動いているかで異なる。2.6.1 節で、互いに一定の速度で動いている系は同等であることを学んだ。しかし、音の伝播の場合は、大気という「絶対的な」静止系に関して音が速度 $V$ をもつため、音源が動いた場合と観測者が動いた場合の相対性は破れており、両者を区別できる。だからこの場合ガリレオの相対性原理が成立しない。

光の場合にもドップラー効果は生じる。一般に相互に近づくときには振動数が大きくなり (光なら色が青い方にずれる：青方変位)、遠ざかるときには振動数が小さくなる (光なら色が赤い方にずれる：赤方変位) ことが起きる。しかし、10.1 節でも学ぶが、光の場合には絶対的な静止系は存在せず、すべての慣性系は同等である。逆にいうと、光の場合に光源が動いた場合と観測者が動いた場合を区別できる式 (7.23) と式 (7.25) では正しくない。光の場合にはドップラー効果の式は光速を $c$ として、次の式となることが知られている[1]。

$$f' = \sqrt{\frac{c + v_s + v_o}{c - v_s - v_o}} f \tag{7.27}$$

この式では、$v_s = v, v_o = 0$ の場合 (光源移動) と、$v_s = 0, v_o = v$ の場合 (観測者移動) が等しい結果を与える。

なお、式 (7.26) と式 (7.27) で、$V \gg v_s, v_o$ あるいは $c \gg v_s, v_o$ と近似すると、どちらも

$$f' \sim \left(1 + \frac{v_s + v_o}{V}\right) f, \quad f' \sim \left(1 + \frac{v_s + v_o}{c}\right) f \tag{7.28}$$

と同じ式になることも指摘しておく。

## 7.5 波動方程式

波動は空間をパターンが伝播していく現象である。波動を表す量 $u$ を表現する一般的な方程式を考察する。そこで、$x$ 軸の上を伝わっていくパターンを考える。

簡単な例として図 7.10 に表される 3 つの放物線を考える。この 3 つのグラフは、それぞれ $t = 0$, $t = 1$, $t = 2$ の様子であるとする。すると、これはパターン $u = x^2$ が速度 2 で右に移動していると考えられる。式でまとめて書くと、図 7.10 のグラフは

$$u = (x - 2t)^2 \quad \text{の } t = 0, t = 1, t = 2 \text{ の場合} \tag{7.29}$$

---

[1] この式は相対性理論による時間の遅れの効果を含んでいる。(⇒10.1 節)

## 7.5 波動方程式

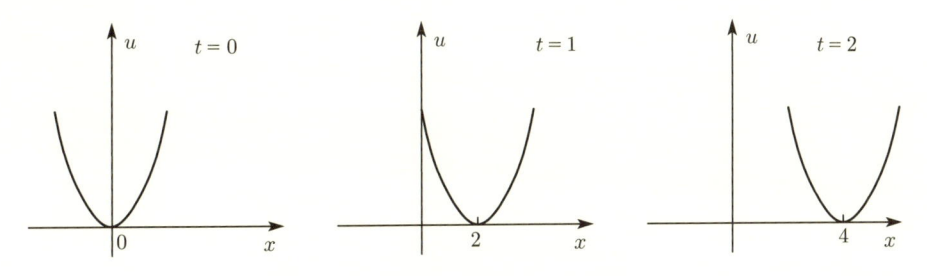

**図 7.10** 放物線が右に動いていく様子

と考えられる。これから，$(x-vt)^2$ という式があれば，

$$u = (x-vt)^2 \quad \to \quad \text{パターン } u = x^2 \text{ が速度 } v \text{ で伝わる} \tag{7.30}$$

と理解される。伝わるパターンが $x^2$ であることは重要ではない。一般に考えると

$$u(x,t) = f(x-vt) \quad \to \quad \text{パターン } f(x) \text{ が速度 } v \text{ で伝わる} \tag{7.31}$$

となる。これが一般的な波動の式である[2]。

物理量の間の関係は一般に微分方程式で表される。式 (7.31) が満たす微分方程式を考える。式 (7.31) を $x$ あるいは $t$ で微分 (偏微分 (⇒1.5.2 節)) すると，

$$\frac{\partial u}{\partial x} = f'(x-vt), \qquad \frac{\partial u}{\partial t} = -vf'(x-vt) \tag{7.32}$$

となる。これから波動を表す量 $u$ は次の微分方程式を満たす。これが波動方程式である。

$$\frac{\partial u}{\partial t} + v\frac{\partial u}{\partial x} = 0 \tag{7.33}$$

自然現象において，右向きの波が存在すれば左向きの波も存在するのが普通である。速度 $v$ の波があれば，速度 $-v$ の波もある。上の議論を反復すると，速度 $-v$ の波について波の式 (→ 式 (7.31)) と波動方程式 (→ 式 (7.33)) は次のようになる。

$$u(x,t) = f(x+vt) \quad \to \quad \text{パターン } f(x) \text{ が速度 } -v \text{ で伝わる} \tag{7.34}$$

$$\frac{\partial u}{\partial t} - v\frac{\partial u}{\partial x} = 0 \tag{7.35}$$

式 (7.33) と式 (7.35) を合わせて，式 (7.31) と式 (7.34) がどちらも解となる方程式は

$$\text{波動方程式} \qquad \frac{\partial^2 u}{\partial t^2} = v^2 \frac{\partial^2 u}{\partial x^2} \tag{7.36}$$

である。**波動方程式**といえば普通これをさす。さらに一般化すると 3 次元空間では波動量は $u = u(x,y,z,t)$ で

$$\text{波動方程式 (3 次元)} \qquad \frac{\partial^2 u}{\partial t^2} = v^2 \left( \frac{\partial^2 u}{\partial x^2} + \frac{\partial^2 u}{\partial y^2} + \frac{\partial^2 u}{\partial z^2} \right) \quad (= v^2 \triangle u) \tag{7.37}$$

である[3]。

波動方程式に現れる係数を見ることにより波の速度 $v$ がわかる。後の電磁気学の章 (9.11 節) で，電磁場の方程式を数学的に操作すると式 (7.36), 式 (7.37) の形が現れ，それから電磁

---

[2] $u(x,t)$ は $x,t$ の任意の関数だが，式 (7.31) を満たせば，それは波動となるということである。

[3] 最後のラプラス演算子は付録参照。

波 (光) の速度に対する理論的表式 (式 (9.102)) が定まる。また，7.6 節では，物質中を伝播する音波が波動方程式に従うことを示し，音速を表す式 (7.45)) を求める。

波動方程式は線形である。したがって重ね合せの原理が成り立つ (⇒A.11 節)。

## 7.6 音　波★

波動方程式がどのように出現するかを見るための一例として気体中の音波を考える[4]。気体が細長い管の中にあると考え，この管に沿って $x$ 軸を考える。気体の密度 $\rho$，圧力 $p$ や速度 $v$ は位置 $x$ と時刻 $t$ の関数である。流体力学から (⇒ 式 (6.21), 式 (6.27)) 次の式を得る。(重力などの体積力は無視した。)

$$\frac{\partial \rho}{\partial t} + \frac{\partial (\rho v)}{\partial x} = 0, \qquad \frac{\partial \rho v}{\partial t} + v \frac{\partial \rho v}{\partial x} = -\frac{\partial p}{\partial x} \tag{7.38}$$

まず音波がなく気体が平衡状態にあるときの密度や圧力を $\rho_0, p_0$ と記す。このとき速度は 0 である。また気体の任意の微小部分を考え，その体積が平衡状態では $V_0$ とする。音波は密度が変化して空気の疎密が伝わる現象である。この変化の大きさは本来の (添え字 0 のついた) 大きさより微小だと考える。

$$\begin{aligned} \rho_0 &\to \rho(x,t) = \rho_0 + \rho'(x,t) \\ p_0 &\to p(x,t) = p_0 + p'(x,t) \\ 0 &\to v(x,t) \\ V_0 &\to V(x,t) = V_0 + V'(x,t) \end{aligned} \tag{7.39}$$

計算を進める際，$\rho', p', v, V'$ は微小量であるとして，それらの 2 次の項を無視する。まず，着目した気体の微小部分の質量は不変だから，

$$\rho_0 V_0 = \rho V = (\rho_0 + \rho'(x,t))(V_0 + V'(x,t)) \quad \to \quad \rho_0 V' + \rho' V_0 = 0 \tag{7.40}$$

を得る。次に，気体の状態変化が断熱変化に従うと仮定する。(後に熱力学で学ぶ。⇒ 8.4.2 節) すると $pV^\gamma = $ 一定，の関係があるので ( ⇒ 式 (8.61), 式 (8.64))

$$p_0 V_0^\gamma = p V^\gamma = (p_0 + p'(x,t))(V_0 + V'(x,t))^\gamma \quad \to \quad \frac{p'}{p_0} + \gamma \frac{V'}{V_0} = 0 \tag{7.41}$$

を得る。式 (7.39) を式 (7.38) に代入し，微小量の 2 次の項を無視すると，

$$\frac{\partial \rho'}{\partial t} + \rho_0 \frac{\partial v}{\partial x} = 0, \qquad \rho_0 \frac{\partial v}{\partial t} = -\frac{\partial p'}{\partial x} \tag{7.42}$$

となる。式 (7.42) の第 1 式の両辺を $t$ で微分し，それに第 2 式を代入する。

$$\frac{\partial^2 \rho'}{\partial t^2} = -\frac{\partial}{\partial t} \rho_0 \frac{\partial v}{\partial x} = +\frac{\partial^2 p'}{\partial x^2} \tag{7.43}$$

式 (7.40), 式 (7.41) を使って $p'$ を消去すると，

$$\frac{\partial^2 \rho'}{\partial t^2} = \gamma \frac{p_0}{\rho_0} \frac{\partial^2 \rho'}{\partial x^2} \tag{7.44}$$

となる。この結果から，気体の密度 (の変化) は波動方程式を満たすことがわかった。これが音波である。音波の速度 $c$ は式 (7.44) から

$$c = \sqrt{\gamma \frac{p_0}{\rho_0}} = \sqrt{\frac{\gamma R T}{M}} \tag{7.45}$$

である。ここで，平衡状態での絶対温度を $T$，気体の分子量を $M$ とし ($M = \rho_0 V_0$)，理想気体の状態方程式 (⇒ 8.2.1 節) を使った。

---

[4] この節では流体力学，熱力学の結果を使う。対応する章を参照のこと。

## 演習問題 7

**問 7.1** 図 7.2 で線の最も密な部分が 10 cm 間隔であったとすると，この音の波長はいくらか。さらに，音速を 340 m/s とすると振動数はいくらか。

**問 7.2** 変位が $u = 3\sin(\pi x - 5\pi t)$ で表される横波がある。式中の数値は SI での値とする。この波の速度，波長，振動数，振幅の値を答えよ。

**問 7.3** ヤングの実験で，スリット幅を 0.1 mm，スリットとスクリーンの距離を 1.2 m として測定したところ，明線の間隔が 6 mm であった。この実験に使った光の波長を答えよ。

**問 7.4** 図 7.11 のように，水中の物体は実際より浅く見える。ほぼ真上からのぞき込んだ場合，深さ 1 m にある物体はどのくらいの深さに見えるか。図で，目の位置が X，本物の位置が P，見かけの位置が P′ である。ほぼ真上なので，$\cos\alpha \simeq 1$, $\cos\beta \simeq 1$ としてよい。

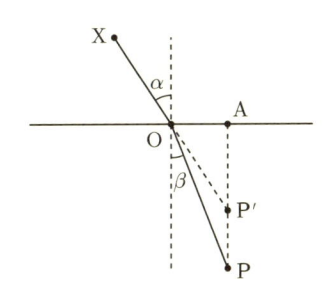

図 7.11 水中の物体

**問 7.5** 図 7.8，図 7.9 でそれぞれ音源から観測者の方へ速さ $w$ の風が一様に吹いていた。観測される音の振動数を答えよ。

**問 7.6** 1 気圧の乾燥空気では，$\gamma = 1.4$, $M = 28.8$ g/mol である。また，$R = 8.3$ J/mol·K であり，0 °C = 273 K とする。
 (1) 0°C での音速 $c_0$ を求めよ。
 (2) 通常の気温の範囲では音速は $c = c_0 + kt$ と表すことができる。ここで $t$ は摂氏 (°C) で表した温度である。係数 $k$ を決めよ。

# 8
# 熱力学

この章では，われわれの世界に存在する「もの」の性質を研究する方法を学ぶ．物質は多数の原子の集まりであり，個々の原子を質点とみなせば，それらの挙動はすでに学んだニュートンの運動方程式で記述される[1]．狭い意味での**熱力学**は物質の巨視的な性質 (エネルギー，圧力，体積，温度など) の関係を考察する．これに対して，力学に従う多数の微視的存在の集団として物質を考察する方法を**統計力学**と呼ぶ．この章ではこの 2 つの視点を交錯させながら議論を展開する．

力学では質点あるいは剛体の運動を運動方程式によって追跡した．そのような単純な考え方とは一味違う新しい方法論がこの章の主題である．

マクロな視点 → 物質 ← ミクロな視点

## 8.1 マクロな物体の性質

### 8.1.1 物質量

物質を構成するミクロな要素の数は極めて多い．これら原子や分子の個数を表す**物質量**の単位が SI の基本単位の一つである「mol」(モル) である．

$$1\,\text{mol} = \text{あるものが } N_A \text{ 個あること} \tag{8.1}$$
$$\text{アボガドロ定数}^{2)}(N_A) = 6.02 \times 10^{23}$$

モルはダースやグロスなどと類似の語だが，物質を構成する分子が極めて小さいため，その表す数値が大きい．

$$
\begin{array}{ccc}
消しゴム 12 個 & \cdots & 消しゴム 1 ダース \\
鉛筆 144 本 & \cdots & 鉛筆 1 グロス \\
\cdots & \cdots & \cdots \\
分子\, 6.02\times 10^{23} 個 & \cdots & 分子 1\,\text{mol}
\end{array}
\tag{8.2}
$$

物質 1 mol の質量を表す値を**分子量** $M$ と呼ぶ．分子量は 1 mol の $^{12}$C (質量数 12 の炭素原子) の 1/12 の質量に対する比の値と定義されるので単位をもたないが，結果的にその数値は g 単位と考えればよい．計算のときは kg に換算する．(原子 1 mol の場合は**原子量**と呼ぶ．定義や単位は同じである．)

---

1) このような微視的粒子は，本来は量子力学で扱う必要がある (⇒10.2 節)．
2) アボガドロ定数は「アボガドロ数」と呼ばれることも多い．

8.1 マクロな物体の性質

[例題 8.1]

水の分子量は 18 である。コップの中に 180 cm³ の水があるとき，そこには何個の水分子が含まれているか。

[説明] 水とは $H_2O$ という分子の集まりである。「原子量，分子量」という言葉の意味を理解しているかどうかの確認である。上の説明を再度読んで考えること。また，水の密度は常識として，この問題文では明示していない。

[解] 水は 1 cm³ で 1 g なので，180 cm³ の水の質量は 180 g である。「水の分子量は 18 である」ということは，水 1 mol が 18 g であるという意味なので，コップの中には 10 mol の水がある。
1 mol の物質には $6.02 \times 10^{23}$ 個の分子が含まれているので，コップの中には $6.02 \times 10^{24}$ 個の分子 ($H_2O$) が含まれている。

**類題** 鉄の原子量は 55.8 である。鉄の原子が 1 兆個集まった塊の質量はいくらか。

---

■寄り道■ アボガドロ定数が大きいのは，ミクロな構成要素がマクロな人間のスケールに比べて極めて小さいためである。一つの例で考えてみよう。人間の体は大部分が水である。仮に「1 人分」を 50 kg とし，それだけの水を海に流し，それが全世界の海洋に一様に広がったとする。さて，あなたがどこかの海辺で，コップ一杯の水をすくったとすると，その中にはさきに流した水の分子が約 10 万個程度含まれているはずである。(海洋の体積は約 $1.4 \times 10^9$ km³ であるとした。) あなたが飲む水の中には，いつもあなたの遠い先祖や，あるいはガリレオやニュートンの一部であった水の分子がいくつかは入っているはずである。

---

## 8.1.2 温　度

他の物理的な概念と同じく，**温度**も日常的な熱い，冷たいという感覚から出発して，それを厳密化したものである。

日常生活では 1 気圧の水の氷点と沸点をそれぞれ 0 ℃, 100 ℃ とした摂氏温度が使われている。この温度を数学の数直線の一部とみなすならば，無限の高温も低温も存在することになるが，はたしてそうであろうか。この問に答えるためには，温度という概念の本質は何かということを考える必要がある。このときミクロの視点が必要になってくる。

結論から述べると温度はミクロの要素の平均エネルギーと関係している[3]。物質を構成する分子はそれぞれ異なるエネルギーをもつが，それらの平均値を考える。図 8.1 での小さい丸は分子を表していると思ってもらいたい。エネルギーが小さいときは分子の動きは小さい。したがって低温では物質は通常固体となる。温度が上がるにつれて分子のエネルギーは増加し動きが激しくなり液体あるいは気体となる。これがミクロな視点で考える温度のイメージである。

さて，すべての分子が静止してしまった状態を考えよう。これは最もエネルギーの低い状態なので，これより低いエネルギーの状態，あるいは，より低い温度の状態を考えることはできない[4]。したがって温度には下限があるということになる。摂氏温度は日常生活の便宜

---

[3] 以下の説明ではミクロな要素を質点とみなしたときの力学的エネルギーとして運動エネルギーだけを考え，分子間に働く力に起因するポテンシャルエネルギーを無視している。気体の場合はこの近似は通常妥当である。液体，固体の場合はそうはいかないが，ここでは絶対零度のイメージを把握してもらうために，このように説明している。

[4] 量子論を考えるとこのイメージは不正確である。量子論によれば「万物はゆらいでいる」といえる。絶対零度でもミクロの構成要素は零点振動をしている。(⇒10.2 節)

|固体|液体|気体|

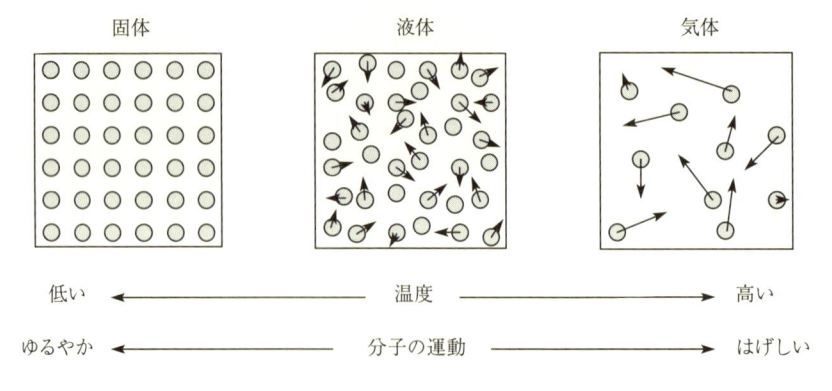

図 8.1 温度と分子の運動

で決められたもので，物理的に考えれば上述の最低の温度を基準にすべきである．この温度 ($-273.15$ °C) を **絶対零度** と呼び，これを基準にした温度を **絶対温度** と呼ぶ．絶対温度の単位は記号 K で表し「ケルビン」と読む．これは SI の基本単位の一つである．

絶対温度の 1 度の温度差と摂氏温度の 1 度の温度差は同じとするので，摂氏との換算は

$$0\text{ K} = -273.15\text{ °C} \quad \rightarrow \quad 摂氏温度の値 = 絶対温度の値 - 273.15 \tag{8.3}$$

となる[5]．以下では特に断らない限り，温度 $T$ はこの絶対温度をさす．

### 8.1.3 熱，熱容量，比熱

冷たい物体に熱を与えると温かくなる．また熱い液体と冷たい液体を混合すると中間の温度となる．こういった現象から熱の概念が生まれた．

熱の正体は物体を構成する要素がもつエネルギーである．物体を摩擦すると熱くなることは，仕事 (エネルギー) が熱になることを意味する．熱を量的にとらえたとき，**熱量** と呼び，$Q$ と記す．熱量 $Q$ はエネルギーの一種なので SI では仕事やエネルギーと同じ J (ジュール) で測る．SI の単位ではないが，熱を測る cal (カロリー) という単位もある．1 cal はおおよそ 1 g の水の温度を 1 °C 上昇させるのに必要な熱量で約 4.2 J である．この数値を **熱の仕事当量** と呼ぶことがある[6]．

ある物体を 1 K 上昇させるのに必要な熱量をその物体の **熱容量** と呼び $C$ と記す．図 8.2 にその定義を示す．熱容量は物体の「温まりやすさ，温まりにくさ」を表す量であり，その単位は J/K である．ただし，「1 度」の温度変化は，絶対温度で考えても摂氏温度で考えても

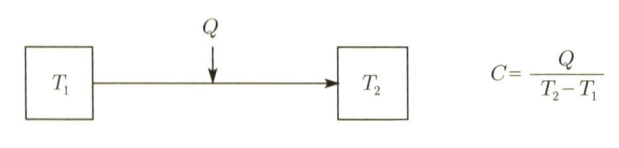

$$C = \frac{Q}{T_2 - T_1}$$

図 8.2 熱容量，比熱

---

[5) 絶対零度は定義されたが，それだけでは不十分である．正確には水の三重点 (水が気体・液体・固体で共存する状態) での温度を 273.16 K と定義する．この三重点は摂氏 0.01 °C なので，この換算となる．

[6) cal の定義は何種類もある．計量法では 1 cal = 4.18605 J である．また 15 °C カロリー (1950 国際度量衡委員会) は 4.1855 J，平均カロリーは 4.1897 J，国際蒸気表カロリー (1956) は 4.1868 J，熱化学カロリーは 4.184 J である．このようなことからも SI に代表される標準化が重要であることがわかる．

## 8.2 理想気体

同じなので，J/K は J/℃ と同じことになる。

熱容量 $C$ が大きい … 温まりにくく，冷めにくい

熱容量 $C$ が小さい … 温まりやすく，冷めやすい

図 8.2 から，熱容量 $C$ の物体の温度を $T$ だけ変化させるのに必要な熱量 $Q$ は

$$Q = CT \tag{8.4}$$

となる。このことから，熱量の計算を行う場合，ある基準温度 $T_0$ を考えて，

$$\text{温度 } T \text{ の物体のもつ熱量} = C(T - T_0) \tag{8.5}$$

と考えるのが便利である。たとえば $T_0 = 0\,^\circ\text{C}$ とすると，

$$\text{摂氏温度 } t \text{ の物体のもつ熱量} = Ct \tag{8.6}$$

となる。

物質ごとに「温まりやすさ，温まりにくさ」を比較するためには，決まった量で比べる必要がある (⇒1.4 節)。決まった量としては，1 mol の物質，1 kg の物質などを考える。これを**比熱**と呼ぶ。比熱も記号 $C$ を使う。物質 1 mol あたりの比熱は「モル比熱」と呼ぶ。比熱の単位は kg あたりの比熱であれば，J/K·kg，モル比熱であれば，J/K·mol である。熱容量と比熱の関係は，kg あたりの比熱であれば

$$M\,[\text{kg}] \text{ の物体} \quad\cdots\quad C(\text{熱容量})\,[\text{J/K}] = M\,[\text{kg}] \times C\,[\text{J/K·kg}], \tag{8.7}$$

モル比熱であれば

$$n\,[\text{mol}] \text{ の物体} \quad\cdots\quad C(\text{熱容量})\,[\text{J/K}] = n\,[\text{mol}] \times C\,[\text{J/K·mol}], \tag{8.8}$$

などである。

[例題 8.2]

200 g, 85 ℃のお茶を，温度が 10 ℃の茶碗に注いだ。この茶碗は質量が 200 g で，比熱が 800 J/K·kg の素材からできている。熱が外部に逃げないと仮定すると，しばらくたった後のお茶の温度はいくらか。お茶の比熱は，水の比熱 4.2 J/K·g とする。

[説明] まず両者の熱容量を計算し，それから熱量を求める。

[解]
$$\text{お茶の熱容量} = 200 \times 4.2 = 840 \text{ J/K}$$
$$\text{茶碗の熱容量} = 0.2 \times 800 = 160 \text{ J/K}$$

熱量は摂氏 0 度を基準として考えることにする。$Q = CT$ なので，全体の熱量を全体の熱容量で割れば温度が決まる。

$$T(\text{摂氏}) = \frac{840 \times 85 + 160 \times 10}{840 + 160} = 73\,^\circ\text{C}$$

類題 20 ℃の 1 ℓ の水の中に，500 ℃に熱した 200 g の金属の塊を入れてしばらくしたところ，水の温度が 30 ℃となった。熱が外部に逃げないと仮定したとき，この金属の比熱は何 J/K·kg か。

## 8.2 理想気体

### 8.2.1 状態方程式

ここからあとの節では，具体的に考察する物質として気体をとり上げる。その理由は構成要素である分子どうしの間の相互作用が小さいので，質点系として力学的にミクロな考察を

行うことができるからである．固体や液体のミクロな視点からの考察は難しく，本書で扱う範囲を越えている．もちろんマクロな視点からの熱現象の考察はすべての物体に適用でき，それが熱力学の偉大さである．

気体はその状態が，**圧力** $p$, **体積** $V$, **温度** $T$ により記述される．（圧力は式 (6.2) 参照．また，圧力は「気圧」(atm) という非 SI 単位で表されることがある．1 気圧 $= 1.013 \times 10^5$ Pa $= 1013$ hPa である．） それらの間には一定の関係があることが実験的にわかっている．

- **ボイルの法則：** 温度が一定の場合，体積 $V$ は圧力 $p$ に逆比例する．
  - (例) ピストンを押して気体を圧縮する．
- **シャルルの法則：** 圧力一定の場合，体積 $V$ は温度 $T$ に比例する．
  - (例) へこんだゴムボールを温めると元に戻る．

これらの法則をまとめて，**ボイル・シャルルの法則**と呼び，それを表す次の方程式を理想気体の**状態方程式**と呼ぶ．**理想気体**とはこの関係式を満たす気体である．ミクロな視点からの考察は次の節で行う．

$$\text{状態方程式} \quad pV = nRT \tag{8.9}$$

ここで記号の意味は以下のとおりである．

$$\begin{aligned}
p &= \text{圧力} \quad [\text{N/m}^2] = [\text{Pa}] \\
V &= \text{体積} \quad [\text{m}^3] \\
T &= \text{温度} \quad [\text{K}] \\
n &= \text{モル数} \quad [\text{mol}] \\
R &= \text{気体定数} = 8.31 \text{ J/mol·K}
\end{aligned} \tag{8.10}$$

実在の気体は結果的にかなりこの理想気体に近い．つまり，実験的にこの式 (8.9) は良い精度で成立している．

詳しく調べると実在の気体の振舞いは少し式 (8.9) からずれている．この理想気体からのずれを考慮したものとして，次のファン・デル・ワールスの状態方程式がある．1 mol の気体 ($n = 1$) に対して，

$$\left(p + \frac{a}{V^2}\right)(V - b) = RT \tag{8.11}$$

となる．直観的に述べると，この式で，$a$ は分子間に弱い引力が働くために「実効的な圧力」が減少する効果を，$b$ は分子が有限の体積をもつので「実効的な体積」が減少する効果を表している．

---

[例題 8.3]

3.0 mol の気体の体積が 15 $\ell$, 温度が 12 °C である．この気体の圧力はいくらか．

[説明] 状態方程式を利用する．数値は SI の単位の値に換算して使うこと．

[解] $pV = nRT$ である．$15 \ell = 15 \times 10^{-3} \text{m}^3$, $12$ °C $= 285$ K なので，これから

$$p = \frac{nRT}{V} = \frac{3.0 \times 8.31 \times 285}{1.5 \times 10^{-2}} = 4.7 \times 10^5 \text{ Pa}.$$

類題　容積 41.5 $\ell$ のボンベに酸素が入っている．
　　(1) ボンベの圧力が $7.0 \times 10^6$ Pa, 温度が 7 °C のとき，ボンベに入っている酸素は何 mol か．気体定数を 8.3 J/mol·K とする．
　　(2) ボンベが加熱され温度が 63 °C となった．圧力は初めの何倍になったか．ボンベの体積は変化しないとする．

### 8.2.2 状態変化の表現

気体では $pV = nRT$ が成り立つ。であれば，ある決まったモル数の気体では3つの変数 $p, V, T$ のうち2つが決まれば，3番目は計算できることになる。このことを利用して，気体の状態を2変数のグラフで表現することができる。

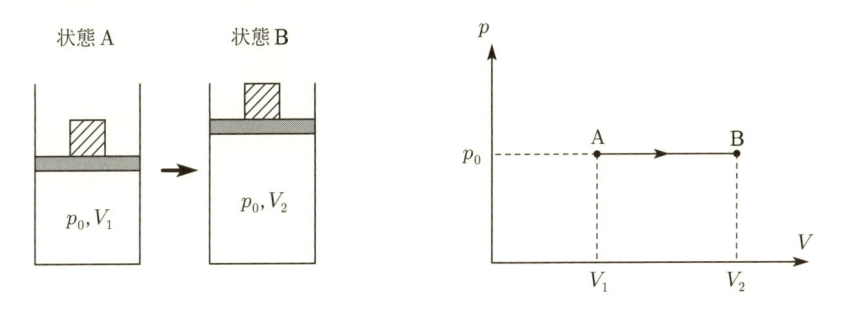

図 8.3 状態変化 (定圧変化の例)

たとえば，図 8.3 を見てもらいたい。実際に起きている現象は図の左側にあるように，圧力が一定の条件で気体が (加熱されて) 膨張しているというものである。これを，図の右のように $pV$ 図で表す。この図での黒丸は，気体の始状態あるいは終状態を表している。つまり，これは点ではなく，物体 (いまはある量の気体) を表している。逆に，右の $pV$ 図を見たときに左のような状態変化が想像できなくてはいけない。

[例題 8.4]

100 mol の理想気体が，一定の温度 300 K を保ちながら，体積 3.0 m³ から 6.0 m³ まで変化した。このときの状態変化を $pV$ 図で表せ。

[説明] 状態方程式 $pV = nRT$ を活用する。$T$ が一定なので，$p$ と $V$ は逆比例する。

[解] $pV = nRT$ なので，$pV$ 図で表すために，$p = \dfrac{nRT}{V}$ と考える。始状態では圧力は

$p = (100 \times 8.31 \times 300)/3.0 = 8.31 \times 10^4$ Pa,

終状態では圧力は

$p = (100 \times 8.31 \times 300)/6.0 = 4.15 \times 10^4$ Pa.

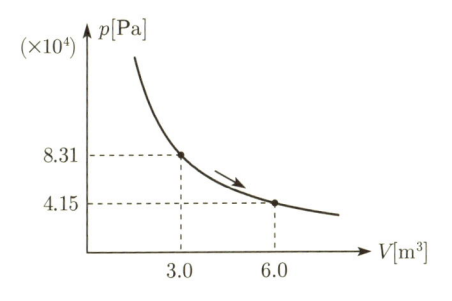

類題 1 mol の理想気体が，一定の体積 $1.5 \times 10^{-2}$ m³ を保ちながら，温度が 300 K から 450 K まで変化した。このときの状態変化を $pT$ 図 (横軸が $T$, 縦軸が $p$) で表せ。

### 8.2.3 気体の体積変化による仕事

気体の体積が変化すると仕事がなされる。1.3 節にあるように，このような量は符号の規約を決めておく必要があるが，この章では以下のように約束する。

| | | | | | |
|---|---|---|---|---|---|
| $W > 0$ | 膨張 | … | 外部に仕事をした | … | 気体のエネルギーを消費 |
| $W < 0$ | 圧縮 | … | 外部から仕事をされた | … | 気体がエネルギーをもらう |

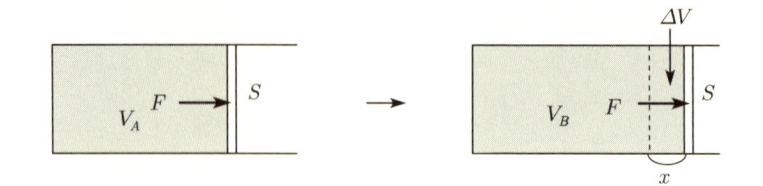

図 8.4 気体の体積変化と仕事

図 8.4 のように断面積 $S$ のピストンを一定の力 $F$ により $x$ だけ押し，シリンダの中の体積が $V_A$ から $V_B$ に変化した。

このピストンを押して外部になした仕事 $W$ は，力学で学んだ仕事の定義を使って (⇒3.1 節)
$$W = Fx \tag{8.12}$$
である。圧力が $p = F/S$ であるので，式を変形すると
$$W = \frac{F}{S}(Sx) = p(V_B - V_A) \tag{8.13}$$
となる。

上の例では力 $F$ が一定であり，よって圧力 $p$ も一定である。より一般の場合はどうなるであろうか。式 (8.13) で定義される $W$ は，図 8.3 で考えている状態変化と同じであり，$pV$ 図にある状態変化を表す線の下の長方形の「面積」と $W$ が同じであることに気づく。

総和と積分の考え方 (⇒1.6.2 節) に基づけば，圧力が変化するときは，微小な体積変化 $\Delta V$ ごとに仕事を計算し，それを合計すればよい。状態 A (体積 $V_A$) から，状態 B (体積 $V_B$) への状態変化での仕事は
$$W = \sum p \Delta V = \int_{V_A}^{V_B} p \, dV \tag{8.14}$$
となる。図 8.5 に示すように，$pV$ 図で表した状態変化の曲線の下の面積が仕事 $W$ を表す。

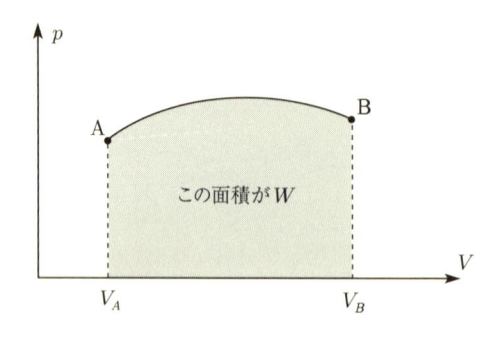

図 8.5 気体が外部にする仕事

### 8.2.4 気体分子運動論

この節の目標は，状態方程式 ($pV = nRT$, 式 (8.9)) をミクロな視点から理解することである。理想気体は次の性質をもつ分子の集団である[7]。

---

7) これらの仮定と式 (8.11) の $a, b$ を対応させよ。なお，容器に閉じ込められている分子は壁と弾性衝突をすると仮定する。これは気体と壁は熱平衡にあると仮定するという意味になる。
　衝突の意味 (⇒3.4 節) から，2 番めの「力が働かない」という仮定は，分子どうしが衝突しないと仮定したことになる。しかし，全く衝突が起きないとするのではなく，接触したときだけ弾性衝突を行うとしてよい。

## 8.2 理想気体

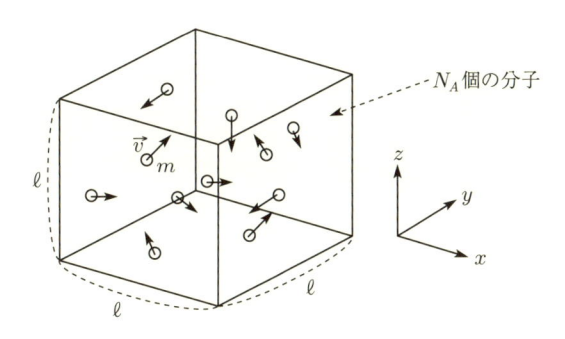

図 8.6 箱の中の理想気体

1) 分子の大きさは無視する。つまり質点と考える。
2) 分子の間に力は働かない。

簡単のため気体の量を 1 mol ($n = 1$) とし，それを 1 辺の長さ $\ell$ の立方体の箱に閉じこめる (図 8.6)。また気体は 1 成分であって，すべての分子の質量は同一の値 $m$ であるとする。まず体積については

$$V = \ell^3 \tag{8.15}$$

である。この体積の中に $N_A$ 個の分子が入っていて運動している。

次に圧力について考える。次の仮定をおく。これは，議論を簡単化するための仮定で，あとで修正する。

> すべての分子の速さは一定値 $v$ で，ある特定の方向に運動している。 (8.16)

この分子の運動の方向を図 8.7(a) の $x$ 軸とする。このとき，ある 1 個の分子に着目すれば，図 8.7(a) の左右の壁に衝突することにより分子は壁に図 8.7(b) のように力を与える。(残り 4 つの壁には全く力が働いていないことに注意。) 分子は極めて小さいので 1 個の与える力は微小だが，分子は極めて数が多い。ミクロに見ると圧力を次のように考えることができる。

> 圧力 … 分子が壁に衝突して与える面積あたりの力の総和の平均 (8.17)

1 個の分子が 1 回の衝突で与える力 $F$ は図 8.7(b) のように変化するので，その平均を運動量 (式 (3.42)) を使って考える[8]。3.3.1 節の式 (3.44) から

(a) 分子が $x$ 方向に運動  (b) 1 つの壁に働く力

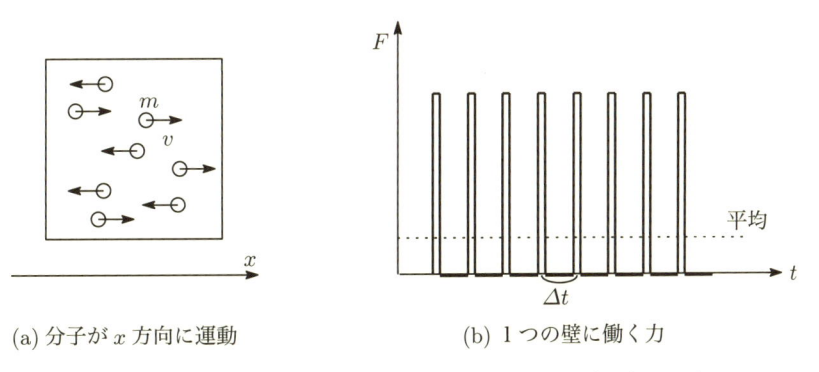

図 8.7 $x$ 軸方向に運動する分子と，1 個の分子の壁に与える力

---
[8] 運動量と圧力 $p$ を混同しないように，ここでは運動量を $p_m$ と記す。

$$F = \frac{dp_m}{dt} \simeq \frac{\Delta p_m}{\Delta t} \tag{8.18}$$

である。1回の衝突での運動量変化 $\Delta p_m$ と時間間隔 $\Delta t$ を求める。

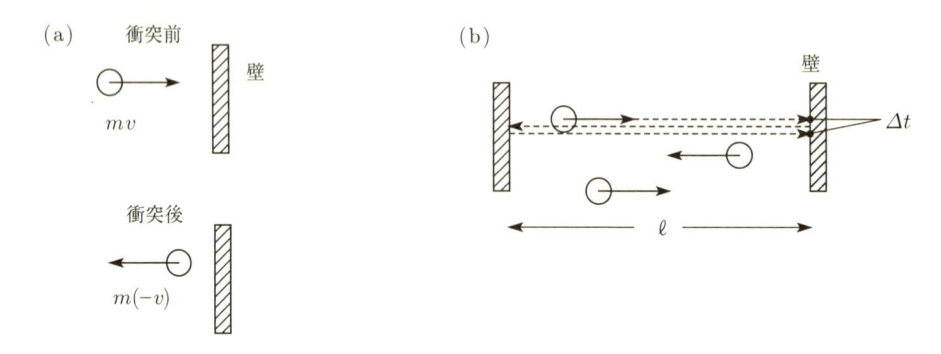

**図 8.8** (a) 壁との衝突と運動量変化, (b) 運動する分子と壁

図 8.8(a) のように, 分子の速度の大きさは $v$ で, 壁とは弾性衝突をするので速度ベクトルの向きが逆向きになる (3.4 節)。よって, 衝突前と衝突後の運動量変化の大きさ $\Delta p_m$ は,

$$\Delta p_m = mv - (-mv) = 2mv \tag{8.19}$$

特定の壁に着目すると, 図 8.8(b) のように, 分子はその壁に衝突した後, 距離 $\ell$ を往復して再度衝突するので, 衝突の時間間隔 (図 8.8(b) の右の壁への 2 回の衝突の間隔) は

$$\Delta t = \frac{2\ell}{v} \tag{8.20}$$

である。これから

$$F = \frac{\Delta p_m}{\Delta t} = \frac{2mv}{(2\ell/v)} = \frac{mv^2}{\ell} \tag{8.21}$$

となる。1 つの壁に働く圧力は

$$p = \frac{\text{全部の力}}{\text{面積}} = \frac{(\text{分子の個数}) \times (\text{分子 1 個が与える力})}{\text{面積}}$$
$$= \frac{N_A F}{\ell^2} = \frac{N_A mv^2}{\ell^3} = \frac{N_A mv^2}{V} \tag{8.22}$$

となる。ここで最後に式 (8.15) を使っている。

ここで予告どおり仮定 (8.16) をはずす。すると次の修正が式 (8.22) に必要になる。

**修正 1** 実際には分子はさまざまな方向に動いている。仮定のままでは立方体の 6 つの面のうち 2 つだけが力を受ける。圧力はすべての面で同一であるべきなので, 式 (8.22) は 3 で割る必要がある。

**修正 2** 分子の速度は個々に異なるので, $v^2$ はその平均値 $\langle v^2 \rangle$ で置き換える必要がある。

$$N_A v^2 \quad \to \quad v_1^2 + v_2^2 + v_3^2 + \cdots + v_{N_A}^2$$
$$= N_A \frac{v_1^2 + v_2^2 + v_3^2 + \cdots + v_{N_A}^2}{N_A} = N_A \langle v^2 \rangle \tag{8.23}$$

上で, 記号 $\langle\ \rangle$ は

$$\langle \sim \rangle = \sim \text{の平均値} \tag{8.24}$$

## 8.2 理想気体

を表す。(文献によっては $\langle v^2 \rangle$ を $\overline{v^2}$ と表記することもある。) 運動が空間のすべての方向を考えているので，

$$\langle v^2 \rangle = \langle |\vec{v}|^2 \rangle = \langle v_x^2 + v_y^2 + v_z^2 \rangle \tag{8.25}$$

である[9]。

これらの修正を考慮すると式 (8.22) は

$$p = \frac{N_A m v^2}{V} \quad \rightarrow \quad \frac{N_A m \langle v^2 \rangle}{3V} \tag{8.26}$$

となる。分母の 3 は修正 1 からで，$v^2$ を $\langle v^2 \rangle$ に置き換えたのが修正 2 である。これが圧力のミクロな量による表現である。

そして，状態方程式に対応する式は

$$pV = \frac{1}{3} N_A m \langle v^2 \rangle \tag{8.27}$$

と表される。右辺は式 (8.9) と比較すると (いま $n = 1$)

$$RT \quad \cdots \quad \frac{1}{3} N_A m \langle v^2 \rangle \tag{8.28}$$

と対応する。ここで，温度に対するミクロな表現も得られた。

この式はさらに次のように理解できる。分子 1 個の力学的エネルギーを $e$ とする。理想気体では力学的エネルギーは運動エネルギー (⇒3.2.2 節) だけでよいので，$e = \frac{1}{2} m v^2$ である。これを平均すると，

$$\text{分子の平均エネルギー} = \langle e \rangle = \frac{1}{2} m \langle v^2 \rangle \tag{8.29}$$

となる。すると，

$$\frac{2}{3} N_A \langle e \rangle = RT \quad \cdots \quad \langle e \rangle と T が比例 \tag{8.30}$$

となる。これは 8.1.2 節で説明した温度をミクロな視点から理解することの具体的な例になっている。まさに温度 $T$ は分子の平均エネルギー $\langle e \rangle$ に比例している。そして $T = 0$ K が最低の温度で，そこではすべての分子が静止していると解釈できる。そして，気体 1 mol のエネルギーは

$$\text{理想気体 1 mol のエネルギー} = N_A \langle e \rangle = \frac{3}{2} RT \tag{8.31}$$

となる。

式 (8.30) を書き換えて

$$\langle e \rangle = 3 \times \frac{1}{2} k_B T \tag{8.32}$$

とする。ここで $k_B$ は

$$k_B = \text{ボルツマン定数} = \frac{R}{N_A} = 1.38 \times 10^{-23} \text{ J/K} \tag{8.33}$$

である。式からわかるように，**ボルツマン定数**は温度の値とミクロ世界のエネルギーの値の換算係数といえる。

---

[9] 分子の速度は個々に異なるので，どのような分布をしているかにも興味がある。この問題は 8.7.3 節で扱う。

この式 (8.32) で因子 3 をくくりだしたのは次の事情による。この 3 はいままでの議論を逆にたどってみると，分子が 3 つの方向に動けることで出現したのであった。1.2 節の言葉でいえば，分子の運動の**自由度** $f$ が 3 であることによっている。

熱平衡状態にあるとき，ミクロな要素の平均的なエネルギーに関する一般的法則として，次のエネルギー等分配の法則が成り立つ。

$$\text{運動 1 自由度あたりの平均エネルギー} = \frac{1}{2} k_B T \tag{8.34}$$

式 (8.32) は，この具体的な例になっている。式 (8.34) は，すぐには何のことかわからないかもしれないが，この考え方が妥当であることの一つの例を 8.4.3 節で学ぶ。

自由度を用いて前の式を書き直すと

$$\text{理想気体 1 mol のエネルギー} = N_A \langle e \rangle = \frac{f}{2} RT \quad (f = \text{自由度} = 3) \tag{8.35}$$

となる。この式も後で使う。

## 8.3 状態量と熱力学

### 8.3.1 状態量

状態量という概念を導入する[10]。名前のとおり，**状態量**は過去の履歴などと無関係に，その状態のありさまだけから決まる物理量である。たとえば，温度 $T$，体積 $V$，圧力 $p$ などは，その状態を調べれば値が決まるので状態量である。

図 8.9 に示すように，状態 A から状態 B への変化において，量 $X$ が状態量であれば，その変化の大きさは

$$\Delta X = X_B - X_A \tag{8.36}$$

と終わりと初めの値の差で計算される。状態量でない場合，状態 A と状態 B が与えられても，その差は途中の経路に依存する。以後，状態量の変化については $\Delta$ で，状態量でないものの変化については $\delta$ で表すことにする。

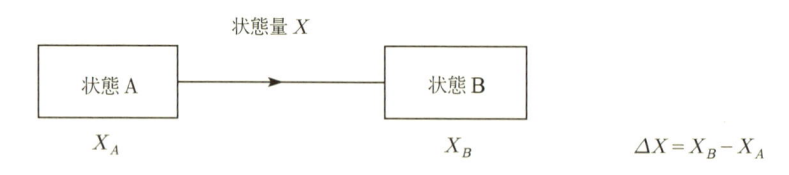

図 8.9 状態量

熱量 $Q$ や仕事 $W$ は状態量ではない。仕事について少し説明すると，図 8.5 にあるように，仕事は $pV$ 図での状態変化を表す曲線の下の面積である。しかし，図 8.5 で始状態 A と終状態 B を固定しても，その間を結ぶ状態変化は無数にあり，それぞれ異なる仕事 $W$ の値を与える。変化の経路による量は状態量ではない。(状態量でないことの例は，8.4.2 節のマイヤーの関係式の箇所でも出てくる。)

---

[10] 力学での保存力やポテンシャルエネルギーの考え方を思い出すとよい。

8.3 状態量と熱力学

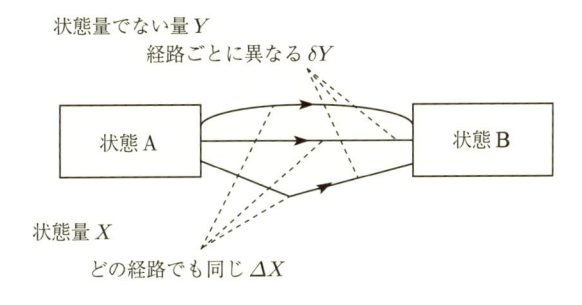

図 8.10 経路と量の変化量

**比熱** さきに比熱 $C$ という概念を定義した (⇒8.1.3 節)。$Q = CT$ を微小変化で書くと $\delta Q = C\Delta T$ なので，式で書くと，

$$C = \frac{熱量の変化}{温度差} = \frac{\delta Q}{\Delta T} \tag{8.37}$$

となる。熱量は状態量ではないので，比熱も変化の経路を指定しないと一意的には定まらない。したがって同じ物質でも比熱はさまざまなものがある。

### 8.3.2 準静的過程

実は今までの議論もそうであったのだが，この章の議論にはあることが仮定されている。それは過程が**準静的過程**であるということである。そのことを，具体的な事例で説明しよう。8.2.3 節で体積変化における仕事を扱った。一般に，強くピストンを押したとすると，その力と内部の圧力はつりあわない。8.2.3 節で，気体が膨張する場合には，内部の圧力は，常にほんのわずかだけ外部の圧力より大きく，ほとんど力のつりあいが成り立ちながら，じわじわとピストンが動いていくという前提で計算された。この過程は十分ゆっくりなので，内部の気体は各瞬間で平衡状態を保っている。したがって，状態方程式で記述することができた。

図 8.11 可逆な過程

準静的過程は**可逆**である (図 8.11)。逆に，内部の圧力を外部の圧力よりも，ごくわずかだけ小さくすることにより，ピストンをじわじわと動かして，気体を圧縮させることができる。このときの気体の状態量は，圧縮と膨張の場合で時間的な方向が逆になっただけの同様の変化をするし，圧縮のときに気体が受けた仕事の大きさは，膨張のときに気体が外部に対してなした仕事の大きさと同じになる。

以下で現れる等温変化や断熱変化なども，このような条件を仮定し，可逆的になされるとする。変化の各瞬間で気体は平衡状態を保ち，状態方程式が成立すると考える。

こういった説明を聞いて，熱力学は現実にはあまり起きないような変化ばかりを仮定していて実用性がない，と誤解してはいけない。ここで，状態量が重要な役割をもつ。状態量は変化の経路によらない。図 8.12 で示すように，状態 A が変化して状態 B になったとき，状

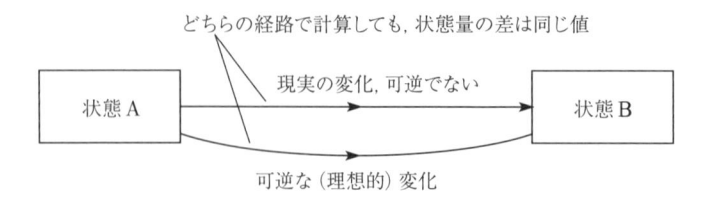

どちらの経路で計算しても，状態量の差は同じ値

状態A → 状態B

現実の変化，可逆でない

可逆な（理想的）変化

図 8.12　2 つの状態を結ぶ状態変化

態量の変化の大きさは，現実に起きている変化とは異なる可逆的な経路で計算をしても正しい結果が得られるのである。

以下で説明される内部エネルギーとエントロピーが本章で重要な位置を占めているのは，それらが状態量であるからである。初心者にとっては，理解しやすい熱や仕事で説明された方がわかりやすいと思うかもしれないが，残念ながらこれらは状態量ではないのである。

## 8.4　熱力学第 1 法則

すでに温度とはミクロな状態のエネルギーと関係することを学んだ。熱を与えれば温度が上昇するので，熱はエネルギーの一つの形態であることがわかる。力学でエネルギーとは仕事をする能力であることを学んだが，熱エネルギーはそのすべてが仕事に転化できるわけではない。熱エネルギーからどれだけ仕事を取り出せるかという問は理論的にも工学的にも重要なテーマである。そして状態の変化の背後には，それを支配するエントロピーという概念が隠れている。エネルギーとエントロピーという 2 つの量の理解が本節から次の節へかけての主題である。

### 8.4.1　内部エネルギー

物体を加熱すれば，その熱エネルギーはその物体の中に蓄えられる。また気体が膨張して外部に仕事をするときは，気体がもつエネルギーを消費して行う。このように物体の内部に蓄えられるエネルギーを**内部エネルギー**と呼び，$U$ と記す (単位は J)。内部エネルギーはミクロに考えれば分子のエネルギーの和である。つまり，分子の運動エネルギー，および，分子どうしの間のポテンシャルエネルギーの総和である。ただし，物体が運動をしていれば，各分子は物体の重心の移動に伴う運動エネルギーをもつが，これは内部エネルギーに算入しない。(式 (3.80) と分離できる。)　また地上の物体を高くもち上げれば，各分子は重力のポテンシャルエネルギーをもつが，このようなものも内部エネルギーに算入しない。

内部エネルギーは熱 $Q$ と，仕事 $W$ により変化する。1.3 節でも注意したように，このような量の符号はきちんと決めておかないといけない。熱が物体に与えられたとき $Q$ は正とする。もし $Q$ が負なら熱を奪われた，つまり，物体が冷却されたと考える。したがって，内部エネルギーは $Q$ だけ増える。また，気体が膨張して外部に仕事をしたときの $W$ を正，外部からの仕事により圧縮されたとき $W$ を負と考える。したがって，内部エネルギーは $W$ だけ減る。

このことを定式化したものが熱力学第 1 法則である。

## 8.4 熱力学第 1 法則

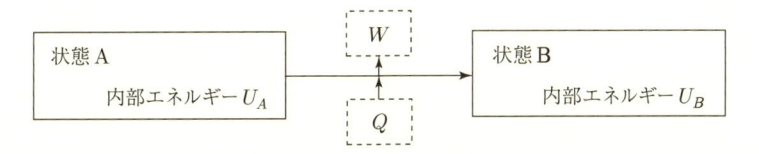

図 8.13 状態変化

**熱力学第 1 法則**　熱エネルギーも含めたエネルギー保存則である。式で表せば次のようになる。

$$U_B - U_A = Q - W \tag{8.38}$$

気体については 8.2.3 節で仕事を表す式 $W = p(V_B - V_A)$ (式 (8.13)) が得られたので、これで仕事を計算する。

図 8.13 では、たとえば水が湯になるという「大きな」変化を考えている。しかし、状態の変化は突然起きるのではなく少しずつ変化していくことにより起こる。したがって大きな状態の変化は多数の微小な状態変化の積み重ねと考えることができる。

$$U_B - U_A = \sum \Delta U_j = \sum (\delta Q_j - \delta W_j) \tag{8.39}$$

微小な変化に対する第 1 法則は次の式となる。

$$\text{第 1 法則：微小変化}\quad \Delta U = \delta Q - \delta W \tag{8.40}$$

気体については、$W = p(V_B - V_A)$ (式 (8.13)) で微小変化と考えると、$\delta W = p\Delta V$ となるので、式 (8.40) を書き直すと以下となる。

$$\text{第 1 法則：気体}\quad \Delta U = \delta Q - p\Delta V \tag{8.41}$$

---

**[例題 8.5]**

1280 hPa の気体を一定圧力に保ちながら 80 kJ の熱量を加えたら体積が 1.00 m$^3$ から 1.25 m$^3$ へと増加した。このときの内部エネルギーの増加量はいくらか。

[説明]　単位の換算に注意しながら第 1 法則を使えばよい。気体の膨張による仕事は圧力と増加した分の体積の積である。

[解]　入ってきた熱量は $Q = 80 \times 10^3$ J $= 8.0 \times 10^4$ J である。体積の変化分は $V_B - V_A = 1.25 - 1.00 = 0.25$ m$^3$、外部になした仕事は $W = (1280 \times 10^2)$ Pa $\times 0.25$ m$^3$ $= 3.2 \times 10^4$ J である。

$$U_B - U_A = Q - W = 4.8 \times 10^4 \text{ J}$$

類題　圧力 1000 hPa、体積が 3 ℓ の気体を、圧力を一定に保ちながら冷却して 120 J の熱量を奪ったところ、体積が 2/3 となった。このときの内部エネルギーの変化量はいくらか。

---

**理想気体の内部エネルギー**　内部エネルギーはミクロに考えれば分子のエネルギーの和である、と述べたが、理想気体では分子の間の力を考えないので、ポテンシャルエネルギーはない。よって、分子の運動エネルギーの和が内部エネルギーとなる。8.2.4 節での式 (8.35) によれば

$$\text{理想気体 1 mol の内部エネルギー} = U = \frac{f}{2}RT \qquad (f = 自由度 = 3) \tag{8.42}$$

となる。よって，1 mol あたりの理想気体の内部エネルギーは温度のみの関数となる。(このことは**ジュールの法則**とも呼ばれる。)

### 8.4.2 気体の状態変化

理想気体の状態は，体積 $V$，圧力 $p$，温度 $T$，モル数 $n$ で指定される (式 (8.10))。以下しばらく簡単のため 1 mol の気体を考えることにする。すると $V, p, T$ の 3 つの量で状態が指定されるが，状態方程式 $pV = RT$ (式 (8.9)) があるため，このうち独立なのは 2 つである。したがって，もう 1 つ制御条件を加えれば状態変化が指定できる。以下では定積変化，定圧変化，等温変化，断熱変化の 4 種類の変化を考える。

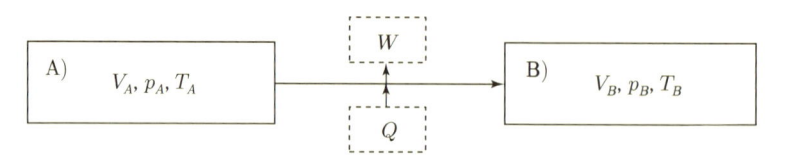

図 8.14 気体の状態変化

**i) 定積変化** ($V_A = V_B = V$)

このときは $\Delta V = 0$ により仕事が 0 なので，式 (8.41) から $\Delta U = \delta Q$ である。体積が一定のときの比熱 (⇒ 式 (8.37)) を**定積比熱**と呼び $C_V$ と記す。すると $\Delta T = T_B - T_A$ として

$$\frac{\Delta U}{\Delta T} = \frac{\delta Q}{\Delta T} = C_V \tag{8.43}$$

となる[11]。

**内部エネルギーの温度変化** 上式 (8.43) から，理想気体 $n$ [mol] に対して

$$\Delta U = nC_V \Delta T \tag{8.44}$$

という関係が出てくる。

**ii) 定圧変化** ($p_A = p_B = p$)

このときは圧力が一定なので状態方程式 $pV = RT$ により体積と温度が比例する。したがって，体積と温度の微小変化 $\Delta V, \Delta T$ も比例し，$p\Delta V = R\Delta T$ となる。これと式 (8.41) を組み合わせると，

$$\frac{\Delta U}{\Delta T} = \frac{\delta Q - p\Delta V}{\Delta T} = \frac{\delta Q}{\Delta T} - \frac{p\Delta V}{\Delta T} = \frac{\delta Q}{\Delta T} - R \tag{8.45}$$

となる。圧力が一定のときの比熱 (⇒ 式 (8.37)) を**定圧比熱**と呼び，$C_p$ と記す。すると

$$\frac{\Delta U}{\Delta T} = C_p - R \tag{8.46}$$

となる。

**マイヤーの関係式** 式 (8.43) と式 (8.46) から，比熱の間に

$$C_p = C_V + R \tag{8.47}$$

---

[11] この $\Delta U/\Delta T$ は本来，定積という条件下での比である。しかし，定量の理想気体の内部エネルギーは温度のみの関数であるので，そのような煩雑な注釈は省く。以降もそうしている。

8.4 熱力学第 1 法則

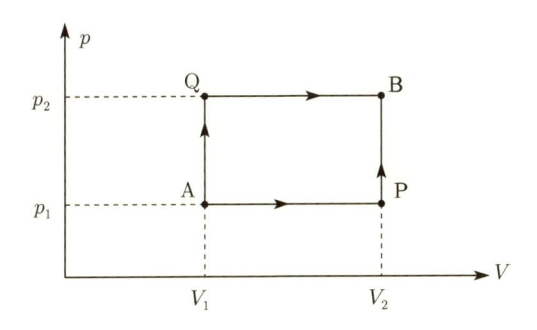

**図 8.15** マイヤーの法則の考察

の関係が成立する。これを**マイヤーの関係式**という。この法則を図 8.15 に示す状態変化で検討しよう。気体 1 mol が，状態 A から状態 B に変化するときに，(1) A → P → B，(2) A → Q → B の 2 つの経路を考える。状態 A, B, P, Q での温度を $T_A, T_B, T_P, T_Q$ とする。すると，気体に与えられた熱量は以下のようになる。

$$\begin{aligned}(1) \quad & Q_1 = C_p(T_P - T_A) + C_V(T_B - T_P) \\ (2) \quad & Q_2 = C_V(T_Q - T_A) + C_p(T_B - T_Q)\end{aligned} \tag{8.48}$$

また気体が外部になした仕事は

$$\begin{aligned}(1) \quad & W_1 = p_1(V_2 - V_1) = RT_P - RT_A \\ (2) \quad & W_2 = p_2(V_2 - V_1) = RT_B - RT_Q\end{aligned} \tag{8.49}$$

となる。上の式で右辺の変形は 1 mol の気体の状態方程式 $pV = RT$ を状態 A, B, P, Q で使うことによりなされた。

前にも状態量のところ (⇒8.3.1 節) で説明したが，上の結果は，熱 $Q$ や仕事 $W$ が経路に依存する量であって状態量ではないことの具体的な例である。一方，内部エネルギーは状態量なので，それは経路 (1)，経路 (2) のどちらでも同じ値になるはずである。

$$\begin{aligned}(1) \quad & U_B - U_A = Q_1 - W_1 = (C_p - R)(T_P - T_A) + C_V(T_B - T_P) \\ (2) \quad & U_B - U_A = Q_2 - W_2 = C_V(T_Q - T_A) + (C_p - R)(T_B - T_Q)\end{aligned} \tag{8.50}$$

この $U_B - U_A$ が (1) と (2) で等しいとすると，

$$(C_p - R - C_V)(T_P - T_A - T_B + T_Q) = 0 \tag{8.51}$$

となる。任意の温度について，これが成立するためには $C_p - R - C_V = 0$ でなければならないので，マイヤーの関係式が導かれる。

> コメント　すでに 2 つの状態変化を説明し，以下でさらに 2 つの状態変化を扱う。それぞれの場合ごとにアプローチが違うので，もっと統一的に議論してくれればわかりやすいのにと感じるかもしれない。しかし，圧力が一定とか，温度が一定とかそれぞれの特徴をうまく利用して検討しているので，4 つの場合それぞれについて計算の手順が違うのはやむを得ないのである。

**iii) 等温変化** ($T_A = T_B = T$)

状態方程式を使うと微小な仕事 $W$ は

$$\delta W = p\Delta V = \frac{RT}{V}\Delta V \tag{8.52}$$

となる。ここで，温度 $T$ が一定なので簡単に積分できる。

$$W = \sum \delta W = \int_{V_A}^{V_B} RT \frac{dV}{V} = RT \log\left(\frac{V_B}{V_A}\right) \tag{8.53}$$

温度が一定なので内部エネルギーの性質 (式 (8.42)) から

$$U_A = U_B \tag{8.54}$$

であり，したがって熱力学第 1 法則から以下となる。

$$Q = W = RT \log\left(\frac{V_B}{V_A}\right) \tag{8.55}$$

**iv) 断熱変化** $(Q = 0)$

このとき定義から微小変化に対して

$$\Delta U = -p\Delta V \tag{8.56}$$

となる。式 (8.46) から $\Delta U = C_V \Delta T$ と書ける。ここで状態方程式を使って

$$C_V \Delta T = -\frac{RT}{V}\Delta V \quad \rightarrow \quad C_V \frac{\Delta T}{T} = -R\frac{\Delta V}{V} \tag{8.57}$$

となる。この関係が断熱変化において常に成り立つので，始状態から終状態まで和をとる。

$$\sum C_V \frac{\Delta T}{T} = -\sum R \frac{\Delta V}{V} \tag{8.58}$$

総和と積分の考え方 (⇒1.6.2 節) に基づき，

$$\int_{T_A}^{T_B} C_V \frac{dT}{T} = -\int_{V_A}^{V_B} R \frac{dV}{V} \tag{8.59}$$

となるので，これを計算して

$$C_V \log\left(\frac{T_B}{T_A}\right) = -R \log\left(\frac{V_B}{V_A}\right) \tag{8.60}$$

を得る。ここで，比熱比 $\gamma$ を

$$\gamma = \frac{C_p}{C_V} \tag{8.61}$$

で定義する。この量は定義から無次元量である。マイヤーの関係式 (8.47) を使って

$$\frac{R}{C_V} = \frac{C_p - C_V}{C_V} = \gamma - 1 \tag{8.62}$$

から

$$\log\left(\frac{T_B}{T_A}\right) + (\gamma - 1)\log\left(\frac{V_B}{V_A}\right) = 0$$

$$\left(\frac{T_B}{T_A}\right) \cdot \left(\frac{V_B}{V_A}\right)^{\gamma-1} = 1$$

$$T_B V_B^{\gamma-1} = T_A V_A^{\gamma-1} \tag{8.63}$$

となる (対数の計算 ⇒A.4 節)。これと状態方程式を組み合わせることにより，断熱変化について以下が成り立つ。

$$TV^{\gamma-1} = \text{一定}, \quad \text{あるいは} \quad \frac{T^\gamma}{p^{\gamma-1}} = \text{一定}, \quad \text{あるいは} \quad pV^\gamma = \text{一定} \tag{8.64}$$

最後の形をポアソンの法則と呼ぶ。

断熱変化における外部に対する仕事は $Q = 0$ なので，内部エネルギーの変化として与えられる。

$$W = -(U_B - U_A) = -C_V(T_B - T_A) \tag{8.65}$$

### 8.4 熱力学第 1 法則

**[例題 8.6]**

1 mol の気体があり，体積，圧力，温度を $V, p, T$ とする。体積が初めの状態から 2 倍に増加した。(1) 定圧変化，(2) 等温変化，(3) 断熱変化の，それぞれの場合において気体がなした仕事 $W$ を求めよ。$W$ は $RT$ に係数のかかった形で答えよ。

**[説明]** 定積変化だけは意味がないので取り上げていない。それぞれの変化に応じて必要な関係式を利用する。初期状態での状態方程式 $pV = RT$ は使ってよい。

**[解]** (1) 定圧変化：$W = p(V_B - V_A)$(式 (8.13)) だから，$W = p(2V - V) = pV = RT$ である。

(2) 等温変化：式 (8.55) から $W = RT \log \dfrac{2V}{V} = (\log 2)RT$ である。

(3) 断熱変化：式 (8.65) から $W = -C_V(T' - T)$ である。ここで $T'$ は終状態の温度で，断熱変化で $TV^{\gamma-1} = $ 一定，であることを利用すると決めることができる。初めの状態と，終わりの状態で

$$TV^{\gamma-1} = T'(2V)^{\gamma-1} \rightarrow T' = \frac{T}{2^{\gamma-1}}$$

となる。これから仕事は以下となる。

$$W = C_V T\left(1 - \frac{1}{2^{\gamma-1}}\right) = \frac{1}{\gamma-1}\left(1 - \frac{1}{2^{\gamma-1}}\right)RT$$

最後のところで他の結果と比較するため，$C_V = \dfrac{C_V}{R}R = \dfrac{C_V}{C_p - C_V}R = \dfrac{R}{\gamma-1}$ と変形した。

$\gamma = 5/3$ として，数値で評価すると，

(1) $W = RT$, (2) $W = 0.69RT$, (3) $W = 0.56RT$

である。

**類題** 1 mol の気体があり，体積，圧力，温度を $V, p, T$ とする。圧力が初めの状態から 2 倍に増加した。(1) 定積変化，(2) 等温変化，(3) 断熱変化のそれぞれの場合において，気体に加えられた熱量 $Q$ を求めよ。$\gamma = 5/3$ として，$Q$ は $RT$ に係数のかかった形で答えよ。

#### 8.4.3 気体の比熱

実際の気体のデータを使って，マイヤーの関係式 (8.47) を確かめよう。

表 8.1 気体の定圧比熱と定積比熱

| 気体 | $C_p$ [J/mol·K] | $C_V$ [J/mol·K] |
|---|---|---|
| ヘリウム | 20.9 | 12.6 |
| アルゴン | 20.9 | 12.5 |
| 水素 | 28.7 | 20.5 |
| 酸素 | 29.5 | 21.2 |

$R = 8.3$ J/K·mol なので，この表 8.1 から，関係式 (8.47) はすべての気体について成立している。

マイヤーの関係式だけでは 2 つの比熱の差しかわからない。8.2.4 節で得られた式 (8.35) を使えば，マイヤーの関係式と合わせて比熱比を決定することができる。

$$U = \frac{3}{2}RT \rightarrow C_V = \frac{3}{2}R \rightarrow C_p = C_V + R = \frac{5}{2}R \rightarrow \gamma = \frac{5}{3} \tag{8.66}$$

上の表 8.1 ではヘリウムとアルゴンはこれを満たすが，他はそうではない。

より詳しく各種の気体について比熱比を調べると表 8.2 となる。

ここで式 (8.35) での**自由度**を $f$ で残しておくと

$$U = \frac{f}{2}RT \rightarrow C_V = \frac{f}{2}R \rightarrow C_p = \frac{f+2}{2}R \rightarrow \gamma = \frac{f+2}{f} \tag{8.67}$$

表 8.2 気体の比熱と比熱比

| 気体 (測定温度) | $C_p$ [J/g·K] | $\gamma$ |
|---|---|---|
| アンモニア (14°C) | 2.152 | 1.336 |
| アルゴン (15°C) | 0.523 | 1.67 |
| 一酸化炭素 (15°C) | 1.038 | 1.404 |
| エチルアルコール (90°C) | 1.670 | 1.13 |
| 塩化水素 (15°C) | 0.812 | 1.41 |
| 酸化窒素 (13°C) | 0.971 | 1.40 |
| 酸素 (16°C) | 0.922 | 1.396 |
| シアン (15°C) | 0.853 | 1.26 |
| 水蒸気 (100°C) | 2.051 | 1.33 |
| 水素 (0°C) | 14.19 | 1.410 |
| 二酸化炭素 (16°C) | 0.837 | 1.302 |
| 窒素 (16°C) | 1.034 | 1.405 |
| ヘリウム (−180°C) | 5.232 | 1.66 |
| ベンゼン (100°C) | 1.381 | 1.105 |
| メタン (15°C) | 2.210 | 1.31 |

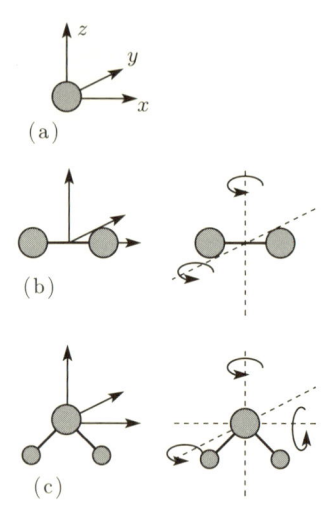

図 8.16 分子の運動の自由度

となる．表 8.2 のデータをよく見ると，次のことがわかる．

- 単原子分子 (ヘリウムなど) $\quad f=3 \quad \cdots \quad \gamma=5/3=1.66\ldots$
- 2 原子分子 (水素など) $\quad f=5 \quad \cdots \quad \gamma=7/5=1.4$
- 多原子分子 $\quad f\geqq 6 \quad \cdots \quad \gamma\leqq 8/6=1.33\ldots$

気体に加えられた熱エネルギーや仕事は，内部エネルギーを増加させる．その内部エネルギーの増加は分子のエネルギー (の平均) の増加となる．図 8.16 で分子の運動の様子を示す．図中の丸は原子を表す．図 8.16(a) の単原子分子では分子は質点とみなされ，運動は空間の 3 つの方向に動くことができるだけで，自由度は 3 である．しかし分子が構造をもっているときは回転運動などを行うことができる．分子に与えられるエネルギーが，すべて分子の直進的な運動のエネルギーになり，分子が回転をしないとは考えにくい．むしろエネルギーはすべての運動の可能性に対して同等に寄与するであろう．これを，8.2.4 節の式 (8.34) で，エネルギー等分配の法則として述べた．5.1 節で学んだとおり，分子を剛体と考えると回転運動を考える必要がある．図 8.16(b) の 2 原子分子では自由度は 5，図 8.16(c) の (一般の) 多原子分子では自由度は 6 となる[12]．まとめると，表 8.2 の比熱の実験データは自由度あるいはエネルギー等分配則の考え方を支持している．

## 8.5 熱力学第 2 法則

前の節で熱力学第 1 法則を学んだが，それは

熱力学第 1 法則 ⋯ エネルギー保存則

であった．このことは自然界において状態が変化する際，任意の状態には変化できず，初め

---

[12] 2 原子分子の場合は，図 8.16(b) での $x$ 軸のまわりの回転運動はエネルギーに寄与しないから，回転の自由度は 2 つだけである．回転のエネルギーは回転半径の 2 乗に比例する．図では原子を大きく描いているが，実際の原子の質量を担う原子核は非常に小さく，$x$ 軸のまわりの回転のエネルギーは 0 となる．

## 8.5 熱力学第2法則

と同じエネルギーの状態のみへ変化できることを意味している。しかし，同じエネルギーの状態は多数ありうる。そのどれが選択されるかを支配するのが第2法則である。

**熱力学第2法則** … 変化を支配する法則

熱力学第2法則は以下で現れるさまざまな表現をもつが，これらは互いに同等である。多様な衣装をまとうことのできる第2法則の奥の深さを以下で会得してほしい。

以降の議論では，**思考実験**と呼ばれる推論方法を利用する。それは，実験装置や条件を設定したとき，そこで起きるであろうことを理論的に推定する形で進める議論形式である。

### 8.5.1 熱機関と効率

熱エネルギーを持続的に仕事に変換するための我々が知る唯一の方法は熱サイクルを利用することである。図 8.17 のように，サイクルにおいては作業物質は一連の状態変化を行った後，初めの状態に戻って1サイクルが終了する。初めの状態に戻るのだから，連続的な使用が可能になる。これは**熱機関**と呼ばれ，具体的には自動車のエンジンなどを考えればよい。

熱機関は燃料の燃焼などで熱を熱源から得て，それを仕事に変換する。熱がたまるとオーバーヒートして困るので，余分な熱は冷却する，つまり冷たいところに熱を捨てる必要がある。以上の熱機関の動作をエネルギーの流れのみに注目して模式的に考えると図 8.18 となる。

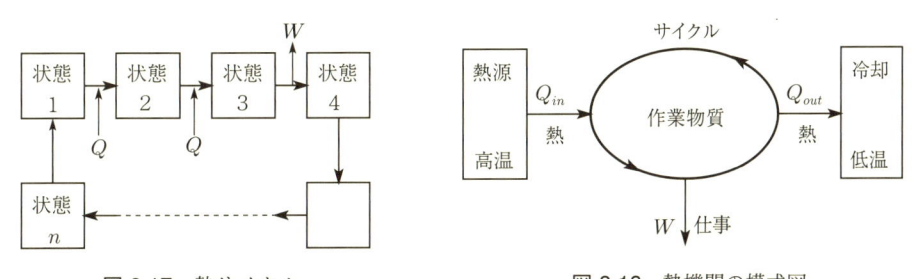

図 8.17 熱サイクル

図 8.18 熱機関の模式図

[**注意**] ここまでは，物体に吸収される方向を正として熱量 $Q$ を定義してきた。しかし，理解を容易にするため，$Q_{out}$ については物体から出て行く熱とする。このため，前の節で得られた公式を使う際，「気体が失った熱」の場合にはマイナスをつけるのを忘れないようにしないといけない。

第1法則を考えると

$$Q_{in} = W + Q_{out} \tag{8.68}$$

となる。サイクルの定義から，1周すれば元の状態に戻るので，熱機関の作業物質自体の内部エネルギーの変化はない。よって，式 (8.68) が成り立つ[13]。

燃料の燃焼によって得た熱のうち，どれだけが有効に仕事として取り出されたかを表す量として，熱機関の**効率** $\eta$ を定義する。図 8.18 により

$$\eta = \frac{W}{Q_{in}} \quad \Rightarrow \quad \eta = 1 - \frac{Q_{out}}{Q_{in}} \tag{8.69}$$

ここで2番目の表現では式 (8.68) つまり第1法則を使っている。熱機関には冷却装置が必ず必要であるが，考えてみると，熱 $Q_{out}$ がサイクルから出ていくことは，せっかくガソリンや

---

[13] 自動車のエンジンでいうと，駐車していた車が動き出してしばらくの間は，冷えていたエンジンがある程度熱くなるまで，式 (8.68) は成り立たない。式 (8.68) は温まったエンジンが安定駆動している状態で成り立つ。

石炭を燃やしてつくった熱エネルギーである $Q_{in}$ の一部を捨てていることになる。しかし，いかに巧妙な装置や仕掛けを考えても，冷却なしに熱機関をつくることはできないことが経験的にわかってきた。これから第2法則の最初の形が得られる。

|熱力学第2法則|　熱機関の効率は1よりも小さい。つまり $\eta < 1$ である。

上の表現で存在が否定された，$\eta = 1$ の熱機関を第2種の永久機関と呼ぶ。これは，第1種の永久機関と呼ばれる $\eta > 1$ の熱機関と区別するためである。エネルギー保存則 (第1法則) により第1種の永久機関は存在が否定される。第2種の永久機関はエネルギー保存則には抵触していないので，熱力学第2法則が必要となってくる。

さて，第2法則の別の表現を順次示す。

|熱力学第2法則|　(トムソン) 仕事が熱に変わり，それ以外に何の変化もないならば，その過程は不可逆である。

この表現はトムソン (W. Thomson, または Lord Kelvin) による。これは仕事を熱にする過程を完全に逆転することはできないことを主張している。

|熱力学第2法則|　(クラウジウス) 熱を低温の物体から高温の物体に移し，それ以外に何の変化もないようにすることは不可能である。

クラウジウス (R. J. E. Clausius) による表現である。熱が高温の物体から低温の物体に移るのは当たり前の現象であるが，その逆は不可能だという主張である[14]。

[例題 8.7]
熱力学第2法則のクラウジウスによる表現と，熱機関の効率は1よりも小さいという表現の同等性を示せ。

[説明] 物理の問題というと計算ばかりだと思っているかもしれないが，ここでは論理的に議論をすることが要求されている。以下では背理法と思考実験を組み合わせた説明を行う。

[解]　1) 仮にクラウジウスの主張が誤りであるとする。
　　　2) すると，図 8.19(a) の熱を他に何の変化も与えず低温から高温に移動させる装置が可能となる。
　　　3) 図 8.19(b) のように，この装置と通常の熱機関を組み合わせて使ってみる[15]。

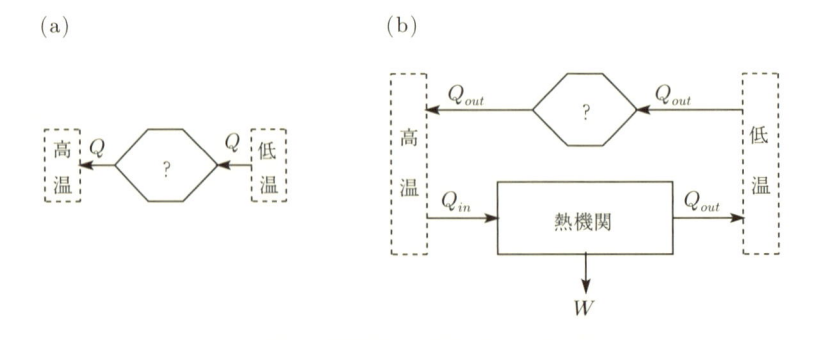

図 8.19　クラウジウスの表現に反する機関から永久機関ができる。

---

14) これが可能だと，電源の不要なエアコンができるのだが。
15) これは思考実験を行っている。本来，クラウジウスの原理に反する装置など実在しないのだから，この実験はできない。

4) 図 8.19(b) の装置の動作は，高温の熱源から熱 $Q = Q_{in} - Q_{out}$ が流れ込み，それが仕事 $W$ になったとみなすことができる。
5) すると $Q = W$ なので，効率が 1 の装置ができたことになる。
6) このような矛盾が生じた原因はクラウジウスの主張を否定したことからきている。矛盾を避けるためにはクラウジウスの主張を正しいとするべきである。

**類題** 熱力学第 2 法則のトムソンによる表現と，熱機関の効率は 1 よりも小さいという表現の同等性を示せ。

---

■**寄り道**■ 永久機関は不老長寿や錬金術あるいは賢者の石などと並んで，昔からその可能性が追求されてきた。確かに，燃料なしに動力が得られれば，こんな便利なことはない。

不老長寿は，平均寿命の伸びなどを見ていると，医学や生物学の進歩とともに少しずつではあっても，実現に向けて進んでいるようにも思われる。

また，錬金術はコストと量を無視すれば実現されている。錬金術とは「金以外の材料を用いて金をつくること」であるが，我々は原子核を他の原子核に変換する技術をもっている。

しかし，永久機関は基本的な原理によって否定されているので，今後とも実現の見込みはない。そうはいっても，一見永久機関のように見える仕掛けやアイディアはいろいろあり，うっかりするとだまされてしまうが，きちんと検討すれば誤りであることがわかる。右の図にその一例を示す。おもりがひもで連結されて輪になっており，右側には水槽がある。(水槽の底部は，センサーとシャッターがあって，おもりが底面に接触したときだけシャッターが開き，水はほとんどもれない。この開閉のための動力は微々たるものである。) 重力は左右均等にかかるが，水槽中のおもりには浮力が働くので，この輪は反時計回りに回転して仕事をするように思える。もちろん，これは誤りで，実際にはこの装置は動かない。理由を考えてみると面白いだろう。

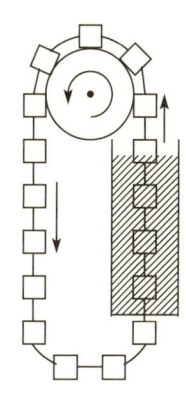

---

### 8.5.2 カルノー・サイクル

具体的な熱機関のモデルをとり上げて，その効率を計算してみる。ここで扱うのは**カルノー・サイクル**である。このサイクルは 4 つの状態変化，具体的には表 8.3 や図 8.20 に示す 2 つの等温変化と 2 つの断熱変化から構成される。すべての過程は可逆であるので**可逆機関**とも呼ばれる (⇒8.6.1 節)。

効率を計算する。$Q_{in}$, $Q_{out}$ は等温変化の式 (8.55) によって

$$Q_{in} = RT_H \log\left(\frac{V_B}{V_A}\right), \qquad Q_{out} = -RT_L \log\left(\frac{V_D}{V_C}\right) \tag{8.70}$$

表 8.3 カルノー・サイクルの動作

| | カルノー・サイクル | | | | | | | |
|---|---|---|---|---|---|---|---|---|
| 状態 | A | → | B | → | C | → | D | → A |
| 過程 | 等温膨張 温度 $T_H$ | | 断熱膨張 | | 等温圧縮 温度 $T_L$ | | 断熱圧縮 | |
| 熱量 | $Q_{in}$ 入る | | 0 | | $Q_{out}$ 出る | | 0 | |
| 仕事 | $W_1$ 外へ | | $W_2$ 外へ | | $W_3$ 内へ | | $W_4$ 内へ | |

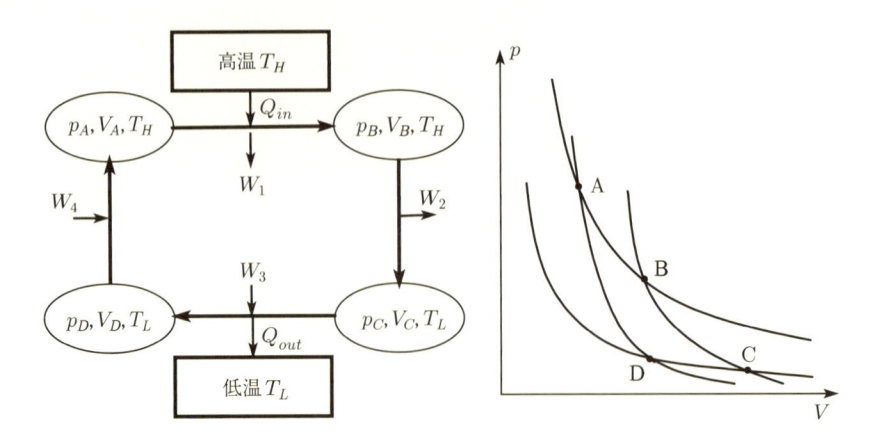

図 8.20 カルノー・サイクル

となる。また断熱変化の条件式 (8.64) から

$$\begin{aligned} B \to C \quad & T_H V_B^{\gamma-1} = T_L V_C^{\gamma-1} \\ D \to A \quad & T_L V_D^{\gamma-1} = T_H V_A^{\gamma-1} \end{aligned} \tag{8.71}$$

となり，これから

$$\frac{V_B}{V_A} = \frac{V_C}{V_D} \tag{8.72}$$

を得る。これらの式を組み合わせて

$$\eta = 1 - \frac{Q_{out}}{Q_{in}} = 1 - \frac{-T_L \log(V_D/V_C)}{T_H \log(V_B/V_A)},$$

$$\text{カルノー・サイクルの効率} \quad \eta = 1 - \frac{T_L}{T_H} \tag{8.73}$$

が得られる。

式 (8.73) から高温と低温の温度の比が大きいほど効率が良いことがわかる。逆に，$T_H = T_L$ なら効率は 0 である。熱エネルギーは，単に熱量があるだけでは役に立たず，温度差があってはじめて仕事をとり出すことができる。この事情は後でエントロピーの考えにつながる[16]。

次の節のカルノーの定理で証明されるが，1 つの高温の熱源と 1 つの低温での冷却で動作する熱機関の効率の最大値は式 (8.73) である。

[例題 8.8]

ある発明家が，90 ％の効率をもつエンジンを開発したと発表した。このエンジンは空冷式であり，その主要部分は鉄でできている。鉄の融点は 1536 °C である。あなたは，この発明家を信じるか。理由を明示して答えよ。

[説明] 熱機関の効率の最大値は式 (8.73) である。可逆機関でない場合は，さらに条件が悪くなる (効率が低くなる) ので，この式を仮定してよい。絶対温度を用いることを忘れないように。

[解] 最大の効率は式 (8.73) で与えられる。効率 $\eta$ を大きくするためには，$T_H$ を大きくし，$T_L$ を小さくすればよい。しかし，エンジンが破壊されないために，高温 $T_H$ は鉄の融点以下であるべき

---

[16] 検算のため仕事を計算してみる。断熱変化のときの式 (8.65) から，$W_2 = C_V(T_H - T_L)$，$W_4 = C_V(T_H - T_L)$ となるので，これらは相殺するから，1 サイクルでの外部に対する仕事の合計 $W$ は $W = W_1 + W_2 - W_3 - W_4 = Q_{in} - Q_{out}$ となる。

なので，ギリギリで $T_H = 1809$ K としてみる。すると，必要な低温は

$$\eta = 0.9 = 1 - \frac{T_L}{1809 \text{ K}}$$

より $T_L = 181$ K となる。これは $-92$ ℃ であり，この低温を空冷で実現するのは地球上では無理である。したがって，信じられない。

**類題** カルノー・サイクルが，高温 $T_H = 1000$ ℃，低温 $T_L = 300$ ℃ で動作している。熱源から 1 サイクルあたり 500 J の熱が流入してくるとして，1 サイクルあたりどれだけの仕事をするか。

## 8.6 エントロピー

### 8.6.1 可逆変化と不可逆変化

これまでいろいろな状態や状態変化を考えてきたが，それらは**可逆**な変化であることを仮定してきた (⇒8.3.2 節)。実際に起きる現象は，ほとんど**不可逆**である。不可逆な過程の例を以下に示す。

1) **水と湯を混合** (図 8.21)　図のように温度の違う水を混合すると，中間の一様な温度の水となる。しかし，逆に，ぬるま湯が「自発的に」湯と水に分離することはありえない[17]。

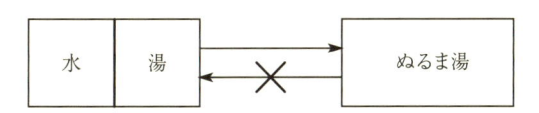

図 8.21　不可逆変化の例：水と湯の混合

2) **気体の自由拡散** (図 8.22)　容器の半分に気体をつめ，残りを真空にしておいた状態で，その仕切りをはずす。気体は容器全体に拡散し，元の状態には戻らない。

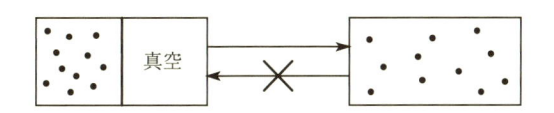

図 8.22　不可逆変化の例：気体の自由拡散

重要なことは，この 2 つの場合で，図 8.21 と図 8.22 それぞれでの左右の状態のエネルギーは同一である，ということである。エネルギーは同じ値だから，熱力学第 1 法則だけを考慮するなら，片方はもう片方に変化できる。しかし，変化の方向は不可逆であって，選択性がある。したがって，状態が変化する方向はエネルギー以外の何らかの概念で制御されていることになる。それは何かを以下で考察しよう。

始状態と終状態は熱的な平衡状態である。不可逆な変化は**非平衡状態**を経由する。水と湯を混合した直後や，気体が真空中に拡散し始めた直後は非平衡状態であるが，少し時間がたてば平衡状態となる[18]。

---

[17] もちろん，ぬるま湯を半分に分けて，片方を冷蔵庫に，片方をガスにかければ元に戻るが，その場合にはエネルギーや仕事が消費される。

[18] 非平衡状態の扱いは難しく，また未知の部分もあり，現在も研究が続けられている。生物は本質的に非平衡系であるので，生命現象の研究が難しいのは当然といえる。

## 8.6.2 カルノーの定理とクラウジウスの不等式

状態変化を理解するには，可逆，不可逆を識別できる量が重要であるようである。それを明らかにする準備として次の定理を考える。

**カルノーの定理** カルノー・サイクルのような可逆機関の効率は最大効率である。他の任意の熱機関の効率 $\eta$ はそれより小さい。すなわち，次の式が成り立つ。

$$\eta \leqq \eta_{可逆} \tag{8.74}$$

なお，ここでは高温の熱源 $T_H$ と低温の熱源 (冷却) $T_L$ が，それぞれ 1 つずつあることを仮定する。この定理を証明するため，図 8.23(a) の装置を考える (これも，思考実験である)。

可逆機関は，その可逆性から逆向きに運転することが (少なくとも思考実験としては) できる。通常の動作は，熱量 $Q_{in}$ を高温の熱源から受けて，仕事 $W$ をなし，低温の熱源に熱量 $Q_{out}$ を排出する「エンジン」であるが，それを逆転させると，仕事 $W$ を受け取り，低温の熱源から熱量 $Q_{out}$ を吸収して，熱量 $Q_{in}$ を高温の熱源に排出する「冷却器」として動作させることができる。

図 8.23(a) では一般の熱機関を動かし，その出力の仕事で可逆機関を冷却器として運転する。

図 8.23(a) の点線の部分を 1 つの装置と考えると，熱の流れは図 8.23(b) となる。熱力学第 2 法則 (クラウジウスの表現) から，熱は高温の熱源から低温の熱源へ流れることだけが許されるので，

$$Q'_{in} - Q_{in} = Q'_{out} - Q_{out} \geqq 0 \tag{8.75}$$

でなくてはいけない。

$$\eta = 1 - \frac{Q'_{out}}{Q'_{in}}, \qquad \eta_{可逆} = 1 - \frac{Q_{out}}{Q_{in}} \tag{8.76}$$

である。式 (8.75) を使うと

$$\eta = \frac{Q'_{in} - Q'_{out}}{Q'_{in}} = \frac{Q_{in} - Q_{out}}{Q'_{in}} \leqq \frac{Q_{in} - Q_{out}}{Q_{in}} = \eta_{可逆} \tag{8.77}$$

となって，式 (8.74) が証明された。

可逆機関どうしの場合には等号が成立するから，任意の可逆機関の効率は同一であることもわかった。カルノーの定理は第 2 法則により証明されたが，今までの第 2 法則の表現より

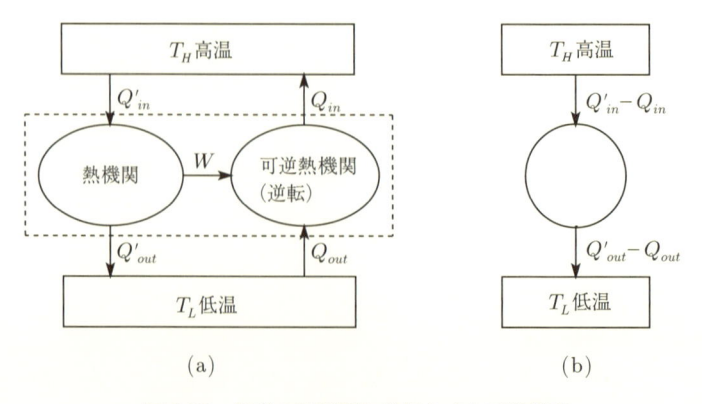

図 8.23 任意の熱機関と逆転させた可逆機関

## 8.6 エントロピー

も直接的な可逆，不可逆に関する量的表現を得たことになる。可逆機関の効率はすでに式 (8.73) で与えられているので，任意のサイクルに対して，

$$\eta = 1 - \frac{Q'_{out}}{Q'_{in}} \leq 1 - \frac{T_L}{T_H} \tag{8.78}$$

となり，

$$\frac{Q'_{in}}{T_H} + \frac{-Q'_{out}}{T_L} \leq 0 \tag{8.79}$$

となる。第 2 項は中へ熱 ($-Q'_{out}$) が入っていくと読むことができることに注意してもらいたい。この結果を一般化したものが次のクラウジウスの不等式である。$Q$ は系に入る熱量で，$Q > 0$ なら外部から熱を吸収，$Q < 0$ なら外部に熱を放出と理解する。

**クラウジウスの不等式** 任意のサイクルが $T_1$, $T_2$, $T_3$, $\cdots$ の温度のときに $Q_1$, $Q_2$, $Q_3$, $\cdots$ の熱を吸収するとすると，1 サイクル全体で次の式が成立する。

$$\sum \frac{Q_k}{T_k} \leq 0 \qquad \text{(等号は可逆変化のとき)} \tag{8.80}$$

変化が連続的で，多数の微小変化の集まりと考えられるときは，式 (8.80) を

$$\sum \frac{\delta Q_k}{T_k} \leq 0 \qquad \text{(等号は可逆変化のとき)} \tag{8.81}$$

と書く。

### 8.6.3 エントロピーのマクロな定義

前の節のクラウジウスの不等式から，可逆，不可逆を考える際に $Q/T$ という組合せが重要な役割を果たしているらしいことがわかった。これから**エントロピー**という概念が導かれる。エントロピーは記号 $S$ で表し，単位は J/K である。まず，結論を先に述べておく。

1. エントロピーは状態量である。(状態量 ⇒8.3.1 節)
2. 状態 A から状態 B への変化が可逆変化であれば，そのときのエントロピーの変化は次の式で計算される。

$$S_B - S_A = \sum_{A \to B} \frac{\delta Q}{T} \qquad \text{(可逆変化)} \tag{8.82}$$

右辺の和は A から B への状態変化を微小変化の和で書き，それぞれの微小変化のステップにおいて流入した熱量 $\delta Q$ と，そのときの系の温度 $T$ から計算される量である。

3. 状態 A から状態 B への変化が不可逆変化であれば，そのときのエントロピーの変化に対して以下の不等式が成り立つ。(なお右辺の意味は前項と同じである。)

$$S_B - S_A > \sum_{A \to B} \frac{\delta Q}{T} \qquad \text{(不可逆変化)} \tag{8.83}$$

以下では上の項目を式 (8.81) に基づき証明する。議論がまわりくどく感じられるであろうが，我々のもつ道具はクラウジウスの不等式だけであり，この式はサイクルに対して成り立つ。したがって，いちいち式 (8.81) が成り立つ形に思考実験をもっていく。

<u>1 の証明</u> まず，この量の組合せが可逆変化の場合は変化の経路によらないことを証明する。2 つの状態 A, B があって図 8.24(a) に示すように，2 つの異なる可逆な経路で状態変化できるとする。

可逆変化なので図 8.24(b) のように 1 つの経路を逆転させ，可逆な A → B → A というサイクルと考えることもできる。この場合クラウジウスの不等式から

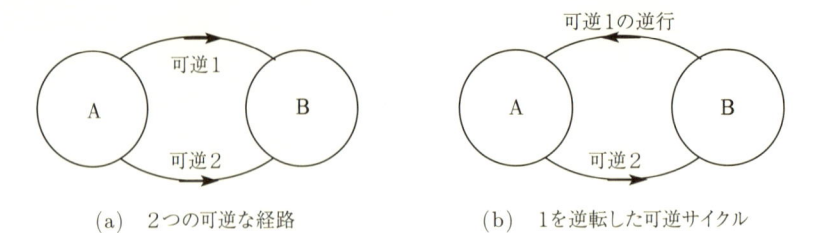

(a) 2つの可逆な経路     (b) 1を逆転した可逆サイクル

図 8.24　状態 A と状態 B をつなぐ 2 つの可逆変化

$$\sum_{\text{可逆 1:逆行}} \frac{\delta Q}{T} + \sum_{\text{可逆 2}} \frac{\delta Q}{T} = 0 \tag{8.84}$$

となる。これを図 8.24(a) で考えると，経路を逆行するときは熱の流入と流出が逆になるので

$$\sum_{\text{可逆 1}} \frac{\delta Q}{T} = \sum_{\text{可逆 2}} \frac{\delta Q}{T} \tag{8.85}$$

となる。以上から，可逆変化では，量

$$\sum \frac{\delta Q}{T} \tag{8.86}$$

が経路によらないことが証明された。

そして，任意の状態 A, B に対して，もし，両者をつなぐ状態変化が可能であるならば，両者をつなぐ可逆な状態変化が存在することを仮定する。(これは証明できないが，まず正しいと考えられる。) すると，相互に移り変わることのできるあらゆる状態の間で一意的に各状態のエントロピーの値 (正確にいえば，各状態の間のエントロピーの差) を定めることができる。したがって，エントロピーは状態量として定義できる。

<u>2 の証明</u>　この証明は前項の証明ができたことで，ほとんど終了している。状態量であることが証明できたので，始状態と終状態のエントロピーの値として，$S_A, S_B$ を割り当てる。すると，$\sum \delta Q/T$ が経路によらない値であることがわかっているので，それが $S_B - S_A$ であることになる。

<u>3 の証明</u>　2 つの状態 A, B があって，不可逆な経路をたどって状態変化したとする。1 項の証明の途中で述べたように，A から B への可逆な状態変化も存在するはずである。図 8.25(a) はそれを表す。

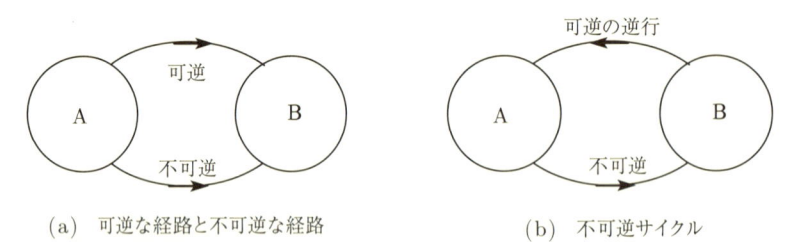

(a) 可逆な経路と不可逆な経路     (b) 不可逆サイクル

図 8.25　状態 A と状態 B をつなぐ不可逆変化

そして，図 8.25(b) のように可逆な変化の方を逆転させると，A → B → A というサイクルになる。これは全体として考えると不可逆なサイクルであるからクラウジウスの不等式から

$$\sum_{\text{可逆:逆行}} \frac{\delta Q}{T} + \sum_{\text{不可逆}} \frac{\delta Q}{T} < 0 \tag{8.87}$$

となる。これを図 8.25(a) で考えると，

$$\sum_{\text{可逆}} \frac{\delta Q}{T} > \sum_{\text{不可逆}} \frac{\delta Q}{T} \tag{8.88}$$

となり，可逆な経路については式 (8.82) を使って

## 8.6 エントロピー

$$S_B - S_A > \sum_{\text{不可逆}} \frac{\delta Q}{T} \tag{8.89}$$

となる。これは式 (8.83) である。

以上で3つの項目の証明が終わった。

さて，状態 A から B への変化が断熱的に行われたとしよう。あるいは考察している系は熱的に他から孤立しているとする。このとき $\delta Q = 0$ であるから，式 (8.82), 式 (8.83) から

$$S_B - S_A \geq 0 \quad \Rightarrow \quad S_B \geq S_A \quad (\text{等号は可逆変化のとき}) \tag{8.90}$$

となる。これが熱力学第2法則の新しい表現となる。

**熱力学第2法則** （エントロピー） 熱的に孤立した系のエントロピーは増大する。

孤立した系はエネルギーが一定である。そこでの変化はエントロピーが増加する方向に起きることが証明された。可逆な変化ではエントロピーは一定に保たれ，不可逆な変化でエントロピーは増加する。このようにして，8.6.1 節で提起された現象の不可逆性に関する問題が解決した。図 8.21 (水と湯の混合), 図 8.22 (気体の自由拡散) の左の状態はエントロピーが小さく，右の状態はエントロピーが大きいので，変化の方向が決まっていることになる。このように，熱力学第2法則は世界の変化の方向性を支配している。

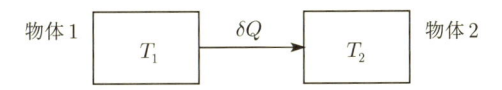

**図 8.26** 接触による熱の移動

図 8.26 のように2つの物体があり，接触により熱量 $\delta Q$ が移動したと仮定する。エントロピーの定義で，$\delta Q$ は物体に入る熱量とされている。よって，可逆であれば

$$\begin{array}{ll}\text{物体1 のエントロピーの変化} & \dfrac{-\delta Q}{T_1} \quad (\text{減少}) \\ \text{物体2 のエントロピーの変化} & \dfrac{\delta Q}{T_2} \quad (\text{増加}) \end{array} \tag{8.91}$$

である。これら全体を考えると，そのエントロピーの変化 $\Delta S$ は

$$\Delta S \geq \delta Q \left( \frac{1}{T_2} - \frac{1}{T_1} \right) \tag{8.92}$$

である。ところで，熱力学第2法則の表現の一つであるクラウジウスの原理によれば，熱は温度の高い物体から低い物体へと流れる。だから，図 8.26 では $T_1 > T_2$ であるはずである。したがって式 (8.92) で $\Delta S > 0$ が導かれる。このことからも，エントロピーの増大が熱力学第2法則の表現の一つであることがわかる。

**エントロピーとエネルギー** 図 8.21 の例に戻ってエントロピーの意味を考えよう。熱機関を使って仕事をさせることを考えると，前に学んだように熱機関が動作するためには高温と低温が必要であった (⇒8.5.1 節, 8.5.2 節)。図 8.21 の左右の状態は同一のエネルギーである。しかし，左は熱機関につないで仕事をさせることができるが，右は温度差がないので仕事を取り出せない。エネルギーがあるときに，それから仕事が取り出せるかどうかをエネルギーの「品質」と考えると，エントロピーの小さい状態はエネルギーの品質がよく，大きい

状態は品質が悪いことになる。そして，このようなエネルギーの品質の「劣化」が不可逆変化を表しているとも考えられる。

別の視点で見ると，品質の高い状態はそれぞれの成分が整頓されており，品質の低い状態はごちゃまぜになった乱雑状態である。後で (8.7.1 節) エントロピーをミクロな視点から定義するが，その場合には，エントロピーに対するこのようなイメージが理解の助けとなる。

[例題 8.9]

図 8.22 の自由拡散でのエントロピーの変化を求めよ。気体は理想気体 1 mol とし，始状態の体積は $V_A$，終状態の体積は $V_B$ とする。

[説明] 容器と仕切り板は断熱壁なので，気体は熱的に孤立している。この過程では気体の内部エネルギーは変化せず ($\Delta U = 0$)，したがって温度も一定である。これは不可逆変化なので，直接はエントロピーの変化が計算できない。(式 (8.83) は不等式である。) しかし，図 8.27 の下のように，始状態と終状態を可逆過程でつなぐことができる。そのためには仕切りをいきなりはずさず，内部の気体の圧力より無限小だけ弱い力で仕切り板を右から支えて，等温な平衡状態を保ちながら徐々に膨張させるとすればよい。8.3.1 節で説明したように，状態量の差は経路によらない。したがって，実際に起きた過程とは別の可逆な経路を想定して計算するという技法が利用できる。なお，考えている不可逆変化は熱的に孤立しているが，計算のために扱っている可逆過程では等温変化を維持するために $\delta Q > 0$ である。

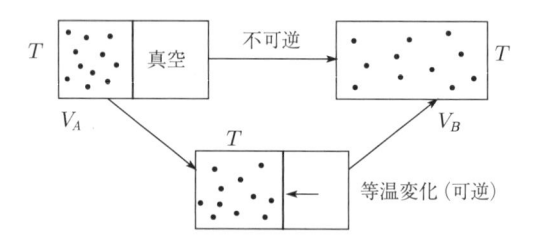

図 8.27 気体の自由拡散でのエントロピーの変化を求める。

[解] 可逆過程であれば式 (8.82) が使える。図 8.27 の等温変化を扱う。第 1 法則から $\Delta U = 0 = \delta Q - p\Delta V$，つまり，$\delta Q = p\Delta V$ となる。状態方程式 $pV = RT$ を使って

$$S_B - S_A = \sum \frac{\delta Q}{T} = \sum \frac{p\Delta V}{T} = \sum \frac{R\Delta V}{V} = \int_{V_A}^{V_B} \frac{R\,dV}{V}$$

$$S_B - S_A = R(\log V_B - \log V_A) \tag{8.93}$$

となる。明らかにエントロピーは増加した。

類題　容器が仕切りで体積 $V_1$, $V_2$ の部分に区切られており，それぞれに 1 mol，温度 $T$ の同種の気体が入っている。(だから，2 つの気体の圧力は等しくない。) この仕切りを取りはずしたときのエントロピーの変化を求め，エントロピーが増大したことを示せ。(ヒント：それぞれの気体が等温変化により，$(V_1 + V_2)/2$ の体積を占めたとする。)

### 8.6.4　熱力学の関数 ★

前の節で明らかになったように，可逆過程では $\Delta S = \delta Q/T$ なので，内部エネルギーは

$$\Delta U = T\Delta S - p\Delta V \quad (\text{可逆}) \tag{8.94}$$

と表される。熱力学では内部エネルギー以外にもいくつかの状態量があり，それらは熱力学関数と呼ばれる。ここで代表的なものをいくつか定義しておく[19]。

---

19) $H$ は熱関数，$F$ は単に自由エネルギー，$G$ は熱力学ポテンシャルあるいは自由エンタルピーなどと呼ばれることもある。

## 8.7 統計力学の初歩

$$\text{エンタルピー} \quad H = U + pV \tag{8.95}$$
$$\text{ヘルムホルツの自由エネルギー} \quad F = U - TS \tag{8.96}$$
$$\text{ギブスの自由エネルギー} \quad G = U - TS + pV \tag{8.97}$$

熱や仕事は状態量ではないが，ある条件のもとでは，それは状態量である熱力学関数に関係づけることができる。これらの関数の意味を説明しよう。すでに繰り返し触れているように，熱エネルギーはそのすべてが有効に利用できるわけではない。式 (8.83)，式 (8.82) から

$$\Delta S \geq \frac{\delta Q}{T} \quad \rightarrow \quad T\Delta S \geq \delta Q \tag{8.98}$$

となる。すると等温変化 ($T = $ 一定) のとき，

$$\Delta U = \delta Q - \delta W \leq T\Delta S - \delta W \tag{8.99}$$

となるので

$$-\Delta F = -\Delta(U - TS) \geq \delta W \quad (T = \text{一定}) \tag{8.100}$$

を得る。このことは，等温変化において，外になすことのできる仕事 $\delta W$ はヘルムホルツの自由エネルギーの減少分 $-\Delta F$ 以下である，ということを表す。つまりヘルムホルツの自由エネルギー $F$ は，等温変化における利用可能なエネルギーを表している。他の関数については章末の問に譲る。

## 8.7 統計力学の初歩

この節では，熱力学の法則をミクロな視点から検討する。両者をつなぐ基本的な概念はエントロピーである。

### 8.7.1 エントロピーのミクロな定義

1 個の分子の運動はニュートンの運動方程式により記述される。たとえば地上でボールを投げることを考えると，そのボールは放物線軌道を描いて運動するが，落下地点から落下時と逆向きの速度を与えてやれば，全く同じ軌道を描いて初めの地点に戻る。後者は前者をビデオ撮影して，逆向きに再生したものと同一である。つまり，ニュートンの運動方程式を満たす解が 1 つあったとすると，その解を時間的に逆転させた運動もまた解となる。これをニュートンの運動方程式は時間反転について対称であるという。このことと，可逆，不可逆に関する熱力学の議論はどう結びつくのであろうか。

図 8.22 の不可逆変化を分子レベルで考えてみる。分子の速度を $v$，箱の 1 辺の長さを $\ell$ とすると

$$\tau = \frac{\ell}{v} \tag{8.101}$$

程度の時間で分子は箱の右から左に移動できることになる。もし分子が 1 個なら $\tau$ 程度の時間で図 8.28 のように運動するので，1/2 の確率で初めの状態にいることになる。

もし分子が 2 個なら $\tau$ 程度の時間で図 8.29 のように運動する。このとき，1/4 の確率で初めの状態にいることになる。

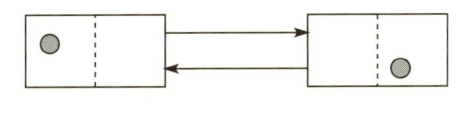

図 8.28 1 個の分子

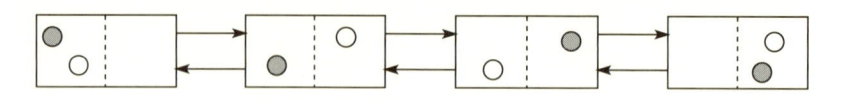

**図 8.29** 2個の分子

このように考えると，図 8.22 においても，分子はそれぞれランダムに運動しているので，分子の個数を $K$ とすると，$2^K$ に1回はすべての分子が左半分に集まって右半分が真空になり，始状態に戻ることが起きてもいいことになる．しかし，たとえばこの気体を 1 mol とすれば $K = N_A$ であり，そういうことが起きるために必要な時間は

$$t = \tau 2^{N_A} \tag{8.102}$$

という想像を絶するほどの長い時間となる．これから，図 8.22 の不可逆変化は，圧倒的に大きい確率で支持されていることになる．

このような考察を行うために，

$$\mathcal{W} = \text{系がとりうる微視的状態の数} \tag{8.103}$$

を導入する．

標準状態 (1 気圧，0 ℃) にある 1 mol の気体の分子 1 個が，平均的に「占有している」空間の大きさ $\bar{v}$ は

$$\bar{v} = \frac{22.4\,\ell}{6.02 \times 10^{23}} = 3.72 \times 10^{-26}\ \mathrm{m}^3 \tag{8.104}$$

となる．一方，原子やここで考えている比較的単純な分子の大きさは 1Å$= 10^{-10}$ m 程度なので，分子 1 個の体積 $v_m$ は

$$v_m \sim 10^{-30}\ \mathrm{m}^3 \tag{8.105}$$

程度である．したがって，次の条件を満たす小さな体積 $v_0$ が存在する[20]．

$$v_m \ll v_0 \ll \bar{v} \tag{8.106}$$

空間 $V$ を $v_0$ のサイズに分割すると，区画の数は $N = V/v_0$ となる．気体の微視的状態数 $\mathcal{W}$ は，この $N$ 個の区画に，各分子がどのように入っているかという場合の数で表現できるとしよう[21]．すなわち，$\mathcal{W}$ は図 8.30 での可能なパターンの数である．すると，気体分子は $K(= N_A)$ 個あるので，1 番目の分子の入る場所が $N$ 通り，2 番目の分子の入る場所が $N$ 通り，$\ldots$ と数えていくと，

$$\mathcal{W} = N^K \tag{8.107}$$

となる．ここで，個々の分子は識別可能なものとした (⇒10.2.4 節)．

状態の数 $\mathcal{W}$ は，もし，個々の小さな区画に分子が 1 個しか入れないとすると，

$$\mathcal{W} = {}_N P_K = N \cdot (N-1) \cdot (N-2) \cdot (N-3) \cdots (N-K+1) \tag{8.108}$$

である．$v_0$ の区画に分子が，ある・ない，ということで状態を区別するならこの方がよい．

---

[20] 記号 $\ll$ は，単なる不等号ではなく，大きさの程度が違うことを表す．具体的にどのぐらい違えばよいかは，考えている事柄による．近似をするとき，「$x \ll y$ なので $y + x \simeq y$ である」と推論する．したがって近似の精度が 10 % でよいなら $1 \ll 10$ であるし，1 % の精度が要求されるときは，$1 \ll 100$ であるが，$1 \ll 10$ としてはいけない．

[21] サイズ $v_0$ の箱の内部構造は考えずに状態数を数えるという方針である．$v_m \ll v_0$ から，この区画は分子にとって十分広く，区画の境界に分子がまたがることは考慮せずにすむ．

8.7 統計力学の初歩

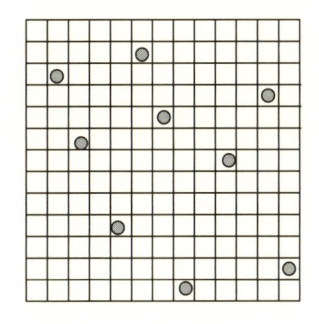

図 8.30 体積 $V$ の空間を体積 $v_0$ の小さな区画に分けて，そこに分子を配置する。

本来分子は同一で区別することができない。したがって，式 (8.107) や式 (8.108) は $K!$ で割らないといけない。

$$\mathcal{W} = \frac{N^K}{K!} \tag{8.109}$$

あるいは

$$\mathcal{W} = {}_N C_K = \frac{{}_N P_K}{K!} \tag{8.110}$$

とすべきである。いろいろな $\mathcal{W}$ の表現を書いたが，$\bar{v} \gg v_0$ から $N \gg K$ なので，どの表現を使っても以下の結論に影響はない。

ここで式 (8.107) の状態数の対数をとり，$N = V/v_0$, $K = N_A$ とし，両辺にボルツマン定数を掛けると

$$k_B \log \mathcal{W} = k_B N_A \log(V/v_0) = R(\log V - \log v_0) \tag{8.111}$$

となる。先に，図 8.22 の自由膨張におけるエントロピーの変化を式 (8.93) で求めたが，ここで計算した状態数の式と次のように関係をつけることができる。

$$S_B - S_A = R(\log V_B - \log V_A) = k_B (\log \mathcal{W}_B - \log \mathcal{W}_A) \tag{8.112}$$

始状態と終状態の状態数をそれぞれ $\mathcal{W}_A, \mathcal{W}_B$ とした。不定の体積 $v_0$ がこの式で落ちることに注意せよ。

以上のような議論から，ボルツマン (L. E. Boltzmann) はエントロピーのミクロな表現として

$$S = k_B \log \mathcal{W} \tag{8.113}$$

を提示した。

### 8.7.2 温度とカノニカル分布 *

**エントロピーの相加性**　いま系が図 8.31 のように，2 つの独立な部分 A と B に分けられるとすると，エントロピーの概念から，全体のエントロピーは $S = S_A + S_B$ となるべきである。また，部分 A, B の微視的状態数を $\mathcal{W}_A, \mathcal{W}_B$ とすると，全体の状態数は $\mathcal{W} = \mathcal{W}_A \mathcal{W}_B$

図 8.31 A, B から成る系

となる。これから
$$S = k_B \log \mathcal{W} = k_B(\log \mathcal{W}_A + \log \mathcal{W}_B) = S_A + S_B \tag{8.114}$$
となるので、定義式 (8.113) はつじつまが合っている。

**温度** それぞれの部分のエネルギーを $U_A, U_B$ とし、全エネルギー $U$ は一定であるとする。
$$U = U_A + U_B \tag{8.115}$$
状態数 $\mathcal{W}$ をエネルギー $U$ の関数とする。平衡状態においては最も確からしい状態が実現されると考えられるので、
$$\mathcal{W} = \mathcal{W}_A(U_A)\mathcal{W}_B(U_B) = \mathcal{W}_A(U_A)\mathcal{W}_B(U - U_A) = 極大 \tag{8.116}$$
を要求する。つまり、この条件式を満たす $U_A$ が部分系 A のエネルギー $U_A$ として実現される。$\mathcal{W}$ の極大は $\log \mathcal{W}$ の極大でもあるので、条件式 (8.116) は
$$\frac{d \log \mathcal{W}}{dU_A} = 0 \tag{8.117}$$
$$\frac{d^2 \log \mathcal{W}}{dU_A^2} < 0 \tag{8.118}$$
を意味する。式 (8.117) から
$$\frac{d \log \mathcal{W}_A(U_A)}{dU_A} + \frac{d \log \mathcal{W}_B(U - U_A)}{dU_A} = 0 \rightarrow \frac{d \log \mathcal{W}_A(U_A)}{dU_A} = \frac{d \log \mathcal{W}_B(U_B)}{dU_B} \tag{8.119}$$
となる。この式を $k_B$ 倍して
$$\frac{dS(U)}{dU} = k_B \frac{d \log \mathcal{W}}{dU} = \frac{1}{T(U)} \tag{8.120}$$
と定義すると、式 (8.119) からこの量 $T$ が部分 A と B で等しいことが示された。実はこの量 $T$ は温度そのものであり、マクロなエントロピーの定義、つまり、$V = $ 一定で $\Delta U = T \Delta S$ に一致している ($\Rightarrow$ 式 (8.94))。このようにして、我々はボルツマンのエントロピーの定義から出発して、絶対温度を定義することができた。

式 (8.118) は
$$\frac{d}{dU_A}\left(\frac{1}{T(U_A)}\right) - \frac{d}{dU_A}\left(\frac{1}{T(U_B)}\right) < 0 \quad \rightarrow \quad \frac{dT(U_A)}{dU_A} + \frac{dT(U_B)}{dU_B} > 0 \tag{8.121}$$
となる。つまり温度はエネルギーの増加関数であることが示された。

**カノニカル分布** 次に、部分 A を小さな部分系とし、部分 B を大きな「環境」と考える。図 8.32 に示すように、平衡状態にある温度 $T$ の「大きな」系を考え、その中に、全体から見て「小さな」部分系がある。部分系のエネルギーは $U_A$ のかわりに $E$ と記す[22]。この部分系は周囲の環境と相互作用しているのでエネルギーは一定ではなくある分布をもつ。この分布は**カノニカル分布** (正準分布) と呼ばれ次の式で表される。

$$\boxed{\text{カノニカル分布}} \quad (\text{エネルギー } E \text{ をもつ確率}) \propto \exp\left(-\frac{E}{k_B T}\right) \tag{8.122}$$

---

[22] 大きい、小さいとは、周囲の環境が部分系とエネルギーをやりとりしてもその環境自体のエネルギーの変化は微小で無視できるという意味である。そう仮定できないと温度が一定の平衡状態という仮定自体が怪しくなる。このような温度一定の環境を「熱浴」とも呼ぶ。

## 8.7 統計力学の初歩

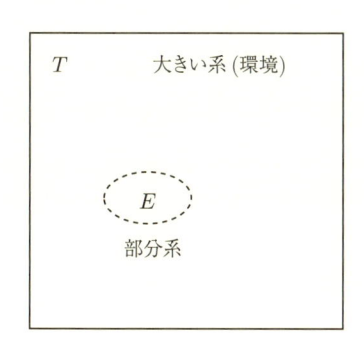

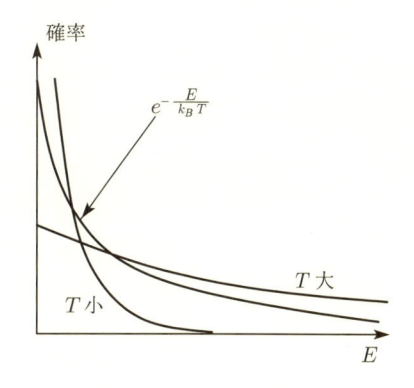

**図 8.32** 部分系のエネルギー分布

式 (8.122) の分布の概形を図 8.32 に示す。図に示すように温度が低いときは分布は $E = 0$ に急なピークをもち，高温のときはほとんど水平な分布となる。これは 8.1.2 節で述べた温度のミクロな理解と合っている。

式 (8.122) は確率を与えるが，物理量の分布を考える際には，確率に，そのエネルギーにある状態の数 (状態数密度) を乗じる必要がある[23]。エネルギー分布であれば，次の式となる。

$$(\text{エネルギー } E \sim E + \Delta E \text{ をもつ確率}) \propto \exp\left(-\frac{E}{k_B T}\right) \times (E \sim E + \Delta E \text{ の状態数}) \tag{8.123}$$

カノニカル分布を導く。統計力学の基本的な仮定である **等重率の原理** とは，微視的状態のそれぞれが実現される確率は同一である，というものである。全系のエネルギー $U$ を一定として，部分系がエネルギー $E$ をもつ確率 $f(E)$ は

$$f(E) = \frac{(\text{エネルギー } E \text{ の状態の数})}{(\text{すべての状態の数})} = \frac{\mathcal{W}_A(E)\mathcal{W}_B(U-E)}{\mathcal{W}(U)} \tag{8.124}$$

となる。$E$ は小さいから $S_B(U-E)$ を $U$ のまわりに展開すると

$$\begin{aligned} k_B \log \mathcal{W}_B(U-E) &= S_B(U-E) \\ &= S_B(U) - \frac{dS_B(U)}{dU}E + \frac{1}{2}\frac{d^2 S_B(U)}{dU^2}E^2 + \cdots \end{aligned} \tag{8.125}$$

となる。ここで，$S$ や $U$ は系の粒子数 $N$ に比例する量であり，$E$ は $N$ に関係しない小さい量である。したがって，式 (8.125) の各項は $1/N$ ずつ小さくなっていくことがわかるので，第 2 項までで打ち切ると[24]，

$$k_B \log \mathcal{W}_B(U-E) = S_B(U) - \frac{E}{T} \tag{8.126}$$

となり，式 (8.124) から

$$k_B \log f(E) = k_B \log\left(\frac{\mathcal{W}_A(E)}{\mathcal{W}(U)}\right) + S_B(U) - \frac{E}{T} \tag{8.127}$$

を得る。$E$ によらない部分はすべて定数とみなせるので，

$$f(E) \propto \mathcal{W}_A(E) \exp\left(-\frac{E}{k_B T}\right) \tag{8.128}$$

となり，式 (8.123) が証明されたことになる。

---

[23] ここの理解は量子論による方が本当は明快である。
[24] 通常 $N$ はアボガドロ定数 $N_A$ 程度の巨大な数である。

### 8.7.3 マクスウェル分布

8.2.4 節では分子それぞれのエネルギーは異なるので，その平均値で温度との対応をつけた。単なる平均値ではなく分子の物理量の分布の様子はどうなっているかを調べる。

結論を先に示すと，速度分布は $v = |\vec{v}|$ として

$$f(v) = 4\pi \left(\frac{m}{2\pi k_B T}\right)^{3/2} \exp\left(-\frac{mv^2}{2k_B T}\right) v^2 \tag{8.129}$$

となる。これを**マクスウェル分布**という。この分布の様子を図 8.33 に示す。

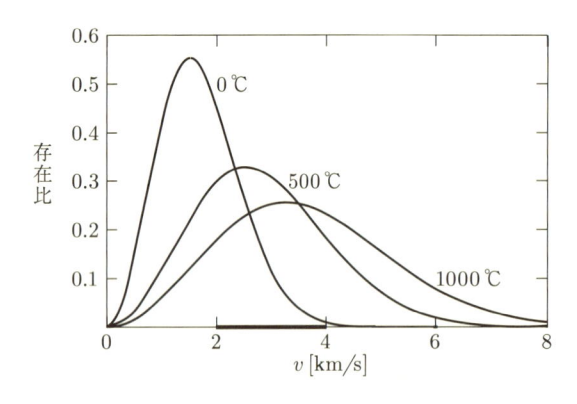

図 8.33 マクスウェル分布

図 8.34 2 次元の速度空間での状態数

理想気体の分子の質量を $m$ とすると，エネルギーは $E = mv^2/2$ である[25]。速度ベクトルの空間，つまり，$\vec{v} = (v_x, v_y, v_z)$ の 3 次元の空間内で分子がとることのできる状態の分布を考える。

状態の数の考えを理解してもらうために，図 8.34 に示す 2 次元の速度空間 (の $v_x, v_y > 0$ の部分) で，図に点で示している状態を考える。(本来，連続的に状態は分布しているが，説明を明快にするため，離散的に分布しているとする。) 速度の大きさは $v = |\vec{v}| = \sqrt{v_x^2 + v_y^2}$ であるが，$v$ の小さい値の点の数は少なく，$v$ の大きい値の点の数は多い。速度の大きさ $v \sim v + \Delta v$ の状態の数は，図 8.34 の 2 つの (4 分の 1 の) 円ではさまれた領域にある点の数を数えればよい。この図のように速度の大きさ $v$ を与えると，その速度の大きさの状態が存在する範囲が決まる。

3 次元の場合は $\vec{v} = (v_x, v_y, v_z)$ の大きさ $v = |\vec{v}| = \sqrt{v_x^2 + v_y^2 + v_z^2}$ が一定である領域は，速度ベクトル空間の中で半径が $v$ の球面をなし，その面積は $4\pi v^2$ である。したがって，

$$\left(\text{速度の大きさが } v \sim v + \Delta v \text{ の状態数}\right) \propto 4\pi v^2 \Delta v \tag{8.130}$$

となる。式 (8.123) から，速度分布は規格化定数を $N$ として

$$\left(\text{速度の大きさが } v \sim v + \Delta v \text{ の確率}\right) = f(v)\Delta v = N \exp\left(-\frac{mv^2}{2k_B T}\right) 4\pi v^2 \Delta v \tag{8.131}$$

となる。「規格化定数」$N$ は全確率が 1，すなわち，

$$\int_0^\infty f(v)dv = 1 \tag{8.132}$$

から決まる数である。積分を実行して決めた $N$ を代入したものが最初に示した式 (8.129) である。

### 8.7.4 2 準 位 系*

これまで議論してきたことの具体的な例として標記のモデルを考える。たとえば，$N$ 個のボール (質量 $m$) を 2 段の棚に並べることを考える。上の段のボールは下の段のものに比べて，$\epsilon = mgh$ だけエネルギーが大きい。このボールの集団のエネルギーや場合の数を考察することが

---

[25] 理想気体なので他と力を及ぼし合わず，したがってポテンシャルエネルギーは考えない。

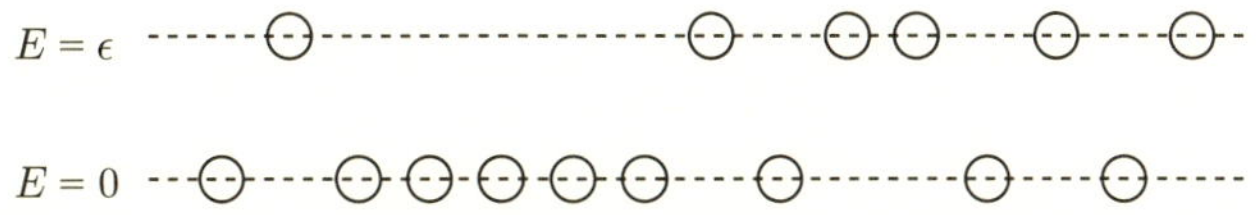

$$E = \epsilon$$
$$E = 0$$

図 8.35　2 準位系

できる．このボールを原子と考える．量子力学 (⇒10.2 節) によって，微視的状態のエネルギーの値は離散的になり得る．基底状態に対して 1 つだけの励起状態があるとし，そのエネルギー差を $\epsilon$ としている．$K$ 個の原子が励起状態にあるとすると，このときのエネルギー $U$ と微視的状態数 $\mathcal{W}(U)$ はそれぞれ以下となる[26]．

$$U = K\epsilon \tag{8.133}$$

$$\mathcal{W}(U) = \frac{N!}{K!(N-K)!} \tag{8.134}$$

計算に，スターリング (Stirling) の公式

$$N! \sim \sqrt{2\pi N} N^N e^{-N} \tag{8.135}$$

を利用する[27]．

エントロピーは

$$S(U) = k_B \log \mathcal{W}(U) = k_B \left( \frac{1}{2} \log \frac{N}{2\pi K(N-K)} + K \log \frac{N}{K} + (N-K) \log \frac{N}{N-K} \right) \tag{8.136}$$

となる．ここで熱力学的な極限，つまり $U/N = $ 一定で，$N \to \infty$ とすることを考える．エントロピー $S$ は $N$ に比例する量であり，$N$ は通常アボガドロ定数程度の巨大な数なので，これに比べて小さい項を無視して

$$S(U) = -k_B N \left[ \frac{K}{N} \log \frac{K}{N} + \left(1 - \frac{K}{N}\right) \log \left(1 - \frac{K}{N}\right) \right] \tag{8.137}$$

となる．

$$N\epsilon = U_{max}, \qquad x = \frac{U}{U_{max}} \tag{8.138}$$

と定義すると

$$S(U) = -k_B N [x \log x + (1-x) \log(1-x)] \tag{8.139}$$

となる．式 (8.120) より，系の温度は

$$\frac{1}{T} = \frac{dS}{dU} = \frac{1}{U_{max}} \frac{dS}{dx} = \frac{k_B}{\epsilon} \log \left( \frac{1-x}{x} \right) \tag{8.140}$$

と求められる．この式から，$x \to 0$ では $T \to 0$ となること，つまり絶対零度ではすべての原子は基底状態にあることがわかる．また，$T \to \infty$ では $x \to 1/2$ となるので，その状態では基底状態と励起状態の原子数がほぼ同数の完全な乱雑状態にあることがわかる．

なお，この式 (8.140) では $x > 1/2$ において温度 $T$ が負になる．$x > 1/2$ では励起状態にある原子数の方が多いので，これは平衡状態ではありえない．しかし，たとえばレーザーの発振にはこのような状態をつくる必要があり，そうして強制的につくられた逆転分布を考察するときに「負の温度」という場合がある．

## 演習問題 8

**問 8.1** 鉄の原子量は 55.8 である．鉄 10 kg の中には鉄の原子が何個あるか．室温の鉄の密度は 7.86 g/cm$^3$ である．仮に鉄の原子が格子状に等間隔に並んでいると考えた場合，鉄の原子の間隔はいくらと推定されるか．

---

[26] $N$ 個の原子は区別できないものとする．
[27] この公式は大きい $N$ に対する漸近式である．

**問 8.2**　1 気圧で 0 ℃の 1 mol の気体の体積はおおよそ 22.4 $\ell$ である。(この圧力と温度を気体の標準状態と呼ぶことがある。)　このことから気体定数を計算してみよ。1 気圧 = 1 atm = $1.013 \times 10^5$ Pa である。

**問 8.3**　式 (8.11) は 1 mol の気体について書き下している。定数 $a, b$ はこの 1 mol のときの値を使うとすると，$n$[mol] の気体のときの 式 (8.11) はどうなるかを推定し答えよ (本文中の $a, b$ の意味づけから推定する。)。

**問 8.4**　分子量が $M$，温度 $T$ の気体の分子の平均 2 乗速度の平方根 $\sqrt{\langle v^2 \rangle}$ を求めよ。さらに温度 27 ℃の酸素分子 (分子量 32) について，その数値を計算せよ。

**問 8.5**　$C_p > C_V$ であることを式を使わず直観的に説明せよ。

**問 8.6**　$p = \alpha V$ という状態変化をする気体がある。この状態変化における比熱を求めよ。($\alpha$ は正の定数である。)

**問 8.7**　図 8.36 に示すサイクルでその動作が表されている熱機関の効率を計算せよ。いずれも比熱 $C_p, C_V$ は一定としてよい。
 (a)　スターリングサイクル：等温過程と定積過程の組合せである。定積過程のときには，理想的な補助熱源を使って熱の出し入れがなされていると考えて，そこでの熱移動は効率の計算に入れないものとする。
 (b)　ディーゼルサイクル：2 つの断熱過程 (B → C, D → A)，定圧過程 (高温の熱源との接触)，定積過程 (低温の熱源との接触) の組合せである。また，A, B, C, D での温度を $T_A, T_B, T_C, T_D$ と記す。

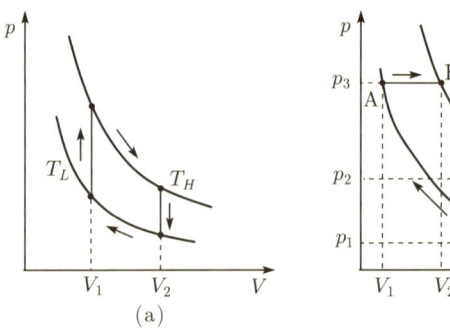

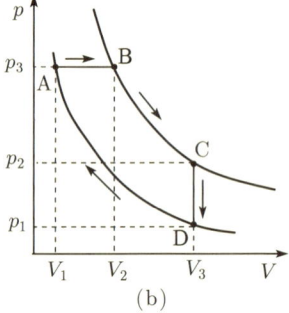

図 8.36　問 8.7 のサイクル

**問 8.8**　図 8.21 で水と湯の質量をそれぞれ $M_1, M_2$，水と湯の温度をそれぞれ $T_1, T_2$，水の単位質量あたりの比熱を $C$ とするとき，エントロピーの変化を求め，エントロピーが増加したことを示せ。

**問 8.9**　(1)　エンタルピー $H$ は定圧変化において熱量の変化分を表すこと，つまり，$\Delta H = \delta Q$ であることを示せ。
 (2)　等温定圧変化において，平衡状態ではギブスの自由エネルギー $G$ が極小になる，つまり $\Delta G \leqq 0$ であることを示せ。
 (3)　等温定積変化において，平衡状態ではヘルムホルツの自由エネルギー $F$ が極小になる，つまり $\Delta F \leqq 0$ であることを示せ。

**問 8.10**　式 (8.129) の表す速度分布の最大を与える速度 $v_{peak}$ を求めよ。これと，問 8.4 で求めた平均 2 乗速度の平方根を比較せよ。また，$v = v_{peak}$ の速度の分子に比べて，速度の大きさがその $k$ 倍 ($v = k v_{peak}$) の分子の存在比はどれだけか。

**問 8.11**　式 (8.132) から式 (8.129) を導け。次の積分公式を利用してよい。

$$\int_0^\infty x^2 \exp(-\alpha x^2) dx = \frac{1}{4}\sqrt{\frac{\pi}{\alpha^3}}$$

# 9
# 電磁気学

　古くから，人は，じかに触れてものを押したり引いたりする力とは異なる種類の力の存在を知っていた。たとえば，セルロイドをこすって近づけると小さい紙を吸いつけるし，磁石は鉄釘を吸いつける。このような力を調べることから電気・磁気の研究が始まった。
　電磁気現象を記述する基本的な物理量である電場や磁場がこの章で登場する。目に見えない抽象度の高い概念ではあるが，これらをきちんと理解することが重要である。電場や磁場に関する諸法則を学び，最終的には，電磁気学の基本法則である「マクスウェルの方程式」へと到達する。そこまでの議論では，基本的に，物質が存在しない空間での電磁気現象を考察する。空気は十分希薄なので，空気中でもほとんど同じことになる。途中でコンデンサーやコイルなども登場するが，これらはあくまで基礎法則を説明するための役者として現れる。最後のいくつかの節では，関連する話題として，物質の性質や電気回路などについての議論が展開される。
　電磁気学全体を通じて重要なことは，その線形性である。これは基礎法則であるマクスウェルの方程式が線形であることの反映である。このため，電荷や電流のつくる場の強さは，電荷や電流の大きさに比例し，複数の源がつくる場はそれらのベクトル和で求められる。つまり電磁場は**重ね合せの原理**に従う (⇒A.11 節)。

## 9.1　クーロンの法則

　日常生活でも，ときに衣服がからだにまとわりついてうっとうしい思いをするときに「静電気」という言葉を使う。このように，目に見えないが物体間に働く力として**電気力**が知られている。これらの現象は，物体が電荷をもち，その電荷どうしの間に電気力が働くからだと考えられるようになった。
　**電荷**とは質量と同様に「もの」がもつ属性の一つで，電気的な力の源のことである。電荷は記号 $q$ で表し，単位は C (クーロン) である。電荷には次の性質があることがわかった[1]。

1. 電荷には 2 種類ある。
2. 異なる種類の電荷を混合すると中和し合うので，この 2 種類に正電荷，負電荷と名前をつけるのが適当である。
3. 同種の電荷 (正と正，負と負) の間には反発力が，異種の電荷 (正と負) の間には引力が働く (図 9.1(a))。
4. それらの力の大きさは電荷の間の距離の 2 乗に逆比例する (図 9.1(b))。

---
[1] ガラス棒を絹の布でこすり，エボナイト棒を毛皮でこすると，それぞれ電荷をもつ。このガラス棒とガラス棒，エボナイト棒とエボナイト棒を近づけると，互いに反発する。そしてガラス棒とエボナイト棒を近づけると互いに引き合う。このとき，ガラス棒には正の電荷が，エボナイト棒には負の電荷が帯電している。

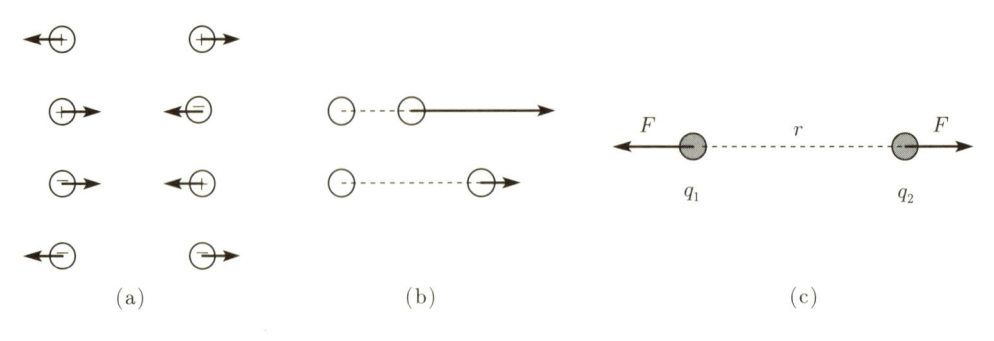

図 9.1 クーロンの法則

クーロン (C. A. Coulomb) は，電荷と電荷の間に働くこのような力の性質を実験により調べて，1785 年に「クーロンの法則」として定式化した。

**クーロンの法則**　大きさ $q_1$ と $q_2$ の電荷が距離 $r$ だけ離れているとき，両者の間に働く電気力 $\vec{F}$ は次の式で表される (図 9.1(c))。

$$\vec{F} = \begin{cases} \text{大きさ} & k\dfrac{q_1 q_2}{r^2} \\ \text{向き} & \text{電荷と電荷を結ぶ方向} \end{cases} \tag{9.1}$$

$k$ はクーロン力の比例定数で，値は真空中で

$$k = 9.0 \times 10^9 \text{ N·m}^2/\text{C}^2$$

である (空気中でもほとんど同じ値である)。

ここで「向き」について図 9.2 で説明しておく。図で示しているものは，すべての電荷を同符号としたとき，中央にある電荷から，ほかの電荷に働いている電気力である。電気力の向きは固定されているのではなく，この図のようにお互いの位置関係で決まる。この図では平面内に限定して描いているが，これが実際は 3 次元の空間内で働いている。

**電気力のポテンシャルエネルギー**　力が与えられると，それに対応するポテンシャルエネルギーが定義される (⇒3.2.1 節)。クーロン力は式 (9.1) で与えられるので，式 (3.98) から

$$U = k\frac{q_1 q_2}{r} \tag{9.2}$$

となる。これが，電荷 $q_1$ と電荷 $q_2$ が距離 $r$ だけ離れているときにもつポテンシャルエネルギーである。ポテンシャルエネルギーの性質から，この $U$ には定数だけの不定性がある。

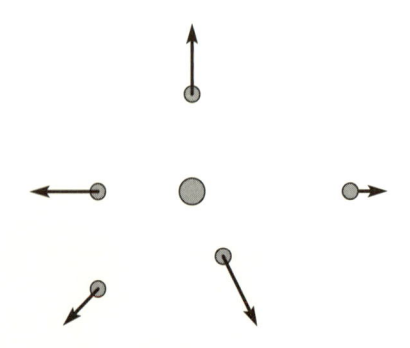

図 9.2　中央の電荷から他の電荷に働く電気力ベクトル (電荷は同符号)

> ■寄り道■　電荷の間に働く力の性質 1〜3 が正負の数の掛け算の規則とちょうどうまく合ってクーロンの法則 (式 (9.1)) としてまとまることは面白い。負の数と負の数の積が正になることは (例：$(-2) \times (-3) = +6$)，数学としての必然性があるが，それを理解することは必ずしも簡単ではない。クーロンの法則に関して，物理としては次のように考えることができる。性質 1, 2 にあるように，2 種類の電荷のうち，どちらを正，どちらを負とするかについては何の必然性もない。しかし性質 3 から，同種の電荷の間に働く力の符号は同じにならないといけない。正 × 正 = 正だから，クーロンの法則が簡単な数式で書けるためには，負 × 負 = 正，になってもらう必要がある。

## 9.2 電　場

　場の考え方は現代の物理を理解するうえで極めて重要な概念である。標語風にいえば「力は場である」となる。電気的な力に対して電場が，磁気的な力に対して磁場が導入される[2]。場は力を表すために便宜的に導入されたものではない。場はものではないが，実在する存在の一つの形態である。なお，場 (field) は「界」と訳すときもあり，電場，磁場の代わりに電界，磁界という語が使われることもあるが，意味は同じである。

　電場の考え方を説明しよう。まず出発点はクーロンの法則である。電荷と電荷の間に力が働くことは明らかな実験事実なので，これをどう解釈するかである。

　一つの立場は，それをそのまま理解することである。2 つの電荷が離れて存在しているとき，相互にその存在が「認識」され，それらの間に力が働く。これを「遠隔作用論」と呼ぶ。

　一方，空間的に離れている電荷の間に力が働くのは不自然だとする立場もある。この立場では，図 9.3 のように，電荷から目には見えないが電場が空間に広がっていき，その電場から他方の電荷が力を受けると考える。もちろん，2 つの電荷は対等だから双方が電場をつくり，双方の電荷が力を受ける。これを「近接作用論」と呼ぶ。これが場の考え方である。

　最初，この後の考え方は単に面倒なだけのように思える。実際，クーロン力を考えているだけでは，上の 2 つの考え方からは同じ結果しか出てこない。しかし，電磁気現象全体を考えるときには，この場の考え方の方が正しいことがわかってきた。たとえば電荷が振動運動

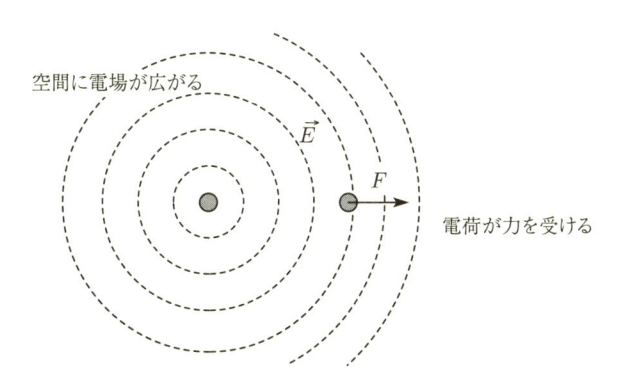

図 9.3　電荷が空間に電場をつくり，電場から他の電荷が力を受ける。

---

[2] さらにこれらは最終的に統合された電磁場として理解される。同様に，重力を現す重力場などがある。

をしている場合を考えてみよう．場の考え方では，電荷の振動によって，空間にできた電場もまるで波のように振動することが想像される．詳しくは 9.11 節で電磁波の議論をするところで説明するが，まさにそのように空間を有限の速度で場の波が伝わる．これは一例だが，広範な電磁気現象を統一的に理解するためには，実在物としての場の考え方が不可欠となる．

電場と電荷に働く力についてまとめたのが以下の 2 つの規則である．

**電場の規則 1**　電荷は自分の存在する場所にある電場から力を受ける．

> 注釈：自分がいる場所の電場から力を受ける．その電場をつくったのが誰か (別の 1 つの電荷なのか，それともいくつかの電荷の影響の合成なのか) ということは全く意に介さない．なお，当面，自分のつくった場から自分自身が影響を受けることは考えない．

**電場の規則 2**　電荷があると，それは自分の周辺の空間に電場をつくる．

> 注釈：1 つの電荷があると，それは自分の周辺に自分のもつ電気的能力，つまり電荷の大きさに応じて自分の電気的勢力圏＝電場，をつくる．このとき重要なのは，他の電荷が存在しようがしまいが，それと無関係に自分の主張として電場をつくるということである．

上の電場の規則はまだ具体的に何も規定していない．クーロンの法則自体は実験事実として正しいのだから，これと矛盾がないように規約を決める．

まず規則 1 の具体的表現として

$$\text{電荷 } q \text{ に働く力} = \vec{F} = q\vec{E} \tag{9.3}$$

とする．電場は記号 $\vec{E}$ で表し，単位は V/m (または N/C) である．電場の単位は式 $F = qE$ から見ると N/C でよいように思えるが，あとの節で出てくる V (ボルト) という単位を用いて V/m で表す．力 $\vec{F}$ がベクトルなので電場もベクトルである．このようなとき，数学的には電場は「ベクトル場」であるという．式 (9.3) は電場の定義と考えてもよい．空間のある点における電場の値を知りたければ，そこに大きさのわかっている電荷 $q$ を置き，それに働く力 $\vec{F}$ を測定すると，$\vec{E} = \vec{F}/q$ で電場がわかる．

次に，規則 2 については，点電荷 $q$ がつくる電場は

$$\text{点電荷 } q \text{ がつくる電場} = \vec{E} = \begin{cases} \text{大きさ} & k\dfrac{q}{r^2} \\ \text{向き} & \text{電荷から放射状} \end{cases} \tag{9.4}$$

とする．

**クーロンの法則の導出**　式 (9.3) と式 (9.4) を，2 つの電荷 $q_1, q_2$ が距離 $r$ だけ離れている場合に適用すると，式 (9.1) のクーロンの法則が導かれる．すなわち，

$$\left. \begin{array}{l} q_1 \text{ がつくる電場} = E = k\dfrac{q_1}{r^2} \\ q_2 \text{ が受ける力} = F = q_2 E \end{array} \right\} \longrightarrow \quad F = k\dfrac{q_1 q_2}{r^2} \tag{9.5}$$

上の式で，$q_1$ と $q_2$ の立場を逆にしても同じ結論となる．

**電場の重ね合せ**　複数の電場の源があるとき，ある点における電場は，それぞれのつくる電場のベクトル和で求められる．

$$\vec{E} = \vec{E}_1 + \vec{E}_2 + \vec{E}_3 + \cdots \tag{9.6}$$

このことを，電場には「重ね合せの原理」が成り立つと表現する (⇒A.11 節)．

**点電荷の電場のイメージ**　式 (9.4) で表される点電荷の電場の様子を図 9.4 に示す．正の電荷と負の電荷では電場ベクトルの向きは逆になる．図は平面的に描いてあるが，電場の向

## 9.2 電場

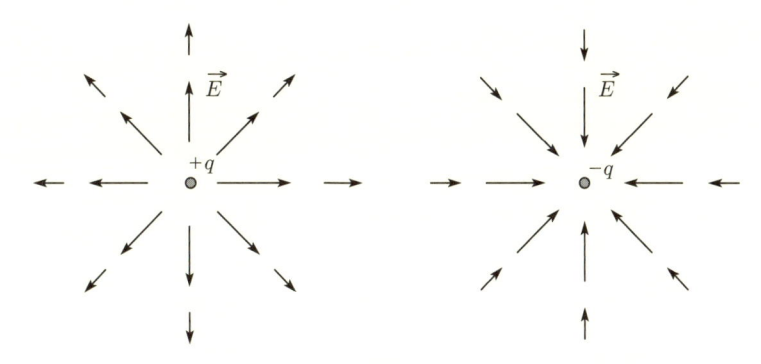

図9.4 点電荷のまわりの電場。(左) 正電荷，(右) 負電荷

きは中心の源の電荷から空間のあらゆる方向に出ている。その様子は，栗のイガかウニの刺で連想できる。電磁気現象は基本的に3次元空間の中で考えることになるが，説明用の図は2次元的 (平面的) なので，頭の中でイメージを3次元的にふくらませることが必要である。

**導体** この節の前後では物質に関するこまかい議論はしないことにしているが，次のことだけは最低限必要である (⇒9.13.1節)。金属などのように電気を伝える物質を**導体**とよぶ。この導体に関する性質である。

$$\text{導体内部では静電場は 0 である。} \tag{9.7}$$

**[例題 9.1]** ──────────────────────────

$x$-$y$ 平面での電場ベクトルを考える。図9.5(a) に示すように，点 $(a, 0)$ に電荷 $q$，点 $(-a, 0)$ に電荷 $q$ がある $(q > 0)$。点 O$(0,0)$，点 A$(0, a)$，点 B$(a, a)$ での電場の強さと向きを求めよ。

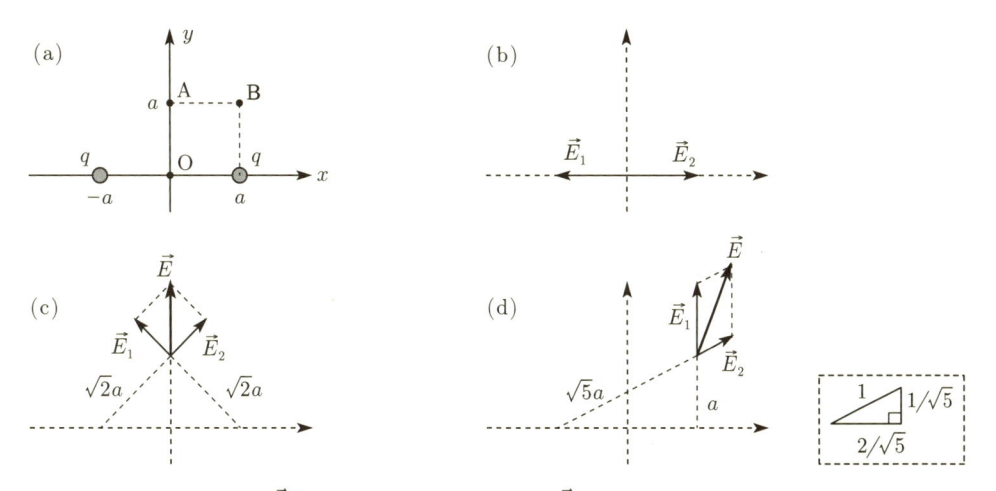

図9.5 $\vec{E}_1$ は右の電荷のつくる電場，$\vec{E}_2$ は左の電荷のつくる電場

**[説明]** 電場ベクトルの向き (電荷から放射状に出ている) を理解することが大事である。そして，複数の源 (電荷) があるときはベクトルとして合成する。

電場の強さとは，電場ベクトルの長さのことである。簡単な場合は幾何学的な考察で求めることができるが，この問の点Bのような場合は，ベクトルの成分を使い，ピタゴラスの定理で大きさを求める。

**[解]** 式 (9.4) により個々の電荷のつくる電場を計算する。図9.5で，$\vec{E}_1$ は右の電荷のつくる電場，$\vec{E}_2$ は左の電荷のつくる電場である。

点 O：図 9.5(b) に示すように，$\vec{E}_1$ と $\vec{E}_2$ はどちらも大きさが $k\dfrac{q}{a^2}$ で，向きが逆である。よって点 O での電場の強さは 0 である。

点 A：図 9.5(c) に示すように，$\vec{E}_1$ と $\vec{E}_2$ はどちらも大きさが $k\dfrac{q}{(\sqrt{2}a)^2}$ で，向きは図に示す方向である。この 2 つのベクトルを合成したものが $\vec{E}$ である。$\vec{E}$ は図のように $y$ 方向を向いており，ベクトルの合成はちょうど正方形の対角線となっているので，強さは $\dfrac{kq}{(\sqrt{2}a)^2} \times \sqrt{2} = \dfrac{kq}{\sqrt{2}a^2}$ となる。

点 B：図 9.5(d) に $\vec{E}_1$ と $\vec{E}_2$ を示す。それぞれ，大きさが $k\dfrac{q}{a^2}$，$k\dfrac{q}{(\sqrt{5}a)^2}$ で，向きは図に示す向きである。(表示の関係で，少し $\vec{E}_2$ は実際より長く描いている。) 両者を 2 次元のベクトルの成分表示で表すと，

$$\vec{E}_1 = \left(0, \frac{kq}{a^2}\right), \qquad \vec{E}_2 = \left(\frac{2}{\sqrt{5}}\frac{kq}{5a^2}, \frac{1}{\sqrt{5}}\frac{kq}{5a^2}\right)$$

である。ここで図 9.5(d) の右側の挿入図の関係を使って $\vec{E}_2$ の成分を求めている。点 B での電場ベクトルは成分を使って和を求めると

$$\vec{E} = \vec{E}_1 + \vec{E}_2 = \left(0, \frac{kq}{a^2}\right) + \left(\frac{2}{\sqrt{5}}\frac{kq}{5a^2}, \frac{1}{\sqrt{5}}\frac{kq}{5a^2}\right) = \left(\frac{2}{5\sqrt{5}}, 1 + \frac{1}{5\sqrt{5}}\right) \times \frac{kq}{a^2}$$

となる。ここで共通因数をくくりだした。このベクトルの絶対値を求める。

$$\sqrt{\left(\frac{2}{5\sqrt{5}}\right)^2 + \left(1 + \frac{1}{5\sqrt{5}}\right)^2} = \frac{\sqrt{26 + 2\sqrt{5}}}{5}$$

点 B での電場の強さは $\dfrac{\sqrt{26 + 2\sqrt{5}}}{5}\dfrac{kq}{a^2}$ である。

**類題**　上の例題で，点 $(a, 0)$ に電荷 $q$，点 $(-a, 0)$ に電荷 $-q$ があるとき $(q > 0)$，点 O, A, B での電場の強さを求めよ。(ヒント：負電荷の場合はベクトルの向きが逆になる。上の例題の計算の方法にならって求めた方がよい。例題の計算と「どこが変わるのか」がわかれば難しくない。)

## 9.3　ガウスの法則

前節で導入した電場は電気現象を理解するための基本的な量である。電場の源は電荷である。したがって，電荷と電場の関係を明らかにする法則を見つけることが重要になってくる。

**電気力線**　この糸口を与えるのがファラデー (M. Farady) により提案された電気力線の考え方である。図 9.4 での電場を表す矢印を見ていると，これは「水の流れ」に似ており，電荷から四方八方に流れ出しているように見えてくる。図 9.6 はそのように表現したものである。

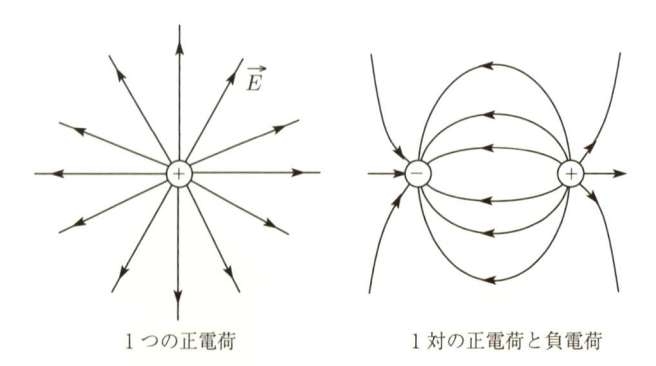

1 つの正電荷　　　　　1 対の正電荷と負電荷

図 9.6　点電荷と電気力線

## 9.3 ガウスの法則

図 9.7 電気力線の量

このように電場の分布を電気的な影響力を与える流体の流線とみなしたものを**電気力線**と呼ぶ。正電荷は力線が流れ出す口，負電荷は力線が吸い込まれる口とみなされる。ファラデーは，水の流線がもっている性質をこの電気力線ももつと考えた。その性質とは，「電気力線は電荷のあるところを除き，生成・消滅したり，分岐・融合したりしない」というものである。

**電気力線の量** 物理的なイメージとしては電気力線を，1本，2本と数えることをするときもあるが，本来連続的に広がった流れであり，本数で数えるのは便宜上のものである。まず「電気力線の量」を定義しよう。水の流れでは，パイプを流れる水の量は，(パイプの断面積) × (水の速度) で与えられる (⇒6.2節)。これにならい，図 9.7 に示すように，ある面積 $S$ の面を通る電気力線の量は，

$$ES \tag{9.8}$$

で与えられると考える。あとでこれを精密化するが，まずはこれで定義しておく。

**点電荷からの電気力線** まず，電荷から生ずる電気力線の量を求める。点電荷からの電気力線は図 9.4 に示すように球対称なので電荷を中心とする半径 $r$ の球面で覆って電気力線を求めるのが最も簡単である。球面の場合，電場ベクトル $\vec{E}$ が面に垂直になる。電場の大きさ $E$ は式 (9.4) で与えられているので (図 9.8)

$$\text{点電荷 } q \text{ のつくる電気力線の量} = ES = k\frac{q}{r^2} \times 4\pi r^2 = 4\pi kq \tag{9.9}$$

となる。この式は，結果として，ファラデーの電気力線の性質に関する仮定が正当であったことを示している。電気力線が途中で分岐したり消滅したりすれば，面によって電気力線の量は変わってしまう。ところが，式 (9.9) では任意の半径 $r$ の球面で覆ったときに，電気力線の量が $r$ によらず一定であるのだから，そんなことは起きていないと結論できる。

**誘電率の導入** 電荷 $q$ がつくる電気力線の量として式 (9.9) を得た。通常，「より基本的な法則をより簡単な形にしたい」と考えるので，ここで新しい記号として真空の**誘電率** $\varepsilon_0$ を

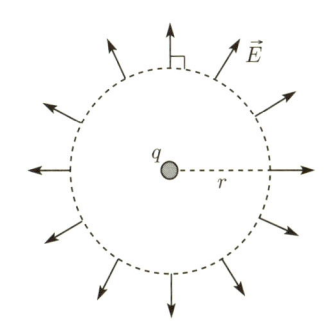

図 9.8 点電荷のつくる電気力線の量

導入して
$$k = \frac{1}{4\pi\varepsilon_0} \tag{9.10}$$
と表すことにする。これより，式 (9.9) は
$$\text{点電荷 } q \text{ のつくる電気力線の量} = \frac{q}{\varepsilon_0} \tag{9.11}$$
となる。$\varepsilon_0 = 8.85 \times 10^{-12}$ F/m である。

$\varepsilon_0$ を使うとクーロン力の式 (式 (9.1)) は
$$F = \frac{1}{4\pi\varepsilon_0}\frac{q_1 q_2}{r^2} \tag{9.12}$$
と，やや複雑となる。電磁気学の体系ではクーロン力の式より，以下で議論するガウスの法則の方がはるかに本質的である。基本的な式をより簡単にするために，「副次的な」式が少し複雑になることはやむを得ない。

**電束密度** ここで「電気力線の量」という概念により適合した量である**電束密度**を定義する。電束密度は記号 $\vec{D}$ で表し，単位は C/m$^2$ である。真空中での電束密度と電場の関係は
$$\vec{D} = \varepsilon_0 \vec{E} \quad (\text{真空中で}) \tag{9.13}$$
である。電気力線の量の代わりに電束という量を定義する。ある面積 $S$ の面を通る電束を
$$DS \quad (= \varepsilon_0 ES) \tag{9.14}$$
とする。これより，式 (9.9) は
$$\text{点電荷 } q \text{ のつくる電束} = q \tag{9.15}$$
となる。電束の単位は電荷と同じ C (クーロン) である。

混乱しないように注意しておくが，電場 $\vec{E}$ と電束密度 $\vec{D}$ は，いまのところ，比例定数 $\varepsilon_0$ で相互に換算できるので，どちらで考えても同じような結果になる。

**ガウスの法則** (素描) ファラデーの与えた電気力線の性質を使うと，電荷と電場の関係を与える基礎法則をうちたてることができる。それが標記の**ガウスの法則**である。この法則の内容は極めて単純である。水の流れで考えると，一定の水が流れ出ている水道の蛇口に布の袋をかぶせたとき，蛇口から出る水の量と袋の表面を通り抜ける水の量は等しい (というきわめて当たり前の) ことを主張している (⇒6.2 節)。これは保存法則であり，電気力線が途中で生成・消滅しないがゆえに成立する。きちんとした法則の形にするために，上の「袋」という言葉を数学用語である「閉曲面」という言葉におきかえる。

任意の電荷分布において，任意の閉曲面 $S$ に関して
$$\begin{pmatrix}\text{閉曲面 } S \text{ の表面を} \\ \text{横切る電束の総量}\end{pmatrix} = \begin{pmatrix}S \text{ の内部の電荷から} \\ \text{生じる電束の和}\end{pmatrix}$$
が成立する (図 9.9)。1 個の点電荷 $q$ しかないときに閉曲面 $S$ を球面としてガウスの法則を書くと以下となる。
$$\text{1 個の点電荷に対するガウスの法則} \quad DS = q \tag{9.16}$$

**精密化** 電場あるいは電束密度はベクトルであるので，ベクトルのどの成分を使うべきかを指定する必要がある。面を横切る流れと考える以上，図 9.10 の左図のように，電束密度ベ

## 9.3 ガウスの法則

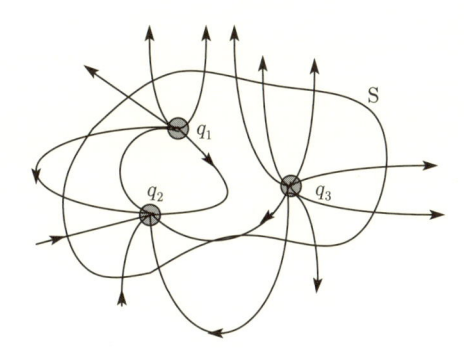

**図 9.9** ガウスの法則

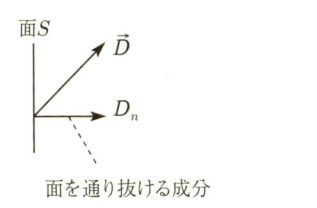

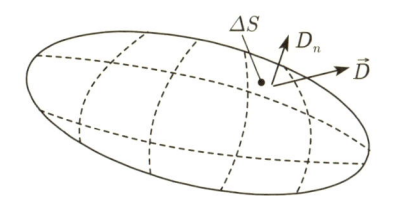

**図 9.10** 電束の精密化

クトルの法線成分 $D_n$ を使うのが適切である。面には裏と表がある。電束密度ベクトルが裏から表に通り抜けるときは $D_n > 0$,表から裏に通り抜けるときは $D_n < 0$ と数える。

また,$DS$ と考えることができるのは,この面で電束密度が一定な場合のみである。もし電束密度が一様でなく,面の場所によって異なるとしたら単純な掛け算はできない。このときは,図 9.10 の右図のように,面を細かく分割して考える。分割した面の小部分が十分小さければその中では電束密度を一定と考えることができる。$j$ 番目の小部分を通る電束は,そこでの電束密度を $D_{nj}$,その小部分の面積を $\Delta S_j$ とすると,$D_{nj}\Delta S_j$ であり,これを全部加えればよいから,電束は

$$D_{n1}\Delta S_1 + D_{n2}\Delta S_2 + \cdots + D_{nj}\Delta S_j + \cdots + D_{nN}\Delta S_N = \sum D_n \Delta S \qquad (9.17)$$

となる。ここでの和記号 $\sum$ は面 $S$ を細かく分割して加えることを意味する (⇒1.6.2 節)。ここで分割を細かくした極限をとると,面積分 $\int_S D_n dS$ となる (⇒A.10 節)。面積分の計算は一般には難しいが,式 (9.17) は掛け算と足し算のみからできているのでわかりやすい。このため,本書では面積分で表現せず,式 (9.17) の形式で書いておく。

ガウスの法則の最終的な形は次のとおりである。

**ガウスの法則** 任意の電荷分布および任意の閉曲面 S に関して

$$\sum D_n \Delta S = \sum q \qquad (9.18)$$

左辺の和は閉曲面 S をいくつかの部分に分けて計算した合計で,式 (9.17) の意味であり,右辺は閉曲面 S の内部の電荷の和である (図 9.9)。精密化により

$$DS = q \quad \Rightarrow \quad \sum D_n \Delta S = \sum q \qquad (9.19)$$

となったことを理解してもらいたい。

■**寄り道**■ 我々はクーロンの法則から出発して式 (9.18) を導いたのであるが，このことは逆にたどることも可能である．球の表面積が $S = 4\pi r^2$ であることは，幾何学的事実なので，このこととファラデーの電気力線の性質さえ仮定すれば逆向きに議論して，電場が $1/r^2$ に比例し，したがって電気力が $1/r^2$ に比例することがわかる．標語的に述べると，「我々の世界が3次元空間なので，電気力は距離の2乗に逆比例する」と結論できる．

このような論理を用いることにより，我々とは異なる宇宙，たとえば空間が2次元や4次元の世界の物理法則を推定することもできる．その世界では電気力は $1/r$ や $1/r^3$ に比例するであろう．一方，原子の構造を支えているのは電気的引力である．電気力が異なるために安定な原子が存在できないとしたら，電子などの素材はあってもその宇宙では星や生物は存在できないであろう．そういう風に考察を進めることにより，なぜ我々の宇宙は3次元空間なのか，という極めて基本的な問に答えられるかもしれない．

[例題 9.2]

以下の場合に電束を求めよ．

(1) 電場 $\vec{E} = (0, 0, E_0)$ が空間に分布している．O$(0,0,0)$, A$(a,0,0)$, B$(a,b,0)$, C$(0,b,0)$ とするとき，長方形 OABC を通り抜ける電束 $(a, b > 0)$．

(2) 前と同じ電場で B$'(a, b, c)$, C$'(0, b, c)$ とするとき，長方形 OAB$'$C$'$ を通り抜ける電束 $(a, b, c > 0)$．

(3) 電場 $\vec{E} = (3x - y + z^2, 2x - y - xz, xy - y - 2z)$ が空間に分布している．A$(0,0,2)$, B$(4,0,2)$, C$(4,6,2)$, D$(0,6,2)$ とするとき，長方形 ABCD を通り抜ける電束．

[説明] 電束の考え方を把握してもらうための例題である．繰り返すが $D = \varepsilon_0 E$ である．(1) は簡単である．(2) は2とおりの考え方がある．図 9.11 を見て考えてもらいたい．(3) は数学の重積分の練習問題である．まだ重積分を学習していない読者は省略してよい．

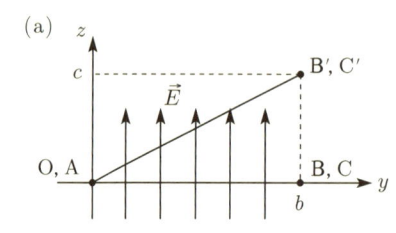

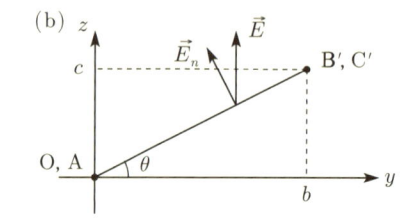

図 9.11 電束

[解] (1) 電場は $z$ 方向を向いており，長方形 OABC はこれに垂直で面積が $ab$ である．したがって電束は $\varepsilon_0 E_0 ab$ である．

(2) その1：図 9.11 は，$x$ 軸の方向から見た断面図である．図 9.11(a) を見ると，電場は $z$ 軸の方向を向いており，長方形 OABC を通り抜ける電場 (電気力線) と，長方形 OAB$'$C$'$ を通り抜ける電場 (電気力線) は同じである．よって，電束も同じである．$\varepsilon_0 E_0 ab$ である．

その2：$D_n S$ という定義で考えてみる．図 9.11(b) に与えた角度 $\theta$ を使うと，$E_n = E\cos\theta$, $S = a \times (b/\cos\theta)$ である．よって電束は

$$D_n S = \varepsilon_0 E_0 \cos\theta \times \frac{ab}{\cos\theta} = \varepsilon_0 E_0 ab$$

となり，同じ結果を得る．

(3) 長方形は $z$ 軸に垂直なので $D_n = \varepsilon_0 E_z$ である．電束は

$$\varepsilon_0 \iint_{ABCD} E_z \, dx\, dy$$

となる．この $E_z$ は $z = 2$ で評価するので，$E_z = xy - y - 4$ である．

$$\varepsilon_0 \int_0^4 \left\{ \int_0^6 (xy - y - 4) dy \right\} dx = \varepsilon_0 \int_0^4 (18x - 18 - 24) dx = 82\varepsilon_0$$

**類題** 以下の場合に電束を求めよ。

(1) 電場 $\vec{E} = (0, 0, E_0)$ が空間に分布している。O(0,0,0), A(b,0,a), B(b,b,2a), C(0,b,a) とするとき、四辺形 OABC を通り抜ける電束 $(a, b > 0)$。

(2) 電場 $\vec{E} = (3x - y + z^2, 2x - y - xz, xy - y - 2z)$ が空間に分布している。A(3,0,0), B(3,4,0), C(3,4,2), D(3,0,2) とするとき、長方形 ABCD を通り抜ける電束。(例題 (3) 参照)

## 9.4 ガウスの法則の応用

この節は前の節の演習問題にあたる。なぜそのような内容をわざわざ一つの節にしたかというと、前節で導かれたガウスの法則は、初心者にとってかなり馴染みにくいものであるからである。与えられた電荷分布に対して、適切な閉曲面を設定し、それに基づいて法則を適用するという「大域的」手法は慣れないとわかりにくいものである[3]。

この節では簡単な電荷分布の場合についてガウスの法則を使って電場を求める例を示す。

### 1) 平面状の一様な電荷分布

平面に一様に電荷が分布している場合の電荷分布を考える (図 9.12)。このとき、普通「無限に広い」平面に電荷が分布していると述べるが、もちろん、無限に広い面は実在しない。しかし、有限の面の端のあたりでは電気力線が複雑な形になり計算が面倒になる。実際には有限の平面に電荷が分布しているときに、(端の付近を除いた) 主要な部分の電場を求めているのだと理解してほしい。

一様に分布している電荷の量について、電荷の面密度 $\sigma$ と呼ばれる量を定義する (⇒1.6.2節)。

$$\sigma = \frac{q}{A} \quad \cdots \quad \text{面積 } A \text{ の部分に電荷 } q \text{ がある} \quad \cdots \quad q = \sigma A \tag{9.20}$$

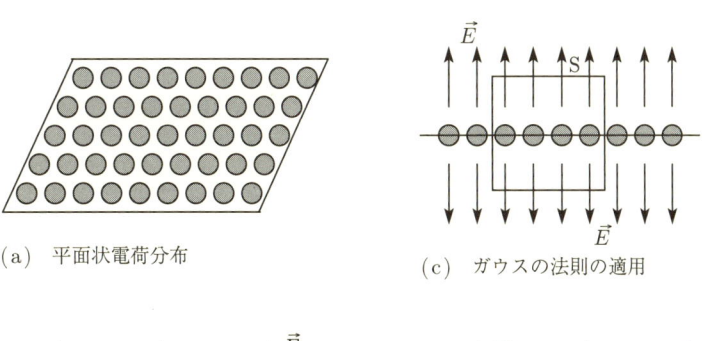

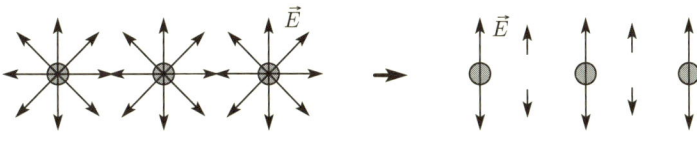

(a) 平面状電荷分布

(c) ガウスの法則の適用

(b) 電場のベクトル合成

図 9.12 平面状の一様な電荷分布

---

[3] 途中の詳細は省略してもよいが、結果の式 (9.22), 式 (9.24), 式 (9.27) などは後で使う場合があるので確認しておくこと。

これは，ガウスの法則の応用例の最も簡単なものの一つだと思われるが，それでも初学者にとって難しく感じられる点が2つある。一つは，この与えられた状態から，どんな電場が存在するかを考察することである。平面に電荷が一様に分布しているという状態を，図9.12(a) のように，平面上に一様にビー玉が並んでいる状態と想像してもらいたい。そして，そのビー玉1つ1つが点電荷である。それぞれの電荷からは電場が放射状に出ている。それらをすべてベクトル的に合成したものがこの電荷分布における電場である。図9.12(b) のように，面に斜めの成分は互いに打ち消し合い，結果として面に垂直な電場のみが残ることになる。電気力線の保存から，面に垂直で一様な電場はそのまま延びていくので，電場の強さは一定であり，しかも面からの距離によらないことになる[4]。また，面の上下は同じ条件なので，面の上下で電場は向きが逆で同じ強さとなる。

電場の様子がわかったとして，第2の難しさは閉曲面 S としてどんな形を選ぶかということである。ガウスの法則は任意の閉曲面について成り立つが，実際の計算の難易度は S の選択に大きく影響される。そこで，電場の様子に応じて適切な面を選ばなくてはいけない。この例では図9.12(c) の平面に垂直な筒状の面 S を選ぶのがよい。この筒の断面積を $A$ とすると，筒の内部にある電荷の総量は式 (9.20) から $\sigma A$ となる。この面を選ぶと，

$$\text{上下の底の面}\cdots\quad\text{電場が面に垂直}\rightarrow\quad E_n = E = |\vec{E}|$$
$$\text{側面}\cdots\quad\text{電場が面に平行}\rightarrow\quad E_n = 0$$

となるのでガウスの法則 (式 (9.18)) は

$$\begin{cases} \text{左辺}\cdots\quad \sum D_n \Delta S = \varepsilon_0 E \cdot A + \underset{\text{上面}}{0} + \underset{\text{側面}}{\varepsilon_0 E \cdot A} \\ \text{右辺}\cdots\quad \sum q = \sigma A \end{cases} \quad (9.21)$$

となり，$2\varepsilon_0 EA = \sigma A$ より次式を得る。

$$E = |\vec{E}| = \frac{\sigma}{2\varepsilon_0} \quad (9.22)$$

なお，上では定性的議論から電場の強さは平面からの距離に依存しないことを仮定したが，このことは証明できる。(上述の方法で平面電荷を含まない筒型の面を使えばよい。)

### 2) 2枚の平行平面上の一様な電荷分布

この例はガウスの法則の応用ではなく，前項の例の応用である。2つの平行な平面にそれぞれ面密度 $\sigma_1, \sigma_2$ で一様に電荷が分布している場合の電場を考える (図9.13)。電磁気現象は線形だから，この結果は前の例で $\sigma = \sigma_1$ のときと $\sigma = \sigma_2$ のときの分布を2つ重ね合わせたものである。(図9.12(c) の電場を重ね合わせる。図9.13 で中央部の電場ベクトルが下向きなのは，$\sigma_1 > \sigma_2$ と仮定したからである。)

$$E_{up} = E_{down} = \frac{\sigma_1}{2\varepsilon_0} + \frac{\sigma_2}{2\varepsilon_0}, \qquad E_c = \frac{\sigma_1}{2\varepsilon_0} - \frac{\sigma_2}{2\varepsilon_0}. \quad (9.23)$$

この場合で，等量の正と負の電荷が帯電しているときは，平行平板コンデンサーで実現される電場分布と同じである (⇒9.6節)。結果は以下となる。

$$\sigma_1 = \sigma,\ \sigma_2 = -\sigma \quad \Rightarrow \quad E_c = \frac{\sigma}{\varepsilon_0},\ E_{up} = E_{down} = 0 \quad (9.24)$$

---

[4] 実際の有限の面では端のあたりから電場が乱れ始め，面から離れるとともにその領域は広がるので電場は無限に一様ではありえない。

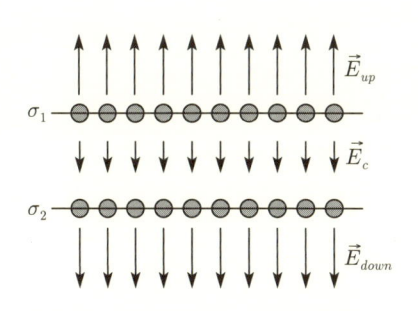

図 9.13　2 つの平面上の一様な電荷分布 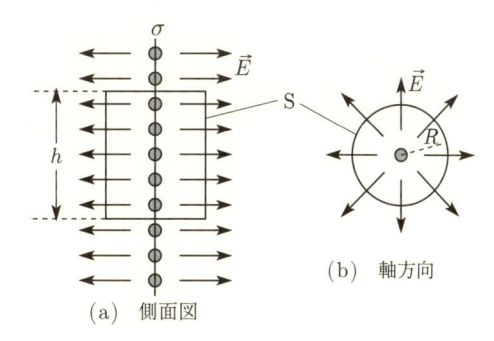　　　図 9.14　直線上の一様な電荷分布

### 3) 直線上の一様な電荷分布

直線上に一様に分布している電荷の量について，電荷の線密度 $\sigma$ と呼ばれる量を定義する ($\Rightarrow$ 1.6.2 節)。

$$\sigma = \frac{q}{\ell} \quad \cdots \quad 長さ \ell の部分に電荷 q がある \tag{9.25}$$

この場合は，いわば，多数のビーズ玉がまっすぐな糸に通されており，そのビーズ玉 1 個 1 個が点電荷であるという状態である。それぞれの電荷がつくる電場をベクトル的に合成すると，結果として図 9.14 に示す電場ができる (例 1 での考察を参照)。図 9.14(a) では直線を「横」から，図 9.14(b) は直線を「上」から見た図である。

ガウスの法則を適用する面 S として，図 9.14 の直線を中心とし，半径 $R$，高さ $h$ の円柱面を考える。この面を選ぶと，

$$上下の面 \cdots 電場が面に平行 \rightarrow E_n = 0$$
$$側面 \cdots 電場が面に垂直 \rightarrow E_n = E = |\vec{E}|$$

となるので，ガウスの法則 (式 (9.18)) は

$$\begin{cases} 左辺\cdots & \sum D_n \Delta S = \underset{上面}{0} + \underset{側面}{\varepsilon_0 E \cdot 2\pi R h} + \underset{下面}{0} \\ 右辺\cdots & \sum q = \sigma h \end{cases} \tag{9.26}$$

これから，$2\pi\varepsilon_0 E R h = \sigma h$ となる。直線から $R$ 離れた位置の電場は以下の式となる。

$$\vec{E} = \begin{cases} 大きさ & \dfrac{\sigma}{2\pi\varepsilon_0 R} \\ 向き & 直線に垂直な方向 \end{cases} \tag{9.27}$$

## 9.5　電　位

電場は電気現象の基本量であるが，力学においても基本量である力 $\vec{F}$ のかわりをするものとしてポテンシャルエネルギー $U$ が有用であった ($\Rightarrow$ 3.2.1 節)。これと同様にベクトル量 $\vec{E}$ のかわりをするスカラー量として，**電位** (静電ポテンシャル) $V$ を定義する。電位は記号 $V$ で表し，単位は V (ボルト) である。ポテンシャルエネルギーと同じように電位には定数だけの任意性がある[5]。2 つの点の間の電位の差を**電位差**という。電位差ではこの任意性はない。

---

[5]　電気回路では通常接地してあるところ (アース) を電位 0 とする。

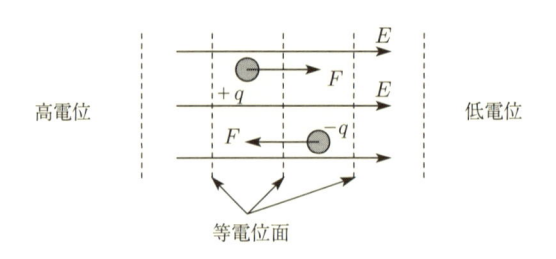

図 9.15 電場と等電位面

電場が重ね合せの原理に従うので (⇒A.11 節)，電位もそうなる。つまり複数の場の源があるときの電位はそれらの和になる。

電位は空間内の電気的な「山や谷」を表しているというイメージで理解することができる。図 9.15 にあるように，電場ベクトルの向き (あるいは電気力線の流れる向き) に直交する方向に電位は一定である。電位が一定のところは面をなし，それを**等電位面**と呼ぶ。図では，点線で表されているが，この場合，紙面に垂直な面である。図 9.15 では左の方が電位が高く，右の方が低い。電場は電位の高い方から低い方に向かうベクトルである。このため $F = qE$ の関係を考えれば，正電荷は電位の高い方から低い方に運動させる力を電場から受ける。これはちょうど電荷が電位の坂を転げ落ちると理解できる。ただ負電荷の場合はこの山と谷の役割が逆になる。つまり，負電荷は電位の低い方から高い方に運動させる力を電場から受ける。

**一様な電場と電位**　　単純な場合として，$x$ 軸に沿った一様な電場 $E$ があるときの電場と電位の関係は (図 9.16)

$$-(V(x_b) - V(x_a)) = E(x_b - x_a) \tag{9.28}$$
$$\text{電位差} \qquad\qquad \text{電場} \times \text{距離}$$

となる。この式から，電場 $E$ の単位が V/m であることがわかる (⇒9.2 節)。

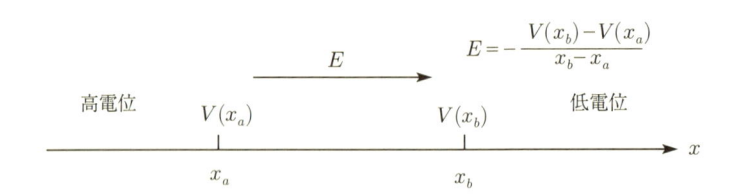

図 9.16 1 次元の電場と電位

**電場と電位の一般的関係**　　一般的な場合の電場と電位の関係には，3.1 節の「仕事の精密化のパターン」が適用される。空間内の 2 点 A,B を考えこれを結ぶ曲線 C を考える (図 9.17)。この 2 点での電位を $V_A, V_B$ とする。曲線上の点での電場ベクトル $\vec{E}$ のうち曲線に沿った方向の電位の変化に寄与するのは電場の接線成分 $E_t$ である。また，いつものように曲線 C を多数の微小な部分に分割すれば，その小部分の中では電場は一定と考えられるので，

$$-(V_B - V_A) = \sum E_t \Delta s \tag{9.29}$$

となる。ここで分割を細かくした極限をとると右辺は線積分 $\int_C E_t \, ds$ となる。

## 9.5 電 位

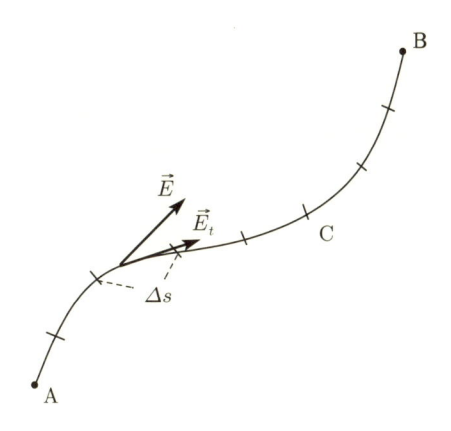

図 9.17 電位と電場の一般の関係

なお，ここで電位というものが定義できるためには上の式が A 点と B 点を結ぶ任意の経路 C について成立しなくてはいけない．式 (9.29) の右辺はどんな曲線 C についても (両端の点 AB が固定されていれば) 同一の値となる[6]．

式 (9.29) から考えると，1 次元の場合の電場と電位の関係は以下のとおりである．これは式 (9.28) を含んでいる．

$$V = -\int E\,dx \quad \leftrightarrow \quad E = -\frac{dV}{dx} \tag{9.30}$$

3 次元の場合，積分形での関係は式 (9.29) そのものであるが，微分で表した式は A.9 節の記号を使って以下となる．

$$\vec{E} = -\mathrm{grad}\,V \tag{9.31}$$

**点電荷** 点電荷 $q$ のつくる電位は，電場を積分して求められる．電荷からの距離を $r$ として

$$E = k\frac{q}{r^2} \quad \rightarrow \quad V = -\int E\,dr = k\frac{q}{r} + V_0 \tag{9.32}$$

となる．この $V_0$ は積分定数である．前に述べたように電位には定数だけの不定性がある．これを 0 にとった場合は

$$V = k\frac{q}{r} = \frac{q}{4\pi\varepsilon_0 r} \tag{9.33}$$

となる．図 9.18 に点電荷の等電位面や電位と $r$ の関係を示す．

**導体** 式 (9.7) から静電場中の導体内部の電場は 0 である．このため，電位の値はその導体全体にわたって一定となる．

**電場と仕事** 式 (9.3) とここでの議論を組み合わせると，電場中で電荷を動かしたときの仕事を求めることができる．図 9.17 の経路で電荷 $q$ が動いたとき，電場が電荷にした仕事 $\overline{W}$ は，式 (9.29) より

$$\overline{W} = \sum F_t \Delta s = \sum q E_t \Delta s = q(V_A - V_B) \tag{9.34}$$

となる．電場中で，電場に逆らって電荷を動かしたときの仕事 $W$ は，式 (9.34) の逆符号で

---

[6] これはポテンシャルエネルギーが定義できるためには保存力という性質が必要であったことに対応する．あとで見るように，誘導起電力の場合，この性質は成り立たない．つまり電位と結びつけられない電場が存在する．

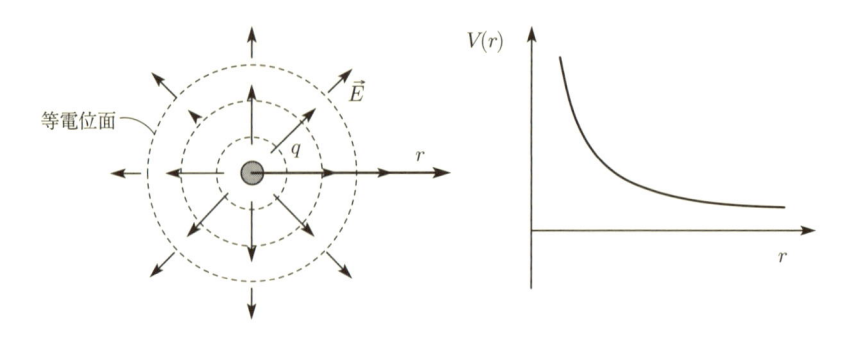

図 9.18　電場と電位 (点電荷の場合)

ある。
$$W = q(V_B - V_A) \tag{9.35}$$

**電流**　電荷が連続的に移動するときそれを**電流**と呼ぶ。電流は記号 $I$ で表し，単位は A (アンペア) である。電流は電荷の流れである。ある地点を時間 $\Delta t$ の間に $\Delta q$ の電荷が通ったとすると
$$I = \frac{\Delta q}{\Delta t} \quad \Rightarrow \quad I = \frac{dq}{dt} \tag{9.36}$$
である。ここで 1.5 節の微分の考え方を使った。

**電力**　前に述べたように，電荷を動かすためには仕事が必要である。時間 $\Delta t$ の間に，電荷 $\Delta q$ が電位差 $V$ だけ移動したとすると，そのときの仕事は
$$\Delta W = \Delta q V \tag{9.37}$$
であるので，単位時間にする仕事，すなわち仕事率は ($\Rightarrow$ 式 (3.4))
$$\text{電流の仕事率} \quad P = \frac{\Delta W}{\Delta t} = V \frac{\Delta q}{\Delta t} = VI \tag{9.38}$$
となる。この仕事率を**電力**あるいは**消費電力**とも呼ぶ。

なお，電気回路の場合，電位差は**電圧**とも呼ばれる。また起電力とは電池などのようにその両端の電位をある一定の値に保つことができる能力のことである。これらについて，本書ではすべて同じ記号 $V$ を用いる。

[例題 9.3]
$x$ 軸に沿って一様な電場がある。$x$ 軸は m 単位とする。$x = 0.1$ m で $V = 20$ V，$x = 0.3$ m で $V = 24$ V であるとする。
 (1) $x = 0.6$ m での電位はいくらか。
 (2) 電場の強さと向きを答えよ。
 (3) $1.0\,\mu\mathrm{C}$ の電荷を，$x = 0.1$ m から $x = 0.3$ m まで動かした。このときの仕事はいくらか。

[説明] いずれも電位と電場の関係に関する基礎的な問である。電場の向きは電位の高い方から低い方であることに注意。

[解] このときの電位のグラフを図 9.19(a) に示す。
　(1) 0.2 m で 4 V 変化した。一様な電場なので電位は 1 次式で変化する。0.1 m あたりで 2 V 変化するので，$V = 30$ V．

## 9.6 コンデンサーと電場のエネルギー

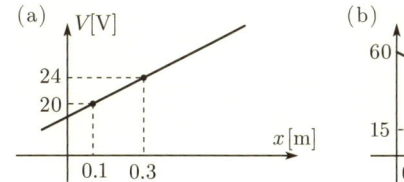

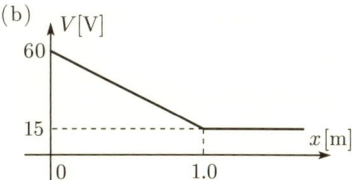

図 9.19 電場と電位

(2) 電場の強さは $E = \dfrac{24 - 20}{0.3 - 0.1} = 20$ V/m. 向きは $x$ 軸の負の方向.

(3) $W = q(V_B - V_A) = 1.0 \times 10^{-6} \times (24 - 20) = 4.0 \times 10^{-6}$ J.

**類題** 図 9.19 (b) に示す電位が $x$ 軸に沿って分布している.
 (1) $x = 0.2$ m での電位, (2) $x = 0.2$ m での電場, を答えよ.
 (3) $x = 1.2$ m での電場を答えよ.
 (4) $4.0\ \mu$C の電荷を, $x = 1.3$ m から $x = 0.2$ m まで動かした. このときの仕事はいくらか.

## 9.6 コンデンサーと電場のエネルギー

図 9.20 のように 2 つの導体に電位差を与えると, 電荷を蓄えることができる[7]. これが**コンデンサー** (キャパシター, 蓄電器ともいう) である. 高電位側に $+q$, 低電位側に $-q$ の電荷があり, 2 つの導体の電位差を $V$ とする. 両者の間の空間には電場 $E$ がある. また, 導体の電位は導体全体にわたって一様であったことを思い出すこと.

電荷と電場の関係が線形であることから, 蓄えられる電荷 $q$ と電位差 $V$ は比例する ($q \propto V$) ことがわかる. 同じ電位差でも貯めることのできる電荷の量はコンデンサーの形状により異なる. このコンデンサーの「器の大きさ」を**電気容量** (キャパシタンス, **静電容量**) と呼ぶ. 電気容量は記号 $C$ で表し, 単位は F (ファラド) である.

$$q = CV \tag{9.39}$$

後で使うために, この式を時間で微分し, 式 (9.36) と組み合わせた以下の式を導いておく.

$$I = C\dfrac{dV}{dt} \tag{9.40}$$

**平行平板コンデンサー** 電気容量 $C$ はコンデンサーの形状と極板の間の物質の性質による. 簡単な形状の場合には直接それを求めることができる. 図 9.21 の平行平板コンデンサーの場合を考えてみよう.

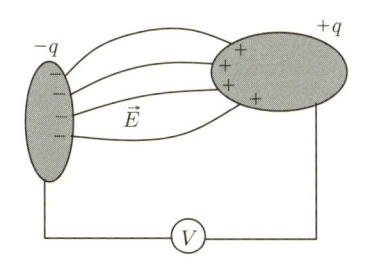

図 9.20 コンデンサーの模式図

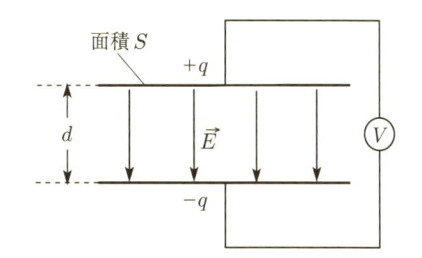

図 9.21 平行平板コンデンサー

---

[7] この節の議論は任意の個数の導体に拡張できる. このとき電気容量は導体間の行列で表される.

以下の計算の手順を説明する。電荷 $q$ と電場 $E$ がガウスの法則により関係し，電位 $V$ と電場 $E$ は 9.5 節の関係で結びつく。これらから電荷 $q$ と電位 $V$ の関係がつき，そして電気容量 $C$ が決まる。

まず式 (9.24) の結果を使うと，

$$E = \frac{\sigma}{\varepsilon_0} = \frac{q}{\varepsilon_0 S} \tag{9.41}$$

となる。一方，電場と電位は前節の式 (9.28) から

$$V = Ed \tag{9.42}$$

となる。これを組み合わせて

$$V = \frac{qd}{\varepsilon_0 S} \quad \rightarrow \quad q = \frac{\varepsilon_0 S}{d} V \tag{9.43}$$

を得る。電気容量の定義式 (9.39) から平行平板コンデンサーの電気容量は

$$C = \frac{\varepsilon_0 S}{d} \tag{9.44}$$

となる。

コンデンサーの平板の間に絶縁性の物質 (誘電体) を挿入した場合は，その物質の誘電率 $\varepsilon$ で式 (9.44) の $\varepsilon_0$ を置き換える。大きい誘電率の物質を挿入することによりコンデンサーの電気容量を大きくすることができる (⇒9.13.1 節)。

**コンデンサーが蓄えるエネルギー** 帯電していない電位差 0 のコンデンサーに，電荷 $q$ を充電し電位差 $V$ を与えるときの仕事を計算してみよう。

電位差が $V$ のときに微小な電荷 $\Delta q$ を (電位差に逆らって) 図 9.22 のように負極から正極に移したとすると，そのときの仕事は

$$V \Delta q$$

である。したがって全部の仕事は，式 (9.39) と 1.6.2 節 の総和を積分にする手法を使うと

$$W = \sum V \Delta q \quad \rightarrow \quad W = \int_0^q V dq = \int_0^q \frac{q}{C} dq \tag{9.45}$$

$$W = \frac{q^2}{2C} = \frac{1}{2} CV^2 \tag{9.46}$$

となる。仕事はエネルギーであり，エネルギーは保存する。熱現象の例でいえば，気体を圧縮するために力学的仕事をすると，それが内部エネルギーとして気体内部に蓄えられることを学んだ。それと同じく，コンデンサーを充電するために行った仕事は，そこに蓄えられたはずである。だから，式 (9.46) がコンデンサーに蓄えられた電気的エネルギーである。

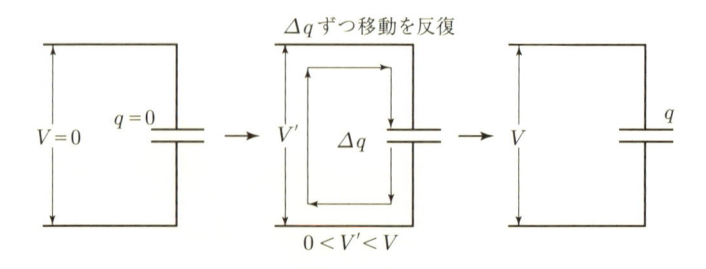

図 9.22 コンデンサーを充電する仕事

**電場のエネルギー密度**　ところでこのエネルギーは「どこに」蓄えられているのであろうか。平行平板コンデンサーの場合で考えてみると，式 (9.46) を式 (9.41)，式 (9.44) を使って

$$W = \frac{1}{2}\varepsilon_0 E^2 \times Sd \tag{9.47}$$

と変形できる。この結果を図 9.21 と見比べると，因子 $Sd$ は電場がある空間の体積を表しているので，

$$\text{単位体積あたりのエネルギー} = \frac{1}{2}\varepsilon_0 |\vec{E}|^2 \tag{9.48}$$

があると考えることができる。これを**電場のエネルギー密度**と呼ぶ。一般に空間に電場があるとき，そのエネルギーは

$$\sum \frac{1}{2}\varepsilon_0 |\vec{E}|^2 \Delta V \tag{9.49}$$

と書ける。分割を無限小にした極限ではこの式は $\int_V (1/2)\varepsilon_0 E^2 \, dV$ と体積積分で表される。

[例題 9.4]

間隔が 1 mm の平行平板コンデンサーで電気容量を 100 pF にするためには平板の面積をいくらにすればよいか。また，このコンデンサーに 4 mV の電位差を与えたときに蓄えられる電荷と，エネルギーを答えよ。($\varepsilon_0$ の数値は本文参照。)

[説明]　この程度の容量のコンデンサーは回路の中で普通に使われるが，その大きさは指先に乗る程度である。実際には，誘電率の大きい物質をはさみ，極板を折り曲げてつくる。

[解]　$C = \varepsilon_0 S/d$ から

$$S = \frac{Cd}{\varepsilon_0} = \frac{(1.0 \times 10^{-10}) \times (1.0 \times 10^{-3})}{8.85 \times 10^{-12}} = 1.1 \times 10^{-2} \text{ m}^2$$

となる。電荷とエネルギーは

$$q = CV = (1.0 \times 10^{-10}) \times (4.0 \times 10^{-3}) = 4.0 \times 10^{-13} \text{ C}$$

$$W = \frac{1}{2}CV^2 = \frac{1}{2} \times (1.0 \times 10^{-10}) \times (4.0 \times 10^{-3})^2 = 8.0 \times 10^{-16} \text{ J}$$

類題　平板の面積が $50 \text{ cm}^2$，間隔が 4 mm の平行平板コンデンサーの間の空間に誘電率が $\varepsilon = 4.0 \times 10^{-10}$ F/m の物質を挿入した。このコンデンサーの電気容量を答えよ。また，このコンデンサーに 2 V の電位差を与えたときに蓄えられる電荷と，エネルギーを答えよ。

## 9.7　磁場と磁場のガウスの法則

電気現象と磁気現象には似ているところと異なるところがあるが，この節ではなるべく両者の類似点に着目して，9.1 節から 9.3 節までの議論をなぞる形で磁気現象の説明を進める。このため記述は簡潔にするので，詳しい説明は対応する電気現象の節を見られたい。また，磁気力の源は磁石あるいは電流であるが，後者は後の節で考える。

**磁荷とクーロンの法則**　電気力の源が電荷であったように，磁石による磁気力の源は**磁荷**である。電荷と同様に磁荷も 2 種類ある。磁石の場合 N 極，S 極と呼ばれる場合もあるが，これらを正負の磁荷と考える。磁荷は記号 $m$ で表し[8]，単位は Wb (ウェーバ) である。

---

[8] 記号が $m$ であるが，質量と混同しないこと。

磁荷どうしの間に働く力は次の磁気の**クーロンの法則**による．大きさ $m_1$ と $m_2$ [Wb] の磁荷が距離 $r$ [m] だけ離れているとき両者の間に働く磁気力 $F$ [N] は次の式で表される．

$$\vec{F} = \begin{cases} 大きさ & k_m \dfrac{m_1 m_2}{r^2} \\ 向き & 磁荷と磁荷を結ぶ方向 \end{cases} \tag{9.50}$$

ここで $k_m$ は磁気のクーロン力の比例定数で，値は真空中で $k_m = 10^7/(4\pi)^2$ N·m$^2$/Wb$^2$ である (空気中でもほとんど同じ値である)．

**磁場**　次に，電場に対応する**磁場**の概念を導入する．

$$磁荷 m に働く力 = \vec{F} = m\vec{H} \tag{9.51}$$

とする．磁場は記号 $\vec{H}$ で表し，単位は A/m (あるいは N/Wb) である．磁場の単位は式 $F = mH$ から見ると N/Wb でよいように見えるが，あとで説明する電流と磁場との関係から A/m で表す．磁場もベクトル場である[9]．そして点磁荷 $m$ がつくる磁場は

$$点磁荷 m がつくる磁場 = \vec{H} = \begin{cases} 大きさ & k_m \dfrac{m}{r^2} \\ 向き & 磁荷から放射状 \end{cases} \tag{9.52}$$

である．

**磁束密度と磁束**　磁荷のつくる磁力線の量を定義するため，真空の誘電率 $\varepsilon_0$ にならって，真空の**透磁率** $\mu_0$ を導入する．

$$k_m = \frac{1}{4\pi\mu_0} \tag{9.53}$$

さらに，電気力のときの $D$ に対応して，「磁力線の量」という概念により適合した量である**磁束密度** $\vec{B}$ を定義する．

$$\vec{B} = \mu_0 \vec{H} \quad (真空中で) \tag{9.54}$$

磁束密度は記号 $\vec{B}$ で表し，単位は T (テスラ) である．

面を通り抜ける**磁力線**の量を**磁束**と呼ぶ．磁束は記号 $\Phi$ で表し，単位は Wb (ウェーバ) である．これは名前のとおり磁束密度から定義される．

$$素朴な定義 \quad \Phi = BS \tag{9.55}$$

電場の電束の場合と同様，磁荷 $m$ から生じる磁束は $\Phi = m$ である．(だから両者の単位が同じである．)

あとで使うために，面 S を通る磁束 $\Phi$ の数学的定義を示しておく．式 (9.17) のように考えて，

$$精密な定義 \quad \Phi = \sum B_n \Delta S \tag{9.56}$$

となる．この和は磁束が通る面 S をいくつかの面に分割し，それぞれの面で磁束を求めたものを合計するという意味である．

**ガウスの法則**　電場の場合と同じように磁束が磁荷から出ており保存するので，磁場に対するガウスの法則を導くことができる．

**磁気ガウスの法則**　任意の磁荷分布および任意の閉曲面 S に関して

---

[9] 鏡映に対する性質が違うので，正確にいえば磁場は軸性ベクトル場である．

$$\sum B_n \Delta S = \sum m = 0 \tag{9.57}$$

左辺の和は閉曲面 S をいくつかの部分に分けて計算した合計であり，右辺は閉曲面 S の内部の磁荷の和である。

式 (9.57) で右辺を 0 とした意味は次のとおりである。本節の立場では物質中の磁場は考察しないので，閉曲面は物質を切らないものとしている。ところがわれわれが知る範囲では，自然界において磁荷は常に磁石の両端に $+m, -m$ と対で存在する[10]。したがって右辺の和は必ず 0 になる。磁力線は輪になっており端点をもたないこと (次節も参照) を前提とすれば，式 (9.57) の左辺は 0 となる。

## 9.8 アンペールの法則

前節では磁荷のつくる磁場について述べたが，電流も磁場をつくる。そして磁気の源を本質的に考えると，電流が磁場をつくり出すという考え方がより基本的である。この節では定常電流，つまり時間的に一定の大きさの電流を考える。そして電流と磁場の関係を与える基本法則を学ぶ。

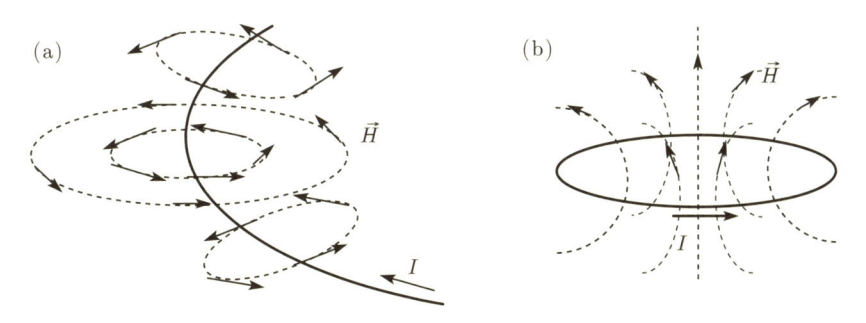

**図 9.23** 電流と磁場

電場と磁場はそのイメージが異なる。電場が電荷から生じる電気的な力の流れであるのに対し，図 9.23 に示すように磁場 $\vec{H}$ は空間にできた渦であって，その渦の中心に電流 $I$ がある[11]。「右ねじのルール」があることにも注意しておく。図 9.23(a) では電流 $I$ が流れる方向に右ねじを回したときに，ねじが回る方向に磁場 $\vec{H}$ ができる。また，図 9.23(b) では円電流 $I$ が右ねじの回す向きに流れているとき，ねじが進む方向に磁場 $\vec{H}$ ができる。

最も単純な電流は直線電流である[12]。この電流のまわりに磁針をもってきてそれに働く力を測れば，式 (9.51) からその点の磁場が測定できる。その結果次のことがわかった。

$$\text{直線電流 } I \text{ がつくる磁場} = \vec{H} = \begin{cases} \text{大きさ} & \dfrac{I}{2\pi R} \\ \text{向き} & \text{電流のまわりに右ネジの向きに渦状} \end{cases} \tag{9.58}$$

---

[10] 10.3 節で触れるモノポールがないとしている。
[11] 渦の強さをどのように評価するかは流体力学を参照 (⇒6.2 節)。
[12] 通常，「無限に長い」という形容をつけるが，本当に無限に長い電流は存在しない。端の影響が十分無視できる程度に長いと考えてもらいたい。

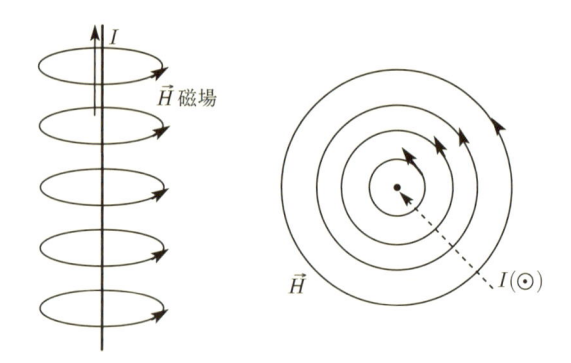

**図 9.24** 直線電流のつくる磁場

**表 9.1** 点電荷と直線電流での保存量

| 点電荷 | 直線電流 |
|---|---|
| 電場 | 磁場 |
| $E = \dfrac{1}{4\pi\varepsilon_0}\dfrac{q}{r^2}$ | $H = \dfrac{I}{2\pi R}$ |
| 向き：放射状 | 向き：渦状 |
| 半径 $r$ の球面 面積 $S = 4\pi r^2$ | 半径 $R$ の円周 長さ $s = 2\pi R$ |
| 一定の量 $ES = q/\varepsilon_0$ (電場)×(面積) | 一定の量 $Hs = I$ (磁場)×(長さ) |

この式で $R$ は電流からの距離である (図 9.24)。

この直線電流のつくる磁場に対して次の「保存法則」をつくることができる。電場のガウスの法則を点電荷に適用したときと比べながら表 9.1 によって考えてみよう。

表 9.1 の観察から導かれたのが，**アンペールの法則**である。1 つの直線電流 $I$ しかないとき，そのまわりに円 (円周 $s$) を考えると

$$\text{1 つの直線電流に対するアンペールの法則} \quad Hs = I \qquad (9.59)$$

が成り立っている。これを一般化する。輪のような端のない曲線を閉曲線と呼ぶが，この数学用語を使って，円を一般的な閉曲線 C とする。閉曲線 C があると，それを境界とする面 S ができる。この面 S を通り抜ける電流 $I$ を扱う。電流は一般には 1 本とは限らない。次に，式 $Hs$ を一般化するために，3.1 節の「仕事の精密化のパターン」が適用される。磁場はベクトルであり，上の例で渦に沿って円周があったので，磁場ベクトルの接線成分 $H_t$ を使うのが適切である。また，$Hs$ と考えることができるのはこの曲線で磁場が一定な場合のみである。もし磁場が一様でなければ，図 9.25(a) に示すように曲線を細かく分割して考える。分割した閉曲線の小部分が十分小さければ，その中では磁場を一定と考えて，それを全部加えればよい。

$$Hs \quad \to \quad H_{t1}\Delta s_1 + H_{t2}\Delta s_2 + \cdots + H_{tN}\Delta s_N = \sum H_t \Delta s \qquad (9.60)$$

**アンペールの法則** 任意の電流分布および任意の閉曲線 C とそれがなす面 S に関して

## 9.8 アンペールの法則

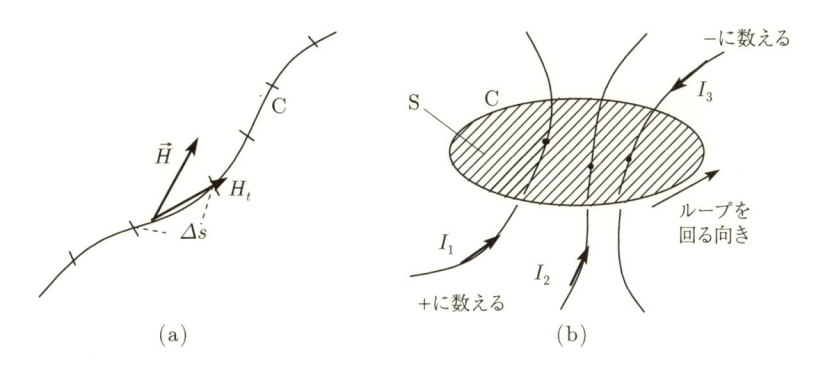

(a) (b)

図 9.25 アンペールの法則

$$\sum H_t \Delta s = \sum I \tag{9.61}$$

ここで左辺の和は閉曲線 C をいくつかの部分に分けて計算した合計での分割和, 右辺は閉曲線 C がつくる面 S を通り抜ける電流の和である (図 9.25)。精密化により

$$Hs = I \quad \Rightarrow \quad \sum H_t \Delta s = \sum I \tag{9.62}$$

となったことを理解してもらいたい。

なお, 閉曲線 C には向きがあり, その向きに沿って接線成分の正負の方向が決まる。この C を回る向きと, 右ネジの規約により, 面 S に表と裏が定義できる。符号の規約として, 図 9.25(b) に示すように, 裏から表に抜ける電流 $I$ を $+I$, 表から裏に抜ける電流を $-I$ と数える。

**ソレノイドのつくる磁場** 導線を円柱面をなすように密に均一に巻いたコイルをソレノイド (ソレノイドコイル) という。その内部にできる磁場をアンペールの法則を応用して求めてみよう (図 9.26)。

ソレノイドの単位長さあたりの巻き数を $n$ とすると

$$n = \frac{\text{全巻き数}}{\text{長さ}} \tag{9.63}$$

である。ソレノイドに電流 $I$ を流すと, 内部に一様な磁場ができる。磁場の向きはコイルの軸の方向である。またコイルが十分長ければ, その外側では磁場は 0 とみなせる。アンペールの法則を, 図 9.26 に示す軸方向の長さが $s$ の長方形を閉曲線 C として適用すると, C の軸方向の辺では C と磁場が平行であり, 左右の辺では C と磁場が垂直で $H_t = 0$ である。さらに, この C を電流は $ns$ 回通り抜ける。よって

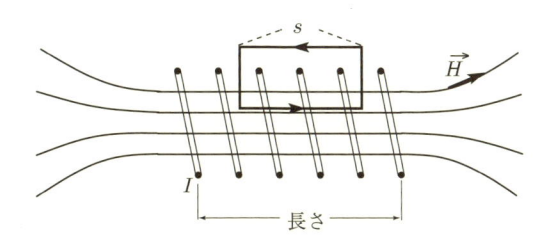

図 9.26 アンペールの法則によるソレノイドの磁場

$$\begin{cases} 左辺 \cdots \sum H_t \Delta s = H \cdot s + \underset{下の辺}{0} + \underset{右の辺}{0} + \underset{上の辺}{0} + \underset{左の辺}{0} \\ 右辺 \cdots \sum I = nsI \end{cases} \quad (9.64)$$

となる。これから，次式を得る。

$$H = nI \quad (9.65)$$

[例題 9.5]

空間に図 9.27 のように，$z > 0$ の領域に $\vec{H} = (-H_0, 0, 0)$ の磁場が，$z < 0$ の領域に $\vec{H} = (H_0, 0, 0)$ の磁場が分布している ($H_0$ は正の定数)。A$(a, 0, -c)$, B$(b, 0, -c)$, C$(b, 0, c)$, D$(a, 0, c)$ とし ($b > a > 0, c > 0$)，長方形 ABCD にアンペールの法則を適用し，$x$ 軸に沿って電流が分布していることを示せ。また，その電流の向きと単位長さあたりの大きさを答えよ。

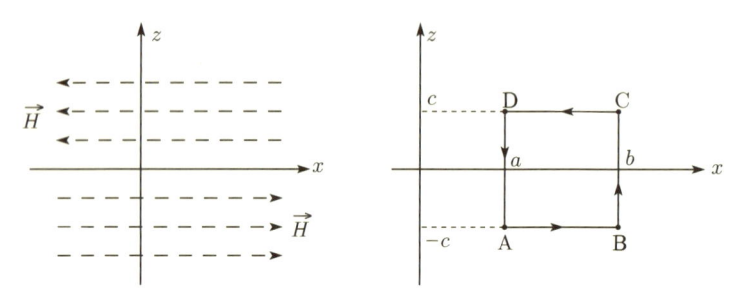

図 9.27 アンペールの法則

[説明] ソレノイドの場合と同様，4 つの辺について考える。

[解] 上下の辺では辺と磁場が平行で $H_t = H_0$ であり，左右の辺では辺と磁場が垂直で $H_t = 0$ である。よってアンペールの法則の左辺は

$$左辺 \cdots \sum H_t \Delta s = \underset{下の辺 AB}{H_0(b-a)} + \underset{上の辺 CD}{H_0(b-a)} + \underset{左の辺 DA}{0} + \underset{右の辺 BC}{0}$$

より，$2H_0(b-a)$ である。これが長方形を通る抜ける電流である。この結果は $c$ が大きくても小さくても同じ値となる。ということは，$x$ 軸の位置に電流があることを意味する。向きは奥から手前方向 ($-y$ 方向) である。単位長さあたりの電流は $2H_0$ である。

類題 E$(b, 0, d)$, F$(a, 0, d)$ とし ($b > a > 0, d > c > 0$)，長方形 DCEF にアンペールの法則を適用し，$z > 0$ の領域には $y$ 軸方向を向く電流は存在しないことを示せ。

**ビオ・サヴァールの法則** 電流と磁場の関係を表す法則の別の表現としてビオ・サヴァールの法則がある。この法則は以下のように電流の微小な一部 (電流素片という) がつくる磁場を与える。

電流素片 $\Delta \vec{I}$ が，そこからの位置ベクトル $\vec{r}$ の場所につくる磁場 $\Delta \vec{H}$ は

$$\Delta \vec{H} = \frac{\Delta \vec{I} \times \vec{r}}{4\pi r^3} \quad (r = |\vec{r}|) \quad (9.66)$$

となる (図 9.28)。ベクトルの大きさと向きで書けば

$$\Delta \vec{H} = \begin{cases} 大きさ & \dfrac{I \sin\theta \Delta s}{4\pi r^2} \\ 向き & 電流素片と \vec{r} に垂直で図 9.24 の向き \end{cases} \quad (9.67)$$

## 9.8 アンペールの法則

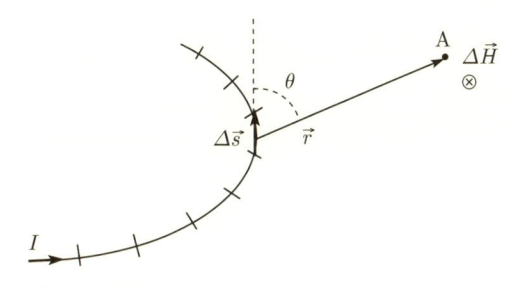

図 9.28 ビオ・サヴァールの法則

となる。ここで $\Delta s$ は電流素片の長さであり、$\theta$ は電流素片と $\vec{r}$ のなす角である。

この法則を使ってある場所 (A 点とする) の磁場を計算する手順は次のとおりである。

i) 電流を多数の小さな素片 $\Delta \vec{s}$ に分割する。
ii) 各素片が A 点につくる磁場 $\Delta \vec{H}$ を式 (9.66) に従い計算する。
iii) それをすべて合計すると、A 点での磁場 $\vec{H} = \sum \Delta \vec{H}$ が求められる。(この合計では、1.6.2 節の総和を積分にする手法を使う。)

[例題 9.6]

直線電流のまわりの磁場をビオ・サヴァールの法則により求めよ。電流 $I$ が図 9.29(a) のように $z$ 軸に沿ってあるものとし、座標 $(R,0,0)$ の点 A での磁場の大きさを求める。(注: 結果は既知のものである。)

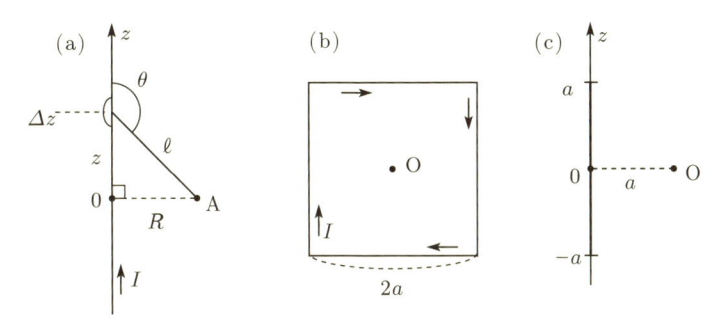

図 9.29 ビオ・サヴァールの法則

[説明] ビオ・サヴァールの法則を使うので、まず電流を多数の素片に分解する。このとき、すべての素片が点 A に $y$ 軸方向の磁場をつくる。同じ方向なので、単純に磁場の大きさ $\Delta H$ を加算してよいことになる。

[解] 電流に沿って $z$ の位置から点 A までの距離を $\ell$ とすると、

$$z \text{ 付近の長さ } \Delta z \text{ の素片がつくる磁場} = \Delta H = \frac{I \sin\theta \Delta z}{4\pi \ell^2}, \qquad \sin\theta = \frac{R}{\ell} \tag{9.68}$$

となる。三角関数の性質 $\sin(\pi - \theta) = \sin\theta$ を使った。そして、$\ell = \sqrt{z^2 + R^2}$ である。したがって A 点での磁場の大きさ $H$ は

$$H = \sum \Delta H \quad \rightarrow \quad \int_{-\infty}^{\infty} \frac{I \sin\theta}{4\pi(z^2 + R^2)} dz = \frac{I}{4\pi} \int_{-\infty}^{\infty} \frac{R}{(z^2 + R^2)^{3/2}} dz \tag{9.69}$$

となる。積分の公式

$$\int \frac{dx}{(x^2 + c)^{3/2}} = \frac{x}{c\sqrt{x^2 + c}}$$

を使って積分して

$$H = \frac{I}{4\pi}\left[\frac{z}{R(z^2+R^2)^{1/2}}\right]_{-\infty}^{\infty} = \frac{I}{2\pi R} \qquad (9.70)$$

式 (9.58) と同じ結果を得る。

**類題** 図 9.29(b) のように，1 辺が $2a$ の正方形の導線があり，これを時計回りに電流 $I$ が流れている。この正方形の中心の点 O の磁場を求めよ。

（ヒント：図 9.29(c) のように，長さが $2a$ の電流 $I$ を考え，これが距離 $a$ の場所につくる磁場を求める。この計算は例題と同様にできる。正方形は 4 つの辺からなるが，それぞれ同じ大きさで同じ向きの磁場を点 O につくるので，結果を 4 倍したものが解である。）

## 9.9 時間的に変化する場

これまでの議論では時間的に変化しない場を扱ってきた。(電流は電荷の動きであるが，これまでは時間的に一定の電流であった。) 時間変化を考えると，もはや電気，磁気という区別は本質的になくなり，電磁場という概念で統一される。

- 磁場の時間的変化が電場をつくり出す … **電磁誘導**
- 電場の時間的変化が磁場をつくり出す … **変位電流**

### 9.9.1 ファラデーの法則

導線で回路をつくり，そこに磁石を近づけて動かすと回路に起電力が生じる (図 9.30)。これは発電機にも使われている現象で**電磁誘導**とも呼ばれる。ファラデーはこの現象が次の法則に支配されていることを見つけた。磁石から磁力線が出ている。回路全体を通り抜ける磁力線の量は 9.7 節 で定義した磁束である[13]。磁束 $\Phi$ は式 (9.56) で定義され，面 S は回路を縁とする面である。磁石を動かすことにより，$\Phi$ は時間的に変化する。この変化と起電力 $V$ が比例している。

この関係，すなわち**ファラデーの法則**を式で書くと次のようになる[14]。

$$\frac{d\Phi}{dt} = -V \text{ (起電力)} \qquad (9.71)$$

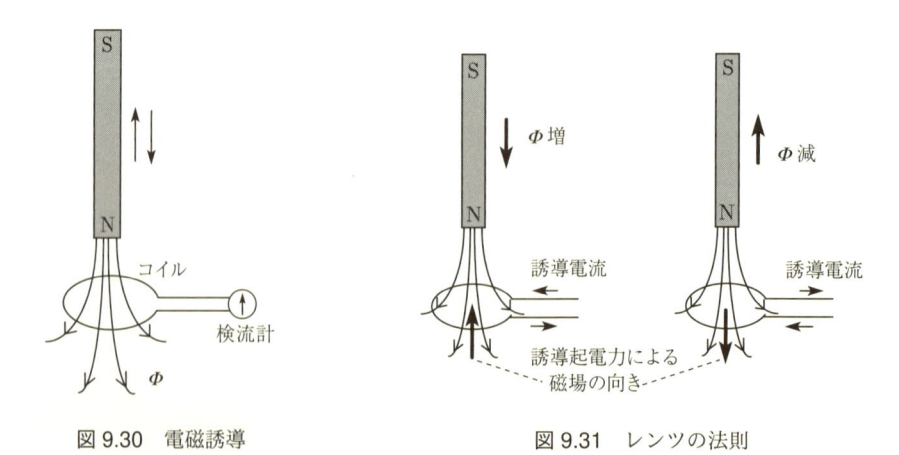

図 9.30　電磁誘導

図 9.31　レンツの法則

---

[13] ただし，磁場のガウスの法則の場合のように面は閉曲面ではなく，回路がつくる面である。
[14] 比例係数の大きさを 1 としたが，これは実は，単位「Wb」をそうなるように定義したからである。

9.9 時間的に変化する場

式 (9.71) の右辺の符号は重要である。回路に起電力が生じるとそれは電流をつくり，電流は新たに磁場をつくる。この符号の意味は，図 9.31 に示すとおり，この新たに誘導される磁場は「外部からの磁場の変化を打ち消す」方向になるということである。(レンツの法則)

- 図 9.31 の左：磁力線が増加 → 磁力線の方向に対して左ネジの方向に起電力が生じる。
  → 逆向きの磁力線をつくり外部磁場の増加に抵抗する。
- 図 9.31 の右：磁力線が減少 → 磁力線の方向に対して右ネジの方向に起電力が生じる。
  → 同じ向きの磁力線をつくり外部磁場の減少に抵抗する。

式 (9.71) を 式 (9.56)，式 (9.29) を用いて書き直すと次の式を得る。

**ファラデーの法則** 任意の閉曲線 C，および，その C を縁とする面 S に関して

$$\sum \frac{dB_n}{dt} \Delta S = -\sum E_t \Delta s \tag{9.72}$$

ここで，左辺は面 S の分割和，右辺の和は閉曲線 C の分割和である。

閉曲線の向きはアンペールの法則と同様に規約を決める (⇒9.8 節)。つまり，起電力を定義する閉曲線を回る向きに右ネジを回したときのネジの向きが磁場の正の法線方向を定義している。

> この磁場の時間変化が生み出す起電力について注意しておく。9.1 節以降の電場は電荷が源であり，電位は電場ベクトルに沿って変化する。電位の基本的な性質 (9.5 節) により，2 点間の電位の差は，その 2 点を結ぶ任意の経路に対して同一の値をとる。そう考えると，ここでの「回路の起電力」は電位で考えることができなくなってしまう。なぜなら，図 9.30 の回路の 1 点を考えると，もちろんその点での電位差は 0 であるのに，回路を 1 周すると，有限の起電力を与えるからである。ファラデーの法則を式 (9.71) で考えるのは，この意味で標語的でしかなく，むしろ，式 (9.72) を基本として考えるべきである。そして，この式 (9.72) の電場は電位と直接結びつかない電場である。あとの節 (⇒9.10.2 節) で見るように，この電場はベクトルポテンシャルで表現される[15]。なお，誤解のないように確認しておくが，電荷のつくる電場と電磁誘導のつくる電場は全く同じものである。

[例題 9.7]

図 9.32(a) のように，1 辺が $a$ の正方形をなす導線が一定の速度 $v$ で運動している。図の点線 X と Y で囲まれた領域の内部には紙面に垂直で手前向きの一様な磁束密度 $B_0$ の磁場がある。点線 X と Y の外側には磁場はない。正方形の右の辺が点線 X に接触した時刻を $t=0$ とするとき，導線に生じる起電力の時間変化を答えよ。

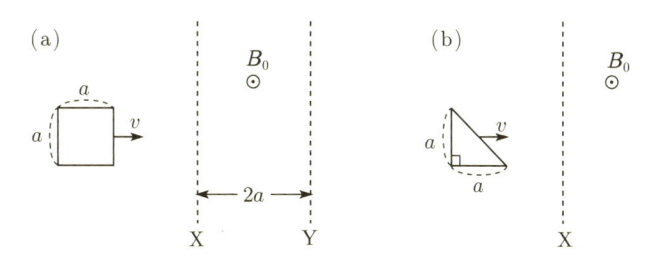

図 9.32 電磁誘導

---

[15] この表面的混乱は我々が日常的発想法で時間と空間を無意識のうちに別々のことと考えることに起因する。相対性理論 (10.1 節) による 4 次元的扱いに立てば混乱は解消し，電磁場に対する一貫した理解が得られる。

[説明] 起電力の向きはレンツの法則に基づき考えるとよい。正方形が磁場のある領域に侵入するときには，それを通り抜ける手前向きの磁束が増えるので，それを打ち消すように，手前から奥向きの磁力線が発生する方向に起電力が生じる。図9.23(b)の右ねじルールを思い出すこと。正方形が磁場のある領域から抜け出すときはその逆である。

[解] ● $0 < t < (a/v)$　この間，正方形は磁場のある領域に侵入していくので，通り抜ける磁束が増える。時刻 $t$ で，正方形の磁場に侵入した面積は $a \times (vt)$ なので，磁束の量は $\Phi = B_0 avt$ となる。
$$V = -\frac{d\Phi}{dt} = -B_0 av$$
起電力は大きさが $B_0 av$ で，向きは時計回りである。

● $(a/v) < t < (2a/v)$　この間，正方形全体が磁場のある領域中にあり，磁束は一定である。このため起電力は 0 である。

● $(2a/v) < t < (3a/v)$　この間，正方形は磁場のある領域から少しずつ出ていくので，通り抜ける磁束が減少する。時刻 $t$ で，正方形の磁場内の面積は $a \times (a - v(t - t_0))$, $t_0 = 2a/v$ なので，磁束の量は $\Phi = B_0 a(a - v(t - t_0))$ となる。
$$V = -\frac{d\Phi}{dt} = B_0 av$$
起電力は，大きさが $B_0 av$ で，向きは反時計回りである。

● $(3a/v) < t$　正方形全体が磁場のある領域を出てしまった。起電力は 0 である。

類題　図9.32(b)のように，1辺が $a$ の等辺直角三角形をなす導線が一定の速度 $v$ で運動している。図の点線Xの右の領域には紙面に垂直で手前向きの一様な磁束密度 $B_0$ の磁場がある。点線Xの左側には磁場はない。三角形の右の頂点が点線Xに接触した時刻を $t = 0$ とするとき，導線に生じる起電力の時間変化を答えよ。

## 9.9.2 インダクタンスと磁場のエネルギー

磁気現象に関するこの節は，電気現象での9.6節に対応する。

回路を電流 $I$ が流れていると，その電流は磁場をつくる。回路を通り抜ける磁束を $\Phi$ とする (図9.33)。この両者は比例するはずであり，その比例係数 $L$ を自己インダクタンスと呼ぶ。

$$\Phi = LI \tag{9.73}$$

インダクタンスは記号 $L$ で表し，単位は H (ヘンリー) である。

**ソレノイド**　簡単な形状の回路では自己インダクタンスを計算できる。9.8節で求めたソレノイドの場合，内部の磁場が $H = nI$ である。ソレノイドを円柱形とみなし，断面積を $S$, 長さを $\ell$, 単位長さあたりの巻き数 $n$ とすると，

$$\Phi = \mu_0 nIS \times (n\ell) \tag{9.74}$$

である。ここで $n\ell$ は全巻き数を表している。全巻き数を乗じたのは，回路を磁場がその回数だけ通り抜けているからである。これからソレノイドの自己インダクタンスは

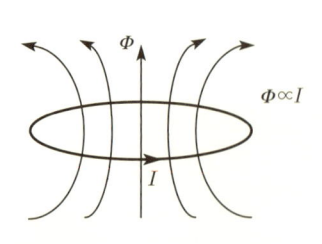

図 9.33　自己インダクタンス 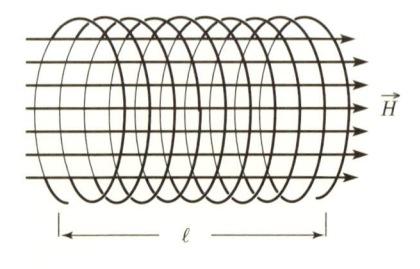　　　　図 9.34　ソレノイドの自己インダクタンス

## 9.9 時間的に変化する場

$$L = \mu_0 n^2 S\ell \tag{9.75}$$

である。

**コイルが蓄えるエネルギー**　式 (9.73) の両辺を時間で微分し，ファラデーの法則 (式 (9.71)) を使うことにより，

$$-V = L\frac{dI}{dt} \tag{9.76}$$

を得る。これは，コイルを流れる電流の大きさを変化させようとすると，必ずそれを妨げる起電力が生じることを意味する。いま，電流の流れていないコイルに電流を流し始めて，電流 $I$ が流れるようにする。そのとき，この起電力に逆らって仕事をしないといけない。そのために，上の $V$ を打ち消す大きさの $V_{ex}$ の電位差を与えて電流を流す。それがなす仕事は電流のする仕事率の式 (9.38) を使うと

$$V_{ex}I = L\frac{dI}{dt}I = \frac{d}{dt}\left(\frac{1}{2}LI^2\right) \tag{9.77}$$

である。初め 0 であった電流が $t = T$ に $I$ になるまでに必要な仕事 $W$ は

$$W = \int_0^T \frac{d}{dt}\left(\frac{1}{2}LI^2\right) dt = \frac{1}{2}LI^2 \tag{9.78}$$

となる。これだけのエネルギーがコイルに蓄えられていることになる。

**磁場のエネルギー密度**　ところでこのエネルギーは「どこに」蓄えられているのであろうか。ソレノイドの場合で考えると $I = H/n$ であり，式 (9.75) から，

$$W = \frac{1}{2}\mu_0 n^2 S\ell \times \left(\frac{H}{n}\right)^2 = \frac{1}{2}\mu_0 H^2 \times S\ell \tag{9.79}$$

となる。この後の因子 $S\ell$ はソレノイド内部の磁場のある空間の体積なので，電場の場合と同じく

$$\text{単位体積あたりの磁場のエネルギー} = \frac{1}{2}\mu_0|\vec{H}|^2 \tag{9.80}$$

と考えることができる。これを**磁場のエネルギー密度**と呼ぶ。一般に空間に磁場があるとき，そのエネルギーは

$$\sum \frac{1}{2}\mu_0|\vec{H}|^2 \Delta V \tag{9.81}$$

と書ける。なお，分割を無限小にした極限ではこの式は $\int_V (1/2)\mu_0 H^2 dV$ と体積積分で表される。

### 9.9.3　変位電流

法則というものの「客観性」からアンペールの法則を再検討してみよう[16]。アンペールの法則は，式 (9.61)

$$\sum H_t \Delta s = \sum I$$

---

[16] いままでの諸法則は，差はあるものの，それぞれ実験事実や直接検証可能な事柄から提案されている。それに比べて，この最後の要素は論理的な整合性から提案された。その検証は，変位電流を考えることによりマクスウェルの方程式が閉じて，その結果電磁波の存在が理論的に予言され，それが実際に観測されたことによる。

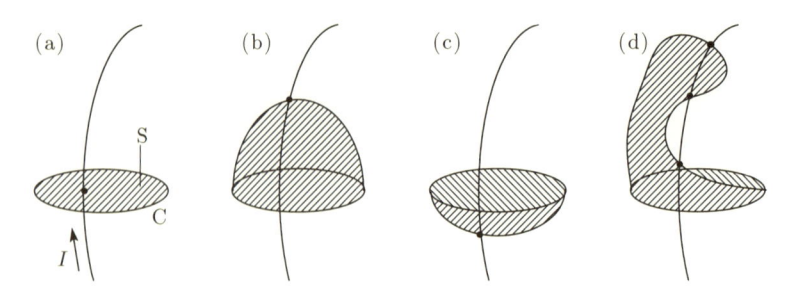

図 9.35　アンペールの法則の一意性

で表される。この右辺は「閉曲線 C がなす面 S を通り抜ける電流」と定義される。このイメージは，閉曲線 C を縁として透明な膜 S を張り，そして，電流がそれに「穴をあけたら」通り抜けたと判断する方針である。

ところで，考えてみると図 9.35 に示す例のように，閉曲線 C を縁とする面 S は一意的に決まらない。しかしながら，我々がアンペールの法則を使う際，右辺の計算に必要とするのは「閉曲線 C を縁とする面 S を通る電流」の値である。この値は「電流の連続性」によってどの面で計算しても同じである。図 9.35 の例では，すべての面 S について「S を通る電流」は $I$ で同一である。(d) の場合でも電流の符号の規約 (式 (9.61) の下の説明参照) を考えれば，$+I$ が 2 回 $-I$ が 1 回で合計は $I$ で同じである。このようにしてアンペールの法則は法則としての客観性を保持していることがわかった。

ところが時間的に変化する電流が流れている場合にはうまくいかない。たとえば図 9.36 の交流が流れている回路を考える。交流の場合は電位の正負が周期的に変化するので，電荷は図 9.36 の矢印に示すように移動する。つまり，コンデンサーで「絶縁」されていても，交流電流は連続的に流れる。図 9.37 に示す，導体のつながりという点では孤立した島になっている上部の部分でも，2 つのコンデンサーに加わる電位の変化に伴い電流が流れている。実際には同一の電荷が往復しているだけであるが，それは各点では確かに電流として振る舞い，図 9.37 のようにランプがあれば実際それは点灯する。

これらの電流はアンペールの法則に従い磁場をつくる。すると図 9.38 の場合，閉曲線 C を縁とする面を通る電流の一意性が崩れてしまう。図 9.38 で面 S を考えれば電流は 0 であるが，面 S′ を考えれば 0 でない。つまり，適用のしかたによって，法則の与える答が変わってしまう。

このままではアンペールの法則が物理法則として成り立たなくなる。「電流の連続性」が

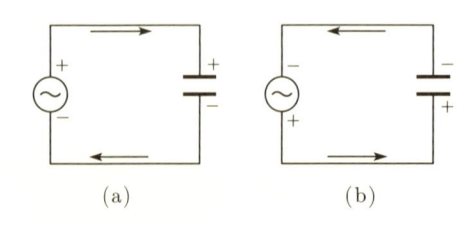

図 9.36　コンデンサーと交流回路 (1)
（⊙ は交流電源を表す。）

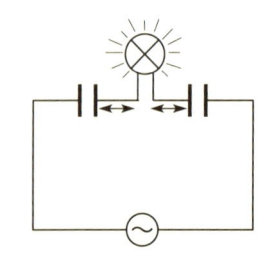

図 9.37　コンデンサーと交流回路 (2)

## 9.9 時間的に変化する場

**図 9.38** アンペールの法則の一意性が成り立たない状況

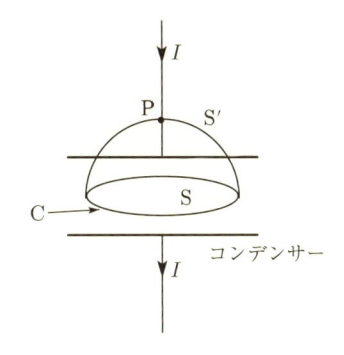

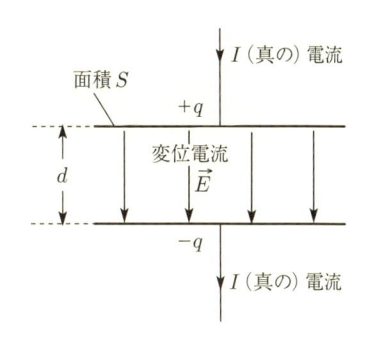

**図 9.39** 平行平板コンデンサーでの変位電流

法則の一意性の鍵であったので，マクスウェルは電流の概念を拡張して，電流の連続性を保つことを提案した．本来の電流は電荷の流れである．コンデンサーの極板の間は空間であるが，そこは単なる空間ではなく，時間的に変化する電場がある．これで電流の役割を代行させようというのである．

図 9.39 で考えると，リレー競走にたとえて言えば，上の導線を伝わってきた真の電流が上の極板で仮想的な電流にバトンを渡し，その仮想的電流が下の極板まで伝わって，そこでまた，真の電流にバトンを渡すのである．

電流の連続性を回復するのが目的だから，この仮想的電流の大きさは真の電流の大きさと同じである．真の電流は

$$I = \frac{dq}{dt} \quad \cdots (式 (9.36))$$

である．図 9.39 の平行平板コンデンサーで考えると，9.6 節の式 (9.41) から $q = \varepsilon_0 SE$ なので

$$I = \varepsilon_0 \frac{dE}{dt} \times S = \frac{dD}{dt} \times S \tag{9.82}$$

と変形できる．$S$ は時間的に変動する電場の存在する領域の断面積である．ここで式 (9.13) で導入した電束密度 $\vec{D}$ で式を書き換えた．この式から

$$\text{単位断面積あたり } \frac{dD}{dt} \text{ の「電流」がある}$$

と考えるとよい．この仮想的な電流を**変位電流**と呼ぶ．

この変位電流の正確な定義は，いつものように

$$I(変位電流) = \sum \frac{dD_n}{dt} \Delta S \tag{9.83}$$

となる．ここで右辺の和は変位電流が通る面の分割和である．この変位電流も本物の電流と同様にアンペールの法則で磁場の源になるとする．するとアンペールの法則は再び復活する．

**アンペールの法則** (変位電流を含む)

$$\sum H_t \Delta s = \sum I + \sum \frac{dD_n}{dt} \Delta S \tag{9.84}$$

ここで左辺の和は閉曲線 C の分割和，右辺は閉曲線 C を縁とする面 S を通り抜ける電流および変位電流の和である．

## 9.10 マクスウェルの方程式

これまでの議論で電磁気学の基礎的法則がすべて出揃った。これらはマクスウェル (James Clerk Maxwell) により整備された形にまとめられたので，次の 4 つの法則の組を**マクスウェルの方程式**と呼ぶ。

**マクスウェルの方程式の積分形**　最初の 2 つは空間内の任意の閉曲面 S について成り立つ。場のベクトルの法線方向は面から外向きを正とする。

$$\begin{aligned}
\text{電場のガウスの法則} \quad & \underbrace{\sum D_n \Delta S}_{\text{面 S の分割和}} = \underbrace{\sum q}_{\text{面 S 内部の電荷の和}} \\
\text{磁場のガウスの法則} \quad & \underbrace{\sum B_n \Delta S}_{\text{面 S の分割和}} = \underbrace{0}_{\text{面 S 内部の磁荷の和が 0}}
\end{aligned} \tag{9.85}$$

次の 2 つは空間内の任意の閉曲線 C と，それを縁とする曲面 S について成り立つ。面の法線方向は，閉曲線の接線方向を定義した向きに回す右ネジの向きを正とする。

$$\begin{aligned}
\text{アンペールの法則} \quad & \underbrace{\sum H_t \Delta s}_{\text{曲線 C の分割和}} = \underbrace{\sum I}_{\substack{\text{面 S を通り抜}\\\text{ける電流の和}}} + \underbrace{\sum \frac{dD_n}{dt} \Delta S}_{\text{面 S の分割和}} \\
\text{ファラデーの法則} \quad & -\underbrace{\sum E_t \Delta s}_{\text{曲線 C の分割和}} = \underbrace{\sum \frac{dB_n}{dt} \Delta S}_{\text{面 S の分割和}}
\end{aligned} \tag{9.86}$$

これらはマクスウェルの方程式の積分形と呼ばれる。この式に現われる場はすべて座標と時間の関数である。たとえば $\vec{E}$ は，正確には $\vec{E}(\vec{r}, t)$ である。場の間の関係式も再度まとめておく。

$$\vec{D} = \varepsilon_0 \vec{E}, \qquad \vec{B} = \mu_0 \vec{H} \tag{9.87}$$

いままで学んできたように，法則の物理的意味を理解するためには積分形は適切であった。しかし，詳しい計算をする場合には積分形は不向きな場合も多く，これらを等価な微分形と呼ばれる形式に変換して操作する。(ベクトル解析の記号は A.9 節参照。)　マクスウェルの方程式の微分形は微分方程式なので数学的操作は容易であるが，現象の物理的意味がしばしば不明確になるので，その際は積分形に戻してイメージを把握するのがよい。

**マクスウェルの方程式の微分形**

$$\begin{aligned}
\text{電場のガウスの法則} \quad & \text{div}\,\vec{D} = \rho \\
\text{磁場のガウスの法則} \quad & \text{div}\,\vec{B} = 0 \\
\text{アンペールの法則} \quad & \text{rot}\,\vec{H} = \vec{j} + \frac{\partial \vec{D}}{\partial t} \\
\text{ファラデーの法則} \quad & -\text{rot}\,\vec{E} = \frac{\partial \vec{B}}{\partial t}
\end{aligned} \tag{9.88}$$

電磁気現象のダイナミックスは後者 2 つが支配しており，最初の 2 つは境界条件 (あるいは初期条件) としての性格をもつ。積分形から微分形への変換はあとの節で説明する。ここで現れた新しい量 $\rho, \vec{j}$ を説明しておく。これらは場と同様，座標と時刻の関数である。$\rho$ は積分形での $q$ に対応し，座標 $\vec{r}$，時刻 $t$ での電荷密度で，単位は $C/m^3$ である。$\vec{j}$ は積分形で

## 9.10 マクスウェルの方程式

の $I$ に対応し，座標 $\vec{r}$，時刻 $t$ での電流密度で，単位は $A/m^2$ である．電流には流れる方向があるので電流密度はベクトル量である．

**場のエネルギー密度**　式 (9.48) と式 (9.80) から，電磁場のエネルギー密度 $U$ は

$$U = \frac{1}{2}\varepsilon_0|\vec{E}|^2 + \frac{1}{2}\mu_0|\vec{H}|^2 \tag{9.89}$$

となる．電磁場のもつエネルギーは電磁波の形で空間を伝わるので，電磁場のもつ運動量を考えることができる．マクスウェルの方程式から

$$\frac{\partial U}{\partial t} + \vec{E}\cdot\vec{j} + \mathrm{div}\,\vec{S} = 0 \tag{9.90}$$

を証明することができる．ここで $\vec{S}$ は

$$\vec{S} = \vec{E}\times\vec{H} \tag{9.91}$$

と定義されるベクトルでポインティングベクトルと呼ばれる．式 (9.90) で第 2 項は「ジュール熱」によるエネルギー散逸項であり，ベクトル $\vec{S}$ が電磁場の運動量密度を表していることがわかる (式 (6.22) の連続の方程式を参照)．

### 9.10.1 数学的変形の説明 *

積分形から微分形への変換の詳細を説明する．

**閉曲面上の和から div への変換**　まず，式 (9.85) については

$$\sum \cdots dS \quad \rightarrow \quad \mathrm{div}\cdots$$

のタイプの変換が現れる．電場のガウスの法則を考えよう．図 9.40 の座標 $(x,y,z)$ を頂点とする，辺の長さ $\Delta x, \Delta y, \Delta z$ の微小な直方体を考え，その表面を S とする．たとえば $x = x + \Delta x$ の $y$-$z$ 面に平行な面を考えよう．この面の法線方向は $x$ 軸の正の方向なので，$D_n = D_x$ である．またこの面の面積は $\Delta y \Delta z$ であるので，これらの積がガウスの法則の左辺の和に寄与する．6 つの面全部を考えると，この表面に関して

$$\begin{aligned}
\sum D_n \Delta S = & \\
x\,\text{の面}: & \quad (-D_x(x,y',z'))\cdot(\Delta y\Delta z) \\
x+\Delta x\,\text{の面}: & \quad +(D_x(x+\Delta x,y',z'))\cdot(\Delta y\Delta z) \\
y\,\text{の面}: & \quad +(-D_y(x',y,z'))\cdot(\Delta x\Delta z) \\
y+\Delta y\,\text{の面}: & \quad +(D_y(x',y+\Delta y,z'))\cdot(\Delta x\Delta z) \\
z\,\text{の面}: & \quad +(-D_z(x',y',z))\cdot(\Delta x\Delta y) \\
z+\Delta z\,\text{の面}: & \quad +(D_z(x',y',z+\Delta z))\cdot(\Delta x\Delta y)
\end{aligned} \tag{9.92}$$

が成立する．ここで，′ をつけた座標は面の上の場を考えているときに $x',y',z' \sim x,y,z$ と考えてよい座標である．この式でたとえば，最初の 2 項は

$$\frac{D_x(x+\Delta x,y,z) - D_x(x,y,z)}{\Delta x}(\Delta x \times \Delta y\Delta z) \rightarrow \frac{\partial D_x}{\partial x}(\Delta x\Delta y\Delta z) \tag{9.93}$$

とまとまる．全部合わせて

$$\sum D_n \Delta S = \left(\frac{\partial D_x}{\partial x} + \frac{\partial D_y}{\partial y} + \frac{\partial D_z}{\partial z}\right)(\Delta x\Delta y\Delta z) \tag{9.94}$$

となる．ガウスの法則の両辺を $\Delta x\Delta y\Delta z$ で割って，

$$\frac{\partial D_x}{\partial x} + \frac{\partial D_y}{\partial y} + \frac{\partial D_z}{\partial z} = \frac{\sum q}{\Delta x\Delta y\Delta z} \rightarrow \rho \tag{9.95}$$

となり微分形を得る．

**閉曲線上の和から rot への変換**　式 (9.86) の形は次のように考える．例としてアンペールの法則を考える．図 9.41 の $x$-$y$ 面に平行な (つまり $z$ が一定の)，点 $(x,y,z)$ を頂点とする辺が

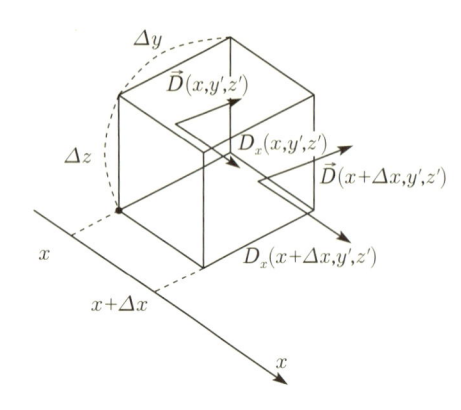

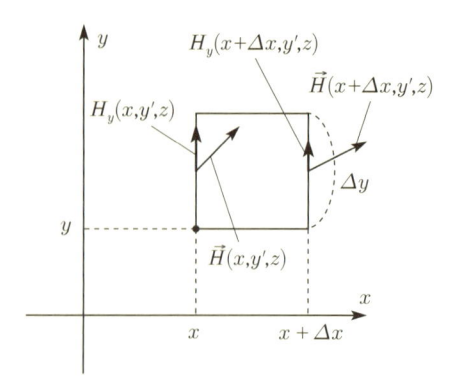

図 9.40 $(x, y, z)$ を頂点とする微小な直方体

図 9.41 $(x, y, z)$ を頂点とする微小な長方形

$\Delta x, \Delta y$ の微小な長方形を曲線 C として考える。この曲線に沿って反時計回りにたどるとき，法則の左辺は

$$\begin{aligned}\sum H_t \Delta s = & \\ x \text{ の辺}: & \quad (-H_y(x, y', z)) \cdot \Delta y \\ x + \Delta x \text{ の辺}: & \quad +(H_y(x + \Delta x, y', z)) \cdot \Delta y \\ y \text{ の辺}: & \quad +(H_x(x', y, z)) \cdot \Delta x \\ y + \Delta y \text{ の辺}: & \quad +(-H_x(x', y + \Delta y, z)) \cdot \Delta x\end{aligned} \quad (9.96)$$

となる。さきほどと同様に 2 項ずつまとめると，

$$\sum H_t \Delta s = \left( \frac{\partial H_y}{\partial x} - \frac{\partial H_x}{\partial y} \right) (\Delta x \Delta y) \quad (9.97)$$

となる。ここでアンペールの法則の両辺を $\Delta x \Delta y$ で割る。この長方形 C を辺とする面 S の法線方向は $z$ 方向なので，法則の右辺の量の法線成分は $z$ 成分となる。よって，

$$\frac{\partial H_y}{\partial x} - \frac{\partial H_x}{\partial y} = \frac{\sum I_z + \sum dD_z/dt \Delta S}{(\Delta x \Delta y)} \to j_z + \frac{\partial D_z}{\partial t} \quad (9.98)$$

となる[17]。この式の左辺は rot $\vec{H}$ の $z$ 成分である。さらに，$x$ が一定の長方形や $y$ が一定の長方形を使っても似た式が得られ，それら 3 つをまとめたものが微分形の式となる。

### 9.10.2 ベクトルポテンシャル *

これまで，電場と磁場に基づいて電磁気学を記述してきた。その中で，電位と電場の関係が与えられていた。しかし，電磁誘導に基づく電場は電位と関係づけることはできなかったし，磁場についてはそのような対応物がない。

電位は力学でのポテンシャルエネルギーのようなものであると説明された。電磁場にもポテンシャルの概念をもち込んでみよう。電位 $V$ をスカラーポテンシャルと呼び，それと組になるベクトルポテンシャル $\vec{A}$ を導入する。すると場は

$$\vec{E} = -\text{grad}\, V - \frac{\partial \vec{A}}{\partial t}, \qquad \vec{B} = \text{rot}\, \vec{A} \quad (9.99)$$

で表現される。

時間的に一定な場を考えると，これらのポテンシャルの意味はわかりやすい。時間微分の項を 0 とすると，

$$V(\vec{r}) = \frac{1}{4\pi\varepsilon_0} \int \frac{\rho(\vec{r}')}{|\vec{r} - \vec{r}'|} d^3\vec{r}', \qquad \vec{A}(\vec{r}) = \frac{\mu_0}{4\pi} \int \frac{\vec{j}(\vec{r}')}{|\vec{r} - \vec{r}'|} d^3\vec{r}' \quad (9.100)$$

となる。このように，場の源である電荷と電流からポテンシャルが決まり，それから電場と磁場が決まる。これらはポテンシャルなので任意性がある。任意の関数 $f$ に対して，$V, \vec{A}$ を

---

[17] 今までは時間微分は $dt$ を使ったが空間微分と区別するため $\partial t$ となる。

$$V \to V - \frac{\partial f}{\partial t}, \qquad \vec{A} \to \vec{A} + \operatorname{grad} f \tag{9.101}$$

と置き換えても，式 (9.99) で与えられる電場と磁場は変化しない．電磁場の場合，このことを，ゲージ変換の自由度があるという．

以上のような説明だけだと，電磁場のポテンシャルは補助的な存在のように思えるが，量子力学に電磁場を導入する場合には，ポテンシャルの方が重要な役割を担う．そして，ゲージ変換の自由度をもつ場，つまり**ゲージ場**として電磁場を理解することが成功した結果，20 世紀の素粒子理論のモデルはそれを発展させたゲージ場理論として記述されるようになったのである (⇒10.3 節)．

## 9.11 電磁波

マクスウェルの方程式により電磁気現象の基礎方程式が確立した．この方程式系の重要な帰結は，**電磁波**の存在である．マクスウェルは彼の方程式から真空中の電磁場について以下の帰結を 1860 年代に導いた．

- 電場と磁場が波動として空間を伝わる解が存在する．
- 方程式の解によれば，その波の速度 $c$ は

$$c = \frac{1}{\sqrt{\varepsilon_0 \mu_0}} \tag{9.102}$$

である．その値はほぼ $3 \times 10^8$ m/s となる．

- この波は横波である．つまり，進行方向に対して電場および磁場ベクトルは垂直である．(したがってポインティングベクトルが波の進む方向を向いている．)
- 電場と磁場の方向は直交している．

式 (9.102) の波動の速度の値は，ほぼ光の速度に等しい．真空誘電率 $\varepsilon_0$ の値は電気的な力の測定から，真空透磁率 $\mu_0$ の値は磁気的な力の測定から決まる．別のものと思われていた電気現象と磁気現象に関係する 2 つの数値を代入すると光速度が得られることは驚異であった．こうして，電気と磁気は別々の概念ではなく統合されるべき概念であり，また光の正体は電磁波である，ということがわかった[18]．

1888 年にヘルツ (H. R. Hertz) が実験的に電磁波の存在を確認することによって，マクスウェルの理論による考察は正しさが検証された．19 世紀における統一理論，つまり，電気と

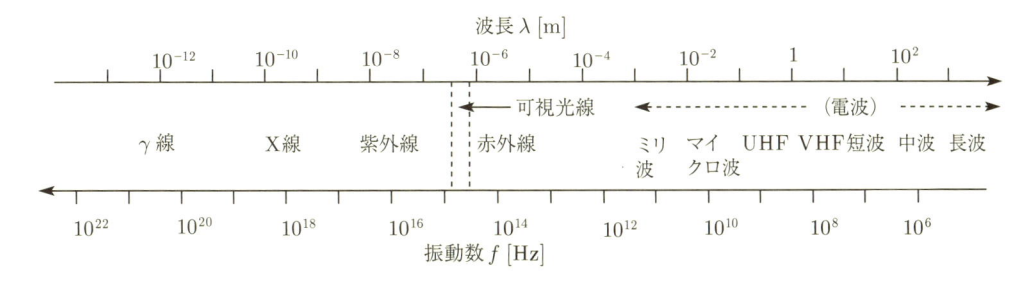

**図 9.42** 電磁波

---

[18] ここでは歴史的いきさつに基づき論じている．現在では，光が電磁波であることは疑念の余地のないことなので，光の速度の値は測定するべきものではなく，長さの単位 m を決める，ある定義された値とされている (A.2 節参照)．そして，電流の単位 A を決めるために，真空透磁率は $\mu_0 = 4\pi \times 10^{-7}$ であり，式 (9.102) から真空誘電率は $\varepsilon_0 = 10^7/4\pi c^2$ と決められてしまう．

磁気は電磁場という1つのものの2つの横顔であるという認識が完成したのである。

電磁波はその波長 $\lambda$ から図 9.42 のように分類されるが，その区別は便宜的なところもあり，境界の値がすべて厳密に定まっているわけではない。振動数 $f$ に直すときには $c = f\lambda$ を使う (⇒7.2 節)。我々の眼に見える光 (可視光) は，この広大な電磁波のスペクトルの中の，波長がおよそ 380 〜 770 nm の領域の電磁波である。

### 9.11.1 電磁波の方程式 *

上で述べた電磁波の性質をマクスウェルの方程式を解いて具体的に示す。マクスウェル方程式を解いて得られる解はすべて電波や光として実在していることが実験的に確認されている (⇒7.5 節)。

真空中なので，$\rho = 0, \vec{j} = 0$ である[19]。そして式 (9.87) を使い $\vec{E}, \vec{H}$ で表すと，マクスウェル方程式の微分形は以下のようになる。

電場のガウスの法則　　$\mathrm{div}\,\vec{E} = 0$

磁場のガウスの法則　　$\mathrm{div}\,\vec{H} = 0$

アンペールの法則　　$\mathrm{rot}\,\vec{H} = \varepsilon_0 \dfrac{\partial \vec{E}}{\partial t}$ (9.103)

ファラデーの法則　　$-\mathrm{rot}\,\vec{E} = \mu_0 \dfrac{\partial \vec{H}}{\partial t}$

式 (9.103) の第 3 式の両辺に対して rot の演算を行うと，

$$\mathrm{rot}\,\mathrm{rot}\,\vec{H} = \varepsilon_0\,\mathrm{rot}\,\frac{\partial \vec{E}}{\partial t} \tag{9.104}$$

となる。この左辺に式 (A.73) を使う。

$$\mathrm{grad}\,\mathrm{div}\,\vec{H} - \triangle \vec{H} = \varepsilon_0 \frac{\partial \mathrm{rot}\,\vec{E}}{\partial t} \tag{9.105}$$

さらに式 (9.103) の第 2 式を使う。右辺には第 4 式を代入する。

$$-\triangle \vec{H} = -\varepsilon_0 \mu_0 \frac{\partial^2 \vec{H}}{\partial t^2} \tag{9.106}$$

同様の計算を電場ベクトルに対しても行い結局次の式を得る。

$$\frac{\partial^2 \vec{E}}{\partial t^2} = \frac{1}{\varepsilon_0 \mu_0} \triangle \vec{E}, \qquad \frac{\partial^2 \vec{H}}{\partial t^2} = \frac{1}{\varepsilon_0 \mu_0} \triangle \vec{H} \tag{9.107}$$

この結果は波動方程式であり，電場および磁場が式 (9.102) の速度で空間を伝わることを表している (⇒7.5 節)。

ある方向へ一様に伝わる波である平面波を考える。この伝わる方向を $x$ 軸方向にとる。すると，一様性から $\vec{E}, \vec{H}$ は $x, t$ の関数となるので，式 (9.103) の第 3, 4 式は $y, z$ 微分がなくなり

$$\left(0, -\frac{\partial H_z}{\partial x}, \frac{\partial H_y}{\partial x}\right) = \varepsilon_0 \frac{\partial \vec{E}}{\partial t}$$

$$-\left(0, -\frac{\partial E_z}{\partial x}, \frac{\partial E_y}{\partial x}\right) = \mu_0 \frac{\partial \vec{H}}{\partial t} \tag{9.108}$$

となる。この式から，$E_x = 0, H_x = 0$ となって場のベクトルの向きは進行方向に垂直なこと，つまり電磁波が横波であることがわかる[20]。次に，たとえば，電場の方向を $y$ 方向とすれば (つまり $E_z = 0$ )，磁場の方向は $z$ 方向となること (つまり $H_y = 0$ ) もわかる。よって，電場と磁場の方向は直交している。この場合，平面波の方程式は

---

[19] 電磁波が発生するには，その場の源としての電流や電荷が必要である。ここで考えているのは，たとえば，テレビの放送局および家庭のテレビのあるところでは $\rho \neq 0, \vec{j} \neq 0$ であるが，その電波が伝わる途中の空間では $\rho = 0, \vec{j} = 0$ と考えてよいという意味である。

[20] $E_x =$ (0 でない定数)，という解は許されない。なぜなら，電磁波の源は局所的である。(そして，有限のエネルギーを放射している。) だから，無限の遠方まで減衰しない一定の大きさの場があると主張することはできない。

$$\frac{\partial^2 E_y}{\partial t^2} = c^2 \frac{\partial^2 E_y}{\partial x^2}, \qquad \frac{\partial^2 H_z}{\partial t^2} = c^2 \frac{\partial^2 H_z}{\partial x^2} \tag{9.109}$$

となる。その解は (⇒7.2 節)

$$E_y = E_{y0} \sin(kx - \omega t + \phi_{Ey}), \qquad H_z = H_{z0} \sin(kx - \omega t + \phi_{Hz}) \tag{9.110}$$

である。ここで定数 $E_{y0}, H_{z0}$ はそれぞれの振幅，$\phi_{Ey}, \phi_{Hz}$ はそれぞれの初期位相である。波長 $\lambda$ や振動数 $f$ については，7.2 節で説明してあるが，再度示しておく。

$$\omega = ck, \quad \lambda = \frac{2\pi}{k}, \quad f = \frac{\omega}{2\pi} \tag{9.111}$$

式 (9.110) で示される平面波は直線偏光と呼ばれる。これは場の方向が特定の方向を向いているからである。独立な直線偏光は 2 種類あり，互いに直交している。今考えているように進行方向を $x$ とすると，一例として

$$\begin{aligned}1) \quad & \vec{E} = (0, E_y, 0), \quad \vec{H} = (0, 0, H_z) \\ 2) \quad & \vec{E} = (0, 0, E_z), \quad \vec{H} = (0, H_y, 0)\end{aligned} \tag{9.112}$$

の 2 つがそれになる。この 2 つを混合したものも解である。式 (9.108) の解としては次に示すものも可能である[21]。

$$\begin{cases} \vec{E} = E_0(0, \cos(kx - \omega t), \pm \sin(kx - \omega t)) \\ \vec{H} = H_0(0, \mp \sin(kx - \omega t), \cos(kx - \omega t)) \end{cases} \tag{9.113}$$

これは場の方向が時間的に回転するので円偏光と呼ばれる。円偏光も 2 種類あり式の符号 (複号同順) で区別されている。

## 9.12 荷電粒子に働く力

### 9.12.1 ローレンツ力

電場が電荷に及ぼす力は，式 (9.3) で

$$\text{電荷 } q \text{ に働く力} \qquad \vec{F} = q\vec{E} \qquad \cdots \quad (\text{式 } (9.3))$$

であることを学んだ。磁場があると速度 $\vec{v}$ で運動している電荷には[22]

$$\text{電荷 } q \text{ に働く力} \qquad \vec{F} = q\vec{v} \times \vec{B} \tag{9.114}$$

という力も働く。電場は荷電粒子に仕事をするが，磁場の力は速度に垂直なので仕事をしない。両者を合わせてローレンツ力と呼ぶ。

$$\text{電荷 } q \text{ に働く力} \qquad \vec{F} = q(\vec{E} + \vec{v} \times \vec{B}) \tag{9.115}$$

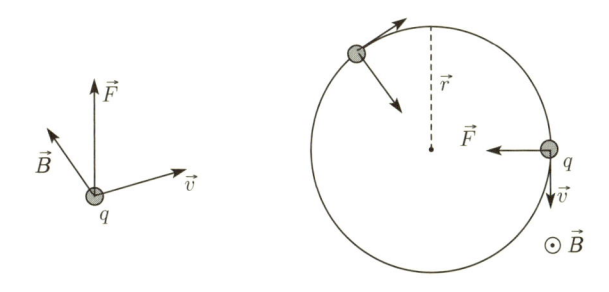

図 9.43 磁場による荷電粒子の運動

---

[21] 位相は単純にとった。たとえば $\sin(\cdots + \pi/2) = \cos(\cdots)$ である。

[22] この節では正確には磁束密度 $B$ と呼ぶべきときも磁場と記したりする。もちろん真空中なので磁場 $H = B/\mu_0$ を指していると了解してもらいたい。

以下で一定の大きさの場の中での質量 $m$，電荷 $q$ の粒子の運動を考察してみよう。

**一定の電場**　一定の電場が $x$ 軸方向にあるとする。
$$\vec{E} = (E, 0, 0) \qquad (E = 定数) \tag{9.116}$$
このとき荷電粒子は等加速度運動を行う。すでに力学で学んだように（⇒2.5.1節），初期条件を $t = 0$ で $\vec{v} = \vec{v}_0$，$\vec{r} = r_0$ として
$$\begin{aligned}
\text{加速度} \quad & \vec{a} = \frac{q\vec{E}}{m} = \left(\frac{qE}{m}, 0, 0\right) \\
\text{速度} \quad & \vec{v} = \vec{v}_0 + \vec{a}t \\
\text{位置} \quad & \vec{r} = \vec{r}_0 + \vec{v}_0 t + \frac{1}{2}\vec{a}t^2
\end{aligned} \tag{9.117}$$
となる。

**一定の磁場**　一定の磁場が $z$ 軸方向にあるとする。
$$\vec{B} = (0, 0, B) \qquad (B = 定数) \tag{9.118}$$
このとき荷電粒子に働く力は
$$\vec{F} = q\vec{v} \times \vec{B} = (qv_y B, -qv_x B, 0) \tag{9.119}$$
となる。念のために式 (9.119) を微分方程式として書いてみる。
$$\begin{aligned}
a_x &= \frac{dv_x}{dt} = \frac{qB}{m}v_y \\
a_y &= \frac{dv_y}{dt} = -\frac{qB}{m}v_x \\
a_z &= \frac{dv_z}{dt} = 0
\end{aligned} \tag{9.120}$$
運動を $x$-$y$ 平面内で考えれば，これは等速円運動となる。なぜなら力学で学んだように（⇒2.5.6節），原点が中心で半径 $r$，角速度 $\omega$ の等速円運動では式 (2.68) から
$$a_x = -\omega v_y, \qquad a_y = \omega v_x \tag{9.121}$$
であった。式 (9.120)，式 (9.121) を比較することにより
$$\omega = -\frac{qB}{m} \tag{9.122}$$
の円運動であることがわかる[23]。そして速度の大きさ $v$ と回転半径 $r$ は
$$\frac{qvB}{m} = \frac{v^2}{r} \quad \rightarrow \quad r = \frac{vm}{qB} \tag{9.123}$$
で関係している。なお，初期条件との関係でいうと，$v = \sqrt{v_{x0}^2 + v_{y0}^2}$ である。円の中心位置も初期条件で決まるが，ここでは省略する。また，$z$ 方向には力が働かないが，初速度に $z$ 方向の成分があればそれは維持されるので，一般には $z$ 方向へのらせん運動となる[24]。

**一定の電場と磁場**　さらに電場と磁場が両方あった場合を考える。運動は，電場と磁場のベクトルの相対的向きにも依存するが，ここでは，両者が直交している場合を考える。式 (9.116) の電場と式 (9.118) の磁場が両方あるとしよう。荷電粒子に対する微分方程式は 式 (9.115) から，

---

[23] 符号は回転が時計回りであることを意味する。
[24] 荷電粒子は磁場があると，磁力線に巻きつく運動をする。

## 9.12 荷電粒子に働く力

$$a_x = \frac{dv_x}{dt} = \frac{qB}{m}v_y + \frac{qE}{m}$$
$$a_y = \frac{dv_y}{dt} = -\frac{qB}{m}v_x \qquad (9.124)$$
$$a_z = \frac{dv_z}{dt} = 0$$

となる．ここで

$$v'_x = v_x, \qquad v'_y = v_y + \frac{E}{B}, \qquad v'_z = v_z \qquad (9.125)$$

とおくと，式 (9.124) は式 (9.120) と同一の形になる．式 (9.125) は $y$ 方向へ速度 $-E/B$ で動いている座標系で考えていることになる．すると，

- 動いている座標系の中での磁場だけがあるときの等速円運動 (図 9.43)
- $y$ 方向へ $v_0 = -E/B$ の等速度運動

を合成したものが軌道として観測される．軌道の形は初期条件に依存するが，初速度が 0 のときは図 9.44 に示すサイクロイドとなる．結果として，荷電粒子は $y$ 軸の (負の) 方向へドリフトすることになる．

この結果を直観的に理解するためには，ポインティングベクトル $\vec{S} = \vec{E} \times \vec{H}$ (⇒ 式 (9.91)) の方向へ電磁場の運動量が運ばれることを思い出せばよい．今の例では $\vec{S}$ は $y$ 軸の (負の) 方向を向いている．それがこの運動の原因である．

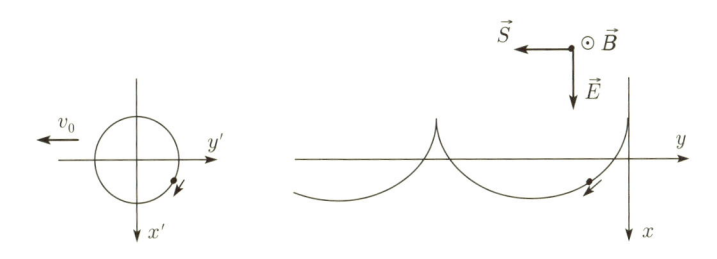

図 9.44 電場と磁場による荷電粒子の運動

> ■寄り道■　核融合は未来のエネルギー源として研究が続けられている．そのためには実験室で，太陽の中のような高温高密度のプラズマ状態を実現しなくてはならない．この状態を閉じこめる物質でできた「容器」は存在しないので，磁力線を使ってプラズマを閉じこめる方法が研究されている．プラズマは荷電粒子の集団なので，そこに働くローレンツ力を利用する方法である．磁場閉じこめ以外の有力な方法として慣性核融合と呼ばれるものもある．これは核融合燃料物質を急激に圧縮することにより核融合を起こす高密度状態を発生させようというものである．この圧縮は通常の機械的方法では無理で，強力なレーザー光を照射することにより実現される．レーザー光は電磁波であり，電磁波は電場と磁場が直交しているので，上の例のようにポインティングベクトル向きに荷電粒子に運動量を与えることができる．

[例題 9.8]

質量 $m$，電荷 $q$ をもつ粒子が図 9.45 のように運動する．荷電粒子は速度 $v_0$ で入射し，電位差 $V$ の極板 (間隔 $d$) を通り抜けて加速され，点 O での速度は $v$ である．$x > 0$ の領域には磁束密度の強さ $B$ の一様な磁場がある．磁場の向きは紙面に垂直で奥向きである．荷電粒

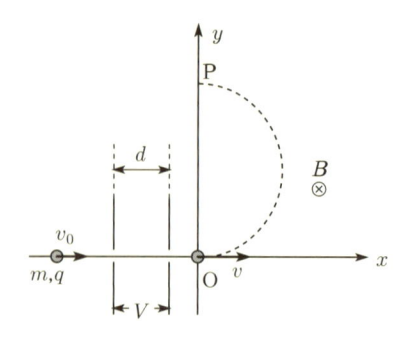

図 9.45 荷電粒子に働く力

子は点 O を通った後，円軌道を運動し点 P に達した。

(1) $v$ を $v_0, m, q, V$ で表せ。
(2) 極板を通り抜けるのに要する時間 $t$ を $m, q, V, d$ で表せ。
(3) OP の距離 $L$ を $v, B, m, q$ で表せ。
(4) 点 O から点 P まで運動するのに要した時間 $T$ を $v, B, m, q$ で表せ。

[説明] (1), (2) は等加速度運動，(3), (4) は等速円運動として考える。なお (1) だけなら，エネルギーで $\frac{1}{2}mv_0^2 + qV = \frac{1}{2}mv^2$ から求めた方が簡単である。

[解] (1), (2) 左の極板の位置からの距離を $s$，そこを通過する時刻を $t = 0$ とすると，等加速度運動の式から，

$$v = at + v_0, \quad s = \frac{1}{2}at^2 + v_0 t, \quad \left(a = \frac{qE}{m} = \frac{qV}{md}\right)$$

となる。この式は変形すれば，

$$t = \frac{v - v_0}{a}, \quad s = \frac{1}{2a}(v^2 - v_0^2)$$

となる。$s = d$ とおくと，$v$ は

$$v = \sqrt{v_0^2 + 2ad} = \sqrt{v_0^2 + \frac{2qV}{m}}.$$

(3), (4) 円運動なので，半径を $r$ として

$$\frac{mv^2}{r} = qvB \quad \rightarrow \quad r = \frac{mv}{qB}$$

この 2 倍が $L$ なので，$L = 2mv/qB$ である。また，時間は以下である。

$$T = \frac{\pi r}{v} = \frac{\pi m}{qB}$$

**類題** 例題と同じ状況で，$v_0 = 0$ とする。(荷電粒子は初速度 0 で左の極板のところにある。) $\frac{q}{m}$ を比電荷と呼ぶ。比電荷を $V, B, L$ で表せ。また，電子の比電荷は $1.76 \times 10^{11}$ C/kg である。$V = 1$ kV, $B = 0.04$ T とすると，$L$ の値はいくらか。

### 9.12.2 電流の間の力

動いている電荷には磁場から式 (9.114) の力が働くが，電流は電荷の流れなので，電流にも磁場は力を及ぼす。いま直線上に電荷が線密度 $\sigma$ で分布しており[25]，速度 $\vec{v}$ で運動しているとすると，電流は $\vec{I} = \sigma \vec{v}$ である。(式 (9.36) で $\Delta q = \sigma v \Delta t$ とする。)

するとこの電流の長さ $\ell$ の部分には

---

[25] 式 (9.25) のように，単位長さあたり $\sigma$[C] の電荷がある。$\sigma$ の単位は C/m である。

## 9.12 荷電粒子に働く力

$$\vec{F} = \ell \vec{I} \times \vec{B} \tag{9.126}$$

という力が働く (図 9.46(a))。式 (9.126) で $\vec{I}$ は，大きさが $I$ で電流の流れる方向を向くベクトルである[26]。

電流は磁場をつくるので，電流と電流の間に力が働くことになる。特に，図 9.46(b) にあるように，平行な電流 $I_1, I_2$ が距離 $R$ だけ離れてあるとき，電流が他方の位置につくる磁場は式 (9.58) から $H = I/2\pi R$ なので，電流は

$$\text{単位長さあたりの力} \quad F = \frac{\mu_0}{2\pi R} I_1 I_2 \tag{9.127}$$

を受ける。同方向の電流間では引力，逆方向の電流間では反発力となる。$\mu_0$ は定義により $4\pi \times 10^{-7}$ H/m なので力と電流の間の関係がつく。この式が電流の単位 A (アンペア) を決めている (⇒A.2 節)。

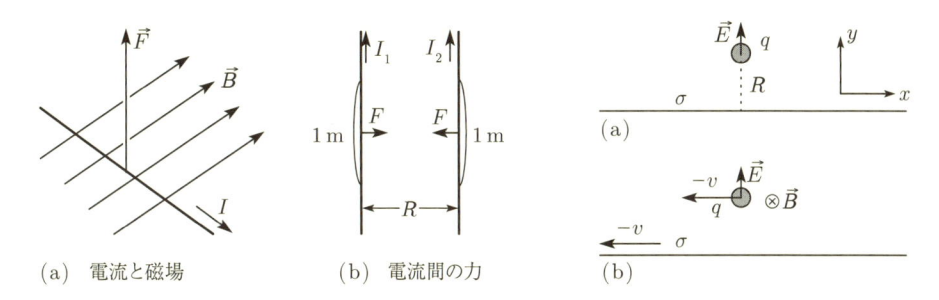

図 9.46 電流の受ける力
(a) 電流と磁場
(b) 電流間の力

図 9.47 電荷と直線状電荷

### 9.12.3 電磁気力とガリレイ変換

力学では静止系とそれに対して一定の速度で運動している系は互いに同等で区別がつかなかった (⇒2.6.1 節)。電磁気力を考えるとどうなるか調べてみる。

例として図 9.47 の状況を考える。直線上に電荷が線密度 $\sigma$ で分布しており，それから距離 $R$ のところに電荷 $q$ が静止しているとする (図 9.47(a))。話を明確にするため，直線を $x$ 軸，電荷 $q$ の位置を $(0, R, 0)$ とする。すると，式 (9.27) からこの直線状の電荷分布がつくる電場は電荷 $q$ の位置では $y$ 軸方向で大きさ $E = \sigma/2\pi\varepsilon_0 R$ なので，電荷 $q$ は $y$ 軸向きで，大きさ

$$F = q \frac{\sigma}{2\pi\varepsilon_0 R} \tag{9.128}$$

の力を受ける。次にこの系を $x$ 軸に沿って速度 $v$ で運動している系 ($x'$ 系，運動系) から観測してみよう (図 9.47(b))。ガリレオの相対性原理によって両者の系は慣性系として同等であるはずである。運動系から見れば，電荷 $q$ は速度 $-v$ で $x$ 軸方向に運動しており，直線電荷分布は電荷分布であると同時に $x$ 軸方向の $I = -\sigma v$ の電流であると見える。この電流は電荷の位置に $\vec{H} = (0, 0, I/2\pi R)$ の磁場をつくる。したがって，運動系では，電荷 $q$ が受ける $y$ 軸向きの力 $F'$ は式 (9.115) を使い，次のようになる。

---

[26] 磁場が一様でない場合，電流に働く力は，いつものように電流を多数の小片に分割して各部分に働く力を合計することで計算できる。

$$F' = F(\text{電場}) + F(\text{磁場}) = q\frac{\sigma}{2\pi\varepsilon_0 R} - q\frac{\mu_0 \sigma v^2}{2\pi R} \tag{9.129}$$

慣性系の同等性を基本におくと，以上の結果から2つのことが指摘される．一つは運動によって磁場が現れたり消えたりするのだから，電場・磁場という区別は見かけ上のものであるということである．これについては，すでに，両者は電磁場という統合された概念で理解すべきであることを述べた．もう一つは電磁気力を考えると，ニュートン力学の法則に綻びが見えてきたことである．働く力 $F$ と $F'$ は等しくないようである．式 (9.128)，式 (9.129) を比べると，

$$F' = q\frac{\sigma}{2\pi\varepsilon_0 R}(1 - \varepsilon_0 \mu_0 v^2) = F\left(1 - \frac{v^2}{c^2}\right) \tag{9.130}$$

となる．ここで光速度の式 (9.102) を使った．通常の運動では，速度 $v$ は光速度 $c$ に比べて非常に小さく，この差は仮に存在するにしても検出できない．しかし，光速度に近い速度では無視できなくなるはずである．このニュートン力学の綻びは相対性理論へと導く一つの鍵となるのである ($\Rightarrow$10.1 節)．

## 9.13 物質の電磁気的性質

すべての物質は多数の原子の集まりである．原子は正電荷の原子核と負電荷の電子から構成される (詳細は 10.3 節参照)．別の言い方をすれば，原子が構造体としてまとまっているのは電磁気的な力のためである．その原子が集まってつくられる物質内の電磁気学的構造は極めて複雑である．この意味で物質内の電磁場は厳密な意味では容易に決定できるものではない．この節で考える物質内の場は，少なくとも原子の大きさなどよりは十分大きいが，人間のスケールから見れば十分微小で 1 点と考えてもよい領域にわたって平均された量であると理解してもらいたい．

### 9.13.1 物質の電気的性質

物質を電気的性質からおおまかに分類すれば，**導体**と**誘電体** (**絶縁体**) に分けられる[27]．両者の区別は電流を通す，通さないという点にある[28]．物質は多数の原子からなるが，導体においてはその一部の電子が，個々の原子核に束縛されなくなり，**自由電子**として振る舞う．このような自由電子が存在するかどうかが，物質を導体と誘電体にわける．自由電子の存在は原子の性質ではなく，原子が多数規則的に配置された物質構造に起因する性質である．電子が見かけ上自由に動けるのも金属という結晶構造内の話であって，外部との境界では障壁が存在する．

**導体** 静電場については，導体内の電位は一定である，導体内での電場は 0 である，という性質が成り立つ (式 (9.7))．これは次のように説明される．外部に電場があるとする．仮に導体内部にも電場があれば，それは自由電子に力を及ぼす．そして，電子は移動して導体表面に電荷の分布を生じる．この表面電荷は内部の電場を減少させるように分布する．静電

---

[27] 金属と絶縁体の中間的な電気抵抗の値をもつ物質を**半導体**と呼ぶ．半導体は集積回路などに必須の材料である．

[28] ここでの導体は金属を念頭においている．塩の水溶液なども電流を通すがこれはその伝導の機構が異なる．

## 9.13 物質の電磁気的性質

場という前提から，この過程は導体外部の電場が表面電荷により遮蔽されるまで続く。結果として導体内の電場は 0 となる。そして電場が 0 なら，電位は一定となる。

**誘電体** 誘電体の場合，電子はそれぞれの原子核によって原子内に束縛されているので，外部から電場が侵入しても導体のように，電荷分布を変えてそれを完全に遮蔽することはできない。しかしながら，電子は外部からの電場によって力を受けるので，原子内の平均的な位置に偏りを生じる。このことを図 9.48 のように，原子が全体としては中性であるが両端に正負の電荷が現れたと考える。これを「電気双極子」と呼ぶ。このような原子が多数集まって物質をつくるので，物質内では図 9.49 のような場が生じる。このことを巨視的に見ると，表面に電荷の薄い層が生じたように見える。これを**誘電分極**と呼ぶ。分極の大きさは物質の性質に依存する。結果として物質内の電束の量は物質がない場合より増える。このことから物質内の電場に関して

$$\vec{D} = \varepsilon \vec{E} \tag{9.131}$$

と表す。ここで $\varepsilon$ は，その物質に固有の**誘電率**である。前に式 (9.10) で定義した真空の誘電率 $\varepsilon_0$ との関係は，

$$\varepsilon = \varepsilon_r \varepsilon_0 \tag{9.132}$$

である。$\varepsilon_r$ を比誘電率と呼ぶ[29]。本書の程度を越えるが，一般的な議論から $\varepsilon \geq \varepsilon_0$ が証明されている。

分極の様子は物質の形や電場の分布による。板上の物質に垂直に一様な電場が入射するものとする。このため，平行平板コンデンサーの間を誘電体で満たす。前と同じように極板の

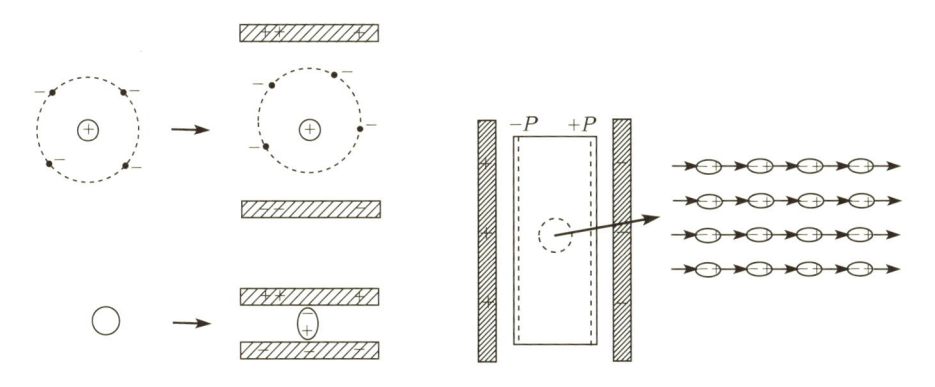

図 9.48 原子を双極子とみなす    図 9.49 分極

表 9.2 物質の比誘電率 $\varepsilon_r$ (20 °C, 低い振動数)

| 固体 | | 気体, 液体 | |
|---|---|---|---|
| 雲母 | 7.0 | 空気 (1 気圧) | 1.0005 |
| ソーダガラス | 7.5 | 水 | 80 |
| ボール紙 | 3.2 | エチルアルコール | 24.3 |
| パラフィン | 2.2 | トルエン | 2.4 |
| チタン酸バリウム | 約 5000 | ベンゼン | 2.3 |

---

[29] $\varepsilon_r$ が 1 よりも非常に大きい物質は強誘電体と呼ばれ，強磁性体と同様，自発分極や履歴現象を示す。

間の距離を $d$, 面積を $S$ とする。この極板間に一定の電位差 $V$ を与える。すると，外部電場の強さは $E = V/d$ で決まる。そして物質の表面に単位面積あたり $-P$, $+P$ の分極電荷が生じたとする。図 9.49 で誘電体を外部電場ベクトルに垂直な面で仮想的に切断して考えると，9.4 節での平板上に分布した電荷の場合と同じように考えて，分極電荷が $P$ の電束を外部電場の向きと同じ方向につくることがわかる。したがって式 (9.131) は

$$\vec{D} = \varepsilon_0 \vec{E} + \vec{P} = \varepsilon \vec{E} \tag{9.133}$$

と考えることができる。ここで分極ベクトル $\vec{P}$ は $-P$ から $+P$ の方向にとる[30]。分極の大きさは電場 $\vec{E}$ に比例し，

$$\vec{P} = \varepsilon_0 \chi \vec{E} \tag{9.134}$$

と書ける。この $\chi$ は**電気感受率**と呼ばれる。式 (9.131) 〜 式 (9.134) からわかるように

$$\varepsilon_r = 1 + \chi \tag{9.135}$$

である[31]。

### 9.13.2 物質の磁気的性質

物質の電気的な性質を考えたとき，導体の特徴的な性質は内部で静電場が 0 という点にあった。通常の物質で磁場に対してこのような性質をもつもの，つまり磁場を遮蔽してしまうものはない[32]。このため，物質の磁気的性質に対してはすべて誘電体の議論に対応して考えることになる。外部からの磁場によって，原子は微小な磁石，つまり磁気双極子として振る舞う。そして巨視的には物体の表面に磁気分極 (磁化) が現れる。物体内の磁束は物質がない場合と比べて変わり

$$\vec{B} = \mu \vec{H} \tag{9.136}$$

と表す。ここで $\mu$ は，その物質に固有の**透磁率**である。前に式 (9.53) で定義した真空の透磁率 $\mu_0$ との関係は，

$$\mu = \mu_r \mu_0 \tag{9.137}$$

である。$\mu_r$ を「比透磁率」と呼ぶ。分極に対応して磁気分極ベクトル $\vec{J}_M$ が定義される。

$$\vec{B} = \mu_0 \vec{H} + \vec{J}_M = \mu \vec{H} \tag{9.138}$$

そして，

$$\vec{J}_M = \mu_0 \chi_m \vec{H} \tag{9.139}$$

と書ける。この $\chi_m$ は**磁化率 (帯磁率)** と呼ばれる。

$$\mu_r = 1 + \chi_m \tag{9.140}$$

も同様である[33]。

電場の場合と異なって，$\mu$ と $\mu_0$ の間の大小関係の条件は存在しない。このことから物質を次のように分類する。

---

[30] 分極ベクトル $\vec{P}$ は正確には原子の電気双極子がつくる双極子モーメントの密度である。

[31] $\vec{P} = \chi \vec{E}$, $\varepsilon = \varepsilon_0 + \chi$ とする流儀もあるようである。

[32] 後で述べるように，超伝導体は別である。

[33] $\vec{J}_M = \mu_0 \vec{M}$ の $\vec{M}$ を「磁化」と呼ぶ。しかし，$\vec{J}_M$ そのものを磁化と呼んだり，$\vec{J}_M$ の代わりに記号 $\vec{M}$ を使う流儀もある。

## 9.13 物質の電磁気的性質

1. **常磁性体** $\chi_m > 0$ であるが，1 よりはるかに小さく，したがって $\mu$ と $\mu_0$ はほとんど同じである．多くの金属がこれにあたる．

2. **強磁性体** $\chi_m > 0$ であるが，1 よりはるかに大きい．したがって $\mu$ は $\mu_0$ よりはるかに大きい．鉄，ニッケル，コバルトなどの金属が該当する．強磁性体の特徴はそれが履歴現象 (ヒステリシス) を示すことにある．分極や磁化は通常外部からの場があるときのみ，それに誘導されて生じるのであって，外部の場がなくなれば分極や磁化も消えてしまう．しかしながら，強磁性体の場合は一般に外部からの場の影響が消えた後も，磁化が残る[34]．

3. **反磁性体** 上記のものと異なり，$\chi_m < 0$ である．絶対値は通常 1 よりはるかに小さく，したがって $\mu$ と $\mu_0$ はほとんど同じである．この物質では磁化は外部の磁場と逆向きに生じるので強い磁石を近づければ反発される．ガラスや有機物質などがこれに分類される．

4. **超伝導体** 完全反磁性体とでも考えるべき物質である．1911 年，カマリング-オネス (H. Kamerling-Onnes) は超低温に冷やした金属の電気抵抗がある温度以下で突然 0 になることを発見した．これを**超伝導**と呼ぶ[35]．超伝導物質の重要な性質の一つは「マイスナー効果」と呼ばれる．それは導体が電場を遮蔽するように，磁力線は超伝導体内部には侵入できないという性質である．このように超伝導は巨視的には物質の磁気的性質と考えられ，その意味で，あえて，第 4 の項目として示した．

---

■**寄り道**■　もちろん実用上は，超伝導体で電気抵抗が 0 である性質は極めて重要である．環状の金属に電流を流すと，通常の金属では電池などで電流を維持しない限り，電気抵抗により電流は減衰し消滅してしまう．ところが，超伝導体の環では抵抗がないので電流は減衰せず永久電流が流れる．

ところで，電気力線や磁力線は弾性的な物質と同様な振舞いをする．磁力線は真の磁荷が存在しないので端点をもたない．磁力線は輪ゴムのようなものである．金属の環に電流が流れていればアンペールの法則に従い，そのまわりに磁力線の輪ができる．通常の金属で電流が消滅するときに，この磁力線はどのように消滅するかというと，この輪が縮まり 1 点に収縮して消える．

超伝導体の場合，磁力線の輪が消滅しようとすると，輪は超伝導体の中に潜り込むか超伝導体を横切ることになる．ところが，それはマイスナー効果により禁止されている．したがって環状の超伝導体に巻きつく磁力線は一度生じたら消滅することは許されない．磁力線があるのだから，その源になっている電流もまた存在し続けているはずである．

永久電流があるときに電気抵抗があれば，それにより発熱の形でエネルギーを無限に取り出すことができ，エネルギー保存則に違反する．したがって，電気抵抗は 0 である．まとめると，マイスナー効果 ⇒ 磁力線が消滅しない ⇒ 永久電流 ⇒ 電気抵抗が 0，ということになる．

---

[34] いわゆる永久磁石になることができる．
[35] 超電導と書く場合もある．

## 9.14 電 流

一定の**電流**，すなわち定常電流を考える。導線に電位差を与えると電流が流れる。電流は電荷の移動である[36]。この移動は電荷に働く電気力によって引き起こされるが，電場 $E$ があるとき電荷 $q$ に働く力は $F = qE$ なので，電荷は等加速度運動をすることになる。すると電荷の速度は時間とともに速くなり電流は無限に増大することになるが，実際にはそうはならない。自由電子は導線の中を移動するときに抵抗力を受け，そのため電子の速度 $v$ は一定となり，結果として一定の大きさの電流が流れる。この現象は 2.5.3 節で考察した，重力と速度に比例する抵抗力が働き，十分時間がたつと粒子が終端速度で運動する現象と同じである。電子の電荷の大きさは電気素量 $e$ であるので，抵抗力の大きさを $bv$ とすると，(式 (2.21))

$$eE = bv \quad \Rightarrow \quad v = \frac{eE}{b} \tag{9.141}$$

から自由電子の速度の大きさが決まる。ここで，$b$ は抵抗力の比例定数で，実際は，金属内の複雑な力から決まる。

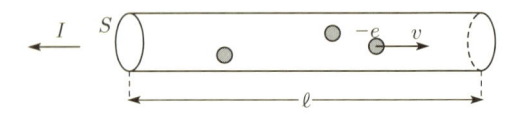

**図 9.50** 電流 $I$

断面積を $S$，自由電子の数密度 (単位体積あたりの自由電子の個数) を $n$ とする。自由電子がすべて速度の大きさ $v$ で運動しているとすると，導線のある位置の断面を $\Delta t$ の間に通り抜ける電子の個数は $n \cdot Sv\Delta t$ であり，電流は

$$I = \frac{\Delta q}{\Delta t} = enSv \tag{9.142}$$

となる。この導線が長さ $\ell$ であり，その両端に電位差 $V$ がかかっているとすると，式 (9.141) と $E = V/\ell$ から

$$I = \frac{e^2 n}{b} \frac{S}{\ell} V \tag{9.143}$$

となる。この式の第一の因子 $e^2n/b$ は物質の性質による係数であり**電気伝導率** $\sigma$ と呼ばれる。その逆数は**電気抵抗率** $\rho$ と呼ばれる。

$$\frac{e^2 n}{b} = \sigma = \frac{1}{\rho} \tag{9.144}$$

電圧は電流に比例し，その比例係数が**電気抵抗** $R$ である。電気抵抗 $R$ の単位は $\Omega$(オーム) である。

$$\text{オームの法則} \quad V = RI \tag{9.145}$$

電気抵抗は

$$R = \rho \frac{\ell}{S} \tag{9.146}$$

---

[36] 歴史的に電子の電荷の符号を負としてしまったので，実際に動く自由電子の向きは電流と逆向きである。以下では説明の都合上，あたかも $+e$ の電荷が速度 $+v$ で動くように書いてあるが，誤解しないこと。

となる。幾何学的形状については，長さに比例し断面積に逆比例するという自然な結果となる。なお，この式から $\rho$ の単位は $\Omega\cdot\mathrm{m}$ であることがわかる。電流密度 $j$ (式 (9.88)) で考えると $j = I/S$ であり，式 (9.145)，式 (9.146) および $E = V/\ell$ から

$$j = \sigma E \tag{9.147}$$

となる。正確には，電流密度および電場をベクトルとして $\vec{j} = \sigma \vec{E}$ と書く。

## 9.15 回　路

回路は回路図で表現される[37]。それに使用される図記号を図 9.51 に示す。この 9.15 節の議論は線形素子に限定する (⇒A.11 節)。整流器 (ダイオード) やトランジスタなどの非線形素子については別に学ばれたい。

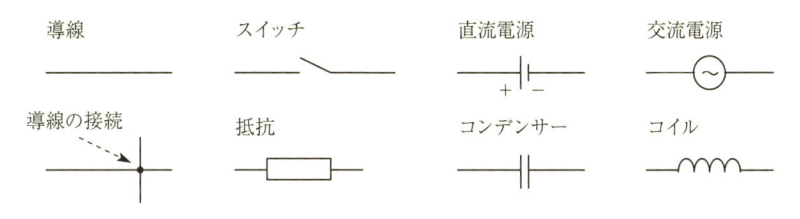

図 9.51　回路図の記号

### 9.15.1 直 流 回 路

まず，時間的に一定の電流，すなわち，**直流**が流れている回路を考察する。

**電力**　電力 $P$ は単位が W(ワット) であり，電流のする仕事率を表す。

$$(式 (9.38))\cdots 電力 (電流の仕事率) \qquad P = VI \tag{9.148}$$

**オームの法則**　電流と電圧の関係はオームの法則で表現される。

$$(式 (9.145))\cdots オームの法則 \qquad V = RI \tag{9.149}$$

図 9.52 の左のように，電流が電気抵抗を通ると，その前後で電位 $V$ が下がる。この下がった電位差が $RI$ になるというのがオームの法則の意味である。この下がった電位差を「電圧

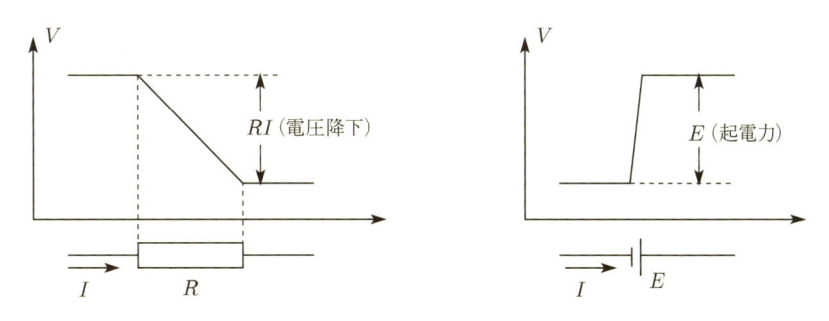

図 9.52　電圧降下，電源

---

[37] 質点が現実の粒子の理想的モデルであったのと同様，回路図は実在の回路のモデルにすぎない。たとえば，絶縁物は (非常に大きいが) 有限の抵抗をもつ，2 つの導線の間に (微小ではあるが) 電気容量が生じる，電流が流れ磁場ができて回路の部分どうしが (微小な) 結合を起こす。こういった，現実の回路で起きることはこのモデルには含まれていない。

降下」とも呼ぶ．回路は周回しており，電位が下がるだけでは閉じない．図 9.52 の右のように，電源はその能力に応じて電位を上昇させる．この電位の変化を**起電力**と呼ぶ．

**キルヒホッフの法則**　今までの説明や図でわかるように，回路では，電流は増えたり消滅することはなく，電位が上昇したり下降したりする．回路を扱う際の基本は，次の**キルヒホッフの法則**である．この 2 つの法則を駆使することにより，各種の回路が分析できる．

1. **電流の保存**　回路の任意の点において，流入する電流の和は流出する電流の和に等しい (例：図 9.53(a))．
2. **電位の一意性**　回路の任意の 2 点について，その間の電位の差は経路によらず一定である (例：図 9.53(b))．特に，この 2 点を同一の点にとれば，任意の閉じた経路に沿って各部分の電位差を合計すれば 0 となることがいえる．

点 A での電流の保存から
$I_1 = I_2 + I_3$

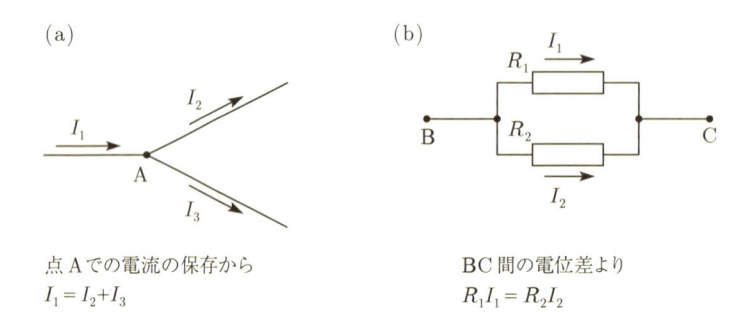

BC 間の電位差より
$R_1 I_1 = R_2 I_2$

図 9.53　キルヒホッフの法則の例

**合成抵抗**　複数の抵抗があったとき，それら全体をまとめて 1 つの抵抗と置き換えることができたとしよう．そのまとめた抵抗の値を**合成抵抗**と呼ぶ．図 9.54(a) のように，抵抗 $R_1, R_2, \cdots, R_n$ が直列に結合された場合の合成抵抗 $R$ は

$$R = R_1 + R_2 + \cdots + R_n \tag{9.150}$$

である．図 9.54(b) のように，抵抗 $R_1, R_2, \cdots, R_n$ が並列に結合された場合の合成抵抗 $R$ は

$$\frac{1}{R} = \frac{1}{R_1} + \frac{1}{R_2} + \cdots + \frac{1}{R_n} \tag{9.151}$$

となる．

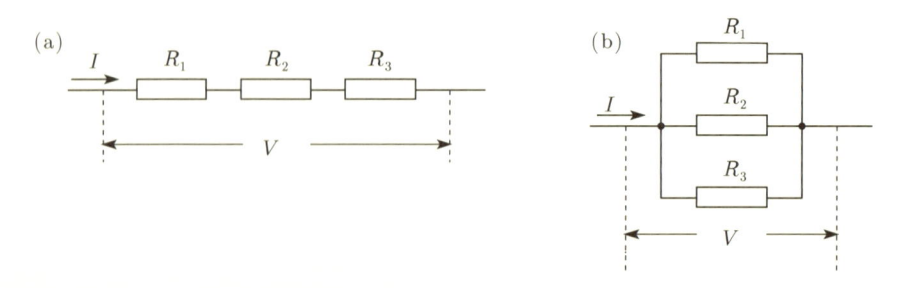

図 9.54　抵抗の直列接続と並列接続

## 9.15 回路

**[例題 9.9]**

図 9.55(a) で各抵抗を流れる電流を求めよ。

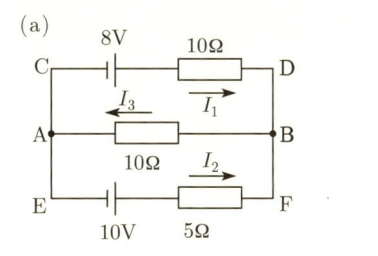

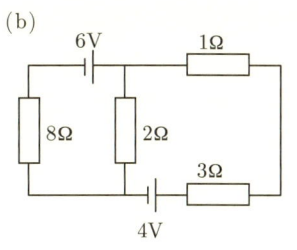

**図 9.55** 直流回路

**[説明]** キルヒホッフの法則の活用である。

**[解]** 回路を A → C → D → B → A と回ったときの電位差が 0 となる (第 2 法則) ことから,

$$8 - 10I_1 - 10I_3 = 0$$

回路を A → E → F → B → A と回ったときの電位差が 0 となる (第 2 法則) ことから,

$$10 - 5I_2 - 10I_3 = 0$$

となる。また電流の保存 (第 1 法則) から,

$$I_1 + I_2 = I_3$$

となる。$I_3$ を消去すると最初の 2 つの式は以下となる。

$$20I_1 + 10I_2 = 8, \qquad 10I_1 + 15I_2 = 10$$

これを連立して解いて,以下を得る。

$$I_1 = 0.1 \text{ A}, \quad I_2 = 0.6 \text{ A}, \quad I_3 = 0.7 \text{ A}$$

**類題** 図 9.55(b) で各抵抗を流れる電流を求めよ。(ヒント:まず,右側の 2 つの抵抗は 1 つにまとめてよい。)

### 回路の一般的解法

キルヒホッフの法則を使えば任意の抵抗を組み合わせた回路を解くことができる。方針は以下のとおりである。

1. 回路にループ (環状に閉じた部分) がなければ,電流の保存 (第 1 法則) だけですべての電流が計算できる。今,独立なループの数を $L$ とする。回路をいくつかの線が結合されたグラフとみなすと,独立なループの数は,

$$L = r - v - e + 1 \tag{9.152}$$

である。ここで,$v$ は頂点の数,$r$ は辺の数,$e$ は外端の数である。頂点とは 3 つ以上の導線が結合した箇所,外端は 1 つの導線が接続している点,辺は頂点あるいは外端を接続している要素で途中に抵抗などの素子が含まれていてもよい。

2. 独立なループから,それに属する電流 (代表電流) を 1 つずつ選び $I_1, I_2, \cdots, I_L$ とする。第 1 法則を利用して,残りの電流を外部からの電流とこれらの電流で表す。

3. それぞれのループに対して,電位の一意性 (第 2 法則) からループを 1 周したときの電圧降下が 0 という式を書く。

4. 前項で得られた $L$ 個の式を $L$ 元連立方程式として解くことにより $I_1, I_2, \cdots, I_L$ が決まる。

5. 前項で求めた電流から,項 2 の式を使い,残りの電流をすべて決定する。さらにオームの法則から電位差が決まる。これで回路の各部分の電流や電圧がすべて決定される。

## 9.15.2 交流回路

次に，コンデンサーやコイルを含む回路を考える。直流の場合はコンデンサーは絶縁物であり，コイルは単なる導線であるので，前節と比べて新しいことはない。

本節では，時間的に変化する電流を考察する。周期的に時間的に変動する電流を**交流**という。以下では，正弦波の波形をもつ交流を考える[38]。

角周波数 $\omega$ の電圧が回路に加わっているとする。

$$V(t) = V_0 \cos\omega t \tag{9.153}$$

周波数は $f = \dfrac{\omega}{2\pi}$，周期は $T = \dfrac{2\pi}{\omega}$ である[39]。このときの回路を流れる電流を

$$I(t) = I_0 \cos(\omega t - \phi) \tag{9.154}$$

と表す。ここで，一般には電圧と電流の間に位相のずれがありうるので，そのずれを $\phi$ として式に含めた。

式 (9.153)，式 (9.154) の電流が流れているときに消費される**電力** (式 (9.148)) の時間平均は

$$\langle P \rangle = \frac{1}{T}\int_0^T P\,dt = \frac{1}{2}\cos\phi V_0 I_0 \tag{9.155}$$

である。この式を

$$\langle P \rangle = \cos\phi V_{eff} I_{eff}, \qquad V_{eff} = \frac{V_0}{\sqrt{2}}, \qquad I_{eff} = \frac{I_0}{\sqrt{2}} \tag{9.156}$$

と書き直し，$V_{eff}, I_{eff}$ をそれぞれ電圧と電流の**実効値**という。電圧などの表示には実効値を用いる場合が多い[40]。

交流回路では計算の技法として複素数を使うと見通しがよくなる。計算の途中を複素数で行い，最後の結果に直すときに実数部分を取り出す。式 (A.45) により電圧，電流は

$$V = V_\omega e^{i\omega t}, \qquad I = I_\omega e^{i\omega t} \tag{9.157}$$

と表すことができる。$V_\omega, I_\omega$ は複素数と考える。そして，$I_\omega$ と $V_\omega$ の関係を決めればよい。両者の絶対値の比が**インピーダンス** $Z$ で，両者の位相の差が $\phi$ である。式 (9.153)，式 (9.154) に合わせるには，$V_\omega$ の位相を 0 ($V_\omega$ が実数) にすればよい。

$$\begin{cases} V_\omega = V_0 \\ I_\omega = I_0 e^{-i\phi} \\ V_0 = Z I_0 \end{cases} \tag{9.158}$$

上の式 (9.158) で $V_0, I_0, Z, \phi$ は実数である。

**複素抵抗**　コンデンサーとコイルに対して以下の式が成り立つ。

$$(\text{式 (9.40)})\cdots\text{コンデンサー} \qquad I = C\frac{dV}{dt} \tag{9.159}$$

$$(\text{式 (9.76)})\cdots\text{コイル} \qquad -V(\text{起電力}) = V = L\frac{dI}{dt} \tag{9.160}$$

---

[38] 任意の周期的関数はフーリエ級数で表現できることが知られている。そして，線形回路では各成分の重ね合せが成立する。したがって，単純な正弦波を考察しておけば十分である。

[39] 回路の場合，振動数を周波数と呼ぶ場合が多い。日本の場合，一般家庭へは 50 Hz (東日本) あるいは 60 Hz (西日本) の周波数の交流が供給される。

[40] 日本の場合，一般家庭での電圧は 100V と表示されているが，これは実効値である。

## 9.15 回路

抵抗に関するオームの法則と，これらに式 (9.157) を代入すると，次のようになる。

$$\begin{cases} 抵抗 & V_\omega = RI_\omega \\ コンデンサー & V_\omega = \dfrac{-i}{\omega C}I_\omega \\ コイル & V_\omega = i\omega L I_\omega \end{cases} \quad (9.161)$$

式 (9.161) では，オームの法則 (電圧と電流が比例する) がすべての回路素子について成立している。このように，抵抗の概念を複素数に拡張することにより，コンデンサーやコイルも複素数の値をもつ電気抵抗とみなすことができる[41]。このため，後はキルヒホッフの法則を抵抗回路の場合と同様に適用すれば，任意の回路が解ける。

**コンデンサーの合成** 例として，コンデンサーの合成を考える。図 9.54 で抵抗のかわりにコンデンサー $C_1, C_2, \dots$ を置き，それら全体を 1 つのコンデンサーとみなしたときの合成容量を $C$ とする。$-i/\omega C$ が抵抗 $R$ に対応するので，直列のときは，式 (9.150) から

$$\frac{-i}{\omega C} = \frac{-i}{\omega C_1} + \frac{-i}{\omega C_2} + \cdots \quad \to \quad \frac{1}{C} = \frac{1}{C_1} + \frac{1}{C_2} + \cdots \quad (9.162)$$

となり，並列のときは，式 (9.151) から

$$\frac{1}{(-i/\omega C)} = \frac{1}{(-i/\omega C_1)} + \frac{1}{(-i/\omega C_2)} + \cdots \quad \to \quad C = C_1 + C_2 + \cdots \quad (9.163)$$

となる[42]。

**RCL 直列回路** 次に，図 9.56 の，抵抗，コンデンサー，コイルを直列につないだ回路を考える。これは (複素数の値の) 抵抗が 3 つ直列につながった回路と考えられるので，式 (9.150) から

$$V_\omega = \left(R + \frac{-i}{\omega C} + i\omega L\right)I_\omega \quad (9.164)$$

となり，$V_\omega = Ze^{i\phi}I_\omega$ から

$$Z = \sqrt{R^2 + \left(\omega L - \frac{1}{\omega C}\right)^2}, \quad \tan\phi = \frac{\omega L - \dfrac{1}{\omega C}}{R} \quad (9.165)$$

を得る。

$$\omega L - \frac{1}{\omega C} = 0 \quad \to \quad \omega = \frac{1}{\sqrt{LC}} \quad (9.166)$$

のとき，電流が極大になるが，これは力学でも現れた共振現象である ($\Rightarrow$ 2.5.5 節)。この $\omega$ に対応する振動数を **共振振動数** (周波数) と呼ぶ。

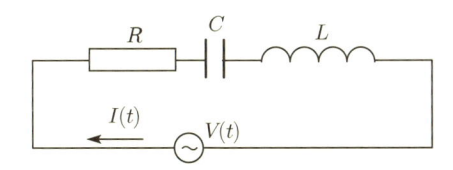

図 9.56 RCL 直列回路

---

[41] $\dfrac{1}{\omega C}$, $\omega L$ をコンデンサー，コイルの「リアクタンス」と呼ぶ。

[42] これらの結果はコンデンサーの性質だけから直ちに導かれるが，ここでは複素抵抗の概念が妥当なことを示す一つの例として示した。

[例題 9.10]

図 9.57 で，$R = 800\ \Omega$，$L = 60$ mH，$C = 1.0\ \mu$F である。

ここに角周波数 $\omega = 2\pi f = 5.0$ rad·kHz，$V = 20$ V の交流電圧を加えた。流れる電流はいくらか。また，電流と電圧の位相のずれはいくらか。

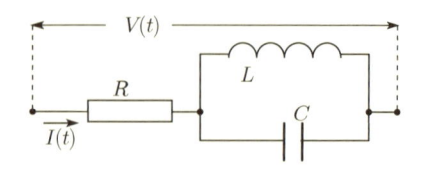

図 9.57　交流回路

[説明]　複素抵抗で考えれば，3 つの抵抗があることになる。まず，$L$ と $C$ を並列合成の公式でまとめ，さらに $R$ と直列合成する。

[解]　コイルの抵抗は
$$i\omega L = i \cdot (5.0 \times 10^3) \times (60 \times 10^{-3}) = 300i\ \Omega,$$
コンデンサーの抵抗は
$$-i/(\omega C) = -i/(5.0 \times 10^3) \times (1.0 \times 10^{-6}) = -200i\ \Omega$$
である。これを並列に合成したものを $R_{LC}$ とすると，
$$\frac{1}{R_{LC}} = \frac{1}{300i} + \frac{1}{-200i} \quad \rightarrow \quad R_{LC} = \frac{(300i) \times (-200i)}{(300i) + (-200i)} = -600i\ \Omega$$
これと，$R$ を直列合成して，
$$R + R_{LC} = 800 - 600i\ \Omega$$
となる。これから
$$V_\omega = (800 - 600i)I_\omega \quad \rightarrow \quad Z = \sqrt{800^2 + (-600)^2} = 1000\ \Omega, \quad \tan\phi = \frac{-600}{800} = -0.75$$
電流は $I_0 = V_0/Z = 0.02$ A，位相のずれは $\phi = -\arctan(0.75)$ rad である。

類題　例題の回路で，コイルを自己インダクタンスが $L'$ のものに取り替えて同じ交流電圧をかけたところ，位相のずれが $\phi = \pi/4$ となった。このときの $L'$ と $Z$ を求めよ。

### 9.15.3　時 間 変 化 *

前の節では，定常な交流電流がある場合に，抵抗の概念を複素数に拡張する方法を説明した。この節では，電流の時間変化を直接考える手法を説明する。繰り返し現れる

現象が異なっても支配する方程式が同じなら結果を共有できる

点に着目し数学の便利さを感じてもらいたい。

**1)　過渡現象**　図 9.58 に示す抵抗とコンデンサー，および，起電力 $V_0$ の直流電源が直列につながれた回路を考える。コンデンサーの両極の間の電位差を $V$ と記す。いま，スイッチ S が開いているので，コンデンサーは帯電しておらず $V = 0$ である。

ここで，「$t = 0$ にスイッチ S を閉じたとき，$V(t)$ の時間変化はどうなるか」という問題を考える。最終的にどうなるかは自明である。電流が流れてコンデンサーは充電され，電位は $V = V_0$

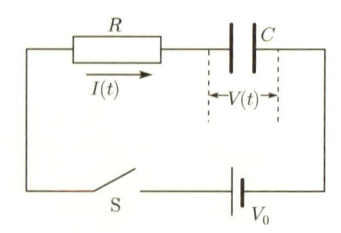

図 9.58　RC 直列回路

## 9.15 回 路

となり電流の流れは止まる。この時間変化の様子を考察する。時刻 $t$ のとき回路を流れる電流を $I(t)$ と表すと

$$V_0 = (抵抗の電位差) + (コンデンサーの電位差)$$
$$= RI(t) + V(t) \tag{9.167}$$

が成り立つ。一方，コンデンサーについては式 (9.159) が成り立ち，直列なので電流は共通だから

$$V_0 = RC\frac{dV}{dt} + V \tag{9.168}$$

となる。この式は力学での抵抗力のある場合の落下運動と同一の形をしている (⇒2.5.3 節)。

| 式 (2.23) | 式 (9.168) |
|---|---|
| $m\dfrac{dv}{dt} = mg - bv$ | $RC\dfrac{dV}{dt} = V_0 - V$ |
| 対応関係から 2.5.3 節の結果を使うと以下を得る | |
| $v(t=\infty) = v_\infty = \dfrac{mg}{b}$ (式 (2.21)) → | $V(t=\infty) = V_0$ |
| $\tau = \dfrac{m}{b}$ (式 (2.26)) → | $\tau = RC$ |
| $v(t) = v_\infty\left(1 - e^{-t/\tau}\right)$ (式 (2.33)) → | $V(t) = V_0\left(1 - e^{-t/\tau}\right)$ |

電位差 $V(t)$ の時間変化は 2.5.3 節の図 2.12 と同様となる。$\tau(=RC)$ は「緩和時間」とよばれ，スイッチを入れた後，コンデンサーが充電されるのに必要な時間の目安を表す。

**2) 共振現象**  再度，図 9.56 に示す抵抗とコンデンサーとコイルが起電力 $V_0 \cos \omega t$ の交流電源に直列につながれた回路を考える。時刻 $t$ のとき回路を流れる電流を $I(t)$ と表すと

$$V_0 \cos \omega t = (抵抗の電位差) + (コンデンサーの電位差) + (コイルの電位差)$$
$$= RI(t) + V_C(t) + V_L(t) \tag{9.169}$$

が成り立つ。この式を時間で微分すると

$$-V_0 \omega \sin \omega t = R\frac{dI}{dt} + \frac{dV_C}{dt} + \frac{dV_L}{dt} \tag{9.170}$$

となる。コンデンサー，コイルについて式 (9.159)，式 (9.160) が成り立ち，直列なので電流は共通だから

$$-V_0 \omega \sin \omega t = R\frac{dI}{dt} + \frac{1}{C}I + L\frac{d^2I}{dt^2} \tag{9.171}$$

となる。この式は力学での強制振動と同一の形をしている。(⇒2.5.5 節)

| 式 (2.58) | 式 (9.171) |
|---|---|
| $m\dfrac{d^2x}{dt^2} = -kx - b\dfrac{dx}{dt} + f_0 \sin \beta t$ | $L\dfrac{d^2I}{dt^2} = -\dfrac{1}{C}I - R\dfrac{dI}{dt} - V_0\omega\sin\omega t$ |

2.5.5 節の結果を使うと以下の対応関係を得る。ただし，区別のため 2.5.5 節の $\omega$ を $\omega_0$ と記した。

| $\beta$ → | $\omega$ |
|---|---|
| $\omega_0 = \sqrt{\dfrac{k}{m}}$ → | $\omega_0 = \sqrt{\dfrac{1}{LC}}$ |

2.5.5 節 (強制振動) で外部からの強制力の振動数 $\beta$ が固有振動数 $\omega_0$ に近づくと振幅が大きくなることを学んだ。式 (9.165) のところで述べた共振が起きることは，図 9.56 と 2.5.5 節の力学系の対応から明らかで，$\omega = \sqrt{\dfrac{1}{LC}}$ のとき共振が起きる。

**3) ケーブルを伝わる信号**  9.14 節で，導体の中を運動する自由電子というイメージで電流を説明した。問 9.19 の結果からわかるが，この自由電子の速度はかなり「遅い」。にもかかわらず，アンテナにたどり着いた電波信号が時間の遅れがほとんどなくテレビに伝わって時報を知らせ，

壁のスイッチをひねると直ちに天井の電灯がつくのは，信号がケーブルを非常に速い速度で伝わるためである (⇒ 式 (9.177))。

電気器具のケーブルは「行き」と「帰り」が必要なため，形状はさまざまであるが，2 本の導線からできている。導体が互いに面しているから，これはコンデンサーである。また，電流が流れれば磁場を生じ，それが導線の間を通過するので誘導起電力を生じる。以上から，ケーブルには電気容量と自己インダクタンスが図 9.59 に模式的に示すように分布していることになる。ケーブルの単位長さあたりの電気容量と自己インダクタンスを $\overline{C}, \overline{L}$ と記す。まっすぐなケーブルを考え，それを $x$ 軸に沿って置く。ケーブルの電位と電流は位置 $(x)$ と時間 $(t)$ によるので $V(x,t), I(x,t)$ と記す。図 9.59 の下の線がアースされているとして，$V(x,t)$ はそれに対する電位である。

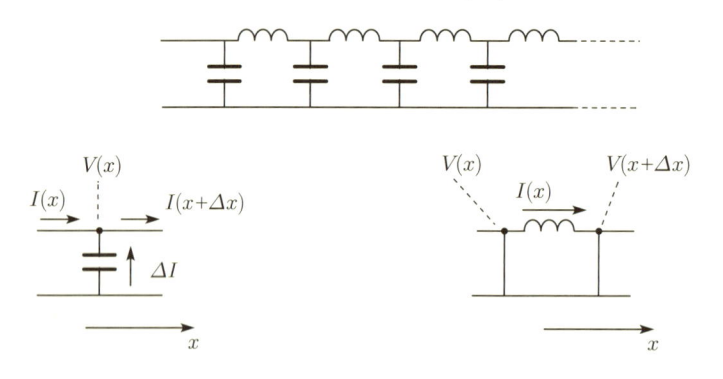

**図 9.59** ケーブルに沿って分布した電気容量とインダクタンス

ケーブルの近接した 2 点を考えその長さを $\Delta x$ とすると，その部分の電気容量は $\overline{C} \cdot \Delta x$ であり，式 (9.159) から

$$I(x + \Delta x, t) - I(x, t) = \Delta I = (\overline{C}\Delta x)\frac{dV(x,t)}{dt} \tag{9.172}$$

となる。また，インダクタンスについて同様に考えると，式 (9.160) から

$$V(x + \Delta x, t) - V(x, t) = \Delta V = (\overline{L}\Delta x)\frac{dI(x,t)}{dt} \tag{9.173}$$

となる。この 2 つの式の両辺を $\Delta x$ で割って微分に直し (⇒1.5 節)，$x$ 微分と $t$ 微分を区別するため偏微分記号 (⇒1.5.2 節) を使うと，

$$\frac{\partial I}{\partial x} = \overline{C}\frac{\partial V}{\partial t}, \qquad \frac{\partial V}{\partial x} = \overline{L}\frac{\partial I}{\partial t} \tag{9.174}$$

となる。一方を $t$ で微分して他方を代入すると，

$$\frac{\partial^2 V}{\partial t^2} = \frac{1}{\overline{C}\,\overline{L}}\frac{\partial^2 V}{\partial x^2}, \qquad \frac{\partial^2 I}{\partial t^2} = \frac{1}{\overline{C}\,\overline{L}}\frac{\partial^2 I}{\partial x^2} \tag{9.175}$$

となり波動方程式を得る (⇒7.5 節)。式 (7.36) からケーブルを伝わる波の速度は

$$v = \frac{1}{\sqrt{\overline{C}\,\overline{L}}} \tag{9.176}$$

となる。問 9.6，問 9.10 で同軸ケーブル (図 9.60) については $\overline{C}, \overline{L}$ を求めている。結果を利用すると，

$$v = \frac{1}{\sqrt{\varepsilon_0 \mu_0}} \tag{9.177}$$

となる。式 (9.102) から $v = c$ であり，信号が光速度で伝わることがわかる。

## 演習問題 9

**問 9.1** 電荷の大きさがともに $q\,(>0)$ である点電荷が，$x$-$y$ 平面上の点 $(a,0)$, $(0,a)$ にある $(a>0)$。また点 P を $(a,a)$ とする。
　(1) 点 P での電場ベクトルの大きさと向きを答えよ。
　(2) 第 3 の電荷 $Q$ を $x$ 軸上の適当な位置において，点 P での電場を 0 にしたい。この $Q$ をおくべき位置と，$Q/q$ の値を答えよ。

**問 9.2** 図 9.60 の同軸ケーブルの内側と外側の金属が，それぞれ，単位長さあたり $\sigma$, $-\sigma$ の電荷をもっている。空間の電場を求めよ。(直線上の電荷分布と同様に円柱面を考える。そして，$R<a$, $a<R<b$, $b<R$ の 3 つの場合を考える。)

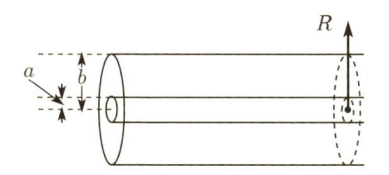

**図 9.60** 「同軸ケーブル」の模式図。薄く十分長い 2 つの金属円柱面の組み合せである。2 つの円柱の中心軸は一致し，半径は $a$ と $b$ である。

**問 9.3** 電荷の大きさがともに $q\,(>0)$ である点電荷が，$x$-$y$ 平面上の点 $(-a,0)$, $(a,0)$ に固定されている $(a>0)$。また点 P を $(0,b)$，原点 O を $(0,0)$ とする。
　(1) 点 P と点 O の電位差を答えよ。
　(2) 第 3 の電荷 $Q$ を点 P から点 O まで動かした。電位差を利用して，このときの仕事の大きさを答えよ。
　(3) 前項の仕事を電荷 $Q$ に働く電場からの力を用いて計算し同じ答になることを示せ。

**問 9.4** 9.4 節の 3) の例で扱った，長い直線状の線密度 $\sigma$ の電荷分布があるとき，空間の電位を求めよ。(式 (9.27) 参照)

**問 9.5** 図 9.60 の同軸ケーブルが問 9.2 に示すように帯電しているとき，空間の電位を求めよ。(前の問も参照)

**問 9.6** 図 9.60 の同軸ケーブルの単位長さあたりの電気容量を求めよ。(問 9.5 を参照)

**問 9.7** 平行平板コンデンサーの 2 つの極板が $+q$ と $-q$ に帯電している。極板の間に働く電気力を求めよ。(極板の距離が $\Delta x$ 変化したときのエネルギーと仕事を組み合わせよ。)

**問 9.8** 図 9.60 の同軸ケーブルに一定の電流 $I$ が流れている。電流は，内側の導体では右から左に，外側の導体では左から右向きに流れる。このとき，アンペールの法則を使い，空間の磁場を求めよ。(閉曲線としては，円柱の中心軸に垂直な面内で，中心が中心軸の上にあり半径が $R$ の円を考える。)

**問 9.9** 1 辺が $a$ の正方形の導線がある。この導線が $x$-$y$ 平面上に，正方形の中心が原点で，2 辺が $x$ 軸に平行になるように置かれている。このとき $z$ 軸の正の方向に一様な大きさ $B$ の磁束密度がある。$t=0$ にこの正方形は $x$ 軸を回転軸として角速度 $\omega$ で回転を始めた。導線に生じる起電力はいくらか。

**問 9.10** 図 9.60 の同軸ケーブルの単位長さあたりの自己インダクタンスを求めよ。問 9.8 の電流が流れているとする。その問の結果を利用せよ。

**問 9.11** 次の式を連続の方程式と呼ぶ $(\Rightarrow 6.4$ 節$)$。この式の物理的意味を説明せよ。また，マクスウェルの方程式からこの式を導け。

$$\frac{\partial \rho}{\partial t} + \operatorname{div} \vec{j} = 0 \tag{9.178}$$

**問 9.12** 式 (9.90) を証明せよ。

**問 9.13** 式 (9.107) の第 1 式を導け。

**問 9.14** $z$ 軸方向に一様な大きさ $B = 1$ T の磁場がある。電子が速度の大きさ $c/10$ で原点を $y$ 軸方向に運動しているとすると，この電子の回転半径を $r$ として，この電子は点 P $= (-r, r, 0)$ を通る。$r$ の値を求めよ。(この問と次の問で相対論的効果は無視する。また，$m_e, c, e$ の値は A.12 節を見よ。)

**問 9.15** $x$ 軸方向に一様な大きさ $E$ の電場がある。前問と同じ初期条件の電子があるとき，この電子が点 P を通るためには電場の強さはいくらでなければいけないか。(前の問の付記参照)

**問 9.16** 式 (9.120) を初期条件，$t = 0$ で $\vec{v} = (u, 0, 0)$, $\vec{r} = (0, 0, 0)$，のもとで解け。

**問 9.17** 電子どうしの間に働く電気力と万有引力の力の大きさの比を求めよ。また，この比がこのように大きいのに，惑星の運動は万有引力のみを考えることにより理解できる理由を述べよ。

**問 9.18** 水素原子は，古典的には，電子が陽子のまわりの円軌道を運動している系と考えることができる。この円軌道の半径は基底状態で $r = 5.3 \times 10^{-11}$ m であることが知られており，電子の運動エネルギーは電気的なポテンシャルエネルギーの $-\frac{1}{2}$ 倍である (式 (3.99))。水素原子 1 mol を完全に電離するのに必要なエネルギーはどれほどか。

**問 9.19** 銅の密度は 8.93 g/cm$^3$，銅の原子量は 63.5，そして銅原子あたり 1 個の割合で自由電子があるとして，自由電子の数密度 $n$ を求めよ[43]。それを用いて，断面積 1 mm$^2$ の銅の導線を 1 A の電流が流れているとして，その中の電子の速度 $v$ を求めよ。

**問 9.20** キルヒホッフの法則により，合成抵抗の式 (9.150), 式 (9.151) を導け。

---

[43] 銅の原子番号は 29 なので 1 原子あたり 29 個の電子がある。

# 10
## 20世紀から現代へ

　前章まで，力学，熱力学，電磁気学と19世紀末までの物理学の主要な部分を概観してきた。これらは総括的に古典物理学と呼ばれ，まとまりのある完成された体系をもつ。実際，19世紀末のかなりの物理学者が，程度の差こそあれ，「我々はすでにこの世界を構成する基本的な理論をすべて手に入れた。残っている仕事はさまざまな現象についての応用問題だけである」という心境になっていたと思われる。

　しかしながら，この楽観的な見通しは誤っていた。古典物理学が完成しつつあるのと同時に，19世紀末から20世紀初頭にかけて，古典物理学では理解することのできない多くの「奇妙な」実験事実が見つかってきた。この事実の入念な検討と，従来自明と思われてきた概念の吟味を経て，質的に新しい物理学が誕生し，そして現在に至っている。

　この新理論の開拓は決して容易なものではなく，多数の天才的科学者の努力によって成し遂げられた。新しい理論はしばしば珍奇であり，それまでの「常識」に反していた。科学の発展は観念的な思いこみを克服するとことから始まった。たとえば，ガリレオがピサの斜塔から物体を落としてみせるまで，多くの人は，重い物は速く落下し軽い物は遅く落下する，と信じ込んでいた。しかも，ガリレオの当時にあっては，その実験事実を見せられても考えを変えない人の方が多かった。対立する理論があったときに，「客観性のある」実験でその当否の決着をつけるという考え方は決して古いものではないのである。

　前章までは，丁寧に読み考えることによって論理的連鎖が読者自ら追えるように記述してきたつもりだが，この章では，やや内容が高度なこともあって，記述に飛躍や天下り的なところが生じている。この章を読むときには，些末な部分にはこだわらずに基本的な筋道を追いかけてもらいたい。

　20世紀初頭に生まれた新しい考え方は相対性理論と量子論である[1]。相対性理論は現象が生起するところの時間と空間について，量子論は存在の本質について，それぞれ従来の考え方を大きく変革した。この2本は現代物理の2つの柱として並び称される場合もあるが，性格はかなり異なる。

　相対性理論はほとんどアインシュタイン1人により建設され，あっという間に完成し「教科書物理学」になってしまった。一方，量子論の建設にはアインシュタインを含めて多数の物理学者の長い努力が必要とされた。相対性理論は基本的に古典論であり，ニュートン力学の，古典論としての最終的な継承者である。量子論こそが20世紀の物理学を代表するものであろう。それは物理学者がそのアプローチの基本的分類 (理科か文科か，男か女か，というような意味で) を，古典論か量子論か，と呼ぶことでわかるであろう。「古典」(classical) と対になる語は「量子」(quantum) なのである。量子論には建設当時からその基礎に多くの批判があった。現実の認識というものをどのように考えるか，という点で量子論の解釈に先鋭な対立が生じたのである。その点について議論が完全に収束したとは言いきり難いところもある。今なお，量子力学の基礎に関して研究が続けられているが，

---

[1) ここで相対論とはいわゆる特殊相対性理論を指している。特殊相対論および一般相対論の「特殊」と「一般」は，理論の表現の数学形式が線形 (の特殊な) 座標変換および一般座標変換によるところから，このように呼ばれている。しかし，前者がすべての力や理論形式に適用されるのに対し，後者は重力という特別の力を考察するために提唱された。このため，後者を本書ではアインシュタインの重力理論と呼んでいる (⇒4.4節)。

その一つの理由は，技術の進歩により量子力学の基礎に関わる微妙で高度な実験が可能になったことにある。この工学技術と基礎科学の相互作用は非常に興味深いものがある。このように量子論は今なお研究者の関心を引き続けている。

20世紀の物理学は量子論と相対論の建設後も発展を続けた。一つのグループは物性物理と総称される分野で物質のさまざまな性質を探る。その仕事は量子力学と電磁気学などの基盤の上で，物質界の諸相と法則性を追求する[2]。もう一つのグループは未知の前線を開拓して，新しい力，新しい粒子，新しい概念を獲得しようと努力するもので，原子核，素粒子，宇宙物理などの分野である。この2つの大きなグループ以外にもカオス，複雑系，生命科学など，さまざまな境界領域での研究が進められている。本章の後半では，ミクロな世界の究極構造について，マクロな宇宙全体の進化と発展について，現在どのような展望があるかについても概観する。

## 10.1 相対性理論 *

力学的な記述においては，「いつ，どこで，なにがあったか」を述べなくてはいけないが，その際，位置や時刻をどう表すかの約束ごとが必要になる。しかし，どのように座標を設定するかということと無関係に自然現象は存在しているのだから，その設定のしかたによって物理的な結論が変化しては困る。

**ガリレイ変換の復習** 2.6.1節で運動と座標系の関係について考察した。そこでは，静止系と運動系の関係を調べた。誤解がないように確認しておくと，静止系と運動系で値が全く同じであることを要求しているのではなく，その物理量の性格に応じて適切に変換されるようになっていることが要求されている。たとえば質量は静止系でも運動系でも同一の値をもつことが期待されている。この種の量はスカラーと呼ばれる。これに対して座標はガリレイ変換で

$$x' = x - Vt \tag{10.1}$$

と変換される（⇒2.6.1節）。$V$は運動系の静止系に対する速度である。このような量はベクトルとよばれる。同じ座標でも，距離すなわち座標の差はスカラーである。

$$x'_2 - x'_1 = (x_2 - Vt) - (x_1 - Vt) = x_2 - x_1 \tag{10.2}$$

ガリレイ変換の帰結として，速度の変換則（式(2.75)）

$$v' = v - V \tag{10.3}$$

があった。この式は，静止系で速度$v$で運動している物体は，運動系では速度$v' = v - V$で運動していると見えることを示している。

**マイケルソン・モーレーの実験** 式(10.3)はあたり前に思えるが，しかし，物理学の法則である以上，実験的検証により確認されなくてはいけない。もちろん，日常の自動車の走行やボールの運動に対しては式(10.3)は正しい結果を与える。マイケルソン(A. A. Michelson)とモーレー(E. W. Morley)は1887年にこの法則の検証を光に対して行った。式(10.3)を検証するためには，光の速度$c$が運動系では$c - V$あるいは，$c + V$になっていることを測定しなくてはいけない。(図10.1) そして，その実験はこの両者の差がわかる精度で測定を行う

---

[2] 個々の原子を理解することと，その集団である物質を理解することはレベルの大きく異なる話で，質的に新しい方法が必要とされる。この分野の対象である超伝導，レーザー，半導体等のキーワードの理解には量子論が不可欠である。

## 10.1 相対性理論 *

必要がある[3]。光の速度は $c = 3.0 \times 10^8$ m/s ときわめて大きいので速度 $V$ が大きいほど測定が容易である。地球の公転速度は $V = 3.0 \times 10^4$ m/s なので (例題 2.5) これを利用するのがよい。彼らは，地球の運動により光の見かけの速度が変化すれば，それを検出できる方法を考案し，それに基づく装置を組み立てて実験を行った。ところが予想に反して，光の速度の変化は見られなかった。

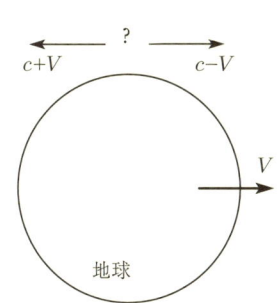

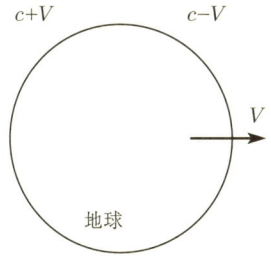

図 10.1 地球の運動方向に光を出す 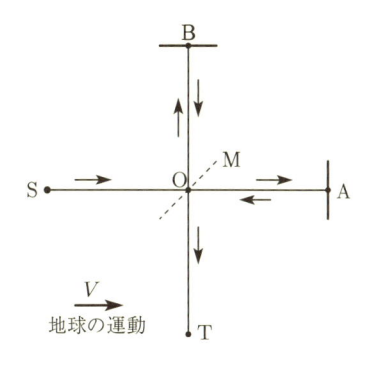　　図 10.2 マイケルソン・モーレーの実験

実際の実験の概略を図 10.2 に示す。図で S は光源，A と B は鏡，M は半透鏡 (光は一部透過，一部反射される)，T は測定器である。$\overline{\text{AO}} = \ell_A, \overline{\text{BO}} = \ell_B$ とし，地球の運動方向は図に示す。S から出た光の一部は S → O → A → O → T と進み，別の一部は，S → O → B → O → T と進む。この 2 つの光の成分の干渉 (⇒7.2 節) を T で測定することにより，2 つの経路を光が通過するのに要した時間の差を精密に測定できる。

$$t_A = (\text{O と A を往復する時間}) = \frac{\ell_A}{c-V} + \frac{\ell_A}{c+V} = \frac{2\ell_A c}{c^2 - V^2}$$

$$t_B = (\text{O と B を往復する時間}) = \frac{2\ell_B}{\sqrt{c^2 - V^2}} \quad \leftarrow \quad \frac{t_B}{2} = \frac{\sqrt{\ell_B^2 + (Vt_B/2)^2}}{c}$$

S から O と，O から T は共通なので，$t_A - t_B$ が 2 つの経路を通る光の時間差である。その時間のずれを距離に直すと，$\delta = c(t_A - t_B)$ となる。次に，装置全体を 90° 回転して，同様の測定を行ったときの差を $\delta'$ とする。すると，$c \gg V$ として，

$$\delta - \delta' = (\ell_A + \ell_B)\frac{V^2}{c^2}$$

となる。初めの状態と 90° 回転した状態を比べると，この $\delta' - \delta$ に対応する分だけ T での干渉縞が移動する。それを測定できれば，地球の運動による光速度の変化が測定できたことになる。

**同時性のパラドックス**　この実験結果はにわかには信じがたいものである。しかし，その後も多くの実験が異なる研究グループにより繰り返されたが結果は同じであった。そこで，やむを得ず，「光の速度はどの座標系でも一定である」ことを認めよう。ところが，これを認めると新たな矛盾が生まれる。

図 10.3 のように速度 $V$ で動いている乗り物 (運動系 $x'$) の中央で光を前後に発射することを考える。乗り物に乗っている人の立場で考えると，この光は A, B 点に同時に着くことになる。ところが，図 10.4 のように，この乗り物を外 (静止系 $x$) から眺めれば，光が走るうちに乗り物が動くから，A 点には B 点よりも先に光が着くはずである。

---

[3] 実験というものは，ただやみくもに行うものではない。「学生実験」はあらかじめ教える側で適切な配慮を行っているので余り感じないであろうが，本来は実際に実験を行う段階と同程度に，あるいはそれ以上に，計画の段階が重要である。なにをどの程度の精度で測れば，意義のある測定となるか，その際利用可能な手段でその精度が得られるか，試料の量は，測定時間は，予算は，といったことを，すべてきちんと考察した上で実験は開始される。

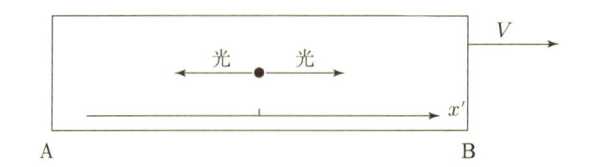

図 10.3 運動系で前後に光を放射する

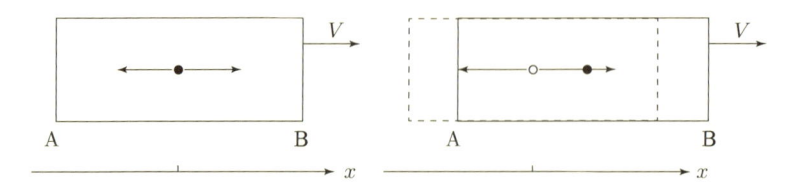

図 10.4 静止系での観測の場合

このようなパラドックスがあるとき，そこで起きていることは「同時」という概念，つまり時間になにか不可解なことが起きているのではないかと考えられる．我々は直観的に時間とは世界中で一様に流れるものであるかのように思っている．実際，すべての場所の時間が同質でなかったら，「明日，10時に電話を会社にかけてくれ」，「ここから駅まで15分だから今から出れば電車に間に合うな」といったことがメチャクチャになってしまう．

しかし現実に時間を測るためには時計が必要である．ここで「時計」とは時間を測る目安になるもので，砂時計の砂，日時計の影，燃えるろうそく，振り子時計の振り子，腕時計のクォーツ，などを代表してそう呼んでいる．これらの時計は我々の世界の中の存在であって，その変化は物理法則に従う．すると，時間自体が先験的に存在するのではなく，時間もまた物理法則と共存するとも考えられるのではないだろうか．時間が遅くあるいは速く流れても，それと合わせて物体の運動が(生体内の化学変化なども含めて)すべて速く，あるいは遅くなったら，その変化を検知することはできないであろう．

**ローレンツ変換**　実はアインシュタインより前に，ローレンツ(H. A. Lorentz)が電磁気の方程式から面白いことに気づいていた．電荷があるとする．それが静止していればそのまわりに電場ができる．これを運動系から見ると電荷は動いて見えるので，それは電流とみなされ，したがって電場とともに磁場をもつくることになる($\Rightarrow$9.12.3 節の式 (9.130))．ローレンツはこの関係が矛盾なく成立する変換法則の式を見つけていたが，彼は単なる面白い数学的関係だと思っていた[4]．アインシュタインは，このローレンツ変換と呼ばれる変換式が単なる数学ではなく，それぞれの系の個別の時間を記述するものだということに気づいたのである．

ガリレイ変換(式 (10.1))と並べてその変換式を書く[5]．

---

[4)] 式(9.130)との関係をざっと説明する．考察している力は静止系で $F = md^2y/dt^2$ である．ローレンツ変換により(速度は $x$ 方向なので)，$y' = y$, $dt' = \gamma dt$ となる．だから，$F' = md^2y/dt'^2 = F/\gamma^2$ となる．

[5)] 2つの系の原点が重なっているときに両方で同時に時刻を0にセットすることにより，常に $t = t' = 0$ のとき $x = x' = 0$ とできる．異なる場所における同時性が問題になっているのであって，同一の点では同時ということは疑いようがない．

## 10.1 相対性理論 *

$$\text{静止系 } (x, t), \quad \text{運動系 } (x', t')$$

ガリレイ変換
$$\begin{cases} x' = x - Vt \\ t' = t \end{cases}, \tag{10.4}$$

ローレンツ変換
$$\begin{cases} x' = \gamma(x - Vt) \\ t' = \gamma\left(t - \dfrac{V}{c^2}x\right) \end{cases}, \quad \gamma = \frac{1}{\sqrt{1-\beta^2}}, \quad \beta = \frac{V}{c}. \tag{10.5}$$

いままでは，時間は一意的であると考えてきたので，運動系と静止系で「別々の」時間変数を使うことなど思いもよらなかった．とりあえず，静止系の時間を表す変数を $t$，運動系の時間を表す変数を $t'$ と書いてみたが，ガリレイ変換では当然 $t = t'$ である．しかし，ローレンツ変換ではこの2つの時間 $t$ と $t'$ はもはや一致しない．ただし，光速度は非常に大きいので，$V \ll c$ であれば式 (10.5) は式 (10.4) と同じになる．

$$\boxed{\text{ローレンツ変換}} \;\; \overset{(V/c \to 0)}{\Rightarrow} \;\; \boxed{\text{ガリレイ変換}} = \text{日常の世界} \tag{10.6}$$

だから，このローレンツ変換は直ちに我々の日常の経験と矛盾するものではない．

なお，式 (10.5) の逆変換は以下となる ($\gamma$ は共通)．

$$\begin{cases} x = \gamma(x' + Vt') \\ t = \gamma\left(t' + \dfrac{V}{c^2}x'\right) \end{cases} \tag{10.7}$$

運動系を基準として考えると，静止系は $-V$ の速度で運動していることになるが，式 (10.5) と式 (10.7) を見れば，確かにそれに合うようにローレンツ変換が構成されていることがわかる．

**相対論的な速度の合成則**　このローレンツ変換での速度の合成則を見てみよう．静止系で原点から速度 $v$ で運動している質点の座標は $x = vt$ である．$x' = v't'$ で決まる運動系での速度 $v'$ は式 (10.5) から

$$v' = \frac{x'}{t'} = \frac{\gamma(x - Vt)}{\gamma(t - Vx/c^2)} = \frac{v - V}{1 - vV/c^2} \tag{10.8}$$

となる．これがガリレイ変換の式 (10.3) に対応するものである．この式は速度が小さいとき ($c \gg V, v$) は常識的な式 (10.3) に一致する．しかし，光の場合は

$$v = c \quad \to \quad v' = \frac{c - V}{1 - cV/c^2} = c \tag{10.9}$$

となる．つまり，静止系でも運動系でも光の速度は同一となる．このためマイケルソンとモーレーの実験は妥当であったことがわかる．

**時間の遅れ**　ローレンツ変換に基づくと，日常的な考え方とは異なる結果が導かれる．動いている座標系の時計は遅く進むし，動いている物体は静止状態より短く見える．前者を少し詳しく説明する．$t = t' = 0$ で静止系と運動系の原点が同じ位置にあったとする．静止系で位置 $x = L$ の点を運動系の原点 $x' = 0$ が通過するときローレンツ変換の式は，

$$\begin{cases} 0 = \gamma(L - Vt) \quad \to \quad L = Vt \\ t' = \gamma\left(t - \dfrac{V}{c^2}L\right) = \gamma\left(t - \dfrac{V}{c^2}Vt\right) \quad \to \quad t' = \dfrac{t}{\gamma} \end{cases} \tag{10.10}$$

となる。最初の式は静止系で見たときのあたり前の関係 $L = Vt$ である。運動系は速度 $V$ で動いており、そのように見える。第 2 式からわかるように運動系の時間 $t'$ は $\gamma$ 倍遅くなる。

　　この時間の遅れは、高エネルギー粒子の研究では普通に観測されていたが、最近では、カーナビや携帯電話に GPS が利用されているので、日常生活でも相対性理論が活用されていると言って良いだろう。GPS では地球を周回する 20 数個の人工衛星に搭載された時計の時刻を伝える電波を受信して、三角測量の要領で位置を決定する。衛星は動いているため、時間の遅れが起きるので、これを相対性理論で補正して運用している[6]。この補正なしにはカーナビは正しい目的地に我々を誘導できない。

**幾何学化、4 次元の時空**　このローレンツ変換を幾何学的に理解するために、まず、普通の空間座標の変換を復習する。2 次元の平面の座標 $(x, y)$ を図 10.5(a) のように角度 $\theta$ 回転した座標を $(x', y')$ とすると、

$$\begin{cases} x' = \cos\theta x + \sin\theta y \\ y' = -\sin\theta x + \cos\theta y \end{cases} \quad (10.11)$$

と変換される。この式は座標変換をすると、どのように座標が「混ざる」かを記述している。座標の成分の値は変化するが距離 OP は不変である。その 2 乗を双方の座標で計算すると、

$$x'^2 + y'^2 = x^2 + y^2 \quad (10.12)$$

が成り立つ。これは考えてみれば当然のことであって、距離という概念は座標系を変えても不変なはずだからである。

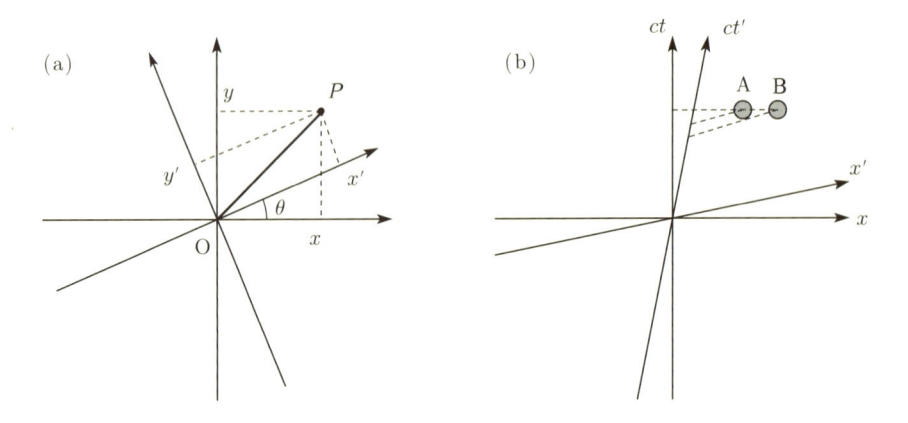

図 10.5　2 次元直交座標の回転、ローレンツ変換

　この数学的例は次のようなことを教える。座標系は人間が任意に与えるものであり、そのとりかたで個々の座標の値は変化する。しかし、すべてが変化するわけではなく、座標変換に関して不変なものも存在する。そういう不変量に着目すると対象の本質的性質が見えてくる。

　ローレンツ変換に対して同様に考察を行いたいが、そもそも、座標と時間では単位 (次元) が違う。時間的「距離」を

$$ct \quad \cdots \quad \text{長さの次元をもつ} \quad (10.13)$$

と定義する。すると式 (10.5) から

---

[6]　実際には、アインシュタインの重力理論 (一般相対性理論) の効果も寄与する。

## 10.1 相対性理論 *

$$\begin{cases} x' = \gamma x - \gamma \beta (ct) \\ ct' = -\gamma \beta x + \gamma (ct) \end{cases} \tag{10.14}$$

となり

$$x'^2 - (ct')^2 = x^2 - (ct)^2 \tag{10.15}$$

が成立する。ローレンツ変換では式 (10.15) が不変量となっている。

図 10.5(b) で, $(x, ct)$ と $(x', ct')$ の関係を示す。ローレンツ変換での不変量は空間回転での不変量と符号が異なるため，相互の関係はこのようになる。図での事象 A, B を考えると，系 $(x, ct)$ では同時刻となるが，系 $(x', ct')$ 異なる時刻となる。同時性のパラドックスのところで述べたように,「同時」という概念は座標系により異なるのである。

より一般的に考えるとローレンツ変換では

$$4 次元位置ベクトル \quad (x, y, z, ct) \tag{10.16}$$

を考える。この 4 次元ベクトルの

$$(4 次元的距離)^2 = x^2 + y^2 + z^2 - (ct)^2 \tag{10.17}$$

が不変量となっている。数学的には，この 4 次元的距離の不変性を要求すると結果としてローレンツ変換が導かれる。通常の空間内の距離が回転や平行移動で変化しないのと同様に，アインシュタインは式 (10.17) の距離の不変性から相対性理論を定式化し，結果として 4 次元の空間の概念を導入した。

ローレンツ変換 (式 (10.14)) は，図 10.5 で $x$ 座標と $y$ 座標が「混ざる」ように，空間座標と時間がどのように混ざるかを記述している。変換で移りあえるということは，本質的にそれらの間に差はないことを意味している。ここで，我々は空間の 3 次元と時間は別々のものではなく，統合された 4 次元の**時空**であるという認識に到達したのである。

**エネルギーと運動量** この 4 次元の世界としての認識のもとに従来の物理的概念はすべて 4 次元のスカラーあるいはベクトル，テンソルとして理解される。スカラーは質量のようにローレンツ変換によって変化しない量であり，ベクトルは位置ベクトルのようにローレンツ変換によって移り変わる量である。

質点力学の世界では運動量 $\vec{p}$ とエネルギー $E$ が 4 次元運動量ベクトルをつくる。(ただし，$\vec{p}$ と $E$ は単位が違うので $\vec{p}$ に $c$ を乗じる。) 力学によれば，エネルギーと運動量は保存する。したがって，この 4 次元ベクトルは保存する。

$$4 次元運動量ベクトル \quad (cp_x, cp_y, cp_z, E) \tag{10.18}$$

このベクトルの 4 次元的な不変量が質点の質量である[7]。

$$(cp_x)^2 + (cp_y)^2 + (cp_z)^2 - E^2 = -(mc^2)^2 \quad \rightarrow \quad E = \sqrt{(mc^2)^2 + (c\vec{p})^2} \tag{10.19}$$

この関係式を速度が小さいと仮定して展開すると

$$E = mc^2 \left(1 + \frac{(c\vec{p})^2}{(mc^2)^2}\right)^{1/2} = mc^2 + \frac{\vec{p}^2}{2m} + \cdots \tag{10.20}$$

---

[7] 相対性理論で運動している質量が増えるという記述が見られるが，これは「みかけの質量」が増えるというべきであろう。質量は不変量 (スカラー) であり，増えているのはエネルギーである。

と近似することができるが，この右辺第2項がニュートン力学の運動エネルギーになっている。これは，式 (10.18) が4次元ベクトルをなすことの一つの説明になっている[8]。

式 (10.19) で質点が静止していると ($\vec{p} = 0$)，式 (10.20) の第1項となる。
$$E = mc^2 \tag{10.21}$$
これがアインシュタインの質量とエネルギーの等価性を表す有名な等式である。通常の力学的な現象では質量は変化しないが，原子核反応などでは質量が変化し，その差がエネルギーとして現れる。

**電磁気学** 電磁気学を記述するマクスウェルの方程式は，初めから相対性理論と調和する形式をもっていた。上に示したように，ニュートン力学の式は，速度が大きい場合変更が必要となる。しかし，電磁気学の方程式は修正は不必要で，4次元形式での対応関係を理解するだけで十分である。その状況を式は省略して概説する。

電場と磁場は一つの電磁場テンソル (4行4列の反対称行列) にまとめられる。この形で考えれば，そもそも電場と磁場を区別することが無意味であり，別の慣性座標系に移れば，電場と磁場は混ざることになる。これについては，9.12.3節で具体例を述べた。

電位 (9.5節) とベクトルポテンシャル (9.10.2節) は4次元の電磁ベクトルポテンシャルとしてまとめられる。前に，電場には電位の微分に関係する成分と，電磁誘導による電位とは関係をつけられない成分があることを述べた。4次元形式では，電磁場テンソル (すなわち電場と磁場) は4次元ベクトルポテンシャルの微分で表現されるので，このような区別は不必要となる。

電場の源は電荷であり，磁場の源は電流である。電荷密度と電流密度はまとまって4次元電流密度ベクトルとなる。マクスウェルの方程式の第3と第4式は，この4次元電流密度から電磁場テンソルが生じるという形で書くことができる。

この節を終える前に一つ注意しておこう。相対論の定式化において光速度を特殊視しているという印象をもたれたかもしれない。しかし，9.12.3節の式 (9.130) を見てもらえばわかるとおり，電気と磁気の力を計算した結果，必然的に光速度が式の中に現れ，それからローレンツ変換が生まれた。さらにいえば，光は電磁場という基本的な場が空間を伝わるものなので，特殊ではなく「基本的」なのである。また，量子論によれば (次の節) 光は質量が0の粒子として特徴づけられる。そのような粒子は静止状態というものが存在しない。(式 (10.19) から静止すればエネルギーが0でこれは存在していないのと同じこと。) その速度が基準になるのは自然だといえる。

## 10.2 量子論*

### 10.2.1 粒子と波動の二重性

**光 = 波：干渉** 古来から光の本質は何かという問が提起されてきた。光は障害物がない限り直進し影をつくり，鏡で反射される。これらの性質は，光を微小な粒子の流れとみなすことにより容易に解釈される。しかし粒子的な見方では解釈が困難な現象も存在する。すでに，光は電磁波であることを学んだ。7.3節には，さまざまな波動現象が示されているが，特に図10.6のヤングの実験は波動の特徴をよくとらえている。粒子と考えた場合には，スクリーンSに縞模様はできない。この縞模様ができる機構は，スリットAとスリットBの双

---

[8] ニュートン力学の範囲では質量は不変なので，式 (10.20) の第1項は変化しないのだから，ニュートン力学での運動エネルギーの変化は，この4次元的な場合のエネルギー $E$ の変化と同じである。

## 10.2 量子論*

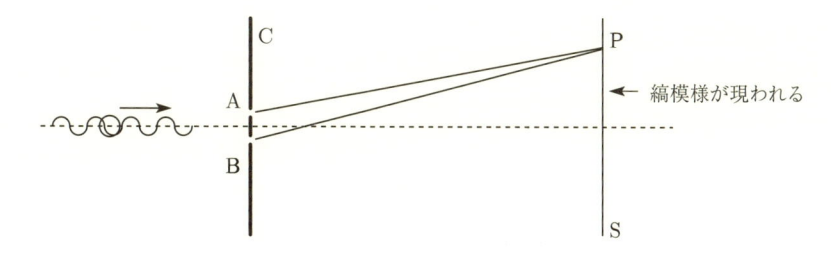

**図 10.6** ヤングの実験 (再掲)

方の経路から進んだ光がスクリーン上で干渉することにより起きる。粒子であれば，スリットのどちらか片方を通るだけなので干渉は起きない。

**光子** ところが，光電効果の現象は単純な光の波動説に疑問を投げかけた。光電効果とは光を金属にあてたときに表面から電子が飛び出す現象である。この現象を分析した結果，アインシュタインは「光量子説」を 1905 年にとなえた。その骨子は以下である。

- 光が電子と相互作用するときは，エネルギーの粒として振る舞う。この粒を**光子**と呼ぶ。
- エネルギーの粒の大きさは光の振動数 $\nu$ に比例する[9]。光子のエネルギー $E$ は

$$E = h\nu \tag{10.22}$$

である。

上の式に現われた比例定数 $h$ は**プランク定数**とよばれる量子論の基本的定数である。

$$\text{プランク定数} \quad h = 6.63 \times 10^{-34} \text{ J·s} \tag{10.23}$$

式 (10.22) はある意味で不思議である。光子というエネルギーの粒を記述するのに，波動にともなう概念である振動数 $\nu$ が使われている。電子が光を吸収あるいは放出するときのエネルギーは $h\nu$ の塊であり，その半分とか 3 分の 1 とかにはならないのである。

**光子のエネルギーと運動量** 光が粒子的性質をもつのだから，質点のように光子の運動量を考えることができる。光は止まることができないので質量 0 の粒子と考えられる。したがって式 (10.19) から光子のエネルギー $E$ と運動量 $\vec{p}$ の間の関係は

$$E = |c\vec{p}| = cp \quad (p = |\vec{p}|) \tag{10.24}$$

である。運動量は式 (10.22) と $c = \lambda\nu$ から

$$p = \frac{h\nu}{c} = \frac{h}{\lambda} \tag{10.25}$$

と波長 $\lambda$ で表すこともできる。

**自己干渉** 実験技術の進歩により，光子を 1 個ずつ発生させることが可能となった。先ほどの図 10.6 の干渉実験で光子を 1 個ずつ図の左から発射したところ，以下の結果が観測された。

- 1 個の光子を発射すると，その結果，スクリーンの 1 点が光る。これは粒子的な振舞いである。しかし，どこが光るかは予測できない。

---

[9] 今まで振動数を $f$ と書いてきたが，この節では文字 $\nu$ で表す。

- 光子を1個ずつ発射することを多数回続けると，通常の光の干渉実験と同じ縞模様がスクリーンの上にでき上がる。結果として波の性質も示された。

この結果を見ると，光は粒子と波動の両方の属性をもっていると解釈するしかない。干渉が起きるということは，両方のスリットA, Bを通ることによって起きる。そしてスクリーンの1点を光らせるのである。

**物質波**　光は波動であると同時に粒子としての属性をもつことが明らかになった。このことは逆に，ニュートン力学における質点のイメージでとらえられてきた物質粒子の概念にも再検討を迫ることになった。1923年ド・ブロイ (D. L. V. de Broglie) は**物質波** (ド・ブロイ波) の概念を提唱した。「運動量 $p$ の粒子は波長 $\lambda$ が

$$\lambda = \frac{h}{p} \tag{10.26}$$

の波動としても振る舞う」というものである。これは，光子の式 (10.25) が物質粒子にも成り立つと考えたことになっている。後に，この考えは直接実験で確かめられた。図10.6の2つのスリット実験で光源の代わりに電子線を使ったことに対応する実験が1927年になされ，電子は粒子であるにもかかわらず光と同じように干渉のパターンを示した。

さらに，光子と同じように電子を1個ずつ発射して行った干渉実験の結果も同様であった。つまり，電子も自己干渉を起こすのである。

**存在の二重性**　以上から，存在するものは，すべて，粒子と波動の二重の属性をもつということがわかってきた。

---

■寄り道■　1905年は驚異の年であった。アインシュタインはこの年に相次いで，相対性理論，光量子説，ブラウン運動に関する3つの論文を発表した。この3つはどれをとっても，その後の物理学の発展にとって超A級の仕事である。(3番目の話題は本書では扱わないが，分子運動論と統計力学的見地から分子の実在性を示し，今日の確率過程論を導く源になった仕事である。)

一つの研究だけでもすごいのに，このように異なる大仕事をやってのけた点で正にアインシュタインは天才といえるであろう。逆に，アインシュタイン＝相対性理論，と考えるのは失礼でもある。彼はノーベル賞を1921年に授賞したが，それは光量子説に対して与えられたものであった。

---

### 10.2.2 エネルギーの量子化

量子効果の一つとして，エネルギーのような連続変数が不連続になることがある。次の節で説明するが，原子は原子核と電子が電気力で結合した構造体である。原子から出てくる光をスペクトル分解して調べると，ある決まったいくつかの振動数の光しか出ていないことがわかった。光の出てくる機構は図10.7のように考えられる。ある軌道にあった電子が，より低いエネルギーの軌道に落ちるとき，その差に相当するエネルギーの光子が放出される。

ところで，出てくる光の振動数が，いくつかの決まった値しかとれないということと，光子の振動数がエネルギーに関係する (式 (10.22)) ことを組み合わせると，原子の中の電子は決まった軌道しか運動できないと考えざるを得ない。つまりエネルギー状態が量子化されているのである。

10.2 量子論 *

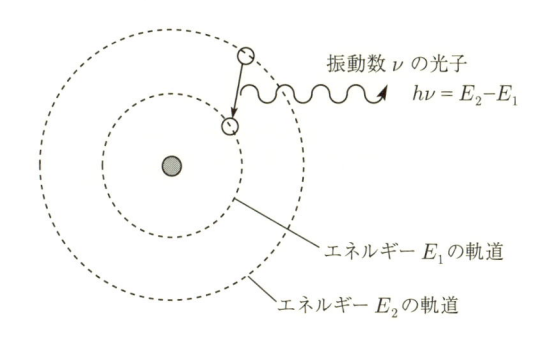

図 10.7 原子から出る光

原子の安定性もこれで説明できる。最低のエネルギーの軌道があれば，それよりも下に電子が落ち込むことはない。

### 10.2.3 量子論的な状態の記述

**光の偏光** 光は2つの偏光状態をもつ (⇒9.11.1節)。左回り，右回りの円偏光，直交する2つの直線偏光など，いろいろな表示があるが，以下では，簡単のため直線偏光で議論する。

光は電磁波であり，電場と磁場は横波で進行方向に直交している。光の進む方向を $z$ 軸とすると，電場を基準として，それが $x$ 軸方向に振動している偏光と，$y$ 軸方向に振動している偏光とを基本に考える。

図 10.8 直線偏光

図 10.8 で，$|x\rangle$, $|y\rangle$ は $x$ 軸，$y$ 軸方向に偏光した光を表すものとする。この $|\cdots\rangle$ は量子論的な状態を表す記法で，状態ベクトル，ケットベクトルと呼ばれる場合もある。任意の方向の偏光は，$|x\rangle$ と $|y\rangle$ の組み合せで表現できる。(電磁波には重ね合せの原理が成り立つ (⇒A.11節)。)　たとえば 45° の方向に偏光した光は

$$|45°\rangle = \frac{1}{\sqrt{2}}|x\rangle + \frac{1}{\sqrt{2}}|y\rangle \tag{10.27}$$

と表現される。ベクトルの長さは電場の強さであり，これは同じ大きさなので，それから係数が決まる。

偏光は偏光板 (偏光フィルター) で測定することができる。偏光板はある決まった方向だけの偏光を透過させる。偏光していない光を偏光板に通すと，その特定の偏光だけが通り抜けてくる。いま，$x$ 軸 ($y$ 軸) 方向の偏光のみを通す偏光板を $[x]$($[y]$) と表すことにする。

偏光板に光を通すと以下のような結果が得られる。

| | | | | |
|---|---|---|---|---|
| $\|x\rangle$ の光 | → | $[x]$ | → | 100 % 透過 |
| $\|x\rangle$ の光 | → | $[y]$ | → | 0 % 透過 |
| $\|y\rangle$ の光 | → | $[x]$ | → | 0 % 透過 |
| $\|y\rangle$ の光 | → | $[y]$ | → | 100 % 透過 |
| $\|45°\rangle$ の光 | → | $[x]$ | → | 50 % 透過 |
| $\|45°\rangle$ の光 | → | $[y]$ | → | 50 % 透過 |

　光線ではなく，光子を 1 個ずつ通した場合にはどうなるであろうか．光子のエネルギーは $E = h\nu$ で決まっており，偏光の向きとは関係ない．偏光板を通っても振動数は同じなのだから，同じエネルギーの光子となる．ということは，この透過率は，光子が偏光板を透過する確率となる．$|45°\rangle$ の光子は 50 % の確率で偏光板を通り抜ける．先の光子の自己干渉のところでも現れた，量子論に特有の不確定性 (確率による記述) がここでも登場する．どの光子が通り抜けるかは全く予測できず，確率のみが予言できるのである．

　また，45°の光子は偏光板 $[x]$ を通り抜けた後は，$x$ 軸方向の偏光となっている．偏光板を通り抜ける前は $x$ 軸方向と $y$ 軸方向の偏光の重ね合せであった．つまり，偏光板を通すという「観測」を行うことによって，特定の状態のみが選択されたことになっている．

　$|45°\rangle$ の光の透過率と，この光を表す状態の式 (10.27) を見比べると，係数の 2 乗

$$\left(\frac{1}{\sqrt{2}}\right)^2 = 0.5$$

で透過率，つまり，通り抜ける確率が決まっていることに注目してもらいたい．このことは一般化できて，角度 $\theta$ 方向の偏光

$$|\theta\rangle = \cos\theta|x\rangle + \sin\theta|y\rangle \tag{10.28}$$

を $[x]$ に通すと $\cos^2\theta$ の割合で透過し，$[y]$ に通すと $\sin^2\theta$ の割合で透過する．つまり状態ベクトルの係数の 2 乗で透過率が決まってくる．そして，

$$(\cos\theta)^2 + (\sin\theta)^2 = 1$$

ということが，全確率は 1 (100%) であることに対応している．

　**量子論的状態**　光の偏光で明らかになったことを一般化して述べる．

1. 対象を記述する基本となる状態がいくつかあるとしよう．それらを表す状態ベクトルを $|1\rangle, |2\rangle, \cdots, |N\rangle$ とする．これらは，偏光の例での $|x\rangle$ と $|y\rangle$ に対応する．そして $|x\rangle$ と $|y\rangle$ のように相互に「直交」している．状態ベクトルは一般には複素数で表現される．

2. 一般的な状態は前項の状態の重ね合せの状態ベクトルで表現される．

$$|A\rangle = a_1|1\rangle + a_2|2\rangle + \cdots + a_N|N\rangle \tag{10.29}$$

3. 「観測」を行うことにより，ある特定の状態が選択される．状態 $j$ が選択される確率は $|a_j|^2$ である．どの状態が選択されるかを決めることはできず，確率のみが与えられる．(絶対値記号を使ったのは，量子論的な状態は一般的に複素数で記述されることを考慮したためである．)

4. 確率の保存則が成り立つ．つまり以下が成立する．

$$|a_1|^2 + |a_2|^2 + \cdots + |a_N|^2 = 1$$

## 10.2 量子論*

**量子もつれ状態**　対象が複数の要素からなるとき，たとえば，要素1の状態が $|a\rangle$，要素2の状態が $|b\rangle$ であるとすると，それら全体を表すときは，$|a\rangle|b\rangle$ と記す。これを「直積表現」と呼ぶ。

たとえば2要素からなる系があり，どちらも状態 $|0\rangle$ あるいは $|1\rangle$ を取りうるとする。その状態が，

$$|A\rangle = \frac{1}{\sqrt{2}}|1\rangle|0\rangle + \frac{1}{\sqrt{2}}|0\rangle|0\rangle \tag{10.30}$$

であるとする。これは

$$|A\rangle = \left(\frac{1}{\sqrt{2}}|1\rangle + \frac{1}{\sqrt{2}}|0\rangle\right)|0\rangle = |a\rangle|0\rangle \quad \left(|a\rangle = \frac{1}{\sqrt{2}}|1\rangle + \frac{1}{\sqrt{2}}|0\rangle\right) \tag{10.31}$$

と書き直せば直積で表現できる。状態の定義の仕方は任意なので，要素1について $|a\rangle$ という状態を定義した。

しかし，

$$|X\rangle = \frac{1}{\sqrt{2}}|1\rangle|0\rangle + \frac{1}{\sqrt{2}}|0\rangle|1\rangle \tag{10.32}$$

の状態は異なる性格をもっている。この状態はどのようにしても直積で表すことができない（$|a\rangle|b\rangle$ という形にできない）。このような場合，要素1と要素2の間に量子論的な相関が生じている。これを「**量子もつれ状態**」（エンタングルメント）と呼ぶ。

このような状態に対して，確かに実験的に相関が生じることが示されている。これは，量子通信，量子コンピュータ，量子テレポーテーションなど現在研究が進みつつある分野につながる考え方である。

**不確定性原理**　ニュートン力学では粒子は位置（座標）と速度をもつ。そして，それらの初期値が与えられると，以降の運動はすべて決まる。(量子論では，速度 $v$ の代わりに運動量 ($p = mv$) を使って記述するのが自然である。) すでに説明したように，量子論的な状態は一般には確率的な記述がなされる。位置や速度もそのようになる。しかし，たとえば位置が確率的にしか予言できないとしても，その値のばらつきが十分小さくできれば実用上正確な位置決定ができる。ところが，量子力学によると，位置 $x$ と運動量 $p$ の値を双方とも確定することはできず，両者の値のばらつき（分散）を $\Delta x, \Delta p$ とすると，

$$\Delta x \Delta p \geq \frac{h}{4\pi} \tag{10.33}$$

という制約がつくことが，ハイゼンベルグ (W. K. Heisenberg) により示された。これを**不確定性原理**という。

$h$ の値が小さいので，式 (10.33) は身のまわりの物体の運動では感知できないが，ミクロの世界では，位置を完全に確定 ($\Delta x \to 0$) しようとすると，速度が全く不確定 ($\Delta p \to \infty$) になってしまう。あるいは，速度を確定しようとすると，位置が不確定となる。

### 10.2.4 粒子スピンと統計

量子論的な粒子は，それに固有な**スピン**と呼ばれる角運動量 (⇒3.3.1節) をもつ。プランク定数を $2\pi$ で割った量を

$$\hbar = \frac{h}{2\pi} \tag{10.34}$$

と導入する。これがスピンの大きさの単位となる。粒子のスピンを $S\hbar$ と書くが，単に「スピンが $S$」と $\hbar$ を省略して呼ぶ場合もある。粒子のスピン状態は，その大きさと，ある軸への投影の大きさで決まる。角運動量はベクトルなので，3成分あると考えたくなるが，量子論的な不確定性により，それらをすべて指定できない。なお，投影軸の選択は全く任意

である。投影の大きさもとびとびに「量子化」される。スピン $S$ の粒子は投影の大きさが $-S\hbar, -(S-1)\hbar, \cdots, (S-1)\hbar, S\hbar$ の状態をとることができる。つまり $2S+1$ 種類の状態をとる。

たとえば，電子は $S=1/2$ の粒子である。つまり，そのスピンは $\frac{1}{2}\hbar$ で，ある軸方向の投影の値の大きさ $\frac{1}{2}\hbar$ と $-\frac{1}{2}\hbar$ のいずれかの状態をとることができる。この 2 種の状態を，「スピン上向き」「スピン下向き」と呼んで区別することがある。スピンは磁気モーメントのように電磁場と結合するので，状態のエネルギーはスピンとその向きに依存する。

スピンという概念は「粒子が自転している」イメージで説明されるし，そう考えてよい場合もあるが，それはあくまでも便宜上の話である。実験的には電子の大きさは測定できておらず，上限のみがわかっている。その値から相対性理論に矛盾しないように電子のスピンを自転しているとして出すことはできない。だから，古典力学的には説明できないという意味で，スピンはまさに量子論的な粒子の属性である。

**ボース粒子とフェルミ粒子** $S$ が整数つまり，$S=0, 1, 2, \ldots$ の粒子をボース粒子 (ボソン)，$S$ が半整数つまり，$S=1/2, 3/2, 5/2, \cdots$ の粒子をフェルミ粒子 (フェルミオン) と呼ぶ。電子はフェルミ粒子であり，光子はボース粒子である。原子や原子核は複合粒子であるが，全体として 1 粒子として扱う場合，そのスピンによりフェルミ粒子あるいはボース粒子として振る舞う。なお，光子はスピン 1 の粒子だが，質量をもたないため，静止座標系で考えることができない。このため，投影は $+\hbar$ と $-\hbar$ の 2 つだけになる。これは光の偏光が 2 つあることに対応している。

**量子統計** ミクロな状態の数を数えるときには粒子の統計的性質が効いてくる。

- 古典統計 $\cdots$ 個々の粒子は区別できる。
- 量子統計 $\cdots$ 個々の粒子を区別することは本質的に不可能である。
    - ボース粒子 $\cdots$ ボース・アインシュタイン統計 (BE 統計) に従う。ある状態には任意の個数の粒子が存在できる。したがってある状態を考えたとき，その状態を占有している粒子の個数は $0, 1, 2, \ldots$ のいずれかである。
    - フェルミ粒子 $\cdots$ フェルミ・ディラック統計 (FD 統計) に従う。ある状態には 1 個の粒子だけが存在できる。したがってある状態を考えたとき，その状態を占有している粒子の個数は 0 または 1 のいずれかである。

量子論的な粒子が本質的に識別不可能であるという点は重要である。ボールなら，工場で同一につくられたものでも，よく見れば微細な差があるし，フェルトペンで名前を書くこともできる。そのようなことは電子では不可能である。また，個々の粒子を「見張っておく」ことにより区別できると考えるかもしれないが，それも，量子論的な不確定性によりできない。たとえば，電子が北と南から飛んできて衝突し，東と西に飛び去ったとする。このとき，東の電子が北から来たものか南から来たものかは確率的にしか答えられないのである。

上記の統計で具体的にどのように場合の数を数えるかを，例として 2 個の粒子と 3 つの状態があるとして示す。

## 10.2 量子論*

- 古典統計 … 9 とおり (粒子を A, B とする。)

| | | | | | | | | | |
|---|---|---|---|---|---|---|---|---|---|
| 状態1 | A B | | | A | B | A | B | | |
| 状態2 | | A B | | B | A | | | A | B |
| 状態3 | | | A B | | | B | A | B | A |

- BE 統計 … 6 とおり (区別できないので粒子は O で表す。)

| | | | | | | |
|---|---|---|---|---|---|---|
| 状態1 | O O | | | O | O | – |
| 状態2 | | O O | | O | – | O |
| 状態3 | | | O O | – | O | O |

- FD 統計 … 3 とおり (区別できないので粒子は O で表す。)

| | | | |
|---|---|---|---|
| 状態1 | O | O | – |
| 状態2 | O | – | O |
| 状態3 | – | O | O |

エントロピーは微視的状態の数と関係していた (⇒ 8.7.1 節)。したがって，統計の違いは熱力学的性質に対する理論的な関係式に影響を与える。そして，上のような量子論的な統計の考え方が正しいことは実験的に確認されている。

### 10.2.5 量子論から量子力学へ

式 (10.22)，式 (10.26)，式 (10.33) などでわかるように，量子論の効果の大きさはプランク定数 $h$ で表される。この定数は小さい (式 (10.23)) ので，この値が無視できる日常的なスケールでは，我々は古典物理学の世界で暮らしていられる。これを相対論の式 (10.6) に対応して

$$\boxed{量子論} \quad \underset{(h \to 0)}{\Rightarrow} \quad \boxed{古典論} = 日常の世界 \tag{10.35}$$

と標語的に表すことができる。この値 $h$ が無視できない現象では，もはや古典的な考え方は成り立たない。

最後に少しだけ量子論に基づく理論形式について概説しておく。粒子に対してはニュートン力学の運動方程式を用いることにより，その挙動を決定することができた。しかし，量子論においては，すべての粒子は同時に波動性をも兼ね備えている。このため，新しい力学が必要となり，それを**量子力学**と呼ぶ。量子力学の定式化はいくつかの方法があるが，普通に用いられるものはシュレディンガー (E. Schrödinger) による波動力学的な理論体系である。この方法では対象となる力学系に対して，**シュレディンガー方程式**を書き下す。たとえば，水素原子 (の電子) を記述するシュレディンガー方程式は

$$i\hbar \frac{\partial \psi}{\partial t} = -\frac{\hbar^2}{2m}\left(\frac{\partial^2 \psi}{\partial x^2} + \frac{\partial^2 \psi}{\partial y^2} + \frac{\partial^2 \psi}{\partial z^2}\right) - k\frac{e^2}{r}\psi \tag{10.36}$$

となる。ここで現れた $\psi$ は**波動関数**と呼ばれ，この理論形式で系を記述する量である。前の節で述べた状態ベクトルが，この $\psi$ である。

量子力学は，さらに場の理論の考え方をとり入れて，**場の量子論**へと発展した。この章の冒頭で，物性物理や素粒子といった現代の物理学研究に言及したが，その基本的な理論体系となる枠組みがこの場の量子論である。

## 10.3 ミクロの世界 *

**原子**  物質は原子の集まりである。原子のサイズは $10^{-10}$ m 程度で，原子は**原子核**とその周囲を運動する**電子**からなる系である (図 10.9) [10]。原子番号 $Z$ の中性原子は $Z$ 個の電子をもつ。

$$\text{原子 (原子番号 } Z) \begin{cases} \text{原子核 (電荷} + Ze) \\ \text{電子 (電荷} - e) \; Z \text{ 個} \end{cases}$$

ここで $e = 1.6 \times 10^{-19}$ C は**電気素量**と呼ばれる。この値はミクロの世界の量なので極めて小さく，これを多数 (たとえば 1 mol $= 6 \times 10^{23}$ 個) 集めて我々が日常使う電気量を得る。

原子がその構造を保っていられのは，電気的な引力が原子核と電子を結合しているからである。電子は質量が $9.11 \times 10^{-31}$ kg で，その大きさは少なくとも $10^{-19}$ m 程度以下であることが実験的に知られており，構造をもたない基本粒子 (素粒子) の一つであるとされている。

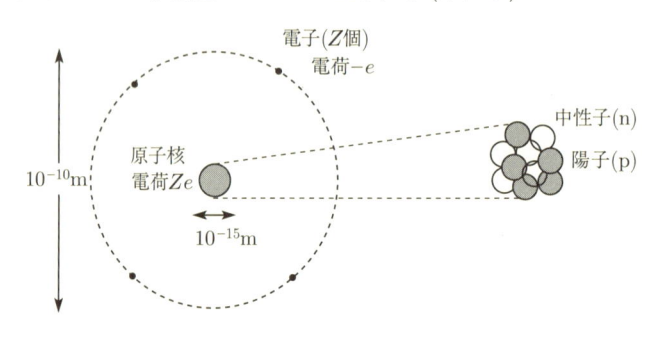

図 10.9 原子と原子核

**原子核，核力**  原子核は $10^{-15}$ m 程度の大きさをもつので，その構造を調べることができる。するとそれは陽子と中性子からなることがわかった。原子核の構造を保っているのは電気力ではない。核内での電気力は陽子の間に働く反発力があるだけなので，もしそれだけならば，原子核は分解してしまう。陽子や中性子の間には「強い力」と呼ばれる，電気力よりはるかに強い力が働いており，それが原子核の構造を保持している。陽子と中性子を総称して「核子」と呼ぶ。

**核エネルギー**  陽子と中性子の質量を $m_p$, $m_n$，陽子数 $Z$，中性子数 $N$ の原子核の質量を $M(Z, N)$ とすると

$$M(Z, N) = Z m_p + N m_n - \Delta(Z, N) \cdot A \tag{10.37}$$

となる。$A = Z + N$ は核子数であり，$\Delta$ は核子あたりの**質量欠損**である。この質量欠損は，核力により $A$ 個の核子が原子核として集まったときに生じる。この $\Delta$ の値は原子核ごとに異なるので，原子核が分裂したり融合した場合，始状態の質量の和と終状態の質量の和は異なる。終状態が始状態より小さい質量であれば，その差が $E = mc^2$ (式 (10.21)) よりエネルギーとなる。$\Delta$ の $A$ 依存性のおおよその様子が図 10.10 に示されている [11]。ここで，核反応によりエネルギーを取り出すには，核分裂と核融合による 2 つの方法がある。

---

10) 前の節の量子論によれば，このような記述は不正確で，電子は雲のように原子内に分布している。この節では，以下，このように古典的な表現で説明する。

11) eV は「電子ボルト」と呼ぶエネルギーの単位で，1 eV $= 1.6 \times 10^{-19}$ J である。1 MeV $= 10^6$ eV である。

## 10.3 ミクロの世界 ★

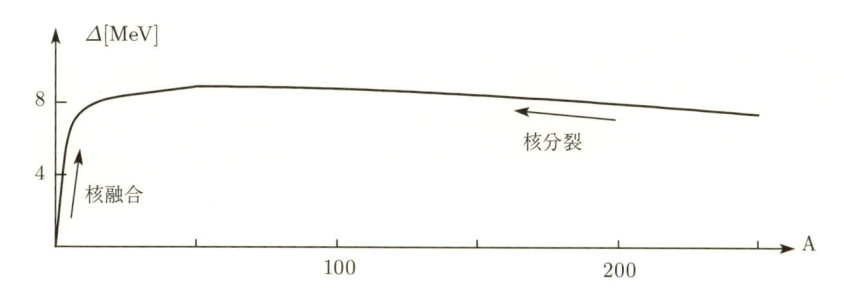

**図 10.10** 核子あたりの質量欠損のおおよその様子

**核分裂**　図 10.10 の右側では $A$ とともに $\Delta$ が減少することを利用する。大きな原子核を小さな原子核に分裂させる。分裂の際，中性子がいくつか発生し，それが別の原子核に吸収されると，さらにその原子核が分裂する。ウラン，プルトニウムなどの物質を使い，この連鎖反応により連続的に核分裂反応を起こさせて熱エネルギーを取り出すのが原子炉である。

**核融合**　図 10.10 の左側の谷を利用する。小さな原子核を融合して，大きな原子核をつくる。太陽のエネルギー源は核融合反応である。太陽の内部では以下の陽子・陽子連鎖反応によりエネルギーが生み出されている。D は重水素，T は三重水素である。

$$p + p \to D + e^+ + \nu_e, \quad D + p \to T + \gamma, \quad T + T \to {}^4He + p + p \tag{10.38}$$

恒星のエネルギー源としては，これ以外にも CNO 連鎖反応などのプロセスがある。

核融合は未来のエネルギー源として期待されており，核融合反応による炉をつくりエネルギーを取り出そうとする試みは精力的に研究されているが，まだ実用段階には至らない。核反応プロセスとしては $D + T \to {}^4He + n$ が主に研究されている。磁場でプラズマを閉じ込める方式の国際的な研究炉 ITER がフランスに建設中である。

**放射線**　原子核の中には，自発的に分裂するものがあり，その際に**放射線**を出す。放射線は高エネルギーの粒子や電磁波であり，一般に生物には有害である。放射線を出す物質を放射性物質と呼ぶ。放射線には $\alpha$ 線 (ヘリウムの原子核), $\beta$ 線 (電子), $\gamma$ 線 (電磁波) などがある。他にも中性子線などがある。

放射性物質が時刻 $t = 0$ に $N_0$ だけの量があったとしよう。その物質は放射線を出して，別の物質へと変換されていく。時刻 $t$ では，その物質が崩壊しないで残っている量は

$$N(t) = N_0 \left(\frac{1}{2}\right)^{t/T_0} = N_0 e^{-t/\tau} \tag{10.39}$$

と表される。ここで $T_0$ を**半減期**，$\tau$ を**寿命**と呼ぶ。$(\log 2)\tau = T_0$ である。

量子論的な不確定性により (⇒10.2.3 節)，放射性物質のどの原子核が崩壊するかは全く予測できず，全体としてどのように変化していくかの確率に対応するものだけが上記の半減期として与えられている。

**反粒子**　電子などの粒子に対して，**反粒子**とは粒子と同じ質量をもつが，電荷などの量子数は符号が逆の粒子のことである。もともとディラック (P. A. M. Dirac) が量子力学の方程式を相対性理論と両立する形に書いたときに現れた解から，反粒子の概念が生まれた。その後，電子 $e^-$(電荷 $-e$) の反粒子である陽電子 $e^+$(電荷 $+e$) が発見され，反粒子の概念が確立した。場の量子論の立場では粒子と反粒子は対等であり，どちらを粒子，反粒子と呼ぶかは

電荷の正負と同様，規約で定めたものである。電荷をもつ粒子は必ず反粒子をもつが，中性粒子の場合は，反粒子が定義できる場合と，自分自身が反粒子の場合がある。たとえば光子 $\gamma$ は反粒子をもたない。反粒子は粒子 $A$ に対して $\bar{A}$ と横線を粒子記号につけて表記するが，電子・陽電子のように，電荷の記号を右肩につけて区別する場合もある。

粒子と反粒子が衝突した場合，ある確率で両者が完全に消滅してエネルギーに転化する過程が起きる。もちろん「エネルギー」がそのままであり続けるのではなく，$E = mc^2$ (式 (10.21))が許容する複数の粒子状態がさまざまな確率で発生する。

反陽子と陽電子が電気的に結合した系は水素の反原子である。そのようにして，各種の元素の反粒子をつくることができるし，それらを集めて反物質とすることも原理的には可能である。粒子と反粒子は本来対等であり，我々の知る世界 (地球，太陽系，銀河系，$\cdots$) に，なぜ一方の物質しかないのか，という点は宇宙の始まりを研究するうえでも解決していくべき問題点となっている。

**ベータ崩壊とニュートリノ**　ベータ崩壊が発見された当初，その現象は $(Z, N) \to (Z+1, N-1) + e^-$ と考えられてきた。ここで $(Z, N)$ は，陽子数 $Z$，中性子数 $N$ の原子核を表している。ところが，崩壊してできる原子核と電子のエネルギーを測定したところ，始状態と比較してエネルギーが不足していることがわかり，深刻な問題となった。パウリ (W. Pauli) は，未知の測定にかかりにくい中性粒子が出ているのではないかと考え，それをニュートリノと名づけた。ニュートリノは後に実験的に確認され，仮説の正しさが確認された。

自由な中性子は寿命が 886 s であり，次のベータ崩壊をする[12]。ここで $\bar{\nu}_e$ はニュートリノ (正確には反電子ニュートリノ) である。

$$\mathrm{n} \to \mathrm{p} + e^- + \bar{\nu}_e \tag{10.40}$$

このプロセスは強い力や電磁気的な力では禁止されており，「弱い力」と呼ばれる力の作用で起きる。

**4つの力，力と場の粒子**　19 世紀までに知られていた，電磁気力と重力 (万有引力) 以外に，以上のような原子核やその崩壊の研究から，新たに「強い力」と「弱い力」が存在することがわかった。電磁気力と重力はいずれも力の源からの距離を $r$ とすると，$1/r^2$ 則で力の強さが変化するので長距離力と呼ばれる。このため，古くから知られてきたのであった。これに対して新しく見つかった 2 つの力は，距離とともに指数関数的に力が弱くなるので原子核の外側までその影響が出てこず，原子核研究が進展するまで発見されなかった。

現時点では我々の世界に存在する基本的な力はこの 4 つであると考えられている。近代的なスローガンは「力は場であり，場は粒子である」というものである。

電磁気力を例として，図 10.11 は力を場の粒子で考える理論形式の説明である。ここでは電荷をもつ素粒子として 2 つの電子を考えている。左の図は電荷をもつ粒子どうしの間に電気力が働くことを表している ($\Rightarrow$9.1 節)。一方量子論で学んだように ($\Rightarrow$10.2 節)，電子は光子を吸収したり (光電効果)，放出したり (原子のスペクトル) する。そこで，右の図のように電子が光子を放出・吸収することにより電子間に力が働くと考えることができる。ここで波

---

[12] 安定な原子核を構成する中性子はこの寿命では崩壊しない。これは，弱い力よりも強い力の効果が大きく効いているからである。

## 10.3 ミクロの世界 *

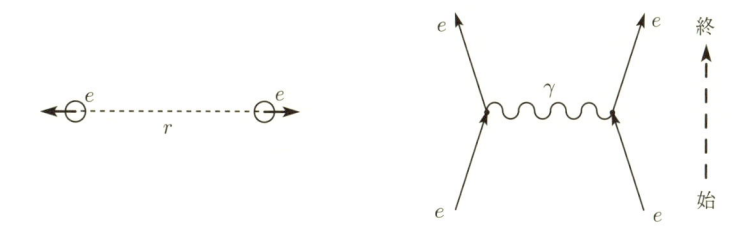

図10.11 電子の間に力が働く

線は光子 $\gamma$ を表す。力の場合と同様，2 つの電子は対等だから，一方が光子を放出して，片方が吸収することは 2 通り考えられ，それをまとめて表現している。光子はエネルギーや運動量を担っており，その放出・吸収により力が働いたことになる。この光子の仲間として，強い力を媒介する「グルオン」と弱い力を媒介する「ウィークボソン」がある。これらの力の粒子は「ゲージ粒子」とまとめて呼ばれる。ゲージという言葉は電磁気力で説明した概念の一般化である (⇒9.10.2 節)。これらの力にはゲージ変換で記述される一定の対称性があることがわかった。

電磁気力は質量 0 でスピン 1 の光子が媒介する。このため長距離力となっている。弱い力は，当初見つかったときには，電磁気力よりも弱いように見えたのでこのような名前がついたが，よく調べてみると，実は相互作用の強さは同程度であり，力を媒介する粒子 (ウィークボソン) が重いため，低エネルギーでは見かけ上力が弱くなって見え，また，力の距離依存性も異なっていたのである。

以下で述べる標準模型の中では，電磁気力と弱い力は統合されたものとして扱われる。この意味で電弱理論という言葉を使う。

**クォーク**　陽子や中性子はやはり $10^{-15}$ m 程度の大きさをもっており，さらにその構造を調べることができる。陽子や中性子を構成する素粒子は**クォーク**と呼ばれる。

核子をつくるクォークは $u$ と $d$ の 2 種類で，陽子は $uud$，中性子は $udd$ と 3 つのクォークからなる。クォークは「色」(color) の電荷と呼ばれる自由度をもち，この色電荷が強い力の源となる。本当に色がついているわけではなく，同じ種のクォークが 3 種類ずつあるため，それぞれを，たとえば，$u$ クォーク 1 号，$u$ クォーク 2 号，$u$ クォーク 3 号と呼ぶ代りに，赤 $u$ クォーク，青 $u$ クォーク，緑 $u$ クォークと呼ぶ。この強い力には「色の閉じ込め」の性質があることが知られており，色の電荷について「無色」の状態でなければ独立な粒子として存在できない。このため，実際には数学的な対称性である自由度を色と呼んでいるのである。核子は 3 つのクォークの色電荷がちょうど「無色」になるように組み合わされているので独立な粒子として存在できる。一般に 3 つのクォークからなる粒子を「重粒子」(バリオン) と呼び，クォークと反クォークが結合して「無色」となった粒子を「中間子」(メソン) と呼ぶ。

高エネルギー領域の実験的探求により，全部で 6 種類のクォークが存在することがわかっている (表 10.1)。この 6 種類の区別があることを「香」(flavor) と呼ぶ。

**標準模型**　素粒子の標準模型を構成する粒子を表 10.1 に示す。表 10.1 で質量は GeV 単位で表している。GeV はエネルギーの単位だが，$E = mc^2$ (式 (10.21)) で質量に換算している。1 GeV はだいたい水素原子 1 個程度の質量を表す。(正確には 1 GeV = $1.78 \times 10^{-27}$ kg)

表 10.1 素粒子の標準模型

| 分類 | 名前 | 記号 | 質量 (GeV) | 電荷 | 強 | 電 | 弱 |
|---|---|---|---|---|---|---|---|
| ものの粒子, スピン 1/2 | | | | | | | |
| クォーク | アップクォーク | $u$ | $(1.5 \sim 3 \times 10^{-3})$ | $2e/3$ | ○ | ○ | ○ |
| | ダウンクォーク | $d$ | $(3 \sim 7 \times 10^{-3})$ | $-e/3$ | ○ | ○ | ○ |
| | ストレンジクォーク | $s$ | $(0.095)$ | $-e/3$ | ○ | ○ | ○ |
| | チャームクォーク | $c$ | $(1.25)$ | $2e/3$ | ○ | ○ | ○ |
| | ボトムクォーク | $b$ | $(4.7)$ | $-e/3$ | ○ | ○ | ○ |
| | トップクォーク | $t$ | $(174)$ | $2e/3$ | ○ | ○ | ○ |
| レプトン | 電子 | $e$ | $0.511 \times 10^{-3}$ | $-e$ | × | ○ | ○ |
| | ミュー | $\mu$ | $0.106$ | $-e$ | × | ○ | ○ |
| | タウ | $\tau$ | $1.78$ | $-e$ | × | ○ | ○ |
| | 電子ニュートリノ | $\nu_e$ | $>0$ | $0$ | × | × | ○ |
| | ミューニュートリノ | $\nu_\mu$ | $>0$ | $0$ | × | × | ○ |
| | タウニュートリノ | $\nu_\tau$ | $>0$ | $0$ | × | × | ○ |
| 力の粒子 (ゲージ粒子), スピン 1 | | | | | | | |
| 強い力 | グルオン | $g$ | $(0)$ | $0$ | ○ | × | × |
| 電磁力 | 光子 | $\gamma$ | $0$ | $0$ | × | ○ | × |
| 弱い力 (荷電) | 荷電ウィークボソン | $W^\pm$ | $80.40$ | $\pm e$ | × | ○ | ○ |
| 弱い力 (中性) | 中性ウィークボソン | $Z^0$ | $91.19$ | $0$ | × | ○ | ○ |
| ヒッグス粒子, スピン 0 | | | | | | | |
| | ヒッグスボソン | $H$ | $125$ | $0$ | × | × | ○ |

クォークとグルオンの質量にかっこがついているのは，色のある粒子は「閉じ込め」のため単独で観測できないからである．ニュートリノは質量が 0 と思われてきたが，最近，微小な質量があるらしいということがわってきた．表には示していないが，「もの」の粒子 (クォークとレプトン) にはすべて反粒子が存在する．

右端の 3 つの欄は，どのような相互作用にかかわるかを示しており，強い力，電磁気力，弱い力について示す．力の性質で「もの」の粒子であるクォークとレプトンを分類することができる．電磁気力と弱い力に着目すると，クォークとレプトンを 4 つずつ 3 組のグループに分けることができる．このグループ一つを「世代」(generation) と呼ぶ．第 1 世代は $(u, d, e^-, \bar{\nu}_e)$ で構成される．第 2, 3 世代は $(c, s, \mu^-, \bar{\nu}_\mu)$ および $(t, b, \tau^-, \bar{\nu}_\tau)$ である．

**身のまわりの素粒子** このような多様な素粒子があるのにもかかわらず，それらが私たちの身のまわりに見当たらないのはどうしてだろうか．普通の物質は原子で，それらは，この表でいえば，第 1 世代の粒子だけからできている．

素粒子はエネルギー ($E = mc^2$, 式 (10.21)) と量子数に関する保存則さえ満たせば，他の粒子 (群) に変化することができる．例として $\mu$ を考える．この粒子は 2 マイクロ秒 $(2 \times 10^{-6}\mathrm{s})$ で，$\mu^- \to e^- + \bar{\nu}_e + \nu_\mu$ と電子とニュートリノに崩壊しまう．質量の値からこの崩壊はエネルギー的に許されている．

それでは電子はどうして安定なのか．それは，電子よりも軽く，電子のもつ量子数 (電荷 $-e$) をもつ粒子 (群) が存在しないからである．第 2,3 世代の粒子は不安定で，ある寿命で崩壊する．ゲージ粒子も光子以外は不安定で，これが，各種の重い素粒子が私たちの身の回りに見かけられない理由である．

ところで，このように「短い」寿命で崩壊するものを粒子と呼んでよいのか，という疑問をもつであろう．時間が短い，長いという絶対的な基準はないが，考えるプロセスに特徴的な時間があり，それを基準にして長短を考えることができる．

人間にとっては1秒というのが，多分，一つの動作をする際の基準的な時間であろう．一歩あるく，一言しゃべる，一口食べる，といった動作である．素粒子の世界では，一つの動作をする時間にあたる長さは，約 $10^{-24}$ s である[13]．これに比べて $\mu$ の寿命は十分長い．

次にニュートリノである．ニュートリノは崩壊しないが，あまり身のまわりにはないように思われる．これには相互作用(力)が関係する．ニュートリノは表を見るとわかるように弱い力しか働かないため，物質との作用が弱く，通常の物質中にとどまらずに飛び抜けて行ってしまう．ニュートリノは質量が0に近いので，光速に近い速度で運動し，地球でも容易につきぬけてしまう[14]．

**ヒッグス粒子**　標準模型の表の最後にあるヒッグス粒子の必要性を述べる．弱い力を媒介するのは質量をもつウイークボソンである．ところで単純に質量をもつスピン1の粒子を理論的に扱うと，量子論的な補正の計算がうまくいかなくなることがわかった．また，力に付随するゲージ対称性の変換がうまく記述できなくなる．光子の場合，質量のない粒子なので，これらの問題は起きない．

ヒッグス (P. Higgs) は，ゲージ対称性のもとで，質量のないスピン1の粒子とある条件をもつスピン0の粒子が共存する系は，質量のあるベクトル粒子が存在することと同等であることを示した．これはヒッグス機構と呼ばれる．上述のように，質量のないスピン1の粒子は理論的に問題が起きないので，この機構を利用して量子論的に矛盾のない理論が構成され，それが標準模型となった．

上で，ヒッグス機構が働くためには，ある条件が必要であると述べた．それが「自発的対称性の破れ」である．普通に考えると，場の基底状態(真空)は0エネルギーをもつように思われ，それが最も対称的な状態でもある．ところが，実は，必ずしもそうではない．

図 10.12 で，(a) の円柱のまわりをぐるぐる回って眺めることを考えると，どちらの方向から見ても，同じように見える．これは対称な状態(回転対称性をもつ状態)である．図の (b) は，どちらから見るかで見え方が違い，非対称な状態である．ところで，台を揺さぶることを考えると，(a) の状態から (b) へはいくが，逆は起きない．つまり，非対称な状態の方が，より安定である．

ヒッグス粒子を支配しているポテンシャルが図 10.12(c) に示すような形であると，(d) の点 O

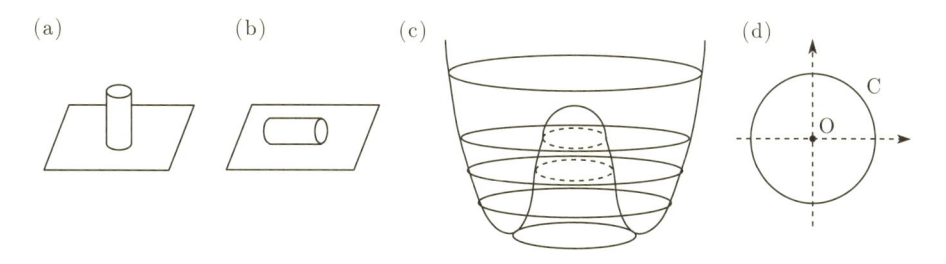

図 10.12　対称な状態と非対称な状態

---

[13] この値は，素粒子世界の基本的な長さ $10^{-15}$ m 程度を光の速度に近い速度で素粒子が運動しているとして出した．我々が1s程度で隣の部屋に移動できることに対応する．

[14] 「地球でもつきぬける」と聞いて，ニュートリノは危険なのではないかと誤解してはいけない．物質は電磁気力に影響を受けない粒子にとっては隙間だらけである．人ごみの中をすばやく通り抜けるとき，通行人を片っ端から殴り倒して通り抜ける方法と，通行人に触れずに，その隙間をすり抜ける方法がある．ニュートリノはこの後の方に該当する．実際，ニュートリノは宇宙，太陽，上層大気での宇宙線の生成物，地上の原子炉，地下の放射性物質などから多量に放出されており，今もあなたをいくつかのニュートリノが通過していっているはずである．

が対称な状態であるが,それよりもC上の点がエネルギー的に低い。このC上の点のどこかを選択すると,もともとあった回転対称性が破れる。この結果,ヒッグス場は真空である値をもち,それがスピン1の粒子の質量へと転化する。このとき,代償に,もともと理論にあった対称性はこわれてしまう。

ヒッグス粒子は標準模型に不可欠の存在である。ヒッグス粒子はものの粒子 (クォークとレプトン) とも相互作用をもち,やはり,この真空での値からこれらの粒子に質量を与える。だから,ヒッグス粒子のことを「質量の起源を明かす粒子」と呼ぶ場合もある。

**標準模型を超えて** それでは,この標準模型は,究極の理論なのだろうか。これが最終的な理論でない根拠はいくつかあり,代表的なものを以下に示す。

1. この模型は重力を含んでいない。重力は我々の世界の基本的な力の一つであり,それを含まない理論は不完全である。
2. この模型にはあまりにもパラメーターが多すぎる。これらはもっと基本的な仮定から導出されるべきであろう。
3. 世代が3世代しかない (ように見える) ことについての説明がない。また標準模型の対称性がなぜあるのか,より上部構造の高次の対称性があるのかも不明である。
4. ヒッグス粒子のような,「素」なスカラー場の存在は,理論構成の量子効果の計算プロセスにある不自然さをもち込む。

このような状況なので,我々は標準模型の先にある理論を追求する必要があり,それが現在追求されている21世紀の素粒子論である。

---

■**寄り道**■ 「磁荷の素」について考えよう。電荷はそれを担う素粒子があった。磁石を2つに切断し,N極だけ,あるいはS極だけを取り出そうとしても,できるのは2つの両極をもつ磁石だけである。この操作を繰り返すと,磁石とはもはや呼ぶことができないような微小な粒子になってしまう。さきに述べたように,原子は原子核とそれを中心として運動する電子からなる。この電子の運動は電荷の運動なので微小な環状電流とみなせる。電流があれば磁場が生じる。物質の磁性はこの原子レベルでの微小な磁場に起因している (初等的ではないが,軌道運動以外に電子や核のスピン成分からの寄与,量子論的相互作用も重要である)。

```
  | 
 N|S     →     N  S    N  S
  |
```
磁石の分割

理論的には磁荷をもつ素粒子の存在は可能である。これはディラックにより1934年に考察され,モノポール (磁気単極子) と呼ばれる。以後,そのような存在の探索がさまざまな方法でなされているが,今までのところ発見されていない。その実在が証明されれば,電磁気学の書き換えが必要になるのみならず,物質の究極構造の理論や宇宙論にも大きな影響を与える。

---

## 10.4 宇 宙 論 *

宇宙を考察するための基本的な仮定の一つは,「宇宙は一様等方である」というものである[15]。これは,宇宙には特別な場所も,特定の方向もないことを主張するものであり,い

---

[15] 基本的物理法則,つまりニュートンの運動方程式 (あるいはそれに対応する相対論的運動方程式) やマクスウェルの方程式は,宇宙のどこでも成り立つことも当然仮定する。また,基本的物理定数,つまり光速度,プランク定数や重力定数などが一定であることも成り立つとする。これは自然な考え方だが,時にそれを納得しない者がいる。しかしながら,漠然と気分的に疑問に思うことは結構だが,そのときは,これらの基本 (→)

## 10.4 宇宙論*

わば天動説の全面的否定であるともいえる。この仮定は**宇宙原理**と呼ばれる。もちろん，宇宙はスープのように一様ではなく，星や銀河，銀河集団といった構造をもっている。ここでいっている**宇宙の一様性**とは，たとえば地球では細かくみれば山や谷，海や陸があるが，それは球状の星の微小な凹凸であるように，適当に平均すれば一様だということを述べている。同様に宇宙の**等方性**とは，特別の上や下という方向がないことを主張しているが，これも同じように適当に平均すれば成立しているはずである。一様等方宇宙とは，我々が見る星空と同じような光景が，細かいパターンの違いはあるにせよ，宇宙のどの場所でも見られるはずであるという仮定である。

一様等方宇宙を前提とすると，無限に広がった無限の過去から存在する定常宇宙は否定されるという結論が得られる。仮に，宇宙が無限の広さをもち，無限の過去から存在しているとする。一様等方性の仮定から，星の平均密度や平均明るさは宇宙全体で一定であることになる。地球を中心とする同心球面を等間隔 $\Delta r$ で考え，空間を多数の球殻状の領域に分割して考えてみる。距離 $r \sim r + \Delta r$ の球殻を考えると，そこから地球に届く光の明るさは，(星の数)×(見かけの明るさ) で計算される。この球殻領域内の星の数は体積 $4\pi r^2 \Delta r$ に比例し，そこからの光の明るさは $1/r^2$ で減少するので，値は距離に無関係に一定となる。この一定の値を仮に「1」とすると，地球から空を見たときの明るさは

$$1 + 1 + 1 + 1 + \cdots = 無限大$$

となる。これは明らかに観測事実と矛盾する (**オルバースのパラドックス**と呼ばれる)。宇宙に未知の暗黒領域があることを仮定しても結論は変わらない。その領域は自分自身が光のエネルギーを吸収するのでいずれ熱くなり，やがて同じ量のエネルギーを放射し始めるからである。

宇宙の構造を理解するための第一歩は星や銀河の分布や運動を調べることにある。遠方の星までの距離を測定することは難しい作業であって，多数の天文学者により組織的に調べられてきた。特定の原子の出す光は決まった波長をもつので，星からの光のスペクトルを測定し，地球に対する星の相対速度をスペクトル線のドップラー効果 ($\Rightarrow$ 式 (7.27)) の観測から定めることができる[16]。遠い星の場合，スペクトルはすべて赤方偏移を示す。

ハッブル (E. P. Hubble) は 1929 年に銀河の距離 $r$ と後退速度 $v$ について次の関係があることを見いだした。

$$v = H_0 r \tag{10.41}$$

これを**ハッブルの法則**と呼び，$H_0$ はハッブル定数と呼ばれる。現在の観測では

$$H_0 = (100\,(\mathrm{km/s})/\mathrm{Mpc}) \cdot h_0 \qquad (0.4 < h_0 < 1.0) \tag{10.42}$$

程度の値である[17]。

---

($\rightarrow$) 法則が導出された論理と，それが実験的にしっかりとした基礎をもっていることを十分理解したうえで考えてもらいたい。もちろん自然法則に絶対はないから，十分な検討の結果，その拡張や変更を考えることはありうる。たとえば，基本的定数が時間的にゆるやかに (観測事実に違反しない程度に) 変動することを主張する理論などが提案されている。

16) ここで測定されるものは，正確には視線方向の速度である。星が遠ざかりスペクトル線が長波長側 (赤) にずれる場合「赤方偏移」という。

17) パーセク (pc) は天文学で使われる長さの単位で 1 pc $= 3.09 \times 10^{16}$ m である。なお 1 光年 $= 0.307$ pc である。

この結果から，少なくとも現時点では，宇宙は膨張していることが結論される。宇宙の膨張とは全体が一様に膨張していることを意味する。ハッブルの法則は地球からの距離と地球からの相対速度の関係だが，これは地球を宇宙の中心と考えているわけではない（ハッブルの法則が宇宙の膨張を意味することについては章末の問 10.14 を参照）。宇宙が膨張していることは，宇宙が進化していることを示唆する。さらに魅力的な考え方は，時間を逆に遡ることにより，宇宙はその始まりにおいては非常に小さな高温高密度状態であったという考え方である。この考え方を**ビッグバン宇宙論**と呼び，現代の標準的なモデルとなっている[18]。一様な膨張であればハッブル定数の逆数は宇宙の年齢を表す。その値は式 (10.42) から

$$\frac{1}{H_0} = (0.98 \times 10^{10} \text{年}) \frac{1}{h_0} \tag{10.43}$$

となり，約 100 億年から 200 億年前にビッグバンがあったことになる。最近の観測結果は約 138 億年という数字を与えている。

宇宙が膨張することは何の根拠もなしに仮定されているわけではない。さきに重力について学んだとき，アインシュタインの重力理論（一般相対性理論）について述べた（⇒4.4 節）。アインシュタインの方程式の解には，ここで提案された膨張宇宙を表す解があり，これに基づき宇宙の進化を調べることができる。アインシュタイン方程式の解は宇宙の物質密度によって無限に膨張を続ける開いた解と，あるところで膨張から収縮に転じる解がある。両者の空間の構造は異なり，前者は開いた空間，後者は有限の体積をもつ閉じた空間となる[19]。現在観測されている密度は両者の境界付近にあるので，測定精度を高めることが興味深い問題となっている。

このビッグバン宇宙論を検証するためには，それが仮定している宇宙初期の火の玉状態の証拠を探す必要がある。大きな証拠が 2 つ知られている。それは元素合成シナリオと宇宙背景輻射であり，以下で概説する。

超高温状態では普通の物質は存在せず，クォークやレプトン，あるいはグルオン，光子，$W, Z$ ボソンなどの素粒子の集団となっている[20]。時がたち温度が下がるに従い，クォークから核子（陽子，中性子）が構成される。さらに温度が下がると，核子から原子核が構成され始める。この過程は，現在実験的に知られている素粒子相互作用の性質と，熱力学的な考察により，追跡することができる。各種の素粒子反応を考慮した結果，諸種の元素（原子核）が，どんな存在比で生み出されるかを理論的に計算することができる。この結果を現在知られている宇宙にある元素の存在比と比較すると，よく適合することが示される。

もう一つの証拠は，1965 年にペンジアス (A. A. Penzias) とウイルソン (R. W. Wilson) により発見された**宇宙背景輻射**である。宇宙のあらゆる方向から等方的にマイクロ波がきていることが精密な観測の結果見つかった。そして，その電波の強度分布の形はちょうど 2.7 K の黒体輻射の分布に一致していた。初期の高温状態では，輻射（光子）は物質と強く相互作用

---

[18] 要するに，宇宙の始まりは 1 点での大爆発 (big-bang) であった，という考え方である。このモデルにもいろいろな問題点があり，それに関する改良が加えられている。

[19] 大ざっぱにいえば，星や銀河の運動エネルギーが相互の重力（万有引力）ポテンシャルを上回れば膨張，そうでなければ収縮となる。地上から物体を投げ上げればいずれ落下するが，速度が大きければ地球を離脱するのと同じことである。（⇒4.3.3 節）

[20] それよりも以前となると，まだより基本的な素粒子理論が確立していないため不明確な点が多い。

していた。しかし，原子のイオン化が起きなくなる温度 (計算の結果約 4000 K) よりも宇宙が冷えると，物質と相互作用をほとんどしなくなり，大量に存在していた光子は「気体」として宇宙全体に充満した状態になる。それは宇宙の膨張とともに，それ自身で独立に「光子気体」の状態方程式にしたがって変化する。最初は高温であったが，膨張とともに温度が下がる。物質との相互作用をやめた温度はわかっているので，この断熱膨張で現在どのくらいの温度になっているかは，宇宙の歴史から決めることができる。この理論的予言は上の観測事実とよく合っている。つまり，ビッグバン後，星や銀河ができるよりも以前の状態を記憶している「化石」が，宇宙に満ちているマイクロ波輻射として見つかったのである。

このマイクロ波輻射の観測は，COBE, WMAP と一連の衛星による観測で飛躍的に精度が上がり，微細な構造もわかるようになった。その結果はビッグバン宇宙論の考え方を良い精度で支持している。と同時に，原子からつくられる通常物質は宇宙の中では質量比で数％を占めるだけであり，残りは「ダークマター」，「ダークエネルギー」と呼ばれる未知のものからなることが示され，新しい研究対象となっている。

このようにして，我々は太古からの謎であったこの世界の始まりと進化についていくつかの手がかりを獲得することができた。宇宙についての理解を深めるには，基本的相互作用と基本的粒子を探求する素粒子物理学と，我々が見ることのできる宇宙の観測と研究とが不可欠である。

教科書としてはやや異例であるが，前の章までと異なり，10 章では現在研究が進行中の話題を含めて扱った。この章の内容を書き換える必要が生じたならば，それは学問がまた一歩前進したことを意味するので，非常に喜ばしいことである。いまだ未知の部分が多い現在，今後の研究の進展に期待したい。


## 演習問題 10

**問 10.1** 式 (10.5) から式 (10.7) を導け。

**問 10.2** 式 (10.5) から式 (10.15) を導け。

**問 10.3** 速度 $V$ で運動しているロケットが地球の時刻 0 にそのそばを通りすぎた。このときに，ロケットは自分の時計を時刻 0 に合わせた。ロケットの人にとっては，このロケットは全長 $L$ である。地球の人が見ると，このロケットの全長はいくらか。

**問 10.4** 質量 $M$ の粒子が質量 $m$ の 2 つの粒子に崩壊した。崩壊後の粒子の運動量の大きさを求めよ。

**問 10.5** 自由な電子は光子を吸収することができるか。(つまり，$e + \gamma \to e$ の反応は可能か。ここで $e$ は電子，$\gamma$ は光子である。)

**問 10.6** (コンプトン効果) 図 10.13 のように静止している電子に，波長 $\lambda$ の光が衝突し，角度 $\theta$ の方向に波長 $\lambda'$ の光が出た。このとき
$$\lambda' - \lambda = \frac{h}{mc}(1 - \cos\theta)$$
を導け。(ヒント：保存則から $E_e, p_e^2$ を求め，$E_e^2 = (mc^2)^2 + (cp_e)^2$ に代入し整理する。)

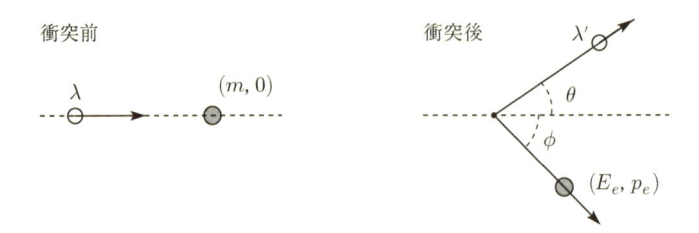

図 10.13　コンプトン効果

**問 10.7**　水素原子を，クーロン力で静止している原子核のまわりを電子が半径 $r$ の円運動している系と考える。
　　(1)　電子の質量と電荷を $m, -e$ とし，そのエネルギーを問 3.5 を参考にして $k, r, e$ で表せ。
　　(2)　半径が $r_1$ の軌道から半径が $r_2$ の軌道に電子が移るときに発せられる光子の振動数を求めよ。

**問 10.8**　式 (10.32) の状態が直積で表現できないことを説明せよ。

**問 10.9**　粒子が 3 つあり，可能な状態が 5 つある。(1) 古典統計，(2) BE 統計，(3) FD 統計の場合の状態の数を答えよ。

**問 10.10**　$D + D \rightarrow {}^3He + n$ という核反応で何 MeV のエネルギーが生まれるか。重水素 D，ヘリウム ${}^3He$，中性子 n の質量は，それぞれ，2.0136 u, 3.0150 u, 1.0087 u である。(1 u $= 1.66 \times 10^{-27}$ kg)

**問 10.11**　半減期が 1 日の放射性物質がある。月曜日の正午にこの物質が 1 g あったとする。翌週の月曜日の正午に崩壊しないで残っている量はいくらか。

**問 10.12**　宇宙が無限に広がっていても，宇宙の過去が有限の時間であることにすれば，なぜオルバースのパラドックスが生じないのか。

**問 10.13**　宇宙に未知の光を反射する領域があることを仮定した場合，オルバースのパラドックスの結論はどうなるか。

**問 10.14**　図 10.14 において，それぞれの「星」A, B, C, D について，自分の位置を基準にして，他の星の後退速度と距離の関係を調べよ。いずれの星でも「ハッブルの法則」が成り立つことを確認せよ。

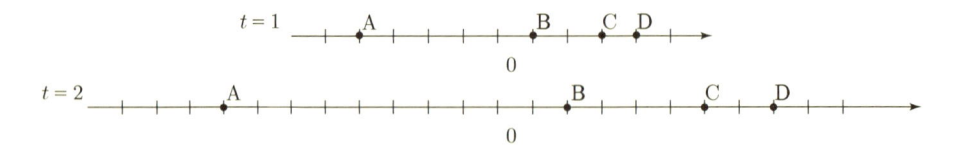

図 10.14　1 次元「膨張宇宙」。目盛りは単位長さである。

**問 10.15**　ハッブル定数の逆数は宇宙の年齢を表すことを説明せよ。それを，図 10.14 によって具体的に確認せよ。

# 付　録

## A.1　文　字

表 A.1　ギリシャ文字

| 大文字 | 小文字 | 読み (英語) | 間違われやすい文字，(注) |
|---|---|---|---|
| (A) | $\alpha$ | アルファ (alpha) | a, x |
| (B) | $\beta$ | ベータ (beta) | B, b, p |
| $\Gamma$ | $\gamma$ | ガンマ (gamma) | r |
| $\Delta$ | $\delta$ | デルタ (delta) | 8, 6, d |
| (E) | $\varepsilon$ | イプシロン (epsilon) | e, E, 3 (書体 $\epsilon$ もある) |
| (Z) | $\zeta$ | ゼータ (zeta) | |
| (H) | $\eta$ | イータ (eta) | n, h |
| $\Theta$ | $\theta$ | シータ (theta) | Q, 0 (書体 $\vartheta$ もある) |
| (I) | $\iota$ | イオタ (iota) | i, I, 1 |
| (K) | $\kappa$ | カッパ (kappa) | k, K |
| $\Lambda$ | $\lambda$ | ラムダ (lambda) | |
| (M) | $\mu$ | ミュー (mu) | u, v |
| (N) | $\nu$ | ニュー (nu) | u, v, U, V |
| $\Xi$ | $\xi$ | グザイ (xi) | |
| (O) | (o) | オミクロン (omicron) | (英字の o とほとんど同じ) |
| $\Pi$ | $\pi$ | パイ (pi) | (大文字 $\Pi$ 小文字 $\pi$ を区別せよ) |
| (P) | $\rho$ | ロー (rho) | p, P, q, 9 |
| $\Sigma$ | $\sigma$ | シグマ (sigma) | 6, o |
| (T) | $\tau$ | タウ (tau) | t, T |
| $\Upsilon$ | $\upsilon$ | ウプシロン (upsilon) | u, v, U, V |
| $\Phi$ | $\phi$ | ファイ (phi) | (書体 $\varphi$ もある) |
| (X) | $\chi$ | カイ (chi) | x, X |
| $\Psi$ | $\psi$ | プサイ (psi) | 4 |
| $\Omega$ | $\omega$ | オメガ (omega) | w, W |

記号や文字を正しく書くことは理科系の表現技術の第一歩である。

1. 字の上手下手より，まず正しい書体で他の記号と誤読されないように書く。(癖のある字は個性かもしれないが，設計図の誤読や発注の誤りを引き起こすようでは困る。)
2. 英字については，大文字と小文字の使い分け，文字の基線に注意する。たとえば，キログラムを kg と書かずに Kg あるいは kg と書くことは正しくない。
3. ギリシャ文字については，表を見て，すべて正しく読める・書けることが望ましい[1]。

---

[1] 表で英字と同じ字体のものにはかっこ (　) がつけてある。読みは慣用のものを 1 つだけ示したが，$\zeta$ をツェータ，$\theta$ をテータ，$\xi$ をクシー，$\psi$ をプシーあるいはサイと読むなど他にもいろいろある。

## A.2 SI (国際単位系)

**SI** (国際単位系) の 2018 年版は 7 つの物理量を以下の定義値として与える．したがって，以下の値に不確かさはない．数値は見やすくするため 3 桁ごとに空白を入れてある．

表 A.2　SI を定める基本的な物理量

| 物理量 | 値 |
| --- | --- |
| セシウム 133 原子の基底状態の超微細遷移振動数 ($\Delta\nu_{C_s}$) | 9 192 631 770 Hz |
| 光の速さ ($c$) | 299 792 458 m/s |
| プランク定数 ($h$) | $6.626\ 070\ 15 \times 10^{-34}$ J·s |
| 電気素量 ($e$) | $1.602\ 176\ 634 \times 10^{-19}$ C |
| ボルツマン定数 ($k_B$) | $1.380\ 649 \times 10^{-23}$ J/K |
| アボガドロ定数 ($N_A$) | $6.022\ 140\ 76 \times 10^{23}$ mol$^{-1}$ |
| $540 \times 10^{12}$ Hz の単色光の発光効率 ($K_{cd}$) | 683 lm/W |

表 1.1 (1.1 節) の 7 つの基本単位 m, kg, s, A, K, mol, cd の定義はこれらの値から定められる．たとえば，1 秒の定義は Hz = s$^{-1}$ なので，1 秒 = セシウム 133 原子の基底状態の超微細遷移の振動の時間の 9 192 631 770 倍となる．1 メートルや 1 キログラムも，$c, h$ が上記の値となることからその定義が与えられる．

いくつかの主要な物理量には独自の名前をもつものがある．表 A.3 にそれらの例を示す．

表 A.3　固有の名称をもつ SI 組立単位

| 名前 (読み) | 記号 | 基本単位での表現 | 量 |
| --- | --- | --- | --- |
| ニュートン | N | kg·m/s$^2$ | 力 |
| ジュール | J | kg·m$^2$/s$^2$ | 仕事 |
| ワット | W | kg·m$^2$/s$^3$ | 仕事率 |
| パスカル | Pa | kg/(m·s$^2$) | 圧力 |
| ヘルツ | Hz | s$^{-1}$ | 振動数，周波数 |
| クーロン | C | s·A | 電荷 |
| ボルト | V | kg·m$^2$/(s$^3$·A) | 電位，電圧 |
| オーム | Ω | kg·m$^2$/(s$^3$·A$^2$) | 電気抵抗 |
| ファラド | F | s$^4$·A$^2$/(kg·m$^2$) | 電気容量 |
| ヘンリー | H | kg·m$^2$/(s$^2$·A$^2$) | インダクタンス |
| テスラ | T | kg/(s$^2$·A) | 磁束密度 |
| ウェーバ | Wb | kg·m$^2$/(s$^2$·A) | 磁束，磁荷 |
| ルーメン | lm | cd·sr = cd | 光束 |
| ラジアン | rad | m/m あるいは 1 | 平面角 |
| ステラジアン | sr | m$^2$/m$^2$ あるいは 1 | 立体角 |

大きい量，小さい量を表すため，SI 接頭語が定義されている．表 1.2 (1.1 節) を参照せよ．以下，単位表記に関する規則の要点を示す．

1. 単位は，たとえば，メートルならば m のように立体文字で表す．
   SI の正規の規則ではないが，本書では，単位を明示したいときに [m] のように四角括弧を用いる場合がある．$x$ [m] とあれば，量 $x$ の単位が m であることを意味する．
2. 単位の積は，m·s, m s のようにドット (·) あるいは空白文字を間に入れて示す．

3. 単位の商は m/s, $\dfrac{\mathrm{m}}{\mathrm{s}}$, m s$^{-1}$ のように示す。斜線 (/) は 1 回しか使えない。複雑な場合，m$^3$/(kg·s$^2$) のように，かっこを使って誤認されないようにする。

4. SI 接頭語を 2 つ以上重ねてはいけない。質量については基本単位が kg なので，k 以外の接頭語を使う場合は g の前につける。Mkm，$\mu$kg などは誤りである。

## A.3 円と球

1. 円に関係する幾何学的な公式

$$\frac{\text{円周}}{\text{直径}} = 3.14159\ldots = \pi \tag{A.1}$$

この比の値はすべての円に共通である。これを円周率と呼び，文字 $\pi$（パイ）で表す。

$$\text{半径 } r \text{ の扇形の弧の長さ} \quad \ell = r\theta, \quad \text{半径 } r \text{ の扇形の面積} \quad S = \frac{1}{2}r^2\theta \tag{A.2}$$

扇形で $\theta = 2\pi$ とすれば円となる。

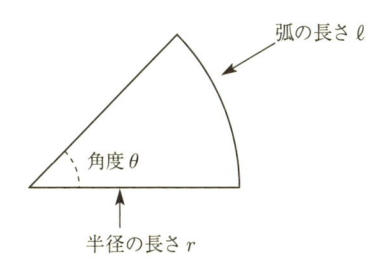

$$\text{半径 } r \text{ の円弧の長さ} \quad \ell = 2\pi r, \quad \text{半径 } r \text{ の円の面積} \quad S = \pi r^2 \tag{A.3}$$

図 A.1 扇形

2. 立体図形の体積と表面積

$$\text{半径 } r \text{ の球の体積} \quad V = \frac{4\pi}{3}r^3, \quad \text{表面積} \quad S = 4\pi r^2 \tag{A.4}$$

$$\text{半径 } r,\ \text{高さ } h \text{ の円柱の体積} \quad V = \pi r^2 h, \quad \text{側面積} \quad S = 2\pi r h \tag{A.5}$$

$$\text{半径 } r,\ \text{高さ } h,\ \text{母線長 } \ell \text{ の円錐の体積} \quad V = \frac{1}{3}\pi r^2 h, \quad \text{側面積} \quad S = \pi r \ell \tag{A.6}$$

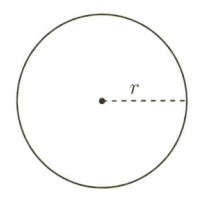

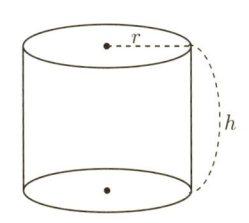

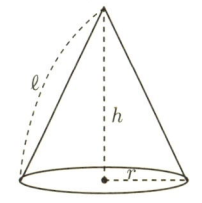

図 A.2 球，円柱，円錐

## A.4 諸公式

初等関数に関する公式で主要なものを集めた。

**指数関数と対数関数**

$$y = a^x \quad \leftrightarrow \quad x = \log_a y \tag{A.7}$$

**指数関数** ($e$ を底とするとき，$e^{\cdots}$ を $\exp(\cdots)$ と書いてもよい。)

$$a^0 = 1, \quad a^{-x} = \frac{1}{a^x} \tag{A.8}$$

$$a^x \cdot a^y = a^{x+y}, \quad \frac{a^x}{a^y} = a^{x-y}, \quad (a^x)^y = a^{(xy)} \tag{A.9}$$

**対数関数** (自然対数 $\log_e$ は log と記す。ln とも書く。)

$$\log_a 1 = 0, \quad \log_a a = 1, \quad \log_a \frac{1}{x} = -\log_a x \tag{A.10}$$

$$\log_a x + \log_a y = \log_a(xy), \quad \log_a x - \log_a y = \log_a \frac{x}{y}, \quad c\log_a x = \log_a x^c \tag{A.11}$$

**三角関数**

$$\sin^2 x + \cos^2 x = 1 \tag{A.12}$$

$$\tan x = \frac{\sin x}{\cos x}, \quad \cot x = \frac{\cos x}{\sin x}, \quad \sec x = \frac{1}{\cos x}, \quad \mathrm{cosec}\, x = \frac{1}{\sin x} \tag{A.13}$$

$$\sin(x \pm y) = \sin x \cos y \pm \cos x \sin y \tag{A.14}$$

$$\cos(x \pm y) = \cos x \cos y \mp \sin x \sin y \tag{A.15}$$

$$\sin x + \sin y = 2 \sin \frac{x+y}{2} \cos \frac{x-y}{2} \tag{A.16}$$

$$\cos x + \cos y = 2 \cos \frac{x+y}{2} \cos \frac{x-y}{2} \tag{A.17}$$

$$\cos x - \cos y = -2 \sin \frac{x+y}{2} \sin \frac{x-y}{2} \tag{A.18}$$

$$\sin 2x = 2 \sin x \cos x \tag{A.19}$$

$$\cos 2x = \cos^2 x - \sin^2 x = 2\cos^2 x - 1 = 1 - 2\sin^2 x \tag{A.20}$$

**三角関数と逆三角関数**

$$y = \sin x \quad \leftrightarrow \quad x = \arcsin y \quad \text{あるいは} \quad x = \sin^{-1} y \quad (\cos, \tan \text{も同様}) \tag{A.21}$$

**双曲線 (hyperbolic) 関数**

$$\cosh x = \frac{e^x + e^{-x}}{2}, \quad \sinh x = \frac{e^x - e^{-x}}{2}, \quad \tanh x = \frac{e^x - e^{-x}}{e^x + e^{-x}} \tag{A.22}$$

## A.5 ベクトル

本書では，3次元空間の直交座標での**ベクトル**の成分はかっこでくくって表す。位置ベクトルなら

$$\vec{r} = (x, y, z) \tag{A.23}$$

である[2]。**単位ベクトル**，つまり長さが1のベクトルは^をつける。直交座標で $x, y, z$-方向の単位ベクトルを $\hat{x}, \hat{y}, \hat{z}$ と表す。すると

$$\vec{r} = x\hat{x} + y\hat{y} + z\hat{z} \tag{A.24}$$

である[3]。以下で，上の式および

$$\vec{r}_1 = (x_1, y_1, z_1), \quad \vec{r}_2 = (x_2, y_2, z_2), \quad \theta_{12} = \vec{r}_1 \text{ と } \vec{r}_2 \text{ のなす角} \tag{A.25}$$

を使う。

1. ベクトルの絶対値

$$|\vec{r}| = \sqrt{x^2 + y^2 + z^2} \tag{A.26}$$

2. ベクトルの内積

$$\vec{r}_1 \cdot \vec{r}_2 = \begin{cases} |\vec{r}_1||\vec{r}_2|\cos\theta_{12} & \cdots \text{図形的定義} \\ x_1 x_2 + y_1 y_2 + z_1 z_2 & \cdots \text{成分による定義} \end{cases} \tag{A.27}$$

$$\vec{r}_1 \perp \vec{r}_2 \quad \Leftrightarrow \quad \vec{r}_1 \cdot \vec{r}_2 = 0 \tag{A.28}$$

3. ベクトルの外積（⇒ 図 A.3）

$$\vec{r}_1 \times \vec{r}_2 = \begin{cases} \begin{pmatrix} \text{大きさ} & |\vec{r}_1||\vec{r}_2|\sin\theta_{12} \\ \text{向き} & \vec{r}_1 \text{ から } \vec{r}_2 \text{ に右ネジを回した向き} \end{pmatrix} & \cdots \text{図形的定義} \\ (y_1 z_2 - z_1 y_2, z_1 x_2 - x_1 z_2, x_1 y_2 - y_1 x_2) & \cdots \text{成分による定義} \end{cases} \tag{A.29}$$

$$\vec{r}_1 \mathbin{/\mkern-6mu/} \vec{r}_2 \quad \Leftrightarrow \quad \vec{r}_1 \times \vec{r}_2 = 0 \tag{A.30}$$

$$\vec{r}_1 \times (\vec{r}_2 \times \vec{r}_3) = (\vec{r}_1 \cdot \vec{r}_3)\vec{r}_2 - (\vec{r}_1 \cdot \vec{r}_2)\vec{r}_3 \tag{A.31}$$

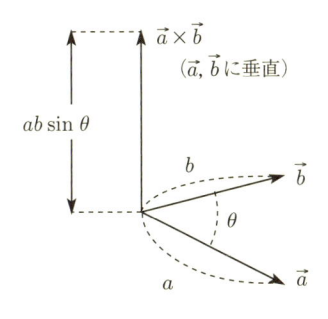

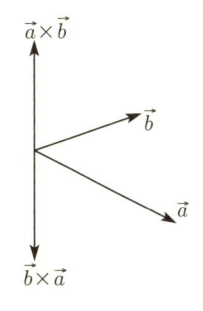

図 A.3 ベクトルの外積

---

[2] 矢印をつける記法を使う。肉太文字（ボールド）**r** を使う記法もよく見られる。

[3] $\mathbf{r} = x\mathbf{i} + y\mathbf{j} + z\mathbf{k}$ などと表すのもよく見かける。

4. **単位方向ベクトル** 長さが 1 で，原点から見た $\vec{r}$ 方向を表すベクトルを単位方向ベクトルと呼び，$\hat{r}$ で表す。

$$\hat{r} = \frac{\vec{r}}{r}, \quad (\vec{r} = (x, y, z), \quad r = |\vec{r}| = \sqrt{x^2 + y^2 + z^2}) \tag{A.32}$$

単位方向ベクトルの成分は方向余弦とも呼ばれる。なぜなら，$\vec{r}$ が $x, y, z$-軸となす角度を $\theta_x, \theta_y, \theta_z$ とすると

$$\hat{r} = (\cos\theta_x, \cos\theta_y, \cos\theta_z) \tag{A.33}$$

となっているからである。

5. **ベクトル 3 重積**

$$V = \vec{r}_1 \cdot (\vec{r}_2 \times \vec{r}_3) = \vec{r}_2 \cdot (\vec{r}_3 \times \vec{r}_1) = \vec{r}_3 \cdot (\vec{r}_1 \times \vec{r}_2) \tag{A.34}$$

$V$ は $\vec{r}_1, \vec{r}_2, \vec{r}_3$ が右手系をなす場合，その 3 つのベクトルがなす平行 6 面体の体積を表す。

6. **紙面に垂直なベクトル** ベクトルを図で表す際，3 次元空間を 2 次元の紙面の上に表すことになる。面に垂直なベクトルがあるとき，その面との交点を図 A.4 のように ⊙ あるいは ⊗ と表すことがある。前者が紙面から手前を向いているベクトル，後者が紙面を貫いて裏へと向いているベクトルを表す。これは，矢 (= ベクトル) を前方，後方から見た形を表している。

図 A.4　紙面に垂直なベクトルの表し方

## A.6　複 素 数

実数に，虚数単位

$$i = \sqrt{-1} \tag{A.35}$$

を付加し加減乗除が可能となるようにした数の集まり (数学的に言えば体) が，**複素数**である。これは次のように表すことができる。

$$\text{複素数} \quad z = a + bi \quad (a, b \text{ は実数}) \tag{A.36}$$

この式で，実部 $a$ を $x$ 成分，虚部 $b$ を $y$ 成分と考えれば，複素数 $z$ は平面上の点で表現することもでき，その平面を複素平面と呼ぶ。なお，$a = 0$ のとき純虚数と呼ぶ。

複素数の**絶対値**と**偏角**を次式で定義する。

$$z = a + bi \text{ の絶対値} \quad |z| = \sqrt{a^2 + b^2} \tag{A.37}$$

$$z = a + bi \text{ の偏角} \quad \arg z = \arctan\frac{b}{a} \tag{A.38}$$

また複素数に対して**共役複素数**を

$$z = a + bi \text{ の共役複素数} \quad \bar{z} = a - bi \tag{A.39}$$

で定義する。これを用いると絶対値は

と表すこともできる。

複素数の和と差は

$$(a_1 + b_1 i) \pm (a_2 + b_2 i) = (a_1 \pm a_2) + (b_1 \pm b_2)i \tag{A.41}$$

と，実数部分と虚数部分それぞれの和と差をとればよい。$c$ が実数のとき

$$c(a + bi) = (ca) + (cb)i \tag{A.42}$$

である。このように和差と定数倍は平面上のベクトルの演算と同様である。

複素数は乗算，除算もできる。乗算は

$$(a_1 + b_1 i) \cdot (a_2 + b_2 i) = (a_1 a_2 - b_1 b_2) + (a_1 b_2 + b_1 a_2)i \tag{A.43}$$

であり，除算は

$$\frac{1}{z} = \frac{\bar{z}}{z \cdot \bar{z}} = \frac{1}{|z|^2}\bar{z} \tag{A.44}$$

として乗じればよい。

応用上極めて有用なのが次のオイラー (Euler) の公式である。

$$e^{ix} = \cos x + i \sin x \quad (x \text{ は実数}) \tag{A.45}$$

現実の世界の量 (質量，長さ，時間，等) はすべて実数なのに，なぜ複素数を考える必要があるのかと思うかもしれない。しかし，数の世界は複素数までたどりついて，ある完全なレベルに達したといえる。単に「そこに虚数があるから」登ったのではなく，必然性に導かれてそこにたどり着いたのである。

技術的にも式 (A.45) から三角関数は数の世界を複素数に拡張することにより指数関数で代用できることがわかる。対数関数は指数関数の逆関数であることを考えると，指数・対数関数，三角関数は結局ひとつのものであったことになる。

そして，物理学においても，量子力学までたどりつけば，複素数は単なる計算技法ではなく，現象の本質的記述に必要な道具立てになっていることを付言しておく。

## A.7 微積分公式

この節で積分定数はあらわに記さなかった。

$$
\begin{array}{lll}
x \text{ の } n \text{ 乗} & \dfrac{dx^n}{dx} = nx^{n-1} & \displaystyle\int x^n dx = \dfrac{x^{n+1}}{n+1} \quad (n \neq -1) \\[2mm]
 & & \displaystyle\int \dfrac{1}{x} dx = \log |x| \\[2mm]
\text{指数関数} & \dfrac{de^x}{dx} = e^x & \displaystyle\int e^x dx = e^x \\[2mm]
\text{対数関数} & \dfrac{d\log x}{dx} = \dfrac{1}{x} & \displaystyle\int \log x \, dx = x(\log x - 1) \\[2mm]
\text{三角関数 (正弦)} & \dfrac{d\sin x}{dx} = \cos x & \displaystyle\int \sin x \, dx = -\cos x \\[2mm]
\text{三角関数 (余弦)} & \dfrac{d\cos x}{dx} = -\sin x & \displaystyle\int \cos x \, dx = \sin x
\end{array}
\tag{A.46}
$$

三角関数 (正接)　　$\dfrac{d\tan x}{dx} = \dfrac{1}{\cos^2 x}$　　　$\displaystyle\int \tan x\, dx = -\log\cos x$

1. 微分の線形性

$$\frac{df(x)}{dx} = g(x) \quad \rightarrow \quad \frac{d(af(x))}{dx} = ag(x) \tag{A.47}$$

$$\frac{df_1(x)}{dx} = g_1(x), \frac{df_2(x)}{dx} = g_2(x) \quad \rightarrow \quad \frac{d(f_1(x)+f_2(x))}{dx} = g_1(x) + g_2(x) \tag{A.48}$$

2. 積・商の微分

$$\frac{d(f(x)g(x))}{dx} = \frac{df(x)}{dx}g(x) + f(x)\frac{dg(x)}{dx} \tag{A.49}$$

$$\frac{d}{dx}\left(\frac{f(x)}{g(x)}\right) = \frac{\frac{df(x)}{dx}g(x) - f(x)\frac{dg(x)}{dx}}{(g(x))^2} \tag{A.50}$$

3. 合成関数の微分

$$\frac{d(f(g(x)))}{dx} = \frac{df(z)}{dz}\frac{dg(x)}{dx} \quad (z = g(x)) \tag{A.51}$$

特に　$\dfrac{d(f(ax+b))}{dx} = a\dfrac{df(X)}{dX}$ 　$(X = ax+b)$ 　　　(A.52)

例： $(e^{ax+b})' = ae^{ax+b}, \quad (\sin(x^2))' = 2x\cos(x^2)$ 　　　(A.53)

4. 積分の線形性

$$\int f(x)dx = F(x) \quad \rightarrow \quad \int (af(x))dx = aF(x) \tag{A.54}$$

$$\int f_1(x)dx = F_1(x), \int f_2(x)dx = F_2(x)$$

$$\rightarrow \quad \int (f_1(x)+f_2(x))dx = F_1(x) + F_2(x) \tag{A.55}$$

5. 積分の変数変換

$$\int f(h(x))\, dx = \int f(z)\left(\frac{dz}{dx}\right)^{-1} dz \quad (z = h(x)) \tag{A.56}$$

特に　$\displaystyle\int f(ax+b)dx = \dfrac{1}{a}\int f(X)dX$ 　$(X = ax+b)$ 　　　(A.57)

例： $\displaystyle\int (ax+b)^n dx = \dfrac{1}{a}\dfrac{(ax+b)^{n+1}}{n+1}$ 　　　(A.58)

6. 部分積分

$$\int \frac{df(x)}{dx}g(x)\, dx = f(x)g(x) - \int f(x)\frac{dg(x)}{dx}\, dx \tag{A.59}$$

## A.8　初等関数の級数表示

関数は「べき級数」で表示することができる。収束する範囲等に関する議論は数学に譲る。これらの式は，計算において近似を行う際にも使用される[4]。ある量 $x$ の絶対値が小さいと

---

[4] 本文中にしばしば現れる例でわかるように，物理学において近似とはごまかすことではなく，問題の本質をえぐりだす作業である。したがって，どのような近似が有効であり，その近似が物理的にどんな意味と限界をもつかを認識する作業が重要である。

きは，その $x$ の級数の最初の数項で，その関数を近似できるからである．

$$e^x = 1 + \frac{x}{1} + \frac{x^2}{2!} + \frac{x^3}{3!} + \cdots \tag{A.60}$$

$$\sin x = \frac{x}{1} - \frac{x^3}{3!} + \frac{x^5}{5!} - \frac{x^7}{7!} + \cdots \tag{A.61}$$

$$\cos x = 1 - \frac{x^2}{2!} + \frac{x^4}{4!} - \frac{x^6}{6!} + \cdots \tag{A.62}$$

$$\log(1+x) = x - \frac{x^2}{2} + \frac{x^3}{3} - \frac{x^4}{4} + \cdots \tag{A.63}$$

$$(1+x)^\alpha = 1 + \alpha x + \frac{\alpha(\alpha-1)}{2!}x^2 + \frac{\alpha(\alpha-1)(\alpha-2)}{3!}x^3 + \cdots \tag{A.64}$$

最初の3つの展開式から，式 (A.45) のオイラーの公式が証明できることに注意せよ．

これらの展開は式の計算だけでなく，数値計算にも使える．現場で電卓が手元にないときには

$$\sqrt{8.6} = \sqrt{9-0.4} = 3\sqrt{1-\frac{0.4}{9}} \simeq 3\left(1+0.5 \cdot -\frac{0.4}{9}\right) \simeq 2.93 \tag{A.65}$$

などと，すばやく計算できなくてはいけない．

## A.9　ベクトル解析の記法

以下で一般のスカラー場を $F$，ベクトル場を $\vec{A}$ で表す．あるスカラー量 $F$ が座標 $x, y, z$ によって決まる値をもつときスカラー場という．したがって $F = F(x, y, z)$ であり，スカラー関数と呼んでもよい．ベクトル場も同様である．以下で使われる $\nabla$ はナブラと読むベクトルの微分演算子である．

$$\nabla = \left(\frac{\partial}{\partial x}, \frac{\partial}{\partial y}, \frac{\partial}{\partial z}\right) \tag{A.66}$$

1. 勾配 (gradient)　スカラー場からベクトル場をつくる．

$$\operatorname{grad} F = \nabla F = \left(\frac{\partial F}{\partial x}, \frac{\partial F}{\partial y}, \frac{\partial F}{\partial z}\right) \tag{A.67}$$

2. 発散 (divergence)　ベクトル場からスカラー場をつくる．

$$\operatorname{div} \vec{A} = \nabla \cdot \vec{A} = \frac{\partial A_x}{\partial x} + \frac{\partial A_y}{\partial y} + \frac{\partial A_z}{\partial z} \tag{A.68}$$

3. 回転 (rotation)　ベクトル場からベクトル場をつくる．

$$\operatorname{rot} \vec{A} = \nabla \times \vec{A} = \left(\frac{\partial A_z}{\partial y} - \frac{\partial A_y}{\partial z}, \frac{\partial A_x}{\partial z} - \frac{\partial A_z}{\partial x}, \frac{\partial A_y}{\partial x} - \frac{\partial A_x}{\partial y}\right) \tag{A.69}$$

4. 公式

$$\operatorname{rot} \operatorname{grad} F = 0 \tag{A.70}$$

$$\operatorname{div} \operatorname{rot} \vec{A} = 0 \tag{A.71}$$

$$\operatorname{div} \operatorname{grad} F = \triangle F \tag{A.72}$$

$$\operatorname{rot} \operatorname{rot} \vec{A} = \operatorname{grad} \operatorname{div} \vec{A} - \triangle \vec{A} \tag{A.73}$$

$$\triangle = \frac{\partial^2}{\partial x^2} + \frac{\partial^2}{\partial y^2} + \frac{\partial^2}{\partial z^2} \quad \text{ラプラス演算子} \tag{A.74}$$

## A.10 線積分，面積分，体積積分

この節は，1.6.2 節の内容を発展させたものである。繰り返しになるが，分布している量を総計するには，対象となる領域を細かく分割し，個々の微小な領域で計算した量を合計することにより求める。

**線積分**　ある曲線 C に関して合計する場合である。図 A.5 のように，曲線を $N$ 個の微小な部分に分割したとする。

$$\sum_{j=1}^{N} f_j \Delta s_j \tag{A.75}$$

ここで，$f$ は合計される分布量である。$f_j$ は $j$ 番目の小片の位置での $f$ の値，$\Delta s_j$ は $j$ 番目の小片の長さである。分割を無限に細かくとった極限では積分となる。

$$\sum f_j \Delta s_j \quad \Rightarrow \quad \int_C f(s)\,ds \tag{A.76}$$

$s$ は曲線に沿った座標で，曲線上の位置を指定する。これを線積分と呼ぶ。曲線 C が輪のようになっているとき**閉曲線**と呼ぶ。このときは以下のように表す場合もある。

$$\sum f_j \Delta s_j \quad \Rightarrow \quad \oint_C f(s)ds \tag{A.77}$$

**ベクトルと線積分**　力学的仕事，流体の循環，アンペールの法則，ファラデーの法則などの場合に現れる式の表現について説明する。総和をとる量がベクトル $\vec{V}$ であり，曲線に沿った方向の接線成分 $V_t$ の和を求めるものとする。このときはまず，曲線 C に方向を与えておく必要がある。そして接線成分はこの方向に沿った成分とする。$\vec{V}$ の接線成分の向きが曲線 C の方向と同じときはプラス，逆のときはマイナスとして合計する。

閉曲線をたどる方向を記述するとき，しばしば，**時計回り**，**反時計回り**という言い方をする。面を「上」から見たとき，普通は反時計回りが曲線 C をたどる向きとなる。閉曲線 C があり，その C を縁とする面 S を考えるときは，両者の向きは連動する。面 S の裏から表の方向に右ネジを回すときの回転方向が曲線 C の向きとなる。

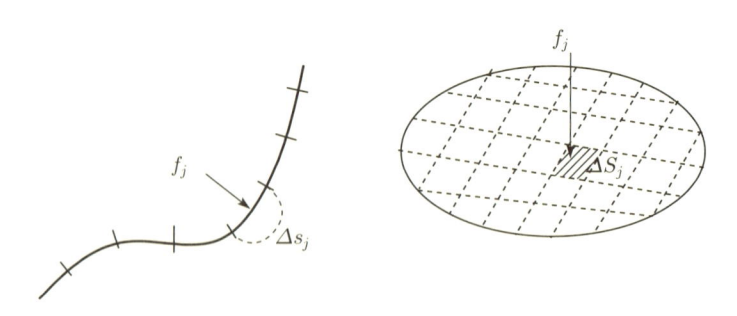

図 A.5　線積分と面積分

**面積分**　ある曲面 S に関して合計する場合である。図 A.5 のように，曲面を $N$ 個の微小な部分に分割したとする。

$$\sum_{j=1}^{N} f_j \Delta S_j \tag{A.78}$$

ここで，$f$ は合計される分布量である．$f_j$ は $j$ 番目の小片の位置での $f$ の値，$\Delta S_j$ は $j$ 番目の小片の面積である．分割を無限に細かくとった極限では積分となる．

$$\sum f_j \Delta S_j \quad \Rightarrow \quad \int_S f(\vec{s}) dS \tag{A.79}$$

$\vec{s}$ は曲面上の位置を指定する座標である．これを面積分と呼ぶ．なお，曲線 S が穴のない袋のようになっているとき**閉曲面**と呼ぶ．

**ベクトルと面積分** 流体の流量やガウスの法則などの場合に現れる式の表現について説明する．

総和をとる量がベクトル $\vec{V}$ であり，曲面に垂直な接線成分 $V_n$ の和を求めるものとする．このときはまず，曲面に裏と表を定義しておく必要がある．そして法線成分はこの裏から表の方向を正と定義する．ベクトルと線積分の項の右ネジルールを参照すること．

**体積積分** ある空間の領域 V に関して合計する場合である．その空間を $N$ 個の微小な部分に分割したとする．

$$\sum_{j=1}^{N} f_j \Delta V_j \tag{A.80}$$

ここで，$f$ は合計される分布量である．$f_j$ は $j$ 番目の小片の位置での $f$ の値，$\Delta V_j$ は $j$ 番目の小片の体積である．分割を無限に細かくとった極限では積分となる．

$$\sum f_j \Delta V_j \quad \Rightarrow \quad \int_V f(\vec{s}) dV \tag{A.81}$$

$\vec{s}$ は空間の領域の位置を指定する座標である．これを体積積分と呼ぶ．

以上で説明した積分の技術的な扱いは難しいので，本書では使用せず，和記号で表した $\sum f_j \Delta s_j$ といった表記を使うことにしている．その理由は，式が表している物理的な関係を理解することを重視しているからである．和記号で表した式は掛け算と足し算しか使っていないので理解は容易である．

## A.11 線 形 性

ものの集まり (集合) $X$ があり，それが

- $a$ が $X$ に属するとき $c$ を数として $ca$ も $X$ に属する，
- $a, b$ が $X$ に属するとき $a + b$ も $X$ に属する，

という性質をもっているとき $X$ を線形空間と呼ぶ．

ある「もの」が**線形性**をもっているとは，その量 $\mathbf{x}$ を支配する操作 $\mathcal{O}$ があり，それが以下を満たすことである．この性質を**重ね合せの原理**と呼ぶこともある．

$$\mathcal{O}(\mathbf{x}) = 0 \quad \text{ならば} \quad \mathcal{O}(c\mathbf{x}) = 0 \quad (c = 定数) \tag{A.82}$$

$$\mathcal{O}(\mathbf{x}_1) = 0, \mathcal{O}(\mathbf{x}_2) = 0 \quad \text{ならば} \quad \mathcal{O}(\mathbf{x}_1 + \mathbf{x}_2) = 0$$

線形性は広い概念である．たとえば，ベクトルの集まりは線形空間をなす．本書では微分方程式の解に関して線形性に言及することが多いので，以下はそれに絞って説明する．例と

して次の微分方程式を考える[5]。

$$\frac{d^2 u}{dx^2} = u \tag{A.83}$$

これは，式 (A.82) の条件

$$\frac{d^2 u}{dx^2} = u \quad \rightarrow \quad \frac{d^2(cu)}{dx^2} = cu,$$

$$\frac{d^2 u_1}{dx^2} = u_1, \quad \frac{d^2 u_2}{dx^2} = u_2, \quad \rightarrow \quad \frac{d^2(u_1+u_2)}{dx^2} = u_1 + u_2$$

を満たすので線形である。(確かめよ。)

ところが，式 (A.83) のかわりに

$$\frac{d^2 u}{dx^2} = u^2 \tag{A.84}$$

を考えると，

$$\frac{d^2 u}{dx^2} = u^2 \quad \overset{?}{\rightarrow} \quad \frac{d^2(cu)}{dx^2} = (cu)^2$$

とはならない。(左辺は $c$ 倍されるが，右辺は $c^2$ 倍される。) この式 (A.84) は**非線形**方程式である。

式 (A.83) は簡単な 2 つの解をもつ。

$$u(x) = e^x, \qquad u(x) = e^{-x} \tag{A.85}$$

(この $u$ をそれぞれ式 (A.83) に代入して成立することを確かめよ。) そして，式 (A.82) から，$C_1, C_2$ を任意の定数として，この 2 つを組み合わせた

$$u(x) = C_1 e^x + C_2 e^{-x} \tag{A.86}$$

も解となる。

一般に方程式は複数の (無限の) 解をもちうる。上の例からわかるように，方程式が線形であれば，一群の解を組織的に求めることができる。式が非線形であればそうはいかない。

自然界の諸現象は一般には非線形であるが，それでは，扱いが難しいので適切な近似でつくった線形理論を扱うことも多い。これは，有効ではあるが，その限界に注意する必要がある。

---

[5] この例での $\mathcal{O}$ は $\frac{d^2}{dx^2} - 1$ という演算子であり，x は関数 $u(x)$ である。ここで式 (A.83) を

$$\frac{d^2 u}{dx^2} - u = 0 \quad \rightarrow \quad \left(\frac{d^2}{dx^2} - 1\right) u = 0$$

と変形した。「演算子」と呼ぶ意味は，この $\mathcal{O}$ が「$u$ を 2 回微分してからそれ自身を引け」という動作を表しているからである。

## A.12 定　数

数学：3桁表示

$$\pi = 3.14 \quad \sqrt{\pi} = 1.77 \quad \pi^2 = 9.87 \quad 1/\pi = 0.318$$
$$e = 2.72 \quad \sqrt{e} = 1.65 \quad e^2 = 7.39 \quad 1/e = 0.368$$
$$\sqrt{2} = 1.41 \quad \sqrt{3} = 1.73 \quad \sqrt{5} = 2.24 \quad \sqrt{6} = 2.45$$
$$\sqrt{10} = 3.16 \quad \log 2 = 0.693 \quad \log 10 = 2.30 \quad \log_{10} 2 = 0.301$$

表 A.4　物理定数

| | | | |
|---|---|---|---|
| **自然定数** | | | |
| 光速[*] | $c$ | $2.99792458 \times 10^8$ | m/s |
| 万有引力定数 | $G$ | $6.67408 \times 10^{-11}$ | m$^3$/(kg·s$^2$) |
| 電気素量[*] | $e$ | $1.602176634 \times 10^{-19}$ | C |
| プランク定数[*] | $h$ | $6.62607015 \times 10^{-34}$ | J·s |
| | $\hbar = h/(2\pi)$ | $1.05457182 \times 10^{-34}$ | J·s |
| **換算系** | | | |
| アボガドロ定数[*] | $N_A$ | $6.02214076 \times 10^{23}$ | 1/mol |
| ボルツマン定数[*] | $k_B$ | $1.380649 \times 10^{-23}$ | J/K |
| 気体定数 | $R = N_A k_B$ | $8.3144598$ | J/(K·mol) |
| 1 カロリー | 1 cal | $4.18605$ | J |
| セルシウス温度 | $0°$C | $273.15$ | K |
| 1 気圧 (定義値) | 1 atm | $1.01325 \times 10^5$ | Pa |
| 1 電子ボルト | 1 eV | $1.602176634 \times 10^{-19}$ | J |
| **電磁気力** | | | |
| クーロン力の定数 | $k = 1/(4\pi\varepsilon_0)$ | $8.987552 \times 10^9$ | (N·m$^2$)/C$^2$ |
| 真空誘電率 | $\varepsilon_0$ | $8.854188 \times 10^{-12}$ | F/m |
| 真空透磁率 | $\mu_0$ | $1.256637 \times 10^{-6}$ | H/m |
| **原子** | | | |
| 電子質量 | $m_e$ | $9.109384 \times 10^{-31}$ | kg |
| 陽子質量 | $m_p$ | $1.672622 \times 10^{-27}$ | kg |
| 微細構造定数 | $\alpha = e^2/(4\pi\varepsilon_0 c\hbar)$ | $1/137.0359991$ | |
| ボーア半径 | $a_0 = (4\pi\varepsilon_0\hbar^2)/(m_e e^2)$ | $5.29177211 \times 10^{-11}$ | m |
| ボーア磁子 | $\mu_B = e\hbar/(2m_e)$ | $9.2740100 \times 10^{-24}$ | J/T |
| リュードベリ定数 | $Ry$ | $1.09737315685 \times 10^7$ | 1/m |
| 電子コンプトン波長 | $\lambda_e = h/(m_e c)$ | $2.42631024 \times 10^{-12}$ | m |
| **地球** | | | |
| 重力加速度 (標準値) | $g$ | $9.80665$ | m/s$^2$ |
| 地球質量 | $M_E$ | $5.972 \times 10^{24}$ | kg |
| 地球半径 (赤道) | $R_E$ | $6.378 \times 10^6$ | m |
| 1 天文単位 | 1 AU | $1.495979 \times 10^{11}$ | m |
| 1 年 | 1 y | $3.156 \times 10^7$ | s |

[*] SI の定義値

# 類題・演習問題の略解

類題や章末の問はまず自力で検討してもらいたい。結果を確認するための便宜として以下に略解を示す。やや難しい問は，簡単な説明をつけてある。

## 類 題

**1.1** 1. $a = 2.0$ m/s$^2$. 2. 250 杯。

**1.2** 平行成分 $V\sin\theta$，垂直成分 $V\cos\theta$.

**1.3** 半径 $r = 1.26$ cm $= 1.26 \times 10^{-2}$ m となる。体積 $V = \dfrac{4\pi}{3}r^3 = 8.40 \times 10^{-6}$ m$^3$ で，密度は表の値を使うと $M = 8.82 \times 10^{-2}$ kg である。

**1.4** 1. $v = Ab\cos bt$, $a = -Ab^2 \sin bt$. 2. $v = Aae^{at}$, $a = Aa^2 e^{at}$.

**1.5** 1. $v = \dfrac{1}{2}pt^2 + qt + v_0$, $x = \dfrac{1}{6}pt^3 + \dfrac{1}{2}qt^2 + v_0 t + x_0$.
2. $v = \dfrac{A}{\omega}\sin\omega t$, $x = -\dfrac{A}{\omega^2}(\cos\omega t - 1) + x_0$.

**2.1** (1) $m_1 g$. (2) $m_1 g$. (3) $\mu \geq \dfrac{m_1}{m_2}$.

**2.2** 1. (1) $a = 1.0$ m/s$^2$. (2) $v = t + 4$, $x = \dfrac{1}{2}t^2 + 4t$ なので, $x = 32.5$ m, $v = 9$ m/s.
2. $v = -gt$, $x = -\dfrac{1}{2}gt^2 + h$. 3. 前問で $x = 0$ とする。$t = \sqrt{\dfrac{2h}{g}}$, $v = -\sqrt{2gh}$.

**2.3** $v_y = 0$ とすると，$t = \dfrac{V\sin\theta}{g}$ で，これを $y$ の式に代入して $H = \dfrac{V^2\sin^2\theta}{2g}$.

**2.4** 1. 時間は例題と同じである。$x = 2a\cos\omega t$. 2. 点 Q からのときは，点 P からのときの 2 倍の速さとなる。

**2.5** $F = mr\omega^2$ で $\omega = 4\pi$ とする。$F = 63$ N.

**2.6** $mg \leq \mu mr\omega^2$ の条件があれば落ちない。$f \geq 0.32$ Hz.

**3.1** 1. $W = W_{OB} + W_{BC} = 4 + 8 = 12$. どの経路でも仕事の値は同じ。2. O $\to$ A $\to$ C, $W = W_{OA} + W_{AC} = 0 + 2 = 2$; O $\to$ B $\to$ C, $W = W_{OB} + W_{BC} = 2 + 16 = 18$. この力では，2 つの経路での仕事の値が異なる。

**3.2** $v = A\omega\cos\omega t$ を求めておく。$K = \dfrac{1}{2}mA^2\omega^2\cos^2\omega t$, $U = \dfrac{1}{2}kA^2\sin^2\omega t$ であり，$k = m\omega^2$ から $K + U = \dfrac{1}{2}mA^2\omega^2 =$ 一定。

**3.3** 1. それぞれの速さを $v_1, v_2$ とする。$v_1 : v_2 = m_2 : m_1$. 2. $V = \dfrac{mv}{m+M}$, $\dfrac{1}{2}\dfrac{mMv^2}{m+M}$.

**5.1** 1. O を中心とすると，$\dfrac{1}{2}\ell\cos\theta N_1 = \dfrac{1}{2}\ell\sin\theta N_2 + \dfrac{1}{2}\ell\sin\theta f$ という式が得られる。以下は例題と同じである。2. (1) $T = \dfrac{Mg}{\cos\theta}$, $N = Mg\tan\theta$. (2) つりあいの条件から $T\sin\phi = N$, $T\cos\phi + f = Mg$, $rf = rT\sin\phi$ という式が出る。$\mu \geq 1$.

**5.2** 1. 1 つの正方形が $\dfrac{1}{12}\dfrac{M}{3}\left(\dfrac{a}{2}\right)^2 = \dfrac{Ma^2}{9}$, これを 3 倍して，$I = \dfrac{Ma^2}{3}$. 2. $I = \dfrac{5}{3}Ma^2$.
3. $I = \dfrac{2}{3}Ma^2$.

**5.3** 1. (1) 同じ。(2) 同じ。(3) 円柱。2. 例題で $\theta = 90°$ としたことに相当する。ひもの張力を $T$ とすると，$x = r\phi$ で，運動方程式は以下。

$$Mg - T = M\dfrac{d^2 x}{dt^2}, \qquad rT = I\dfrac{d^2\phi}{dt^2}.$$

**8.1** $9.3 \times 10^{-14}$ kg.

**8.2** $4.5 \times 10^2$ J/(K·kg).

**8.3** (1) $n = 125$ mol. (2) 1.2 倍。

**8.4** 右上がりの直線のグラフを描く。($T = 300$ K $\cdots$ $p = 1.66 \times 10^5$ Pa, $T = 450$ K $\cdots$ $p = 2.49 \times 10^5$ Pa.)

**8.5** 20 J 減少した。

**8.6** (1) $1.5RT$. (2) $-\log 2 RT$ (熱は出ていった). (3) 0.

**8.7** 略。

**8.8** $W = 275$ J.

**8.9** $\Delta S = \log \dfrac{(V_1+V_2)^2}{4V_1V_2}$. 数学的に任意の $V_1, V_2$ に対して $(V_1+V_2)^2 \geqq 4V_1V_2$ となるので, $\Delta S \geqq 0$ となる。

**9.1** 点 O：負の $x$ 軸方向に $\dfrac{2kq}{a^2}$. 点 A：負の $x$ 軸方向に $\dfrac{kq}{\sqrt{2}a^2}$. 点 B：向きは図の (d) の $\vec{E}_2$ の向きを逆にしてつくった平行四辺形より決まる。$\dfrac{\sqrt{26-2\sqrt{5}}}{5}\dfrac{kq}{a^2}$.

**9.2** (1) $\varepsilon_0 E_0 b^2$. (2) $\dfrac{200}{3}\varepsilon_0$.

**9.3** (1) 51 V. (2) 45 V/m. (3) 0 V/m. (4) $1.44 \times 10^{-4}$ J.

**9.4** $C = 500$ pF. $q = 1$ nC. $W = 1$ nJ.

**9.5** 左辺を計算すると 0 となる。任意の $a, b, c, d$ でそうなるので電流は存在しないことがわかる。

**9.6** $\dfrac{\sqrt{2}I}{\pi a}$.

**9.7** $0 < t < (a/v)$ の間は $V = -B_0 v^2 t$, $(a/v) < t$ では $V = 0$.

**9.8** $\dfrac{q}{m} = \dfrac{8V}{L^2 B^2}$, $L = 5.3 \times 10^{-3}$ m.

**9.9** 1 Ω $\cdots$ 0.5 A (左向き), 3 Ω $\cdots$ 0.5 A (右向き), 2 Ω $\cdots$ 1 A (下向き), 8 Ω $\cdots$ 0.5 A (上向き)。

**9.10** $L' = 32$ mH, $Z = 1130$ Ω.

### 演習問題

**問 1.1** (1) $a$ [m/s$^2$]. (2) $A$ [m], $\omega$ [rad/s]. (3) $C$ [m], $\tau$ [s].

**問 1.2** (1) 1. (2) 3.

**問 1.3** $x = r\cos\phi, y = r\sin\phi$. $r = \sqrt{x^2+y^2}$, $\phi = \arctan\dfrac{y}{x}$.

**問 1.4** (1) 自由度 1, 東京駅からの距離。(2) 自由度 2, 緯度と経度。(3) 自由度 3, 3 次元の座標。

**問 1.5** 略。

**問 1.6** $\pi/1800 = 1.75 \times 10^{-3}$ rad/s.

**問 1.7** $\vec{v} = (-A\omega\sin\omega t, A\omega\cos\omega t)$, $\vec{a} = (-A\omega^2\cos\omega t, -A\omega^2\sin\omega t)$.

**問 1.8** (1) $\dfrac{22}{3}$. (2) $\dfrac{15}{2}$. (3) $\dfrac{59}{8}$. (4) $\dfrac{2}{N}\sum_{j=1}^{N}\left(5 - \left(\dfrac{2j-1}{N}\right)^2\right)$.

**問 2.1** $\tan\theta_0 = \mu$.

**問 2.2** $\sqrt{2h/g}$, $v_0\sqrt{2h/g}$.

**問 2.3** $y = -\dfrac{1}{2}gt^2 + v_0 t + h$ より, $y = 0$ として 2 次方程式を解き, 時間を求める。$t = (v_0 + \sqrt{v_0^2 + 2gh})/g$.

**問 2.4** 飛距離 $= V^2\sin(2\theta)/g$. $2\theta = 90°$ で最大。

**問 2.5** いわゆるモンキーハンティング。重力がなければ ($g=0$) 衝突する。重力があると，どちらも $\frac{1}{2}gt^2$ だけ落下するので，やはり衝突する。(式で説明すると，$t=\ell/V$ に軌道が交差する。このときの「弾」と「猿」の $y$ 座標は $V\sin\theta t - \frac{1}{2}gt^2$, $\ell\sin\theta - \frac{1}{2}gt^2$ であり，$t$ を代入すれば等しい。)

**問 2.6** $m\,dv/dt = -bv$ を初期条件 $t=0 \to v=V$ で解く。$v=Ve^{-bt/m}$. 時間で積分して $x = (mV/b)(1-e^{-bt/m})$. $t\to\infty$ で $x=mV/b$ が停止位置。

**問 2.7** (1) ($x$ 成分) $m\,dv_x/dt=-bv_x$，  ($y$ 成分) $m\,dv_y/dt=-bv_y-mg$. (2) $v_x=V\cos\theta e^{-t/\tau}$, $v_y=V\sin\theta e^{-t/\tau}-v_\infty(1-e^{-t/\tau})$.

**問 2.8** $x=(V_0/\omega)\sin\omega t$  ($\omega=\sqrt{k/m}$).

**問 2.9** $\ell, T$.

**問 2.10** つりあっているとき浮力と重力は等しい。$x$ だけ上に動くと，重力は変わらないが，浮力は変化し，その変化分 $-(S x)\rho g$ が求める力。

**問 2.11** $x$ が微小なら，$F=-2Acx$, $T=2\pi\sqrt{m/2Ac}$.

**問 2.12** $f=\dfrac{1}{2\pi}\sqrt{\dfrac{ng}{\ell}}$.

**問 2.13** 発進するとき，$A>0 \Rightarrow -mA<0 \Rightarrow$ 後方向に力を感じる。停車するとき，$A<0 \Rightarrow -mA>0 \Rightarrow$ 前方向に力を感じる。

**問 2.14** $r\omega^2=3.4\times10^{-2}$. $mr\omega^2/mg=3.5\times10^{-3}$ だけ重力が減り，軽くなる。(体重 60 kg の人で約 200 g)

**問 2.15** 中心部の気圧が低いので，大気は外から中心に向けて流れ込むが，コリオリ力により (北半球では) 右に曲がり，反時計回りに中心に向かう渦となる。

**問 3.1** $\vec{v}$ と $\vec{F}$ が垂直なので ($F_t=0$) 向心力のなす仕事は 0，よって運動エネルギーは変化なし。

**問 3.2** 力の源が原点 O にあり，そこからの距離が $r$. 基準点を A とし，そこから距離が $r$ の点 P まで質点を動かすときの仕事を計算する。A までの距離を $r_0$ とする。直線 OA 上で距離が $r$ の点を B とする。すると，直線 OA に沿って動かすと，$W(A\to B) = \int_{r_0}^{r}\dfrac{C}{r^2}dr = \dfrac{C}{r_0}-\dfrac{C}{r}$. B から P は，半径 $r$ の球面上で移動すれば力の向きから $W(B\to P)=0$. よって，$W(A\to P)=\dfrac{C}{r_0}-\dfrac{C}{r}=U(A)-U(P)$. 基準点 A を無限遠方にとれば，$U(P)=\dfrac{C}{r}$.

**問 3.3** $|F|=(-C)/r^2=mv^2/r \to K=(1/2)mv^2=(-C)/(2r)$.

**問 3.4** (1) $-\dfrac{\partial U}{\partial x}=2x-y$, $-\dfrac{\partial U}{\partial y}=-x+2y$.
(2) $-\dfrac{\partial U}{\partial x}=xy$, $-\dfrac{\partial U}{\partial y}=1$ となる $U(x,y)$ はつくれない。

**問 3.5** 球の中心と最高点，質点の位置がなす角を $\theta$ とする。$\cos\theta=2/3$ で離れる。

**問 3.6** $U(x)=\dfrac{1}{4}kx^4$. $U\leq E=\dfrac{1}{2}mV_0^2$ を解き $-\left(\dfrac{2mV_0^2}{k}\right)^{1/4}\leq x \leq \left(\dfrac{2mV_0^2}{k}\right)^{1/4}$.

**問 3.7** $U(x)=-\dfrac{1}{3}ax^3+\dfrac{1}{2}bx^2$. この $U$ は $x=b/a$ に極大があり，これを越えると，質点はどんどん $x\to\infty$ へ運動。運動が有限であるには $U(b/a)>E=\dfrac{1}{2}mV_0^2$ が必要。$|V_0|<\sqrt{b^3/(3ma^2)}$.

**問 3.8** 運動量：$1.8\times10^{29}$ kg m/s, 向きは軌道の接線方向。角運動量：$2.7\times10^{40}$ kg m$^2$/s, 向きは軌道に垂直な方向。

**問 3.9** (1) $(3/7, -1/7)$. (2) $(-2, 2)$.

**問 3.10** (1) (運動量) $Mv=(M-\mu)v'+\mu u$, (エネルギー) $\dfrac{1}{2}Mv^2+Q=\dfrac{1}{2}(M-\mu)v'^2+\dfrac{1}{2}\mu u^2$.
(2) $v'=v+\sqrt{2\mu Q/M(M-\mu)}$.

**問 3.11** $v_2'$ を消去すると，$v_1'$ の 2 次方程式。解くと，解の 1 つは $v_1'=\dfrac{(m_1-m_2)v_1+2m_2v_2}{m_1+m_2}$. もう 1 つの解は $v_1'=v_1$ という「衝突しなかった」ときの解である。同様に $v_2'=\dfrac{2m_1v_1+(m_2-m_1)v_2}{m_1+m_2}$.

問 3.12 (1) $\vec{v}_1' = (v_1'\cos\phi, v_1'\sin\phi)$, $\vec{v}_2' = (0, -v_2')$ である。(エネルギー) $\frac{1}{2}m_1u^2 + \frac{1}{2}m_2u^2 = \frac{1}{2}m_1{v_1'}^2 + \frac{1}{2}m_2{v_2'}^2$, (運動量 $x$) $m_1u - m_2u = m_1v_1'\cos\phi$, (運動量 $y$) $0 = m_1v_1'\sin\phi - m_2v_2'$. (2) $v_1' = \sqrt{\dfrac{m_1^2 - m_1m_2 + 2m_2^2}{m_1(m_1+m_2)}}\,u$. $v_2' = \sqrt{\dfrac{3m_1 - m_2}{m_1+m_2}}\,u$. (3) $3m_1 > m_2$. あまり $m_2$ が重いと,$m_2$ が $y$ 軸方向に飛び去ることができない。

問 4.1 略。(周期の 2 乗と長半径の 3 乗の比をそれぞれ計算する。)

問 4.2 $2.00 \times 10^{30}$ kg.

問 4.3 $g(\text{月}) = 0.166 g(\text{地球})$.

問 4.4 $7.90 \times 10^3$ m/s.

問 4.5 質点の位置を P とし,球面の上に微小な面積 $S$ の領域をとる。その領域の周囲と P を結ぶ直線を延長すると,$S$ と反対側の球面上に別の微小な面積 $S'$ の領域ができる。$S$ と $S'$ を結ぶ直線と,面 $S$ および面 $S'$ がなす角は,球面なので相等しい。P から,それぞれの領域までの距離を $r, r'$ とすると,近似的に $S : S' = r^2 : r'^2$ なので,2 つの微小領域が質点 $m$ に及ぼす万有引力は同じ大きさで向きが逆となり相殺する。このことを球面を微小な領域に分割して,全体で考えればよい。

問 4.6 (1) $M(x/R)^3$. (2) $F = -GMmx/R^3$. (3) $F = -mgx/R$. (4) $T/2 = \pi\sqrt{R/g} = 2.5 \times 10^3$ s.

問 5.1 線分 OP を O の方に延長した直線上に Q をとる。OP : OQ $= 3 : 1$ となる位置 Q が求める重心。

問 5.2 底面の中心から $h/4$ の位置。

問 5.3 $I = m_1\{(a-b)^2 + (a-c)^2\} + m_2\{(a+b)^2 + (a-c)^2\} + m_3\{(a+b)^2 + (a+c)^2\} + m_4\{(a-b)^2 + (a+c)^2\}$.

問 5.4 半径 $x$, 幅 $\Delta x$ の細い円輪の慣性モーメントを合計する。$I = \sum\left(\dfrac{2\pi x \Delta x}{\pi r^2}M\right)x^2$. 積分に直して,$I = \int_0^r \dfrac{2M}{r^2}x^3\,dx = \dfrac{1}{2}Mr^2$.

問 5.5 回転軸を $z$ 軸とし,位置 $z$,厚さ $\Delta z$,半径 $x = \sqrt{r^2 - z^2}$ の薄い円板の慣性モーメントを合計する。$I = \sum\dfrac{1}{2}\left(\dfrac{\pi x^2\Delta z}{(4/3)\pi r^3}M\right)x^2$. 積分に直して,$I = \int_{-r}^{r}\dfrac{3M}{8r^3}x^4\,dz = \dfrac{2}{5}Mr^2$.

問 5.6 手順は前の問と同じ。$I = \dfrac{3}{10}Mr^2$.

問 5.7 (1) つりあいの条件から,$Mg\cos\theta = H_P + H_Q$, $Mg\sin\theta = f_P + f_Q$, $H_Pb = H_Qb + f_Ph + f_Qh$ の式を得る。$H_P = \dfrac{1}{2}(\cos\theta + (h/b)\sin\theta)Mg$, $H_Q = \dfrac{1}{2}(\cos\theta - (h/b)\sin\theta)Mg$. (2) (すべり落ちる場合) $f_P \leq \mu H_P, f_Q \leq \mu H_Q$ が破れる。このとき,$\tan\theta = \mu$. (前のめりに倒れる場合) $H_Q = 0$. このとき,$\tan\theta = (b/h)$.

問 5.8 $Id^2\phi/dt^2 = -r\mu'F$ より,$\omega = -(r\mu'F/I)t + \Omega$, $\phi = -\dfrac{1}{2}(r\mu'F/I)t^2 + \Omega t$. (1) 停止するので,$\omega = 0$ より $T = I\Omega/r\mu'F$. (2) $\phi$ に $T$ を代入。求める角度を $\phi_0$ として,$\phi_0 = \dfrac{1}{2}\Omega T = I\Omega^2/2r\mu'F$. (3) $K = \dfrac{1}{2}I\Omega^2$. (4) $W = \mu'F \times r\phi_0$, これは $K$ に等しい。

問 5.9 1 着 A, 2 着 B, 3 着 C.

問 5.10 (1) 床との接触点での円柱の床に対する速度を表す。その速度と逆方向に動摩擦力が働く。値が 0 の場合は滑らずに転がっている。(2) 動摩擦力の大きさは $f = \mu'Mg$ で,運動方程式は $M(dv/dt) = \mp f$, $I(d\omega/dt) = \mp fr$ である。ここで符号は $v + r\omega > 0$ なら $-$, $v + r\omega < 0$ なら $+$ となる。(3) 解は,$v = V_0 \mp \mu'gt$, $r\omega = r\omega_0 \mp 2\mu'gt$ (符号は $V_0 + r\omega_0 > 0, <0$ に対応)。そして,$t = |V_0 + r\omega_0|/(3\mu'g)$ に $v + r\omega = 0$ が成立し,そこから先は一定の速度 $v = (2V_0 - r\omega_0)/3$ で滑らずに転がる運動となる。
テーブルの上でピンポン玉の手前を上から押すようにして前に押し出すと,少し前に転がっ

類題・演習問題の略解　　　　　　　　　　　　　　　　　　　　　　　　　　　　　　　　255

て手前に戻ってくる。この現象は，この解で $\omega_0$ が正で大きい場合は速度が $v<0$ となることに対応する。

**問 6.1** 流れの量の保存 $vS=$ 一定 から $v$ が決まり，ベルヌーイの定理 $\frac{1}{2}\rho v^2+p+\rho gz=$ 一定 から圧力 $p$ が決まる。(1) $v_A=8$ m/s, $p_A=1700$ hPa. (2) $v_B=8$ m/s, $p_B=1400$ hPa.

**問 6.2** 物体にかかる液体の圧力は，側面は合計すると 0, 上面は下向き $p_0S$ に，下面は上向きに $(p_0+\rho gh)S$. これを合計して $F=\rho g(hS)$, $V=hS$.

**問 6.3** ベルヌーイの定理で，水面では $v=0$, 水面と穴における圧力 $p$ は大気圧で近似的に等しい，とすると得られる。

**問 6.4** [kg/(m·s)]=[Pa·s].

**問 6.5** 水の密度を $\rho_0$ として，$v_\infty=2r^2g\rho_0/9\eta$. $\alpha=cr\rho v/12\eta$. これに $v=v_\infty$ を代入すると，$\alpha=cr^3g\rho\rho_0/54\eta^2$. $\alpha=1$ とすると，数値を代入して $r^3=3.54\times10^{-12}$ となり，$r=1.5\times10^{-4}$ m となる。

**問 6.6** (1) $z$ 軸を中心とする $xy$ 面内の反時計回りの円形の渦である。(2) 定常は自明。非圧縮性は div $\vec{v}=0$ を計算して示す。(3) $\Gamma=\dfrac{2\pi ca^2}{a^2+b^2}$. (4) $\vec{\omega}=\left(0,0,\dfrac{2cb^2}{(x^2+y^2+b^2)^2}\right)$.

**問 7.1** 10 cm, 3400 Hz.

**問 7.2** 速度 5 m/s, 波長 2 m, 振動数 2.5 Hz, 振幅 3 m.

**問 7.3** 500 nm.

**問 7.4** $\sin\alpha/\sin\beta=n$, OA/P'A $=\tan\alpha$, OA/PA $=\tan\beta$ より，PA/P'A $=\tan\alpha/\tan\beta\simeq\sin\alpha/\sin\beta=n$ となる。PA $=n$P'A と $n=1.33$ より，0.75 m.

**問 7.5** 式 (7.23) と式 (7.25) で $V$ を $V+w$ とする。

**問 7.6** (1) 332 m/s. (2) 0.61 m/(s·°C).

**問 8.1** $1.08\times10^{26}$ 個。原子 1 個あたりの体積を計算すると $55.8/(7.86N_A)=1.18\times10^{-23}$ cm$^3$ となる。この体積を立方体とみなし，その辺の長さを原子間距離と推定すると，$2.3\times10^{-8}$ cm.

**問 8.2** 8.3 J/mol·K.

**問 8.3** $a\to an^2$, $b\to bn$, 右辺は $nRT$.

**問 8.4** $\sqrt{\langle v^2\rangle}=\sqrt{\dfrac{3RT}{M}}$, 483 m/s.

**問 8.5** 同じ熱量を加えても，定圧条件の方が仕事をする分だけ温まりにくい，つまり，比熱が大きい。

**問 8.6** $C=\delta Q/\Delta T=(\Delta U+p\Delta V)/\Delta T$. 状態方程式 $pV=RT$ は $\alpha V^2=RT$ となり，これから，$2\alpha V\Delta V=R\Delta T$ より，$p\Delta V=R\Delta T/2$ となる。よって，$C=C_V+(R/2)$.

**問 8.7** (1) $\eta=1-T_L/T_H$. (2) $\eta=1-(C_V/C_p)(T_C-T_D)/(T_B-T_A)$.

**問 8.8** $S(終)-S(始)=CM_1\log[T_0/T_1]+CM_2\log[T_0/T_2]$, $T_0=(M_1T_1+M_2T_2)/(M_1+M_2)$. $S(終)-S(始)>0$ を示すには，$\alpha=M_1/(M_1+M_2)$, $\beta=M_2/(M_1+M_2)$ とおくと，$S(終)-S(始)=C(M_1+M_2)\log\left[(\alpha T_1+\beta T_2)/(T_1^\alpha T_2^\beta)\right]>0$ となる。ここで数学の一般的な相加相乗平均の関係式「$\alpha x+\beta y\geq x^\alpha y^\beta$, $(x,y\geq0,\alpha+\beta=1)$」を利用した。

**問 8.9** (1) $\Delta H$(定圧) $=\Delta U+p\Delta V=\delta Q$. (2) $\Delta G$(等温, 定圧) $=\Delta U-T\Delta S+p\Delta V$, この右辺は可逆のとき 0. (3) $\Delta F$(等温, 定積) $=\Delta U-T\Delta S$, この右辺は可逆のとき $=p\Delta V=0$.

**問 8.10** $f'(v)=0$ から $v_{peak}=\sqrt{\dfrac{2RT}{M}}$ なので，$v_{peak}=\sqrt{2/3}\sqrt{\langle v^2\rangle}$. $k^2e^{-(k^2-1)}$.

**問 8.11** 略。(積分公式を利用して $N$ を決定。)

**問 9.1** (1) 大きさ $\sqrt{2}kq/a^2$, 向きは $x$ 軸に対して 45° の方向。(2) 原点におく。$Q/q=-2\sqrt{2}$.

**問 9.2** $a<R<b$ では式 (9.27) と同じ。$R<a, b<R$ では内部の電荷の総和が 0 なので電場も 0.

**問 9.3** (1) $V_O-V_P=2kq(1/a-1/\sqrt{a^2+b^2})$. (2) $W=Q(V_O-V_P)$. (3) $\vec{F}=\left(0,(2kqQ/r^2)(y/r)\right)$, $r=\sqrt{a^2+y^2}$.

$$W = \int_0^b F_y dy = \int_0^b \frac{2kqQy}{(\sqrt{a^2+y^2})^3}dy = 2kqQ\left[\frac{-1}{\sqrt{a^2+y^2}}\right]_0^b = 2kqQ\left(\frac{1}{a} - \frac{1}{\sqrt{a^2+b^2}}\right).$$

問 9.4 　$V = -\dfrac{\sigma}{2\pi\varepsilon_0}\log R + $ (定数).

問 9.5 　問 9.4 と同一。ただし，$R < a$ と $R > b$ では一定。

問 9.6 　問 9.2, 9.5 の結果を使うと $V = (\sigma/2\pi\varepsilon_0)\log\dfrac{b}{a}$ となる。ここで $V$ は 2 つの円筒の間の電位差。$C = 2\pi\varepsilon_0/\log(b/a)$.

問 9.7 　$F\Delta x = \delta W = \dfrac{1}{2}\varepsilon_0 E^2 S\Delta x \quad\rightarrow\quad F = \dfrac{1}{2}\varepsilon_0 E^2 S = \dfrac{q^2}{2\varepsilon_0 S}$.

問 9.8 　$a < R < b$ では $H = I/2\pi R$，他は $H = 0$.

問 9.9 　$\Phi = Ba^2\cos\omega t$, $V = Ba^2\omega\sin\omega t$.

問 9.10 　$\Phi = \ell\int_a^b \mu_0\dfrac{I}{2\pi R}dR = \ell\mu_0 I\dfrac{1}{2\pi}\log\dfrac{b}{a} \quad\rightarrow\quad L = \dfrac{\mu_0}{2\pi}\log\dfrac{b}{a}$.

問 9.11 　$\dfrac{\partial\rho}{\partial t} = \dfrac{\partial\,\mathrm{div}\,D}{\partial t} = \mathrm{div}\,(\mathrm{rot}\,\vec{H} - \vec{j}) = -\mathrm{div}\,\vec{j}$ ($\mathrm{div}\,\mathrm{rot} = 0$, 付録 A.7 参照)。電荷の保存を表す。

問 9.12 　$\dfrac{\partial U}{\partial t} = \varepsilon_0\vec{E}\cdot\dfrac{\partial\vec{E}}{\partial t} + \mu_0\vec{H}\cdot\dfrac{\partial\vec{H}}{\partial t} = \vec{E}\cdot(\mathrm{rot}\,\vec{H} - \vec{j}) + \vec{H}\cdot(-\mathrm{rot}\,\vec{E})$.
$\mathrm{div}\,(\vec{E}\times\vec{H}) = -\vec{E}\cdot\mathrm{rot}\,\vec{H} + \vec{H}\cdot\mathrm{rot}\,\vec{E}$.

問 9.13 　(9.106) の第 4 式の両辺に rot を作用させる。あとは本文と同様の計算。

問 9.14 　$r = 1.7\times 10^{-4}$ m.

問 9.15 　$E = 6.0\times 10^7$ V/m. (注：この値は現実的でない。電子を曲げるには磁場が適している。)

問 9.16 　$v_x = u\cos\omega t$, $v_y = u\sin\omega t$. $x = (u/\omega)\sin\omega t$, $y = (u/\omega)(1-\cos\omega t)$.

問 9.17 　$4\times 10^{42}$. 電気力は正負双方があり打ち消し合う。万有引力は引力のみ。

問 9.18 　原子 1 個で $2.17\times 10^{-18}$ J $= 13.6$ eV, 1 mol で $1.31\times 10^6$ J.

問 9.19 　$n = 8.47\times 10^{28}$ 個/m³, $v = 7.4\times 10^{-5}$ m/s.

問 9.20 　略。

問 10.1 　略。

問 10.2 　略。

問 10.3 　ロケットの立場では $x' = 0$, $x' = L$ がロケットの首尾である。この座標を静止系で時刻 $t$ に観測すると，ロケットの長さは以下となる。
$$\begin{cases} x' = 0 = \gamma(x_1 - Vt) \\ x' = L = \gamma(x_2 - Vt) \end{cases} \quad\rightarrow\quad x_2 - x_1 = L/\gamma.$$

問 10.4 　エネルギー保存則から $Mc^2 = \sqrt{(mc^2)^2 + (cp_1)^2} + \sqrt{(mc^2)^2 + (cp_2)^2}$ だが，運動量保存則から $\vec{p}_1 + \vec{p}_2 = 0$，つまり $p = |\vec{p}_1| = |\vec{p}_2|$ となる。この $p$ を計算すると $cp = \dfrac{c^2}{2}\sqrt{M^2 - 4m^2}$.

問 10.5 　不可能。かりに最初の電子が静止していたとすると，エネルギー・運動量保存則から $mc^2 + E = \sqrt{(mc^2)^2 + (cp)^2}$ となるが，光子は $E = cp$ を満たすので解なし。(注：光電効果の場合は金属が過不足の運動量を吸収するので可能となる。だから本当の「自由」電子ではない。)

問 10.6 　保存則より，$h\nu/c = (h\nu'/c)\cos\theta + p_e\cos\phi$, $0 = (h\nu'/c)\sin\theta - p_e\sin\phi$, $h\nu + mc^2 = h\nu' + E_e$ が出る。最初の 2 つの式から $p_e^2 = (h\nu/c - (h\nu'/c)\cos\theta)^2 + ((h\nu'/c)\sin\theta)^2 = (h\nu/c)^2 - 2(h\nu/c)(h\nu'/c)\cos\theta + (h\nu'/c)^2$ となる。これから電子のエネルギーと運動量の関係を使うと以下を得る。
$$(mc^2 + h\nu - h\nu')^2 = (mc^2)^2 + (h\nu)^2 - 2(h\nu)(h\nu')\cos\theta + (h\nu')^2.$$

整理して，$mc^2(\nu - \nu') = h\nu\nu'(1 - \cos\theta)$ となる。これと $\lambda = c/\nu, \lambda' = c/\nu'$ より，問に示された式が出る。

**問 10.7** (1) $U = -ke^2/2r$. (2) $\nu = (ke^2/2h)(1/r_2 - 1/r_1)$.

**問 10.8** 直積で表されると仮定すると，$(1/\sqrt{2})|1\rangle|0\rangle + (1/\sqrt{2})|0\rangle|1\rangle = (a|1\rangle + b|0\rangle)(c|1\rangle + d|0\rangle)$ となるはずである。すると，$ad = bc = 1/\sqrt{2}$，$ac = bd = 0$ となり，これを満たす $a, b, c, d$ は存在しない。

**問 10.9** (1) $5^3 = 125$. (2) $_5H_3 = 35$. (3) $_5C_3 = 10$.

**問 10.10** 3.3 MeV.

**問 10.11** $1/2^7 = 7.8 \times 10^{-3}$g.

**問 10.12** 遠方からの光がまだ届かないので (光速は有限) 和は有限となる。(ただし，この場合だと，空は徐々に明るさを増していく。)

**問 10.13** 一様等方の仮定からすると，反射領域はランダムに分布し，さまざまな方向を向いているから平均すれば，結局地球に光が届くことになる。(地球にくる光だけを「都合よく」反射するように分布していれば一様等方の仮定に違反。)

**問 10.14** たとえば A を基準にすると以下となる。確かに距離と速度は比例している。

|  | B | C | D |
|---|---|---|---|
| $t=1$ での距離 | 5 | 7 | 8 |
| $t=2$ での距離 | 10 | 14 | 16 |
| 速度 $v$ | 5 | 7 | 8 |

**問 10.15** $t = 1$ では $v = 1 \times r$，$t = 2$ では $v = 0.5 \times r$. いずれにしても $1/H$ が宇宙の始まり (図での $t = 0$) からの時間を示す。

# 索　引

## あ 行

圧力 (pressure)　98, 122
アボガドロ定数 (Avogadro constant)　118
アルキメデスの原理 (Archimedes principle)　100
アンペールの法則 (Ampère law)　176, 185
位相 (phase)　37, 108
一般相対性理論 (general theory of relativity)　79
インピーダンス (impedance)　204
渦 (vortex)　100
宇宙原理 (cosmological principle)　233
宇宙背景輻射 (cosmic background radiation)　234
うなり (beat)　110
運動エネルギー (kinetic energy)　57
運動の法則 (law of motion)　25
運動方程式 (equation of motion)　26, 81
運動量 (momentum)　60
運動量保存則 (momentum conservation law)　62
SI 単位系 (International System of Units)　1, 238
エネルギー (energy)　50
エネルギー等分配の法則 (equipartition of energy law)　128
エネルギー保存則 (energy conservation law)　57
遠心力 (centrifugal force)　45
エンタルピー (enthalpy)　147
鉛直方向 (vertical direction)　22
エントロピー (entropy)　143
応力 (stress)　98
オームの法則 (Ohm law)　200
オルバースのパラドックス (Olbers paradox)　233
温度 (temperature)　119

## か 行

回折 (diffraction)　110
ガウスの法則 (Gauss law)　162, 163, 174
カオス (chaos)　47
可逆 (reversible)　129
可逆機関 (reversible engine)　139
角運動量 (angular momentum)　60
角運動量保存則 (angular momentum conservation law)　62
角振動数 (angular frequency)　36, 108
角速度 (angular velocity)　13, 40
核分裂 (nuclear fission)　227
核融合 (nuclear fusion)　227
重ね合せの原理 (principle of superposition)　247
加速度 (acceleration)　13
カノニカル分布 (canonical distribution)　150
ガリレオの相対性原理 (Galilean principle of relativity)　43
カルノー・サイクル (Carnot cycle)　139
カルノーの定理 (Carnot's theorem)　142
換算質量 (reduced mass)　64
干渉 (interference)　109
関数 (function)　9
慣性 (inertia)　26
慣性系 (inertial system)　44
慣性質量 (inertial mass)　78
慣性テンソル (tensor of inertia)　93
慣性の法則 (law of inertia)　25
慣性モーメント (moment of inertia)　89
慣性力 (inertial force)　45
完全流体 (ideal fluid)　101
気体定数 (gas constant)　122
ギブスの自由エネルギー (Gibbs free energy)　147
共役 (conjugate)　242
共振 (resonance)　39
強制振動 (forced vibration)　39
共鳴 (resonance)　39
キルヒホッフの法則 (Kirchhoff laws)　202
偶力 (couple of forces)　86
クーロンの法則 (Coulomb law)　156, 174
クォーク (quark)　229
屈折 (refraction)　112
屈折率 (refractive index)　112

クラウジウスの不等式 (Clausius inequality) 143
系 (system) 62
ゲージ場 (gauge field) 189
撃力 (impulsive force) 66
ケプラーの法則 (Kepler's laws) 72
原子核 (atomic nucleus) 226
原子量 (atomic weight) 118
減衰振動 (damped oscillation) 39
光子 (photon) 219
向心力 (centripetal force) 41
剛体 (rigid body) 81
効率 (efficiency) 137
交流 (alternating current) 204
抗力 (reaction) 23
弧度法 (circular method) 3
コリオリ力 (Coriolis' force) 45
コンデンサー (condenser) 171

### さ 行

座標 (coordinate) 4
作用反作用の法則 (law of action and reaction) 63
磁荷 (magnetic charge) 173
磁化率 (magnetic susceptibility) 198
時間 (time) 4
時空 (space-time) 217
次元 (dimension) 3
自己インダクタンス (self-inductance) 182
思考実験 (thought experiment, Gedanken experiment) 137
仕事 (work) 50
仕事率 (power) 51
磁束 (magnetic flux) 174
磁束密度 (magnetic flux density) 174
質点 (mass point) 21
質量 (mass) 21, 22
質量欠損 (mass defect) 226
磁場 (magnetic field) 174
磁場のエネルギー密度 (energy density of magnetic field) 183
シャルルの法則 (Charles law) 122
周期 (period) 37, 108
重心 (center of gravity) 63, 82
終端速度 (terminal velocity) 32
自由電子 (free electron) 196
自由度 (freedom) 6, 128, 135
周波数 (frequency) 109
重力 (gravity) 22, 29, 76

重力質量 (gravitational mass) 78
主慣性モーメント (principal moment of inertia) 94
寿命 (lifetime) 227
シュレディンガー方程式 (Schrödinger equation) 225
循環 (circulation) 100
準静的過程 (quasistatic process) 129
状態方程式 (equation of state) 122
状態量 (state function) 128
衝突 (collision) 65
初期条件 (initial condition) 15, 27
磁力線 (line of magnetic force) 174
振動数 (frequency) 37, 109
振幅 (amplitude) 37
水平方向 (horizontal direction) 22
スカラー (scalar) 6
スカラーポテンシャル (scalar potential) 188
スピン (spin) 223
静止衛星 (stationary satellite) 77
静止摩擦係数 (coefficient of static friction) 24
静力学 (statics) 82
積分法 (integral calculus) 15, 16, 243
積分定数 (integral constant) 15
絶縁体 (insulator) 196
接線成分 (tangent component) 6
絶対温度 (absolute temperature) 120
絶対値 (absolute value, modulus) 242
絶対零度 (absolute zero) 120
線形 (linear) 247
全反射 (total reflection) 112
線密度 (linear density) 17
相対性理論 (theory of relativity) 212
速度 (velocity) 9
速度ポテンシャル (velocity potential) 104

### た 行

体積 (volume) 122
楕円 (ellipse) 72
脱出速度 (escape velocity) 77
縦波 (longitudinal wave) 108
単振動 (simple harmonic oscillation) 37
弾性衝突 (elastic collision) 67
断熱変化 (adiabatic change) 134
力 (force) 23
力のモーメント (moment of force) 60, 84
超伝導 (superconductivity) 199

索 引

張力 (tension)　24
直流 (direct current)　201
直交座標系 (orthogonal coordinates)　5
定圧比熱 (specific heat at constant pressure)　132
定圧変化 (isobaric change)　132
抵抗力 (drag force)　31, 102
定在波 (standing wave)　110
定積比熱 (specific heat at constant volume)　132
定積変化 (isochoric change)　132
電圧 (voltage)　170
電位 (electric potential)　167
電位差 (potential difference)　167
電荷 (electric charge)　155
電気感受率 (electric susceptibility)　198
電気素量 (elementary electric charge)　226
電気抵抗率 (electric resistivity)　200
電気伝導率 (electric conductivity)　200
電気容量 (electric capacity)　171
電気力線 (line of electric force)　161
電子 (electron)　226
電磁波 (electromagnetic wave)　189
電磁誘導 (electromagnetic induction)　180
電束密度 (electric flux density)　162
電場 (electric field)　157
電場のエネルギー密度 (energy density of electric field)　173
天文単位 (astronomical unit)　72
電流 (electric current)　170, 200
電力 (electric power)　170, 204
等温変化 (isothermal change)　133
統計力学 (statistical mechanics)　118
等重率の原理 (principle of equal probabilities)　151
透磁率 (magnetic permeability)　174, 198
等速円運動 (uniform circular motion)　40
導体 (conductor)　159, 196
動粘性率 (kinematic viscosity)　102
動力学 (dynamics)　82
時計回り (clockwise)　246
ドップラー効果 (Doppler effect)　113
トルク (torque)　85

な 行

内部エネルギー (internal energy)　130
ナビエ・ストークスの方程式 (Navier-Stokes' equation)　105
熱 (heat)　120
熱機関 (heat engine)　137
熱の仕事当量 (mechanical equivalent of heat)　120
熱容量 (heat capacity)　120
熱力学 (thermodynamics)　118
熱力学第 1 法則 (first law of thermodynamics)　131, 136
熱力学第 2 法則 (second law of thermodynamics)　137
粘性率 (coefficient of viscosity)　101
粘性流体 (viscous fluid)　101

は 行

場 (field)　17, 157
媒質 (medium)　107
波数 (wave number)　108
波長 (wave length)　108
ハッブルの法則 (Habble's law)　233
波動 (wave)　107
波動関数 (wave function)　225
波動方程式 (wave equation)　115
バネ (spring)　35
バネ定数 (spring constant)　35
場の量子論 (qunatum theory of fields)　225
波面 (wave front)　107
速さ (speed)　10
半減期 (half-life)　227
半導体 (semiconductor)　196
反時計回り (counter-clockwise)　246
万有引力 (universal gravitation)　75
万有引力定数 (gravitational constant)　76
反粒子 (antiparticle)　227
ビオ・サヴァールの法則 (Biot-Savart's law)　178
非線形 (non-linear)　248
非弾性衝突 (inelastic collision)　67
ビッグバン宇宙論 (big-bang cosmology)　234
比熱 (specific heat)　121
比熱比 (specific-heat ratio)　134
微分法 (differential calculus)　9, 243
非平衡状態 (non-equilibrium state)　141
ファラデーの法則 (Farady law)　180, 181
ファン・デル・ワールスの状態方程式 (van der Waals equation of state)　122
フェルミ粒子 (フェルミオン) (fermion)　224
不可逆 (irreversible)　141
不確定性原理 (uncertainty principle)　223
復元力 (restoring force)　35

複素数 (complex number)　242
フックの法則 (Hooke law)　35
物質定数 (material constant)　8
物質波 (matter wave)　220
物質量 (amount of substance)　118
ブラックホール (black hole)　79
プランク定数 (Plank constant)　219
振り子 (pendulum)　35
浮力 (buoyancy)　100
分子量 (molecular weight)　118
閉曲線 (closed curve)　246
閉曲面 (closed surface)　247
平行軸の定理 (parallel-axis theorem)　91
平面波 (plane wave)　107
ベクトル (vector)　6, 241
ベクトルポテンシャル (vector potential)　188
ベルヌーイの定理 (Bernoulli theorem)　100
ヘルムホルツの自由エネルギー (Helmholtz free energy)　147
変位 (displacement)　35, 51
変位電流 (displacement current)　185
偏角 (argument)　242
偏微分 (partial differentiation)　14
ポアソンの法則 (Poisson law)　134
ホイヘンスの原理 (Huygens principle)　110
ボイルの法則 (Boyle law)　122
ポインティングベクトル (Poynting vector)　187
放射線 (radiation)　227
法線成分 (normal component)　7
ボース粒子 (ボソン) (boson)　224
保存法則 (law of conservation)　50
保存量 (conserved quantity)　50
保存力 (conservative force)　54
ポテンシャルエネルギー (potential energy)　55
ボルツマン定数 (Boltzmann constant)　127

## ま 行

マイヤーの関係式 (Mayer relation)　133
マクスウェルの方程式 (Maxwell equation)　186
マクスウェル分布 (Maxwell distribution)　152
摩擦力 (friction)　24
密度 (density)　8
無次元量 (dimensionless quantity)　2
面積速度 (areal velocity)　72
モノポール (monopole)　232

## や 行

ヤングの実験 (Young's experiment)　111
誘電体 (dielectrics)　196
誘電率 (dielectric constant)　161, 197
横波 (transverse wave)　108

## ら 行

力学 (mechanics, dynamics)　21
力積 (impulse)　61
理想気体 (ideal gas)　122
流体 (fluid)　98
流量 (flux, flow)　100
量子力学 (quantum mechanics)　225
量子論 (quantum theory)　218
レイノルズ数 (Reynolds number)　102
レンツの法則 (Lenz law)　181
ローレンツ変換 (Lorentz transformation)　214
ローレンツ力 (Lorentz force)　191

## わ

惑星 (planet)　71

加藤　潔　略歴
　　かとう　きよし

1980 年　東京大学大学院理学系研究科
　　　　　博士課程単位取得退学
1981 年　理学博士
1983 年　工学院大学講師
1988 年　工学院大学助教授
1995 年　工学院大学教授

ⓒ　加藤　潔　2007

1999 年 12 月 3 日　　初　版　発　行
2007 年 11 月 20 日　改訂版発行
2025 年 3 月 10 日　　改訂第 17 刷発行

理工系 物理学講義

著　者　加藤　潔
発行者　山本　格

発行所　株式会社　培風館
東京都千代田区九段南 4-3-12・郵便番号 102-8260
電　話 (03) 3262-5256 (代表)・振替 00140-7-44725

平文社印刷・牧 製本

PRINTED IN JAPAN

ISBN978-4-563-02279-2 C3042